大飞机出版工程

总主编　顾诵芬

大型运输飞机
设计与分析

Large Transport Aircraft
Design and Analyze

江永泉　著

上海交通大学出版社
SHANGHAI JIAO TONG UNIVERSITY PRESS

大飞机读者俱乐部

内容提要

　　本书对大型运输飞机的设计做了详细论述，全书共分十五章。首先论证大型运输飞机的总体设计要求、设计目标和设计过程，总体布局分析，机翼、机身、增升装置设计，尾翼设计与操纵品质分析，动力装置设计与安装，自动控制技术在大型运输机上的应用，大迎角失速、深失速特性及其改善措施，计算流体动力学、风洞试验与飞行试验的相关性，大型运输机性能和使用特性分析，飞机的噪声及降噪措施，运输机的安全性与适航审定和设计准则，运输机的改进改型以及几种典型运输机的介绍。

　　本书可作为飞机设计和研究人员，以及航空院校师生的参考书，对空军、海航和民航有关人员也很有参考价值。

图书在版编目（CIP）数据

　　大型运输飞机设计与分析/江永泉著. —上海：上海交通大学出版社，2018

　　大飞机出版工程

　　ISBN 978 - 7 - 313 - 20557 - 5

　　Ⅰ.①大… Ⅱ.①江… Ⅲ.①运输机-设计 Ⅳ.①V271.2

　　中国版本图书馆 CIP 数据核字(2018)第 276123 号

大型运输飞机设计与分析

著　　者：江永泉

出版发行：上海交通大学出版社　　　　　地　　址：上海市番禺路 951 号

邮政编码：200030　　　　　　　　　　　电　　话：021 - 64071208

出 版 人：谈　毅

印　　制：苏州市越洋印刷有限公司　　　　经　　销：全国新华书店

开　　本：710mm×1000mm　1/16　　　　印　　张：40.25

字　　数：695 千字

版　　次：2018 年 12 月第 1 版　　　　　印　　次：2018 年 12 月第 1 次印刷

书　　号：ISBN 978 - 7 - 313 - 20557 - 5/V

定　　价：328.00 元

大飞机出版工程

丛书编委会

总主编

顾诵芬（中国航空工业集团公司科技委原副主任、中国科学院和中国工程院院士）

副总主编

贺东风（中国商用飞机有限责任公司董事长）

林忠钦（上海交通大学校长、中国工程院院士）

编委会（按姓氏笔画排序）

王礼恒（中国航天科技集团公司科技委主任、中国工程院院士）

王宗光（上海交通大学原党委书记、教授）

刘　洪（上海交通大学航空航天学院副院长、教授）

任　和（中国商飞上海飞机客户服务公司副总工程师、教授）

李　明（中国航空工业集团沈阳飞机设计研究所科技委委员、中国工程院院士）

吴光辉（中国商用飞机有限责任公司副总经理、总设计师、中国工程院院士）

汪　海（上海市航空材料与结构检测中心主任、研究员）

张卫红（西北工业大学副校长、教授）

张新国（中国航空工业集团副总经理、研究员）

陈　勇（中国商用飞机有限责任公司工程总师、ARJ21飞机总设计师、研究员）

陈迎春（中国商用飞机有限责任公司CR929飞机总设计师、研究员）

陈宗基（北京航空航天大学自动化科学与电气工程学院教授）

陈懋章（北京航空航天大学能源与动力工程学院教授、中国工程院院士）

金德琨（中国航空工业集团公司原科技委委员、研究员）

赵越让（中国商用飞机有限责任公司总经理、研究员）

姜丽萍（中国商用飞机有限责任公司制造总师、研究员）

曹春晓（中国航空工业集团北京航空材料研究院研究员、中国工程院院士）

敬忠良（上海交通大学航空航天学院常务副院长、教授）

傅　山（上海交通大学电子信息与电气工程学院研究员）

总　序

国务院在 2007 年 2 月底批准了大型飞机研制重大科技专项正式立项，得到全国上下各方面的关注。"大型飞机"工程项目作为创新型国家的标志工程重新燃起我们国家和人民共同承载着"航空报国梦"的巨大热情。对于所有从事航空事业的工作者，这是历史赋予的使命和挑战。

1903 年 12 月 17 日，美国莱特兄弟制作的世界第一架有动力、可操纵、比重大于空气的载人飞行器试飞成功，标志着人类飞行的梦想变成了现实。飞机作为 20 世纪最重大的科技成果之一，是人类科技创新能力与工业化生产形式相结合的产物，也是现代科学技术的集大成者。军事和民生的需求促进了飞机迅速而不间断的发展和应用，体现了当代科学技术的最新成果；而航空领域的持续探索和不断创新，也为诸多学科的发展和相关技术的突破提供了强劲动力。航空工业已经成为知识密集、技术密集、高附加值、低消耗的产业。

从大型飞机工程项目开始论证到确定为《国家中长期科学和技术发展规划纲要》的十六个重大专项之一，直至立项通过，不仅使全国上下重视我国自主航空事业，而且使我们的人民、政府理解了我国航空事业半个多世纪发展的艰辛和成绩。大型飞机重大专项正式立项和启动标志着我国的民用航空进入新纪元。经过 50 多年的风雨历程，当今中国的航空工业已经步入了科学、理性的发展轨道。大型客机项目产业链长、辐射面宽、对国家综合实力带动性强，在国民经济发展和科学技术进步中发挥着重要作用，我国的航空工业迎来了新的发展机遇。

大型飞机的研制承载着中国几代航空人的梦想,在 2016 年造出与波音公司 B737 和空客公司 A320 改进型一样先进的"国产大飞机"已经成为每个航空人心中奋斗的目标。然而,大型飞机覆盖了机械、电子、材料、冶金、仪器仪表、化工等几乎所有工业门类,集成数学、空气动力学、材料学、人机工程学、自动控制学等多种学科,是一个复杂的科技创新系统。为了迎接新形势下理论、技术和工程等方面的严峻挑战,迫切需要引入、借鉴国外的优秀出版物和数据资料,总结、巩固我们的经验和成果,编著一套以"大飞机"为主题的丛书,借以推动服务"大飞机"作为推动服务整个航空科学的切入点,同时对于促进我国航空事业的发展和加快航空紧缺人才的培养,具有十分重要的现实意义和深远的历史意义。

2008 年 5 月,中国商用飞机有限公司成立之初,上海交通大学出版社就开始酝酿"大飞机出版工程",这是一项非常适合"大飞机"研制工作时宜的事业。新中国第一位飞机设计宗师——徐舜寿同志在领导我们研制中国第一架喷气式歼击教练机——歼教 1 时,亲自撰写了《飞机性能及算法》,及时编译了第一部《英汉航空工程名词字典》,翻译出版了《飞机构造学》《飞机强度学》,从理论上保证了我们的飞机研制工作。我本人作为航空事业发展 50 多年的见证人,欣然接受上海交通大学出版社的邀请担任该丛书的主编,希望为我国的"大飞机"研制发展出一份力。出版社同时也邀请了王礼恒院士、金德琨研究员、吴光辉总设计师、陈迎春副总设计师等航空领域专家撰写专著、精选书目,承担翻译、审校等工作,以确保这套"大飞机"丛书具有高品质和重大的社会价值,为我国的大飞机研制以及学科发展提供参考和智力支持。

编著这套丛书,一是总结整理 50 多年来航空科学技术的重要成果及宝贵经验;二是优化航空专业技术教材体系,为飞机设计技术人员的培养提供一套系统、全面的教科书,满足人才培养对教材的迫切需求;三是为大飞机研制提供有力的技术保障;四是将许多专家、教授、学者广博的学识见解和丰富的实践经验总结继承下来,旨在从系统性、完整性和实用性角度出发,把丰富的实践经验进一步理论化、科学化,形成具有我国特色的"大飞机"理论与实践相结合的知识体系。

　　"大飞机出版工程"丛书主要涵盖了总体气动、航空发动机、结构强度、航电、制造等专业方向,知识领域覆盖我国国产大飞机的关键技术。图书类别分为译著、专著、教材、工具书等几个模块;其内容既包括领域内专家们最先进的理论方法和技术成果,也包括来自飞机设计第一线的理论和实践成果。如:2009 年出版的荷兰原福克飞机公司总师撰写的 *Aerodynamic Design of Transport Aircraft*(《运输类飞机的空气动力设计》);由美国堪萨斯大学 2008 年出版的 *Aircraft Propulsion*(《飞机推进》)等国外最新科技的结晶;国内《民用飞机总体设计》等总体阐述之作和《涡量动力学》《民用飞机气动设计》等专业细分的著作;也有《民机设计 1000 问》《英汉航空缩略语词典》等工具类图书。

　　该套图书得到国家出版基金资助,体现了国家对"大型飞机"项目以及"大飞机出版工程"这套丛书的高度重视。这套丛书承担着记载与弘扬科技成就、积累和传播科技知识的使命,凝结了国内外航空领域专业人士的智慧和成果,具有较强的系统性、完整性、实用性和技术前瞻性,既可作为实际工作指导用书,亦可作为相关专业人员的学习参考用书。期望这套丛书能够有益于航空领域里人才的培养,有益于航空工业的发展,有益于大飞机的成功研制。同时,希望能为大飞机工程吸引更多的读者来关心航空、支持航空和热爱航空,并投身于中国航空事业做出一点贡献。

2009 年 12 月 15 日

序

在"国家中长期科学和技术发展纲要(2006—2020)年"中确定的 16 个重大专项之一是自行研制大飞机,这将大幅度提升我国航空工业的实力,增强其参与国际竞争的能力,使其成为国民经济的支柱产业,促进高新技术的进步,并带动一大批产业的发展。在这次大飞机项目中,决定研制大型客机的同时也要研制军用运输机,但军民分线。

现代大型运输机是集高科技、多学科、高度综合性的优化设计技术。在其发展中涉及最先进的空气动力技术、先进的结构材料技术、先进的动力装置技术和大规模电子综合技术等。商用大型客机要具有良好的安全性、经济性、舒适性和环保性,并具有长期使用寿命的技术要求和适航要求。

2017 年 5 月 5 日,我国自主研发的双发喷气式干线飞机——C919 的原型机在上海浦东国际机场展翅翱翔,圆满完成了首次飞行。这是一个历史性时刻,它标志着萦绕中华民族的"大飞机梦"终于有了历史性的突破。

C919 客机是我国首次参照国际适航标准自行研制,拥有自主知识产权的大型民用客机。发展中国自己的大型民用飞机是几代航空人的梦想,走过了艰难曲折的历程。我们一定要努力把大型客机项目打造成为新世纪改革开放的标志性工程,打造成建设创新型国家和制造强国的标志性工程。

C919 的成功上天将带动我国的新材料、微电子、半导体、智能控制等数十项高科技产业的跃升。C919 的成功上天使我国在全球航空市场的激烈竞争中占有一席之地,我们必须要有坚忍不拔的奋斗精神和精益求精的科学态度,根据市场需求,有所提高,有所创新。

　　本书论述了大型运输飞机的设计过程,其中包括总体布局、参数选择,重点讨论超临界机翼设计、增升装置、动力装置、操纵性和稳定性及自动控制技术分析。最后讨论了大型运输飞机的改进改型。

　　本书作者在上海飞机设计研究院长期从事气动布局设计工作,积累了较为丰富的实践经验。《大型运输飞机设计与分析》是作者的经验总结,这是一本很好的飞机工程设计应用的指导性参考书,对广大设计人员一定会有所帮助。

中国商飞

上海飞机设计研究院　院长

2017 - 09 - 19

前　　言

　　大型运输飞机的设计与分析可分为军用和民用两种机型讨论,特别是民用运输机的设计必须保证其安全性、经济性、舒适性和环保性并满足适航标准要求,以求在国际民航市场的激烈竞争中占有一席之地。现代军用运输机也要考虑适航性验证。

　　现代运输飞机设计集高科技之大成,在其布局设计中不断出现各种技术创新。它涉及最先进的空气动力技术、先进的结构材料技术、先进的动力装置技术、大规模电子综合集成技术。甚至专业性很强的防冰、防雷电技术、颤振技术及各系统间的适配技术等。

　　本书内容包括现代运输飞机设计的各个方面。首先论述飞机设计的目标和要求,紧接着讨论飞机设计的几个阶段。主要讨论了超临界机翼的空气动力设计,此为大型运输飞机气动布局设计中最关键的技术之一。现代大型运输飞机安装了具有高气动效率的超临界机翼,设计除机翼本身参数外,还对机身外形和内部布置、动力装置的安装、机翼-机身与起落架鼓包的整流也做了一定的研究。对各种操纵面在高、低速时的不同特性及受载时的变形影响等进行综合设计分析和优化设计,以得到满意的效果,达到多个目标的要求。

　　本书中特别讨论了主动控制技术在大型运输机上的应用,把最先进的电传操纵技术应用在飞机操纵系统中是一次技术革命,应用这种技术可减轻飞行中的驾驶员操纵负担。

　　适航规范规定了对大型运输机的失速和深失速特性的要求,并列出了飞机在大迎角飞行时的失速偏离特性的判据及深失速的失速恢复。

　　降低飞机的噪声对机场周围居民的影响及改善措施是十分重要的,所以在发动机设计中要设法降低发动机的噪声。

　　书中对流体动力学、风洞试验与飞行试验之间的关系做了详细论述。接着提出大型运输机的安全性、适航审定和设计准则。

　　本书作者对上海飞机设计研究院档案部部长蒋君仁、雷晓明高级工程师对本书的审阅,期刊出版室主任贺逸吟对本书出版的支持,在此一并致谢。同时也感谢上海交通大学出版社的钱方针主任、蒋可玉老师、范勤老师和刘宇轩老师等对本书的编辑与润色。由于本书编著的时间有限,存在的不妥之处恳请广大读者批评指正。

上海飞机设计研究院

江永泉

2017 年 6 月于上海

目　　录

绪　　论

　　本书讨论大型运输机的设计,其内容包括民用运输机和军用运输机,由于这两种飞机的用途不同,所以两者之间有许多不同的地方,但也有一些共同之点。

　　在设计技术和机型开发上,首先技术标准有所不同。大型客机设计和研制的依据是运输类飞机的"适航标准",非常苛刻。而军用运输机设计依据的是军方标准,过去只要军方同意就可通过,而现在也正趋向于制定军用运输机适航法规和安全标准规则作为军方今后验收的依据。其次,在设计目标上,大型客机追求的是巡航经济性,研究的重点是减少阻力,提高升阻比,使客机具有高的巡航效率和良好的飞行性能。而军用运输机以提高升力,追求举重能力为主。所以两种大型运输机的机翼相对机身的位置是不同的,大型客机采用下单翼,而军用运输机采用上单翼。而且两种运输机的机身外形也不相同,大型客机的机身基本采用轴对称以减少阻力,而军用运输机的机身尾部上翘,机身后部开有大舱门,机头有的飞机可以向上或向侧面偏转,便于大型武器和货物的进出,但使结构和系统的复杂性大大增加。而大型客机的主起落架安装在机身两侧的翼根处,重型客机还在机身中心线处安装主起落架。而军用运输机由于采用上单翼布局,机身离地近,主起落架安装在机身两侧的起落架鼓包内。最后,客机和军用运输机的机身地板的设计要求也是不同的,因为军用运输机要经得起坦克开进开出的碾压。

　　大型民用运输机每年的客运量达到 20 多亿人次,货运量超过 4 300 万吨。所以说民用运输机具有巨大的社会效益和经济价值,已成为国民经济和便利人民生活必不可少的重要交通运输工作。

　　民用运输机指用于客、货运输的商用运输机,大型民用运输机一般指典型客舱布局下客座数超过 100 个、满载航程超过 3 000 km 的民用运输机,其中可分中远程和中短程两种,满载航程超过 6 000 km 称为中远程民用运输机。大型民用运输机对于安全性、可靠性、经济性有极高的要求,经济价值高、技术难度大,堪称民机工业乃至现代工业体系的"皇冠"。

目前,世界上生产大型远程客机的主要有美国、欧洲和俄罗斯等。美国和空客公司几乎垄断了大型客机的市场。近年来,波音公司和空客公司先后研制了波音 787、波音 747 - 8、A380 和 A350 等新的大型商用飞机。

展望未来,大型民用运输机将在提高安全性和可靠性的基础上朝着更经济、更环保、更舒适的方向发展。

大型客机的机翼采用超临界翼型,它是大型客机的关键技术之一。而现代大型客机都采用翼下吊发动机短舱布局。

由于国际上民机市场的激烈竞争,大型客机的设计必须提高空气动力效率(巡航因子),必须降低座公里燃油消耗率,也必须降低运营成本。大型客机设计要实现安全性、经济性、舒适性和环保性。

大型客机的安全性要求必须满足适航规章要求,例如安全性要求是怎样影响飞机气动布局设计。首先是巡航飞行时离抖振边界必须有足够的余量(至少 $0.3g$),这一要求是选择机翼高速气动布局(巡航外形)的主要约束条件,必须予以满足。其次是起飞爬升第二阶段单发失效爬升梯度(保证必要的越障能力)的要求,实质上改变了过去单纯追求最大升力系数的增升装置设计思路。对大型客机增升装置的起飞构型,更重要的是升阻比。

大型客机常常采用直接使用成本(DOC)作为与竞争飞机在经济方面做比较的参数。而直接使用成本取决于飞机、发动机的研制费用、使用年限以及维修费用、燃油费用等。比较飞机的不同气动布局的经济性主要看飞同样航线的燃油消耗,这又涉及飞机的空气动力效率,即与巡航因子 MaK_{max}/SFC 直接有关,而这些都与机翼的气动力设计有关,也就是采用超临界机翼和机翼/挂架/发动机短舱的一体化设计以达到最小阻力和最大升阻比。

大型客机的舒适性要求体现在客舱布置、服务设计、飞行品质、噪声、振动和飞机动力响应等各个方面。飞机在突风中的响应与翼载有关,低的翼载会使在突风中容易发生颠簸而使旅客感到不适。另外,发动机的噪声及飞机表面发生气流分离带来的噪声等将降低大型客机的竞争能力。

随着航空工业的发展,民用运输机对环境的污染越来越受到重视。为此,欧洲国家航空公司联合提出了"净空计划",目的在于进一步提高民用运输的环保性。

民用运输机从概念设计阶段开始,就融入了绿色环保设计理念,环保性包括外场噪声、污染排放和废水处理三部分。在外场噪声方面,针对飞机主噪声源,在飞机设计过程中,采用了一系列降噪措施,例如流线型机头、襟翼缝隙、发动机挂架、发动机及短舱进气道声衬技术,APU进排气的降噪消声处理技术等;在污染排放方面,发动机采用新一代燃烧室以及实现降低排放的设计目标,以减小污染的排放;环保性的要求是降低机场周围的噪声及其污染,以减小对机场周围居民的影响。

军用运输机是用于军用支援保障的飞机,它的主要任务是实施兵力机动和后勤支援,可以快速将部队及其装备部署或转移到目标区域,并为部署在前沿或在前线作战的部队提供人员、装备和其他物资支援。

大型军用运输机通常具有以下设计特点:机身宽大,具有大容积的货舱;货舱地板承载能力强,舱内有用于装卸货物的吊车、地板滚棒等;机尾的大尺寸货舱门可兼作装卸斜板;采用小车多轮起落架和低压轮胎等。战略军用运输机主要承担远距离、大量人员、大型及重型装备的运输任务,有的时候还承担大规模空降任务。这类运输机的最大起飞重量不低于150 t,最大有效载重不低于40 t。目前的主要型号有美国的C-5A和C-17、俄罗斯的伊尔-76和中国的运-20,乌克兰的安-124和安-225,其中安-225的最大起飞重量达600 t,最大有效载重250 t,是当今世界上最大的军用运输机;安-124的最大起飞重量达到400多吨,最大有效载重达150 t,是当今世界上最大的批量生产的飞机。

在促进航空运输业的发展过程中,大型运输飞机显然是重要的技术基础,特别是民用运输机,它是一种技术复杂、投资大、价格昂贵、附加值高的特殊商品,目前包括大型运输机在内的航空产品已成为综合多种现代技术的前沿技术。

此外,为保证民用运输飞机的飞行安全所需的各种设备,如通信、导航、显示和飞行管理系统等都需要采用各行业的最新技术。航空产品的研制涉及众多的供应厂商和更多的复杂专业,其中不仅包括机械加工的所有专业,还有许多航空所独有的技术专业。

在大型运输飞机的研制周期内需要持续的投入,高投入才能有高回报,高附加值所隐含的高利润才能兑现。欧洲空客公司从研制A300B起步,生产了20年空客系列飞机之后才开始盈利,所以说,航空工业既是高附加值的产品,又是投资回报期长,需要大批量销售才能盈利的高风险产业。

　　国家在 2007 年 2 月批准了大型飞机重大专项正式列项和启动,使我国民用和军用航空进入新纪元。大型客机项目其产业链长、辐射面广,对国家综合实力带动性强,在国民经济发展和科学技术进步中发挥着重要作用,使我国航空工业迎来了新的发展机遇。

1 大型运输机的设计目标、设计要求与设计过程

1.1 大型运输机设计目标与设计要求

1.1.1 民用运输机的设计目标

民用运输机的设计目标是将商载(或旅客)以最小成本、最优速度飞越一定距离至某一城市机场完成运输。

由于民用运输机是营利客运,公务飞行,其特点是可能成本高,但在给定的票价体制下,收益更高。对航空增长起作用的因素如图 1-1 所示。

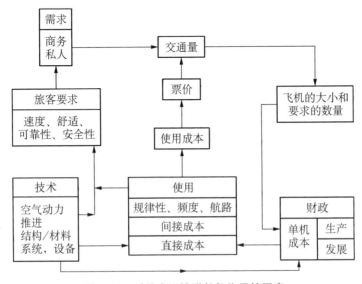

图 1-1 对航空运输增长起作用的因素

实现这一目标的关键参数如下：

(1) 发动机特性。

(2) 升阻比、最大升力系数 $C_{L_{max}}$ 和抖振边界。

(3) 重量。

需要强调的是，在设计早期足够精确的估算重量和气动特性是一门极其重要的技术，非常关键，它决定了初始方案的设计重量。

适航规章要求飞机安全，即它的飞行操纵特性（稳定性和操纵性）必须令人满意。

飞机还应该可靠，即：

(1) 系统（如导航设备）必须满足要求。

(2) 系统应可靠并且有足够的余度。

对于民用飞机，设计一个飞机系列已达到形成一种标准的程序，其途径有两种：

(1) 从项目一开始就几乎同时研制飞机的多个型别。这些不同型别的飞机具有不同的起飞重量、机身长度等。采用这种途径的例子有波音 737 系列（波音 737 - 200、波音 737 - 300、波音 737 - 400、…、波音 737 - 800）以及空客 A320 系列（A320、A321、A319、A318）。还有波音 787 系列（波音 787 - 3、波音 787 - 8 及波音 787 - 9）及 A350 系列（A350 - 800、A350 - 900、A350 - 1000）。

(2) 在第一轮飞机研制结束时（或其后），研制飞机的发展型。这些发展型通常改动较大，相关费用可观，采用这种途径的实例是空客公司的 A340 - 500/600。

1.1.2　民用运输机的设计要求

飞机设计是一项复杂且周期很长的工作，通常分几个阶段进行，图 1 - 2 表示飞机研制的几个阶段。第一阶段是拟定设计要求，一般由使用方负责。第二阶段是概念设计，通过概念设计来使设计要求更为合理和具体化。第三阶段是初步设计包括方案设计和结构与系统的打样设计。第四阶段是详细设计，主要任务是发出生产图纸和资料。

设计要求是飞机设计的依据，一般由使用方制订。对于民用运输机主要强调安全性、经济性、舒适性和环保性。

由于民用运输机的使用需要面对不同的航空（营运）公司，而且一个航空公司购买什么样的飞机取决于当时的高层情况和公司的经济状态，民用运输机很

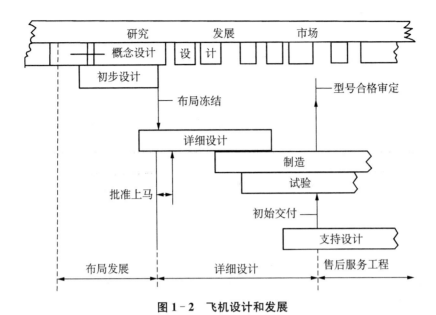

图 1-2　飞机设计和发展

难说有什么"固定用户"。因此,要发展什么样的民用运输机,一般由飞机公司提出初步设想,经过与可能用户的商讨,再制订设计要求。民用运输机的设计要求也需要有正确的预见性,因此,必须进行长期的市场调查和详细的分析研究。

当然,设计要求需要搞清楚:

(1) 市场及其使用要求(网络、交通流量、现役飞机的数量、型号及其状况)。

(2) 经济形势(对经济增长有何预测? 谁有钱? 关税结构如何? 存在哪些产生附加收入的新机会?)。

需要具备对性能计算的空气动力学、可实现的发动机性能以及有关重量各个方面的知识和洞察力。

在波音 747 飞机的研制过程中显示了重量有多么重要。首架适航取证飞机的最大起飞重量比最初设想的重量增加了 29%。

通常,对预测中的长期经济和社会发展,需要有远见卓识。注意从初始项目定义到首架飞机交付时的时间间隔为 5～7 年,之后飞机具有 30 年以上的使用寿命。航空运输业对于经济形势非常敏感,在经济萧条期,航空运输业也可能崩溃。

民用运输机的设计要求如下:

1) 对新型飞机的要求

新型飞机设计的充足理由:

（1）现役飞机在技术上和经济上变得落后，需要新型飞机来接替。用户希望用机载设备、维修、运营使用、噪声抑制、旅客舒适等新标准，更新他的机队。

（2）某些交通结构的发展，产生了对新型运输机的要求。

（3）研制和试验一种新型飞机，以促进新技术的发展。

2）运输能力

当拟定一个新的设计技术要求时，第一步必须对所考虑的航线范围，预测在所预计的使用期间内交通和运输量的需求。客运量是以座-海里*（座-公里）来表示。

（1）对一架大运输能力的飞机，按每机-海里的使用成本是高的，但按每座-海里的使用成本是低的，因为某些成本并不随飞机的尺寸成比例增长。

（2）一架比较小的飞机，其每机-海里成本低，而其临界载荷（为偿付飞行成本所要求的旅客数）比大型飞机的要小。

一般来说，大型飞机更适合于交通密度高的航路，假如其使用频率与市场要求相适应的话。

3）设计巡航速度和设计航程

速度越高，每天能飞的航次就越多，这样就可以增加航空公司的产值。但是，不仅仅巡航速度重要，同样重要的还有滑行、起飞、爬升、下降、进场和着陆所耗费的时间。这意味着，轮挡速度是比巡航速度更好的衡量标准。

飞机的航程设计在 110～1 200 n mile（200～2 200 km）之间，可覆盖 87% 的客运市场。

4）低速特性和场长性能

考虑起飞和着陆跑道长度的出发点有以下几个：

（1）飞机按巡航飞行进行优化，机翼的形状、尺寸和巡航高度是按照设计巡航速度下设计航程的油耗最低的条件选择。发动机推力大小，既要考虑所要求的爬升性能，又要考虑设计巡航速度的要求。这样，起飞和着陆性能基本上是可推导出来的数值。飞机重量的不断增加以及由此引起翼载提高会使起飞距离加长，这样就要求跑道不断地加长。

（2）由于新飞机将用于更新用户现有的飞机，因此新设计飞机的跑道性能应与用户现在正在使用的机场相适应。

（3）飞机的起飞场长：除满足适航规章中规定的起飞场长外，应有较短的起

---

* 海里（n mile），法定长度单位。1 n mile＝1.852 km。

飞场长以适应更多的机场。

（4）飞机的起降适应性：飞机按所需重量下的飞机等级数（ACN）要小于表征跑道承载强度的机场等级数（PCN），使机场能无限制、无损地承受该飞机的起降。

5）经济性

（1）发动机在飞机降低使用成本中起着重要的作用，它的选择应与飞机匹配。对大型运输机，设计航程特别重要，如果不希望使飞机的使用受到限制，则就要严格控制噪声水平，必须密切注意油耗。

（2）对客舱的最佳布置必须给予充分的注意，以使用户能使用不同的内部布局。按相同的客舱座位排距及座位宽度布置客机每座千米的直接使用成本应比同类飞机的要低。

（3）设备与仪表。机载导航/通信设备的数据及其备份的程度。这个问题要与用户讨论决定。

（4）机体设施。空调和增压系统要满足主要的设计要求，与供气量、温度、湿度和座舱压差等有关。以及对电气、液压和冷气系统、防冰设施和可能采用的辅助动力装置等的要求。

6）可靠性

出勤可靠度应保持大于95%。出勤可靠度指在计划航班内，不是由于飞机设备不正常或故障而引起的起飞延误、取消飞行和中断起飞的概率。

7）飞机使用寿命

飞机机体结构实际寿命应高于设计寿命目标。构造检查与维修，除适航要求外，一般还包括一些特定的要求，例如采用破损安全还是安全寿命的设计原则等。

8）维修性

（1）易维修性：从设计、功能、布局及检测手段上实现维修的迅速、方便和故障的易辨认性；并且充分符合适航规章对系统及设备提出的安装与检查要求。

（2）维修成本：采用先进的维修方式（即视情维修、状态监控），降低维修成本。

我国使用波音737、波音757及MD-82的维修成本：

波音737　　1 250 元/飞行小时

波音757　　2 020 元/飞行小时

MD-82　　1 060 元/飞行小时

9）安全性

（1）应急措施：全面满足适航规章中规定的各种应急措施，有充足的应急设备（包括应急出口、救生滑梯、救生衣、氧气供应和应急照明等）。

（2）警告装置：应设置适航规章中规定的各种警告装置，要显示正确，使用方便。

10）货物装卸性

货物装卸性要求货舱尺寸符合各种类型的航空集装箱的组合装载；并有机械化装卸系统，便于装卸。

11）舒适性

（1）客舱座位间距：合理布置客舱座位及过道，使乘客感到乘坐及走动方便。

（2）客舱噪声水平：采用隔声、减声措施，降低舱内噪声，达到旅客可接受的程度。

12）环保性

在起飞、边线及进场的状态下，飞机外部噪声应符合有关的噪声规章规定（如美国联邦航空条例第 36 部第 3 阶段或国际民航组织噪声规章第 3 章）。

1.1.3　军用运输机的设计目标

军用运输机的主要使命是实施兵力机动和后勤支援，可以快速将部队及其装备部署或转移到目标区域，并为部署在前沿或在前线作战的部队提供人员装备和其他物资支援。

军用运输机主要用来执行兵力投送、给养运输和撤退转移等任务。

兵力投送是指向战区机场或前线机场运送兵员和装备，给养运输是指向战区或前线机场运送各种给养物资和补充装备，撤退转移是从前线机场或战区机场运回人员、装备和物资。

军用运输机通常以正常的航空运输方式完成任务，但在必要时也可以用空投空降方式完成任务。

军用运输机还可以在抢险救灾等非军事行动中发挥重要作用。把物资设备向灾区空投。

军用运输机的设计特点是：机身宽大，具有大容积的运载舱，运载地板承载能力强，舱内有用于装卸大型货物的吊车、地板上装有滚棒系统等。机尾的大尺寸货舱门可兼作装卸地板，采用多轮起落架和低压轮胎等。

1.1.4 军用运输机的设计要求

根据军用运输机的使命和用途以及设计特点,由军方提出对军用运输机的设计要求:

1) 对新型飞机的需求

现役运输机不能满足一个国家发展的需要,急需要由大型运输机来更替它的老旧机队,这也是部队长期渴望而应该得到的装备。

2) 设计巡航速度、设计航程和快速反应能力

要求军用运输机具有高亚声速巡航速度和远航程,起落性能耗时短。措施是采用大展比的超临界机翼,设计良好的前、后缘增升装置。该机翼在高速时升阻比大,低速时 $C_{L_{\max}}$ 也大。

3) 低速特性和场长性能

(1) 军用运输机的主要任务之一是空投和空降,这就要求飞机具有优良的低速特性。

(2) 在起飞和着陆过程中,必须能承受垂直突风的影响,这就牵涉如何确定飞机的失速迎角,使该迎角有一个合理的范围,来保证飞机的安全性。为了得到较大失速迎角,除了有后缘增升装置外,还要设计前缘增升装置,以提高最大升力系数 $C_{L_{\max}}$ 值。同时还要具备失速警告系统。

(3) 为了实现在前线机场的短距起落,同样需要具有良好的前、后缘增升装置。

(4) 为了使飞机在前线土跑道机场上具有起降能力,除了采用优良的前、后缘增升装置外,还要求飞机具有稍低的翼载和较大的推重比,并采用多轮起落架的低压轮胎。

4) 可靠性和生存性

要求机上设备可靠,结构坚固,采用损伤容限设计,提高机体受损后的生存能力。

5) 维护性

要求达到易维修性,低的维护成本。

6) 低噪声要求

和平时期的睦邻,战时降低可探测性。

7) 机身要求

机身内具有大容积的运载舱,运载地板承载能力强,机尾大尺寸货舱门可兼

作装卸地板。

8）低油耗、低噪声的涡轮喷气发动机

9）可装卸性

采用机械化装卸系统，地板上装有滚棒系统，空投、空降系留系统。

10）方便的加油方式

机上除有压力加油系统外，还要有重力加油系统并可在空中接受加油。

另外，还要具备随机装卸系统，全天候飞行设备，乘员配备齐全，飞机可不依赖基地维护支持，可独立在野外执行任务。这样战时颇有价值，在和平时期也可以满足辽阔而又边远的未开发地区的使用要求。

1.2　大型运输飞机的设计过程

总的来说，当设计要求确定后，飞机设计可分为三个阶段：

（1）概念设计。

（2）初步设计。

（3）详细设计。

1.2.1　概念设计

在初始阶段，为了进一步确定对新型飞机的可能需求，需要依靠市场调研，进一步向可能的用户征询意见和对话。各大飞机制造商都成立了独立的部门和专门的机构进行市场调研。

通过市场调研提出初始设计技术要求，此要求主要确定运输机的性能——商载与最大航程，通常还有巡航速度以及有关的场长与爬升性能、客舱布置、机体设施和设备等。还须选定必须满足的适航性要求和使用要求。实际上适航性要求影响着飞机研制的全过程，在直到非常细节的设计决断中，它都是起主要作用的因素。因此，对适航性要求应特别给予关注。

在飞机设计之前和在设计过程中，设计师应周密地研究设计技术要求，特别是运输机要求与其相近的其他型号的飞机或飞机设计方案，或某些设计特色。对各种竞争设计方案的主要数据、文献资料以及以前的经验等，要进行综合性和有重点的评价。

为了形成"新的和巧妙的设想"，要安排发表独创性意见的讨论会，通常，其中大多数的想法最终都会被放弃，对在方案设计阶段进行的各种活动都进行生动的描述。尽管在充满着想象力的方案设计的第一阶段这种活动不大可能得到确实成功的新方案,但工程师的创造性是不能被其他东西所取代的,他们能用其独特的脑力活动做出突破性的创造,例如硬壳式结构、后掠机翼、喷气发动机安装在机翼下(如波音 747 飞机)、面积律和其他鼓舞人心的创造。在进行方案设计的过程中,有时也会产生一些创造性的设想。因此,设计概念总是不断产生的,但只有极少的设想会真正形成初步设计方案并在以后的发展计划中实现(见图 1-2)。概念阶段将产生初步布局草图,它综合了方案的主要特性和基本设计思想,是以后设计阶段的基础。虽然在这一阶段,几乎所有的想法都不包含设计的细节,但完整的飞机已在纸面上形成。所以,概念设计中要回答构型布局、参数与重量以及性能方面的基本问题。

概念设计是一个多变的过程,随着设计研究的深入,不断细化,往往会涌现出许多新的想法和问题。对每一次新的设计进行分析和确定参数之后,为反映出新的总重、燃油量、机翼尺寸、发动机尺寸以及其他的变化,必须重新绘制设计图,早期的风洞试验,就经常暴露一些需要修改构型的问题。

在概念设计阶段,当飞机的气动布局确定后就进行推进、气动、重量等分析,然后进行性能分析。它包括航线特性和场域特性分析。其中航线特性分析是计算在一定飞行剖面下各阶段耗油量、航程及航时。还要计算起飞平衡场长、二阶段爬升单发停车爬升率、进场速度、着陆距离等起降性能参数。

性能分析结果通常用于判断飞机是否满足设计要求,如不满足,可通过更改飞机几何外形、推力大小、燃油重量使其满足。此外,性能分析还可用安排燃油量、确定飞行包线、竞争性分析、排放研究、市场分析、取证等。

1.2.2 初步设计

初步设计阶段包括两部分内容:方案设计和打样设计。现分别介绍如下。

1) 方案设计

方案设计与概念设计的不同是前者有正式全面的设计要求,而最终必须设计出一个"最佳"方案,作为详细设计的基础。而概念设计可以提供几种可供比较的方案作为结束。方案设计的流程如图 1-3 所示。

首先根据设计要求和在概念设计的基础上,进行多种气动布局方案的对比和研究。这包括不同的气动布局形式,机翼平面形状和参数,机身外形,尾翼的布置和参数,进气道/发动机/喷管的综合设计。

方案设计在与下列几方面的平衡时,占主要地位。

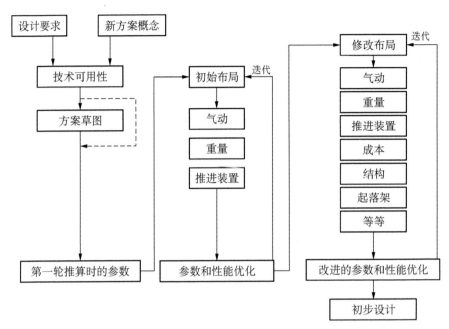

图 1 - 3　飞机方案设计过程

（1）要求的体积。

（2）重量分布。

（3）主要尺寸。

（4）发动机性能。

由于飞机的主要性能特性都根据"质点系力学"确定,具有头等重要性的是主要尺寸、重量和气动力之间比较简单的关系必须极其准确。因而需要不断地更新经验数据库。

首先,方案设计系统确切地表达了各专业人员在飞机详细设计阶段提出的必须满足的要求,重要的是要确定在采用的公式中各个系数的实际数字,赋予零升阻力系数 C_{D_0} 或者机翼重量的特定值,意味着设计师必须达到这一水平的阻力或机翼重量。在方案设计中,这些数字还没有实现,它们作为最低标准给出。

其次,一名设计师应对"什么是可以实现的"找到感觉。不能浮于表面,设计师必须在(几乎)每个方面都具备详尽的知识。方案设计必须切合实际,不能过于乐观,否则会导致令人失望的设计方案,同时也不能保守,因为这样可能让竞争对手有更好的设计方案。方案设计人员此时至少对于重量、阻力和性能还谈不上设计,只是预测。

最后,如果确定了高标准而又切合实际的要求,就可以进行下一阶段的设计工作。图1-4给出了初步设计过程的方块图。由用户和制造商共同制订要求,用户确定有关运输能力的要求,制造商确定能够实现的要求。

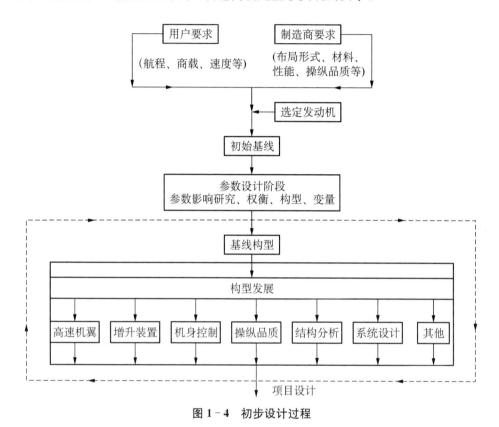

图1-4 初步设计过程

一旦确定了所要求的飞机基本特性,也就确定了详细的气动外形,它既包含所有的容积,也形成了所需的气动力特性。气动外形通过下列途径获得:

(1) 理论研究(包括CFD在内的计算空气动力学)。

(2) 风洞试验。

(3) 从经验数据库(手册)中选取数据。

气动力设计的主要目的是寻求优化升阻特性满足性能要求的外形。而飞行操纵特性是依据飞机作为"质点系力学"来确定,满足飞行操纵特性要求,首先要关注水平尾翼、垂直尾翼和操纵面。对操纵面的尺寸、性能要求与飞行操纵特性之间要达成一种平衡。当然,电传操纵的采用对常规气动设计概念进行了一次革命,它可使操纵面缩小,这对气动性能也有利。

图 1-5 示出平尾面积与机翼面积之比 S_h/S 和重心弦向位置 $(x/c)_{c.g.}$ 之间关系的示意图。左侧边界是操纵性边界,右侧边界是稳定性边界。

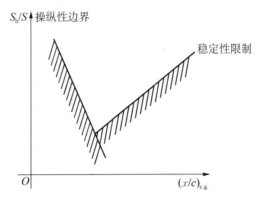

图 1-5 操纵性和稳定性限制

作为一般原则,设计师必须:

(1) 优化性能。

(2) 取得满意的飞行操纵特性。

气动布局设计必须与内部布置同时进行,为了形成可供比较的飞机方案,各个专业都要介入。结构进行承力路线的设计,考虑选用的新材料和新工艺;各系统要进行原理设计,确定系统的主要附件和设备配套定出外购项目。在这些设计和分析的基础上,才能估算出飞机的重量和重心位置。

风洞试验是方案设计的一项重要工作,不同的气动布局方案主要依靠试验来对比。为了了解是否满足有关性能的设计要求,需要进行性能计算。进行性能分析的气动力原始数据主要来自风洞试验。

自 20 世纪 60 年代以来,由于计算机和计算流体动力学(CFD)的发展,在方案设计中,计算机得到普遍应用。从 20 世纪 70 年代以后,西方各国主要飞机公司都发展了计算机辅助飞机设计一体化系统,例如空客公司在设计 A310 飞机时就使用计算机辅助设计来决定飞机的外形。

计算机辅助飞机一体化设计系统不仅仅用在方案设计阶段,它还应用在飞机研制的整个过程。

2) 打样设计

方案设计中虽然也涉及结构和系统,但它主要是为确定总体方案和布局服务,所以这时结构和系统的考虑是比较粗略的。在详细设计之前,结构和系统还需要一个初步设计的过程,这个过程为打样设计。但在打样设计过程中,还要进行许多其他的工作,如气动力分析、风洞试验、设备安装和通路的协调等。

(1) 气动力分析和风洞试验。

在飞机方案确定以后,气动布局设计已大部分完成,剩下的是一些细节方面的设计,如稳定面和操纵面的面积和偏度的确定,前缘缝翼、后缘襟翼的优化,进气道的细节设计如唇口、隔道和管道等。在打样阶段还要进行全面的风洞试验,为气动力分析和详细设计提供原始气动力数据。要制造各种不同的模型进行高、低速风洞试验,如全机测力模型,测压模型,进气道性能和畸变试验模型,喷管和短舱喷流试验模型,缝翼、襟翼低速模型,带动力模拟器(TPS)的试验模型,动导数模型等。

气动力分析工作主要在打样阶段进行,它包括性能、稳定性和操纵性分析,大迎角气动特性分析,全机气动载荷计算,进气道和喷管性能分析,气动弹性分析以及初步的颤振分析。

(2) 结构打样设计。

结构打样就是结构的初步分析,虽然不要求细节,但对结构所有主要受力部件都要进行初步设计和分析,选择合理的结构形式、新材料和新工艺,重量估算等。

(3) 系统打样设计。

对所有系统首先要进行原理设计,确定主要附件。对自己研制的附件进行初步设计,对外购附件提出技术要求并与承制厂协调。对于本系统有关的各个方面进行协调,确定本系统的全部功能和功率。对管道和电缆的铺设进行初步的设计和通路协调。

(4) 全机布置协调。

在方案设计的内部布置中虽然对主要设备和附件的安装位置都做了安排,也考虑了管道和电缆的通路,这都是粗略的。在打样设计中要确定飞机上所有设备和附件的准确安装位置,保证安装要求以及相互之间以及与结构之间的必要间隙。对运动部件要进行运动空间和间隙的检查,如起落架装置和操纵系统。对各种管道和电缆要定出准确的通路以及通孔的位置和大小。在驾驶舱内部,由于有很多显示器、仪表、操纵器、操纵杆、座椅以及客舱内部布置,协调不但要非常细致,而且还要请使用方(或客户)参与提意见。全机布局协调与结构和系统的打样设计同步进行,这种协调一般是在全尺寸的图纸上进行,画出全套的协调图。对运动部件有时还要制造实体模型进行检查。由于计算机和三元图形技术的发展,运动机构及有关间隙的检查已可在计算机上进行,并将全机布置协调在计算机屏幕上进行。

(5) 样机审查。

在打样设计后期要制造全尺寸的协调样机。它有两个作用,一是进行复杂部位的布置检查,如设备舱、座舱、驾驶舱和发动机舱;二是请用户(客户)审查,以便检验在全尺寸飞机和真实座舱的环境中是否符合使用要求。在样机审查的同时要提供必要的设计和分析报告供用(客)户审查。

在样机审查批准以后,冻结设计状态,详细设计才能开始。

在初步设计阶段,结构、起落架与操纵系统专业的专家们,将对他们所负责的部分进行设计和分析。同时,设计师们开始进行诸如空气动力、动力装置、结构以及稳定性和操纵性方面的试验。此时,还可以制造样机。在初步设计阶段的后期,一旦做出构型"冻结"的决定,即使是次要的更改也不允许。

初步设计期间一项重要的工作是设计"模线"。所谓模线,是具有足够精度的飞机外形的数学模型。它们可以保证飞机不同部分之间的协调,即使是不同设计师设计的,也能在不同的地点制造和装配。

现在,把上面的概念设计和初步设计放在一张方框图中,如图1-6所示。

1.2.3　详细设计

详细设计阶段的主要任务如下:

(1) 结构和系统的详细设计和分析,如结构的应力分析、损伤容限和安全寿命分析,对系统要进行可靠性和使用维护方面的分析,发出原型机无纸化图纸和技术资料。

(2) 在详细设计阶段仍要进行大量的风洞试验和气动力分析工作。根据初步设计中气动布局和参数调整的大小,决定重心,进行新的一轮全机或是某些局部的风洞试验。在有了准确的全机质量分布数据以后,要进行颤振风洞试验和全面的气动弹性分析。

根据详细设计阶段的数据和最新的风洞试验结果,进行全面的气动力分析,并给出正式报告。

一旦气动外形确定以后,接着围绕以下几方面进行详细设计:

a. 客舱和驾驶舱布置。

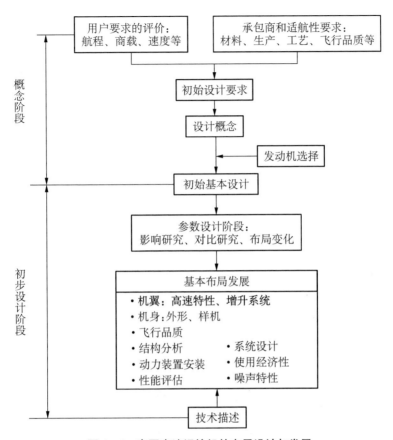

图 1-6 高亚声速运输机的布局设计与发展

b. 所有的飞机系统。

c. 飞机结构。

这是将之前飞机设计过程取得的比较理论抽象的结果转化为硬件的一步,这一步的工作量最大。以 1995 年福克公司为例,有 15 人从事飞机初步设计,45 人进行气动设计,而其余工程工作超过 940 人。

图 1-7 和图 1-8 解释了飞机设计过程和飞机设计迭代过程。把图 1-7 和图 1-8 结合起来就可看到飞机设计的三个阶段。

(3) 对飞机的维护性和出勤率进行全面的分析。对使用维护的工具和设备进行分析,有的由飞机公司自己研制,有的向承包商提出研制要求。

在详细设计阶段可以利用图形终端绘制图纸,通过计算机进行图纸的发放和更改。飞机的几何数据可以通过计算机直接传递到制造工厂。现在已发展到

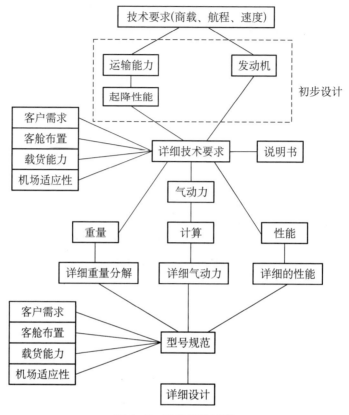

图 1-7　飞机设计过程

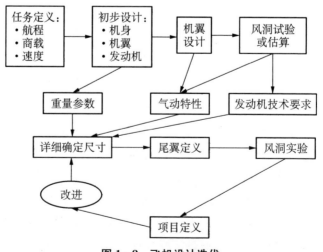

图 1-8　飞机设计迭代

无纸化设计,各种图纸和技术资料全部存储在计算机的各种数据库中,制造工厂通过计算机联网可获得需要的图纸和资料。这样不但进一步缩短研制的过程,而且还可以降低成本和提高质量。

最后为原型机试制。为加快研制进度,现代飞机都制造多架原型机进行试飞,适航取证。在试飞结束获得设计定型或型号合格证后,才能进入成批生产和改进改型。

2 大型运输机的总体布局分析

高亚声速大型运输机的设计状态主要要求是巡航状态的高气动效率。气动布局是总体布局的关键部分,对飞机的飞行性能和运营成本起着重要的作用。在总体布局的选择和设计过程中,要综合考虑气动、强度、结构、动力装置、飞控以及可靠性和维护性等多个方面的因素,并进行权衡和优化,以便选定满足设计要求的最优布局方案。

总体布局涉及飞机的主要部件包括机翼、机身、发动机、尾翼和起落架的布局设计,还涉及驾驶舱及机上主要系统的选择和布置位置,对民用运输机而言,还需考虑客舱和货舱内部的布局。

2.1 大型运输机的主要参数选择

飞机总体参数需要通过全机性能优化设计来定,选定飞机的主要参数是飞机总体设计中最主要的工作,飞机的总体设计是在已知设计要求下,求解设计参数,定出飞机总体方案的过程。飞机的设计参数是确定飞机方案的设计变量,确定一个总体设计方案,需要定出一组设计参数,包括飞机及其各部件的重量,机翼和尾翼的面积、展弦比、后掠角,机身的最大直径和长度等几何参数,以及发动机的推力等。

2.1.1 选定飞机设计参数的方法

在总体设计初期阶段有两种方法可初步选出飞机的设计参数:

(1)原准统计法,即参照原准机及有关的统计资料,凭设计师的经验和判断,初步选出飞机的设计参数。采用这种方法原准机要选得合适,并收集和掌握原准机的设计资料。

（2）统计分析法，即选择飞机的参数是利用统计资料或实验结果作为原始数据，建立分析计算的数学模型，并利用计算机进行反复迭代的分析计算，求解出合理的参数。

无论采用哪一种方法都要求深入地了解飞机的主要设计参数与飞行性能之间的关系，以及在进行选择时的决策原则。

在众多的飞机设计参数中，主要的有三个参数：

（1）飞机的正常起飞重量 $W(\mathrm{kg})$；

（2）动力装置的海平面静推力 $T(\mathrm{kg})$；

（3）机翼面积 $S(\mathrm{m}^2)$。

这三个参数对飞机的总体方案具有决定性的影响，因为这三个参数一改变，总体方案就要改变，所以把三个参数称之为飞机的主要参数。它们的相对参数是：

起飞翼载 $\dfrac{W}{S}(\mathrm{kg/m}^2)$；

起飞推重比 $\dfrac{T}{W}$。

2.1.2　飞机主要参数与飞行性能的关系

根据飞行力学中的质点空气动力学推出的计算飞行性能的公式，对飞机主要参数与飞行性能之间的关系进行研究和分析。

在石油危机时期，图 2-1 可作为节能技术飞机基线设计选择图，它是推重比随翼载变化的示意图，此图用于确定飞机设计方案的设计点。对设计有各种要求，例如起飞场长（TOFL），发动机停车高度（EOA）和进场速度。可以通过选定某设计点优化的参数有最小轮挡油耗（MBF）、最小直接使用成本（DOC）和最小起飞总重（TOGW）。设计点选在何处取决于对燃油价格、飞机采购价格和销售数量等的预测。在这个示意图中，MBF 越低将导致采用的机翼和发动机越大。如果燃油价格上涨，设计点将移向 MBF 区域。在这种情况下，设计点选为在给定的起飞场长下使 DOC 最小。

根据参考文献[10]，机翼面积是一个重要的特征参数，它与起飞重量和发动机的推力为飞机飞行性能的函数。但在确定机翼面积之前必须首先确定推重比和翼载，因为推重比和翼载与起飞重量、发动机推力和机翼面积密切相关。

由于飞机的起飞、爬升、巡航和着陆等飞行性能对翼载 $\dfrac{W}{S}$ 和推重比 $\dfrac{T}{W}$ 有着不

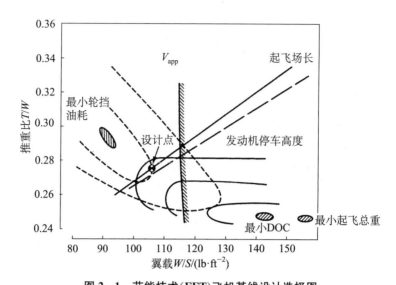

图 2 - 1 节能技术（EET）飞机基线设计选择图

V_{app}—进场速度；T—推力；W—重量；S—机翼面积；DOC—直接使用成本

同的要求，可采用界限线法来权衡决定这两个组合参数。

为了满足任一项给定的飞行性能要求，在飞机主要参数之间，翼载和推重比之间总存在着一定的关系，这种关系用函数 $f\left(\dfrac{W}{S},\dfrac{T}{W}\right)=0$ 来表示，由于各种性能对翼载和推重比的要求不同，这样特定的函数形式也就不同。这样，根据给定的飞行性能要求，如起飞滑跑、爬升、巡航和着陆等，由经验公式或按统计资料确定一系列的有关气动力数据后，就可在 $\left(\dfrac{W}{S},\dfrac{T}{W}\right)$ 坐标平面上画出若干条曲线来，在每条曲线的某一边，图上任一点所代表的 $\left(\dfrac{W}{S},\dfrac{T}{W}\right)$ 值都可以满足该项给定性能要求，而在该曲线的另一边的点子则不能满足性能要求。因此，这种多界限线就能确定出一个区域，在这个区域中可以选出满足各项给定性能要求的 $\left(\dfrac{W}{S},\dfrac{T}{W}\right)$ 点。这种利用界限线来求出翼载 $\dfrac{W}{S}$ 及推重比 $\dfrac{T}{W}$ 可能范围的方法，就称为界限线法（见图 2 - 2）。

在飞机方案设计阶段的重量估算中，需要预先确定一个起飞总重的初始值，一般可参考飞行任务与所设计的方案相类似的飞机初定一个 W_{TO}，再以此为基础，分别确定飞机的燃油和空机重量，而载重一般是由任务确定的。这三者之和不一定等于最初确定的总重。因此，通常要经过几次迭代，得到一个较符合实际

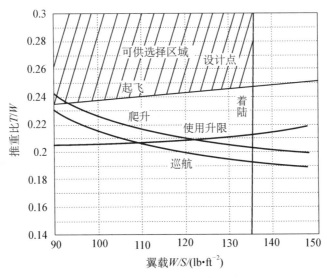

图 2 - 2　总体参数优化

的 W_{T0}。有了 W_{T0}，再由界限线图以满足飞机设计技术要求所确定的可选区和

设计点选择的翼载 $\left(\dfrac{W_{T0}}{S}\right)$ 值，这样就可得到机翼面积 S。确定机翼面积主要考

虑满足巡航效率高以及与之相对应的高升力系数，但也要考虑起落性能要求的
增升装置的效率及远程飞行要求的内装大量燃油的空间。

　　飞机的典型任务段为起飞、爬升、巡航、下降和着陆。可以使用布雷盖
（Breguet）公式估算巡航阶段的性能：

$$R = K \frac{V}{SFC} \frac{L}{D} \ln \frac{W_1}{W_2} \tag{2-1}$$

式中：$\dfrac{V}{SFC}\dfrac{L}{D}$ 为航程因子；$\dfrac{L}{D}$ 为升阻比；K 为常数；SFC 为单位燃油消耗量；R 为

航程；V 为飞行速度；W_1 和 W_2 分别为飞机在该阶段起点和终点的重量。

　　为了增大航程，可以提高飞行速度。但是，当今的飞机不能以非常高的速度
飞行：典型的最大空速为马赫数 Ma 为 0.85。如果以更高的速度飞行，则要付
出昂贵的代价，因为此时燃油消耗激增，还必须采用大后掠机翼，飞机又重又使
得航程减小。能影响航程的可变参数是升阻比，升阻比是翼展 b 和浸润面积
A_{wet} 的函数。图 2 - 3 给出了 13 种现有飞机在升阻比最大时的巡航效率。

　　注意：仅当机翼面积不变时，展弦比才是决定性的参数，否则，应使用翼展

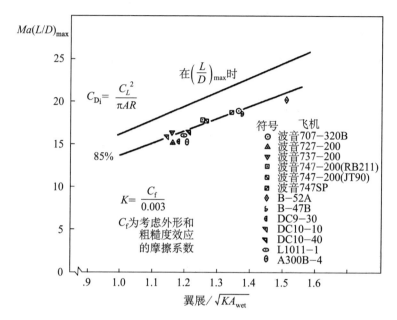

图 2-3　在最大升阻比 $(L/D)_{max}$ 时的巡航效率 $Ma(L/D)_{max}$

Ma—马赫数；L—升力；D—阻力；C_{D0}—零阻力系数；C_L—升力系数；AR—展弦比；K—常数；A_{wet}—浸润面积

载荷 $\dfrac{W}{b^2}$:

$$\frac{D_i}{W} = \frac{C_{Di}}{C_L} = \frac{C_L}{\pi Ae} = \frac{WS}{\pi qSb^2 e} = \frac{1}{\pi qe}\frac{W}{b^2} \qquad (2-2)$$

式中：W 为重量；b 为机翼翼展；D_i 为诱导阻力；C_{Di} 为诱导阻力系数；C_L 为升力系数；AR 为展弦比；S 为机翼面积；q 为动压；e 为"奥斯瓦尔德"效率系数。

关于上式的推导详见参考文献[15]。从图 2-3 中可以看到 B-52 飞机的巡航效率最高，其值与 A340 和波音 777 飞机的相当。

对民用运输机起飞和着陆的适航审定要求，基本上与起飞时从静止加速到 $1.2V_s$ 和着陆时从 $1.3V_s$ 刹车减速到静止的安全有关（有关起飞、着陆性能的论述在本书"增升装置设计"一章中讨论）。

2.2　机翼相对机身的位置

机翼布局型式由飞机的任务使命和使用要求决定，对大型运输类飞机主要以军用、民用区分，前者以运输军用装备包括大中型武器为主，同时能实施空降、空投。因此多采用上单翼布局以保证后体大型货舱门周围有足够的净空,便于货物快速装卸,利于空投、空降的安全;而民用运输机则普遍采用下单翼布局,其特点是中央翼经由地板下通过,客舱通畅不受干扰,乘坐舒适性好。下单翼机翼上表面可作为应急撤离通道,水上迫降时漂浮性好。下单翼的一大问题是翼下吊短舱距地面要有足够间距,以防止地面杂物吸入进气道而损坏发动机,同时必须保证飞机侧翻时发动机不先触地。

2.2.1 上单翼布局

机翼安装在机身上方的飞机称为上单翼飞机。上单翼布局是军用运输机常用的布局形式,图2-4示出上单翼布局的前视图。

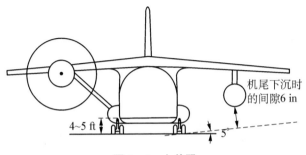

图 2-4 上单翼

1) 上单翼的主要优点

(1) 允许机身离地面近,机身地板正好是大多数卡车箱底的高度,便于装货。

(2) 不需要过长的起落架就可以保证翼吊短舱离地面有足够的间隙,起飞着陆时发动机不易吸入杂物。

(3) 在飞机上仰和滚转情况下,后掠上单翼的翼尖也不易碰地。

(4) 上单翼的干扰阻力比下单翼的小(见图2-5),因为它的升力特性好。

(5) 上单翼可以采用大面积的增升装置,进而缩短飞机的起飞和着陆滑跑距离,特别适合在条件比较差的机场使用。

(6) 如果机翼不从机身穿过,机身与

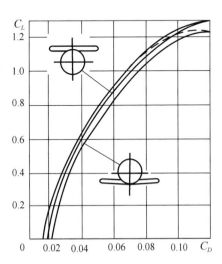

图 2-5 上单翼和下单翼的翼身组合体的极曲线

机翼的连接处的机身结构不需要针对性地加强,由此可以带来结构设计上的优势。

采用上单翼的飞机大多为军用运输机,如 C - 130、C - 5A、伊尔- 76、安- 124、安- 225、C - 17 和 A400M 等。但是也有少量民用飞机采用上单翼布局的,如 HS - 146、BAe146 - 300 和安- 24 等飞机。

2) 上单翼的缺点

(1) 因为起落架安装在机身上,又要传递着陆时的冲击载荷,这就要对机身结构进行加强,这会使重量增加。但由于起落架较短,可减小一部分重量。

(2) 为收藏起落架,要在机身下部外侧设计一个局部鼓包,这鼓包也会带来重量和阻力。

(3) 通常机身底部要搞平,以便货舱地板距地面达到需要的高度,这种平的地板比经过优化的圆弧机身要重些。为了使机身内货舱空间畅通,就把机翼抬高,使机翼与机身结合处只能凸出来,要加以整流*。如果机身顶部是圆弧形的,只在机翼下部的翼身结合处进行整流(详见第 3 章图 3 - 73)。

(4) 后机身大型货舱门周围要有足够空间便于快速装卸货物,并使空投空降安全。另外,为了在载重很大时迅速起飞,避免后机身触地。以上两种原因就要把后机身做成上翘,而这种上翘后机身容易引起气流分离,使阻力增加。

2.2.2　下单翼布局

机翼安装在机身下方的飞机称为下单翼飞机。下单翼布局是民用运输机常用的布局形式,图 2 - 6 示出下单翼布局的前视图。很显然,与图 2 - 4 的上单翼相比,它们在气动布局上的差别很大。

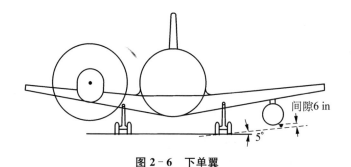

图 2 - 6　下单翼

---

* 即是使表面变得光滑,整流是本行业的专用名词。

对于类似 C-5A 大小的民用飞机如波音 747 为下单翼飞机,其主舱地板距停机坪为 16~17 ft(约 5 m),这就使得该机必须依赖地面的专用装货和登机设备,这对于像 C-5A 这样的大型军用运输机是不可接受的。

1) 下单翼的主要优点

(1) 便于收藏起落架,它可以收藏在机翼里,也可以收藏在机翼-机身的整流鼓包里。

(2) 可以把中央翼安排在客舱地板下面,对客舱的安排有利,使客舱通畅,不受干扰,乘坐舒适性好。

(3) 在应急着陆时,机翼对机身(客舱)可以起到保护作用,比较安全。下单翼的机翼上表面可作为应急撤离通道,水上迫降时漂浮性好。

(4) 减小为达到希望的起飞迎角所需要的后机身上翘角,后机身上翘小,可以使阻力减小。

(5) 发动机的位置较低便于维修,所以大部分民用运输机采用下单翼布局。

2) 下单翼的缺点

(1) 为了保证翼吊发动机有足够的离地高度,以避免吸入地面杂物。所以,要使机身比上单翼飞机的机身离地更高,这就会使起落架的重量增加。

(2) 机翼与机身之间的干扰阻力比上单翼的要大些(见图 2-5),因此,在机翼和机身接合处要进行很好的整流。

(3) 由于机翼位于机身下面,需要特殊的地面设备为大飞机装卸货物,所以高亚声速民用飞机也只能在设备齐全的机场使用,这也是军用运输机与民用运输机如此不同的原因所在。

(4) 由于机翼位于机身下面,这样会影响一部分旅客向下瞭望的视野。

2.2.3 机翼相对机身的垂直位置对各方面的影响

1) 对安全性的影响

在迫降时,下单翼(包括翼吊发动机)将成为一种大的吸收能量的物体,当然在触地时也有可能引起火灾的危险。当飞机在水上迫降时,上单翼飞机的机身可能浸没在水中,因此就必须有从机身顶部撤离的措施。

2) 对性能和飞行品质的影响

上、下单翼对横向静稳定性 $C_{l\beta}$ 的影响(见图 2-7)。

在起飞和着陆过程中,上单翼布局和下单翼布局之间的主要差别是地面效应,它随机翼距地面的高度增加而减小。地面效应一般使涡致阻力减小,导致起

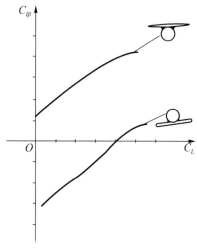

图 2 - 7　机翼上下位置对 $C_{l\beta}$ 的影响

飞距离缩短,着陆距离增长。然而,有时地面效应使襟翼下面的气流过早分离,甚至引起倒流,使飞机最小离地速度增大,从而加长起飞滑跑距离。

可能更重要的是,平尾处下洗的减小会引起一个低头力矩。在起飞抬前轮和着陆拉平时,就需加大升降舵偏度,这可能是升降舵需用功率的决定因素。在接近地面时可能有相反效应,引起飞机"自行着陆"。这意味着,在正确完成最终进场后,无需或仅需很小的平尾偏度就能使飞机拉平,这种情况发生在机翼的位置相当低,以致地面效应使机翼升力显著增加,而低头力矩基本上被机翼升力引起的抬头力矩所抵消。虽然这一特性本来可能是个优点,但从一开始就考虑利用这种优点来设计飞机实际上是不可能的。

在上单翼和下单翼之间,其最大升力和最小阻力存在明显的差别,如果适当地在翼-身交接处采用整流罩,就可使这些差别减至最小(见图 2 - 8)。尽管如此,上单翼在这方面还是优于下单翼,特别是就大升力时的诱导阻力而言。

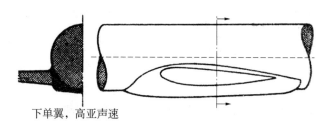

下单翼,高亚声速

图 2 - 8　减小机翼-机身不利干扰的填角整流罩——满足面积律的要求,并容纳主起落架

用良好的设计,特别是正确地选择机翼上反角和垂直尾翼面积,就能大大减小两种布局在荷兰滚阻尼方面可能存在的差异。上单翼设计很容易实现后掠机翼所需求的下反角,而不需要采用高的起落架。一般来说,上单翼布局的军用运输机需要的垂直尾翼面积大致比下单翼飞机的要大 2%。

3) 对结构的影响

用 C - 5A 飞机作为例子,说明上单翼布局的飞机在设计起落架时遇到的困难,虽然机身结构的重量部分地被起落架短而有所抵消,在结构设计的复杂性和空机重量方面,上单翼布局的飞机还是不利的。

2.2.4　大型运输机后掠机翼上反角的选择

1) 军用、民用运输机机翼上反角的选择

机翼上反角的定义为机翼弦平面与水平面之间的夹角,只要飞机倾斜,上反角就有使飞机滚转的趋势。滚转力矩是由倾斜产生的侧滑引起的。当飞机"滑"向下沉机翼时,增加了它的迎角,由此引起的滚转力矩近似与机翼的上反角成正比。

机翼上反角的选择必须保证方向稳定性和横向稳定性之间的协调,由于后掠机翼的横向稳定性过大,故对于下单翼的后掠机翼,要求机翼的下反角为 $3°\sim4°$。苏联的图-104 和图-114 飞机都采用了适量的下反角(见图 2-9),保证飞机的横向稳定性和操纵性都是良好的,但由于机翼采用下反角,这就使图-104 和图-114 飞机的起落架做得很高,如图-104 飞机,由入门的下部到机场地面之间的高度达到 3.8 m,而图-114 飞机这一高度达到 $5.3\sim5.6$ m,这样就使起落架的高度增加,使重量也增加。

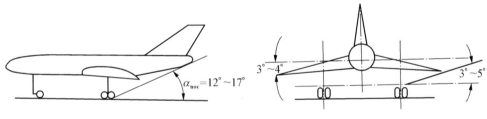

图 2-9

由于后掠机翼和机翼在机身上的上、下位置对上反效应的影响,许多上单翼军用运输机实际上需要一个负的几何上反角(即下反角),以避免过大的上反效应。在美国、欧洲及俄罗斯的下单翼翼吊发动机的民用飞机,它们的机翼采用 $+5°\sim+7°$ 的上反角,这不是空气动力方面的要求,而是为了避免在拙劣的着陆过程中翼尖碰地,另外翼吊发动机要有一定的离地高度。这样,由于后掠机翼有上反角,使飞机的横侧稳定性过大(即存在过大的上反效应)。过大的上反效应将会引起荷兰滚,即会有偏航和滚转的复合运动。如果要抵消荷兰滚趋势,则必须增加垂尾面积,这又要增加重量和阻力。

目前还没有一种可以考虑所有这些影响来选择上反角的简单方法,像初始设计阶段的许多参数一样，机翼上反角也只能根据经验数据估计，然后在接下去的布局设计分析中加以修正。表 2-1 是后掠机翼上反角的初始估算值。

表 2-1　后掠机翼上反角的参考范围

机翼相对机身的位置	下单翼	上单翼
高亚声速后掠机翼的上反角	$3° \sim 7°$	$-5° \sim -2°$

　　由于后掠机翼具有大的上反效应，所以要求后掠上单翼下反，一般下反角为 $3°$ 左右。即使上单翼下反了，对翼吊发动机短舱的离地距离还是足够大的。

　　顺便提一下，像尾吊发动机的 MD-82 飞机为下单翼，其机翼也采用大于 $3°$ 的上反角。

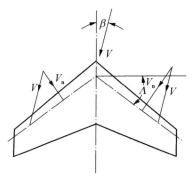

图 2-10　后掠机翼的上反效应

　　2) 机翼后掠角和机身对上反效应的影响

　　(1) 机翼后掠角对上反效应($C_{l\beta}$)的影响。

　　机翼后掠角是影响上反效应($C_{l\beta}$)的主要参数，设想一个如图 2-10 所示的侧测后掠翼，按照简化的后掠翼理论，在亚声速决定升力的是垂直于机翼 1/4 弦线的速度 V_n，即

$$L = C_L \frac{1}{2} \rho V_n^2 S$$

　　右边机翼的法向速度为 $V \cos(\Lambda - \beta)$，左边机翼的法向速度为 $V \cos(\Lambda + \beta)$。由此，显然可见，图上所示的右机翼升力大于左机翼，因此有负的滚转力矩，对于小 β 角，可以预计滚转力矩正比于

$$C_L \left[(V_n^2)_{右} - (V_n^2)_{左} \right] = C_L V^2 \left[\cos^2(\Lambda - \beta) - \cos^2(\Lambda + \beta) \right] \approx 2 C_L V^2 \sin 2\Lambda$$

而右机翼与左机翼的升力差为

$$\Delta L = C_L \frac{1}{2} \rho V^2 \frac{S}{2} \left[\cos^2(\Lambda - \beta) - \cos^2(\Lambda + \beta) \right]$$

对于小 β 角做三角函数展开，可把上式简化成

$$\Delta L = \beta C_L \frac{1}{2} \rho V^2 S \sin^2 \Lambda$$

这样，滚转力矩等于 ΔL 乘以两个半机翼压力中心之间的距离，最后得到由侧滑

角 β 产生的负滚转力矩系数为

$$C_l = -\text{const}(\beta C_L \sin 2\Lambda)$$

式中,常数为 0.2 量级,C_l 随 β 为线性变化,符号为负。

最后,后掠机翼产生的上反效应的量级如下式所示:

$$\Delta C_{l\beta} = -\text{const}(C_L \sin 2\Lambda)$$

粗略地说,10°后掠角可提供约 1°的有效上反。

(2) 机身对上反效应的影响。

当机翼小而机身大的时候,机翼的肩部从机身的干扰中获得有效上反。机身的流畅与机翼相互影响就好像改变了机翼的上反效应,为了说明这一点,设想一个圆形截面的长圆柱机身,该机身与主流成侧滑。横向气流分量为 V_β,横流所产生的绕机身的流动图形如图 2 - 11 所示。由该图可以清楚地看出,机身所诱导的垂直速度与主流速度组合后将改变机翼的局部迎角。对于上单翼,该迎角会产生负的滚转力矩,即增加了上反效应。相反,对于下单翼,由于机身的干扰,使上反效应减小。也可以做这样的解释,在侧测飞行中,机身将空气流推向其上、下方,如果是上单翼,机身把空气流将上面的机翼向上推,从而产生一个附加的上反效应。同理,使下单翼产生一个附加的下反效应。对上反效应的影响取决于在机翼之前的机身长度、机身横截面形状以及机翼的平面形状和位置。

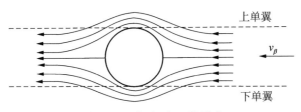

图 2 - 11 机身对 $C_{l\beta}$ 的影响

3）民用飞机偏航阻尼器设计

由侧风引起的偏航运动伴随着滚转运动(荷兰滚),可能衰减很慢或甚至不稳定而令驾驶员反感。加上现代喷气民用飞机一般采用下单翼上反机翼,在高空小速度、大迎角的起飞、进场和着陆时常感到荷兰滚模态的阻尼不足,出现比较严重的横航向飘摆运动,此时运动幅度较大,振荡次数多,影响乘客的舒适性和安全。若用增加垂直尾翼面积,加大尾力臂的办法也能解决问题,但会受到结构重量的限制。而最安全、最经济的办法是采用人工增稳器,即可采用偏航阻尼器相当于改变飞机偏航阻尼导数的办法来增加荷兰滚模态的阻尼。

(1) 偏航阻尼器调节规律的可能形式。

方向通道: $\delta_r = K_r\beta + K_r\gamma + K_r P$

副翼通道: $\delta_a = K_p\beta + K_p P$

(2) 调节规律引入后对飞机的飞行品质的影响。

信号引入后在飞机的横向、航向两个通道中对飞机飞行品质的影响有以下几方面。

a. $K_r\gamma$:即引入 γ 信号,它是偏航角速度信号,可以补偿飞机本身偏航阻尼力矩的不足,使飞机增加足够的阻尼力矩,大大地减弱飞机的横侧振荡。由于 γ 的引入,使飞机荷兰滚模态阻尼比 ζ_d 大大增加,改善了飞机的飞行品质,使运动平稳,乘客舒适。

b. $K_r\beta$、$K_p\beta$:降低 ϕ/V_e(ϕ 为倾斜角,V_e 为当量侧滑速度)值,主要是通过偏航阻尼器使 $C_{l\beta}$ 减小,通过在副翼通道中引入 β 正反馈达到。另外,ϕ/V_e 的降低,使 $C_{n\beta}$ 增加,这在方向通道中引入 β 负反馈达到。由于偏方向舵受 δ_{rmax} 的限制,所以 ϕ/V_e 值减小不多,而使 ζ_d 减小,并使 ω_{nd}(荷兰滚无阻尼自振频率)增加,相当于舵效率降低。所以,一般在方向和副翼通道中不引入 β 信号。

c. $K_r P$、$K_p P$:横向阻尼信号,一般来说,飞机具有足够的横向阻尼,再提高会降低飞机的操纵性和机动性,所以不引入。

(3) 根据参考文献[95],偏航阻尼器引入方向通道的调节规律形式如下。

当偏航阻尼器工作时,方向舵偏度为

$$\delta_{r \cdot damp} = \frac{T_p}{T_{p+1}} K_r \gamma$$

机翼增升装置收起后,方向舵偏度则为

$$\delta_{r \cdot damp} = \frac{T_p}{T_{p+1}} K_r \gamma + K_p P$$

式中:T_p 为时间常量;K_r、K_p 为阻尼器增益;γ 为偏航角速度;P 为滚转角速度。

单通道带来的好处如下:

a. 引入单通道系统简单;

b. 在方向通道中引入 $K_r\gamma$ 信号后,使荷兰滚模态阻尼比 ζ_d 大大增加,并使飞行品质得到很大改善；

c. 引入 γ 信号后，使 ω_{nd} 大大降低，有利于提高飞机的机动性和操纵性。

图 2-12 表示偏航阻尼器的工作原理方块图。图 2-13 为一架商用喷气式飞机偏航阻尼器的结构图。对照图 2-12 和图 2-13 可以看到，偏航阻尼器通过速率陀螺测量飞机的偏航速率，通过洗出网络后与驾驶员的脚蹬输入综合，综合后的信号送入方向舵回路操纵方向舵，从而改变了飞机的偏航速率。

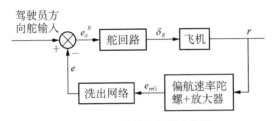

图 2-12 偏航阻尼器方框图

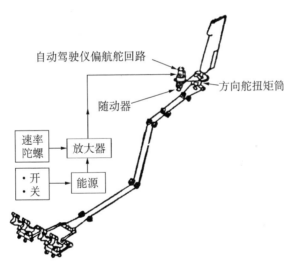

图 2-13 某商用喷气式飞机偏航阻尼器结构图

这种偏航阻尼器对在机翼下安装发动机的飞机，它还有抑制一台发动机失效所产生偏航运动的作用。

(4) 运 10 飞机引入偏航阻尼器的好处。

采用偏航阻尼器后，运 10 飞机的荷兰滚品质参数得到很大的改善(见表 2-2)，荷兰滚模态阻尼比大幅增加，使振荡和阻尼周次 $C_{1/2}$ 减少，振荡过渡过程 T_{CP} 减小，运动很快平稳。

表 2 - 2　运 10 飞机的荷兰滚品质参数

阻尼器 \ 品质参数		$t_{1/2}$	ω_{nd}	ζ_d	T_d	$C_{1/2}$	T_{cp}	ϕ/V_e
计算机	有阻尼器	2.72	0.95	0.266	6.84	0.397	12	0.127
	无阻尼器	16	0.99	0.043	6.33	2.5	70	0.110
实物模拟	有阻尼器	2	0.98	0.340	6.65	0.39	11	—
	无阻尼器	11.8	1.02	0.055	6.16	2	55	—

4）苏联在改进荷兰滚特性方面的考虑

飞机横向和航向的最大滚转角速度和最大偏航角速度之比是表示飞机受扰动后横-航向稳定性是否匹配良好的标志。设计成功的飞机应满足：

$$K = P_{max}/\gamma_{max} = 0.5 \sim 1.5$$

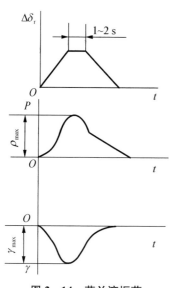

图 2 - 14　荷兰滚振荡

如果比值过大，飞机会产生螺旋不稳定，比值过小，会发生荷兰滚振荡。设计初期可按图 2-14 所示方法求得 P_{max} 及 γ_{max}。由于横-航向振幅与横-航向稳定性直接有关，故判别横-航向稳定性匹配关系可简化为用"卡帕"（$æ$）来表示：

$$æ = C_{l\beta}/C_{n\beta} = 0.5 \sim 1.0$$

飞机若能满足这个比值，横-航向扰动特性就是成功的。对于无偏阻尼器的飞机，开始方案设计时就要选择合适的机翼上反角，保证 $C_{l\beta}/C_{n\beta}$ 之比。安-24、安-12 飞机采用了外翼下反，又考虑空中飞行时由于机翼弹性影响，使 $C_{l\beta}$ 还要加大，所以，当方案选好以后，再来决定外翼下反。安-22、安-24、安-28 等飞机都没有装偏航阻尼器，设计时都进行过 $C_{l\beta}/C_{n\beta}$ 在所有飞行状态的飞行分析。

安-124、安-225、安-70 飞机装有偏航阻尼器，可以人为调整横-航向稳定性比值。

安-124、安-225 按下列公式：

$$\Delta\delta_r = K_r\gamma + K_p P$$

$$\Delta\delta_a = K_p P$$

调整舵偏度以满足要求。

2.2.5 机翼安装角的选择

在机翼无扭转情况下,安装角的定义是机身轴线与机翼根弦之间的夹角。如果机翼有扭转,则安装角应由任一选定的机翼展向位置的翼型来定义,通常选用与机身对接的外露机翼翼根处的翼型,工程上常常给出翼根和翼尖处的安装角并且两者之间的差值定义为扭转。

安装角的选取原则上是为了使某种状态下的阻力达到最小,对于大型民用飞机来说,这种状态一般是指巡航状态。具体条件如下:机翼在选定的设计状态所对应的迎角,机身处于最小阻力状态。也就是,机翼在机身上的安装角选择,主要使巡航时飞机处于最有利的升阻比状态,如图 2-15 所示,对于大型民用飞机来说,要求巡航状态下机身轴线与气流方向一致,以减小机身的阻力,其安装角一般在 $2°\sim6°$ 之间。过大的安装角会引起很大的零升力矩 C_{m0}(见图 2-16)。

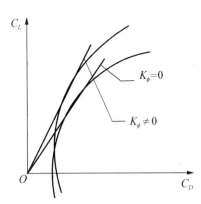

图 2-15 不同安装角的升阻比

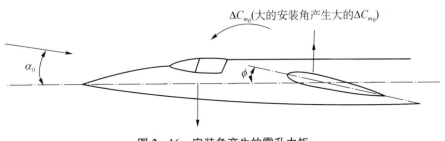

图 2-16 安装角产生的零升力矩

另外,机翼安装角(ϕ)并不等于 α_0,要小于 α_0,全机零升迎角 α_0 可用下式估算:

$$\alpha_0 = (-C_{L0})/C_{L\alpha}$$

安装角对零升迎角的影响如图 2-17 所示。

机翼安装角最终要由风洞试验数据来确定。对于初步设计,可以假定大型民用飞机的机翼安装角为 $3°$。在以后的设计阶段,可通过气动力计算来检查设

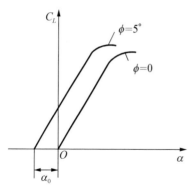

图 2‑17　安装角对零升迎角的影响

计状态下所需要的机翼实际安装角。

上述有关机翼安装角的数值是针对无扭转机翼而言的,如果机翼是有扭转的,其平均安装角必须等于 $3°$。

2.3　发动机的位置

发动机的位置受发动机和飞机的种类影响,在选择发动机位置时,一个重要的方面是发动机与飞机机体的相对独立,这对于更换不同厂商的发动机或进行发动机升级具有很大的优势。对采用螺旋桨发动机的飞机,一般将发动机布置在机头或采用翼吊式。这种布局的优点是可以保证螺旋桨有足够的空间,如图 2‑18 所示。

图 2‑18　A400M 大型军用运输机

翼吊发动机布局是大型运输机中采用的最多布局形式(见图 2‑19),这种

图 2‑19　翼吊发动机布局形式(A380)

布局的优点是发动机与机身的相对独立可以容易地实现发动机更换,便于发动机的检查与维护等。对于采用下单翼的飞机布局,一个主要问题是如何确保发动机短舱有足够的离地高度,这个问题对于不断增加的发动机涵道比是一个难题,一般需要发动机厂商与飞机厂商在设计中进行密切的协调,并采用计算流体动力学(CFD)方法进行精细的分析,以实现机翼与短舱的融合布局。

与翼吊型式相比较,还可将发动机短舱通过挂架安装在机身后部两侧(见图 2 - 20)。这种布局的优势在于推力轴线与飞机轴线接近,减小了单发失效状态时的横向力矩。但是,这种布局导致飞机的重心后移,进而影响飞机重心的可变范围。同时,故障下风扇或涡轮叶片飞出也可能带来严重的后果。发动机噪声对客舱的影响也是一个需要考虑的问题。有关三发飞机的布局详见本书第 7 章。

图 2 - 20 尾吊发动机布局形式(MD - 90 - 30)

采用 2 台以上发动机的飞机多见于远程或洲际飞行的飞机,如波音 747、A340、C - 5A、伊尔 - 76、C - 17 和 A400M 飞机。民用客机目前的发展趋势是采用双发,以降低对环境的影响和改善飞机的燃油经济性。

尽管发动机一般由专业的发动机承包商设计制造,但为了进一步提高飞机的性能和降低成本,必须考虑发动机与飞机机体的一体化设计。

进气道的位置显然与发动机的类型和位置密切相关,对采用涡扇发动机的飞机而言,进气道的主要问题是发动机短舱的设计及其与飞机机体的相互影响。在短舱设计中需要考虑的问题包括总压恢复能力、气流的均匀性、气动力阻力以及风扇噪声的降低方法等。亚声速飞机进气道较短,一般是涡扇直径的 50% 左右。

2.4 起落架形式

现代飞机设计一般采用可收放式前三点起落架(见图 2 - 21)。前三点起落架包括前起落架和主起落架,前起落架承载 6%~14% 的飞机重量,而两个主起落架各自承载约 45% 的飞机重量。当飞机重量增加时,常用的方法包括采用增加主起落架的轮胎数目,或者增加主起落架的数目。例如,对特别重的波音 747 - 400 飞机和 A380 飞机,在机身中心线两侧再装 2 个主起落架(见图 2 - 22)。而较重的

图 2 - 21　波音 737 - 800 飞机

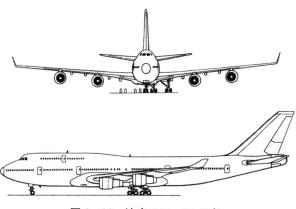

图 2 - 22　波音 747 - 400 飞机

DC - 10 和 A340 飞机在机翼下主起落架位置的机身中心线处装一个主起落架。

大型运输机采用小车式起落架有安 - 225 飞机,如图 2 - 23 所示。

图 2 - 23　大型运输机常见的小车式起落架(安 - 225)

2.5　尾翼布局

尾翼布局可以采用多种形式,对于下单翼的翼吊发动机短舱的民用运输机来说,平尾采用安装在后机身两侧,如图 2-24 的 A-1 所示。对于发动机短舱采用翼吊的军用运输机和发动机短舱安装在后机身的民用运输机一般都采用 T 型尾翼如图 2-24 的 A-2 所示。对于采用单垂尾、水平安定面安装在后机身两侧或在垂尾顶端,这是现在最普遍的布局形式。它保证了结构的简单性和刚度,但对 T 型平尾情况,必须注意防止尾翼颤振。还要注意尾翼绝不能处于喷流中。假设喷流以 $10°\sim15°$ 半锥顶角的圆锥向外扩散,对于尾翼而言,这就定义了一个"超出界限"的区域。如果需要,可以把喷流的中心线向任意希望的方向偏转几度,另一种可能的方法是平尾采用中等上反。在噪声产生区和尾翼之间希望有尽可能大的距离,否则,高强度的发动机噪声可能在平坦的尾翼蒙皮壁板上引起声疲劳。防止这种现象的任何特殊措施都需要付出重量代价。喷流靠近平尾时会影响气流的方向,并且由于喷流的抽吸作用而降低平尾对稳定性的贡献。

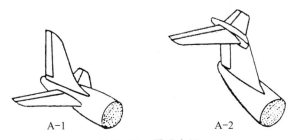

A-1　　　　　　　　　　A-2

图 2-24　尾翼布局

在尾翼布局中,需要考虑的主要因素是能够满足飞机的稳定性和操纵性要求,具体体现在能够提供足够的相对飞机重心的平衡和操纵力矩。大型运输机需要具有在各种飞行状态下的稳定性,并满足对操纵性的要求,包括应对侧风、紧急状态下的可控性等。对操纵性的考虑还应该包含对乘坐舒适性方面的内容。电传飞控系统的广泛采用使得可以适当放宽对飞机静稳定度的要求,以寻求在重量、结构等方面的好处。

3 超临界机翼设计

3.1 高亚声速大展弦比中等后掠角的超临界机翼设计

为了提高大型运输飞机的效率,采用加快飞行速度,使其进入高亚声速飞行。另外,就涡轮风扇发动机而言,它的推进效率与飞行马赫数成正比。然而,飞行马赫数的增加,意味着最终要进入跨声速区,它就会抵消一些推进效率方面的收益。特别是当飞行速度达到临界马赫数(即飞机某些部位的当地气流速度最先达到声速时的飞行马赫数)时,几乎总是会发生气流通过一个激波从超声速变成亚声速的再压缩。当然,激波也会带来一些波阻损失,但它主要的不利影响却来自边界层的气流分离,随着激波的逐渐增强并进一步沿机翼上表面后移产生气流分离是不可避免的。那种在跨声速区能减轻或能完全避免发生这种不利影响的机翼就称为超临界机翼。

大展弦比中等后掠角的超临界机翼气动力设计乃是飞机气动布局设计中最关键的。现代大型远程民用和军用运输机装有高气动效率和复杂外形的超临界机翼。除超临界机翼本身的各个参数外,把动力装置的类型和安装特性、机翼-机身及起落架鼓包整流、翼梢小翼(或更高效率的翼尖修型)与机翼的融合、各操纵面在高、低速时的不同特性及受载时的变形影响综合分析、精细优化设计,以得到满意的效果,达到多个目标的要求。

民用运输机的一个重要设计要求是巡航时的耗油量低,即航程因子 MaL/D 要尽可能高。飞机的升力由机翼产生,机翼阻力占全机阻力的 2/3(见本章图 3-3),目前机翼设计水平使全机的 MaL/D 达到如图 3-1 所示的值。可见最佳的巡航速度在 $0.75 \leqslant Ma \leqslant 0.82$ 之间。进一步增加 Ma 数使机翼产生过强的激波阻力,从而使 MaL/D 下降,为了提高机翼的 MaL/D,图 3-2 表示了

A300 常规机翼和 A310 的超临界机翼在机翼厚度和巡航时的阻力发散升力系数 C_{LD} 方面的差别。可见 A310 飞机的内翼区的机翼厚度比 A300 飞机的大得多（A310 的机翼翼根剖面相对厚度为 20.6%，而 A300 仅为 13.8%），从而使 A310 飞机在重量上带来明显的好处。同时超临界机翼的巡航升力系数可比常规机翼高 20% 以上。因此，在相同的巡航升力系数下，MaL/D 比常规机翼的高 20% 左右。

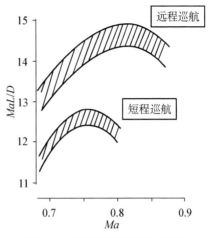

图 3-1 民用运输机的航程因子

另一个重要的气动设计参数是飞机的抖振边界。由于抖振是飞机结构对机翼气流分离的振动响应，它与机翼设计有密切的关系。抖振边界限制了飞机的最大巡航升力系数。为了飞机遇到强阵风时有足够的裕量防止机翼气流分离，通常规定从巡航飞行状态到抖振边界之间必须有 $0.3g$ 的裕量。解决这个问题的唯一途径是良好的机翼设计。

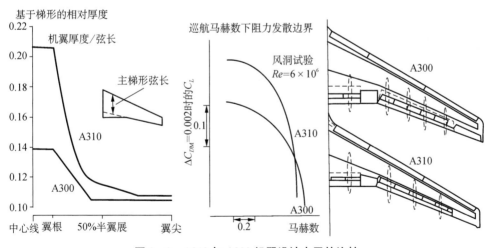

图 3-2 A310 与 A300 机翼设计水平的比较

上面说明了超临界机翼的气动设计在现代民用运输机设计中的重要地位。因此，为了设计出性能良好的飞机，我们必须首先解决如何设计超临界机翼。超临界机翼的气动特性主要取决于超临界翼型的气动特性（见本章后面详述）。

3.1.1 超临界机翼设计要求及其评价准则

为了设计做高亚声速巡航的大型民用飞机,机翼是个关键部件,其原因如下:

(1) 一架典型的高亚声速民用运输机,在巡航状态下,机翼的阻力约占全机阻力的 65%(见图 3-3)。其中波阻约占 5%,它是根据阻力发散马赫数来定的,如果机翼的阻力发散马赫数太小,要满足巡航速度要求则波阻就增大,此时要降低波阻就会使巡航马赫数达不到要求。

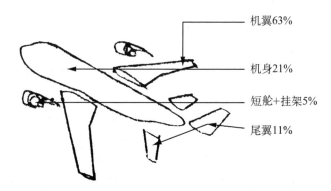

机翼63%

机身21%

短舱+挂架5%

尾翼11%

图 3-3　民用运输机巡航时各部件的阻力分配

(2) 由于机翼采用复杂的增升装置,从重量的角度来看,机翼的结构重量也是飞机各部件和系统设备中最重的一个(见表 3-1)。

表 3-1　典型旅客机的重量分配

构件	重量/%	构件	重量/%	构件	重量/%
机翼	22	内部结构	17	尾翼	6
机身	20	系统	9		100
动力装置	18	起落架	8		

从上面分析看出,机翼气动力设计的优劣对飞机的飞行性能和使用经济性来说起着决定性的作用。所以,机翼的气动布局设计对飞机的失速特性、抖振边界、飞行品质和突风中的响应特性影响极大。

超临界机翼的设计要求如下:

(1) 机翼设计必须使飞机满足设计技术要求中提出的性能指标,如客座数、商载、满载航程、起飞场长等。并在满足以上性能指标下再追求良好的使用经济性,如每座轮挡油耗最少。

（2）在使用包线范围内所规定的飞行速度、高度和构型（襟翼偏度、起落架状态等）下，飞机的飞行品质必须是满意的或至少是可接受的。对应于失速或深失速状态的大迎角条件，保证具有可接受的纵向安定性。

（3）机翼的几何外形尽可能简单、翼面的展向曲率变化应柔和，从而降低制造成本。在机翼几何外形之内必须能进行总体布置和结构设计，以满足强度、刚度和重量等各方面的要求。

（4）机翼必须有足够的空间来装载燃油、收放起落架（指民用运输机）、襟翼和活动面的滑轨与操纵系统。

（5）对于翼吊短舱的布局，要把总体、气动、颤振、噪声、喷流与襟翼的干扰及反推力等诸方面综合起来统一考虑，以达到满意的布局构型。

（6）为了提高高亚声速运输机的气动力效率，机翼应采用大展弦比中等后掠角的超临界机翼。但是，超临界机翼所带来的不利影响（如翼型后缘弯度造成的低头力矩大，克服的方法是将机翼中部翼型的吸力峰值向前缘推移）在初始设计阶段应予以重视。保证最小的诱导阻力值，气动载荷沿翼展的分布尽量接近椭圆分布。保证巡航状态（Ma、C_L）下的最低波阻值。保证在 $C_{L巡航}$ 条件下机翼各剖面无分离流，在 $C_{L允许} = 1.3C_{L巡航}$ 条件下（按适航性标准规定）尽可能保持低强度的分离流。

在机翼设计要求中，从飞机性能来说要满足适航条例要求。另外，高、低速性能要求与机翼的面积、展弦比、后掠角、翼型相对厚度等主要参数及三元机翼的气动外形设计密切相关。而从飞行品质来说，失速和抖振特性与机翼平面形状、厚度分布、翼型剖面特性、沿翼展的扭转及机翼气动外形设计密切相关。

对高亚声速民用运输机机翼设计的评价，就高速特性来说，主要有以下三个准则：

（1）阻力发散马赫数 Ma_D，这是由翼面上产生激波并发展到一定程度而使阻力急剧增加时的自由流马赫数，一般通过常值升力系数下阻力随马赫数变化曲线上 $\dfrac{\mathrm{d}C_D}{\mathrm{d}Ma} = 0.1$（翼型），$\dfrac{\mathrm{d}C_D}{\mathrm{d}Ma} = 0.05$（机翼）或 $\Delta C_D = 0.002$（阻力蠕增）的点来定义，如图 3-4 所示。

（2）在设计范围内，具有最大的航程参数 $Ma_{cru}\left(\dfrac{L}{D}\right)_{max}$：飞机的航程与它的巡航马赫数（$Ma_{cru}$）和升阻比的乘积成正比。对于把巡航状态作为设计点的远程运输机来说，$Ma_{cru}\left(\dfrac{L}{D}\right)_{max}$ 的大小与座公里油耗为代表的使用经济性直接相

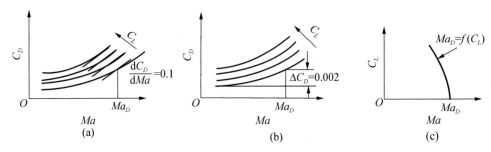

图 3-4　阻力发散马赫数定义

关, $Ma_{cru}\left(\dfrac{L}{D}\right)_{max}$ 越大,则座公里油耗越少。

(3) 高的抖振边界。由于抖振是飞机结构对机翼气流分离的振动响应,它与机翼设计有密切的关系。抖振边界限制了飞机的最大升力系数。为了使飞机能做 35° 倾角的盘旋以及飞机遇到强突风时有足够的裕量使机翼不发生气流分离。

为了保证巡航飞行时有足够的安全余量,要求(见图 3-5)如下:

- 在设计巡航 Ma 数时, $C_{LB} \geqslant 1.3C_{L,CR}$;
- 在设计巡航 C_L 时, $Ma_B \geqslant Ma_{CR} + 0.02$。

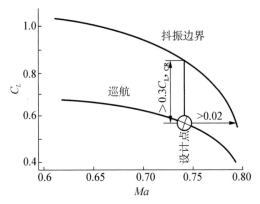

图 3-5　设计点和抖振边界

3.1.2　超临界机翼的平面形状及其参数选择

在大型运输机的气动力设计过程中,机翼设计直接影响着飞机的巡航性能、起飞着陆性能、失速特性、操纵品质及全航段气动效率,所以机翼的设计技术是决定飞机经济性、安全性、舒适性和环保性的关键技术。

所以,在大型运输机设计中,关键部件是机翼,因为巡航时要求油耗低,即航

程参数 MaL/D 要尽可能地高。一般来说,机翼阻力占全机总阻力的 2/3(见图 3-3)。所以,在机翼设计中应设法降低阻力是气动力设计师的工作重点。而机翼设计包括平面形状参数选择,其中有后掠角、展弦比和梢根比的选择。

飞机的主要飞行性能在很大程度上取决于机翼的特性,而机翼的特性又取决于机翼本身的主要几何参数。因此,确定机翼主要几何参数的问题,实质上是研究如何获得最好飞行性能的问题。

机翼几何参数选择的任务在于将机翼作为飞机整体的一部分,以总体设计技术要求为依据,来确定最有利的几何参数。

提出选择最有利的机翼几何参数,是由于飞机各种飞行性能对机翼几何参数的要求往往存在着相互矛盾的各个方面。例如增大机翼后掠角(在一定的马赫数范围内)可以提高最大飞行速度,但另一方面,为了满足强度和刚度要求,结构重量可能增加。如果发动机推力和着陆速度不变的话,为了满足起飞着陆性能要求,必须增大机翼面积,但这又使最大速度降低。又例如增大机翼展弦比,对提高高亚声速运输机的航程有利,但不利的一面是会引起机翼结构重量的增加,因而,在起飞重量不变的情况下载油量必须减少,这又引起航程减小。因此,为了满足一个或几个主要飞行性能的要求,在机翼几何参数的不同组合中,去寻求一组最有利的参数值。

对于大型民用飞机,常以获得最小公里耗油率或速度与最小公里耗油率乘积的最小值为确定参数的主要依据。

在飞机方案初始设计阶段,我们常用统计分析法,因为统计数据是从飞机设计的实践中总结出来的,它基本上反映了过去飞机设计时为解决各种矛盾而得到协调一致的参数。对机翼最有利的几何参数的选择以工程经验为主,辅以一定的 CFD 数值计算,以确定机翼的升阻特性和结构重量等的综合性能好的机翼平面形状及其沿翼展的厚度、弯度和扭转分布,通过反复迭代计算得到要求的结果。当然也可采用选择希望的机翼压力分布进行迭代计算达到满足此压力分布的扭转、厚度分布和弯度分布,但这种方法难度较大,有些状态也难以考虑。

所以,在选择机翼几何参数时,一定要考虑这些参数对机翼的气动特性、重量特性、刚度特性和振动特性(特指颤振临界速度)的影响。

实际上,对机翼上述特性有较大影响的机翼几何参数主要有:①翼型相对厚度和翼型剖面形状;②机翼平面形状参数:机翼后掠角(Λ)、展弦比(AR)和梢根比(λ)。

在这个阶段的工作重点是对机翼参数进行权衡研究(trade-off study)。

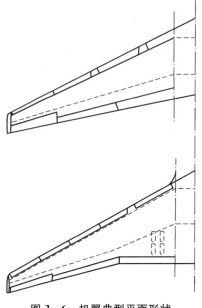

图 3‑6　机翼典型平面形状

1）机翼平面形状选择

现代高亚声速运输机一般都采用大展弦比中等后掠角的超临界机翼,因为这种机翼具有良好的高亚声速巡航效率和较满意的低速特性,而且机翼结构特性也较好。图 3‑6示出两种机翼的平面形状,其中上图为军用运输机的机翼,下图为民用运输机的机翼。从图中看出,民用运输机的机翼在后缘有拐折,这种平面形状是为了在翼根安装主起落架并收于机身腹部的舱内,其优点是使翼根弦长增加,翼型相对厚度减小,有利于提高翼根区的临界马赫数,另一个优点是后缘襟翼的铰链轴垂直于机身对称面,可提高襟翼效率。缺点是后梁要拐折,使传力不直接,制造工艺复杂。会增加结构重量。机身影响范围增大,使干扰阻力增加。

2）机翼面积

机翼面积是一个重要的特征参数,最大起飞重量与机面面积之比称为翼载,它与推重比一起构成飞机的主要参数(在本书第 2 章中已做了论述)。图 2‑2 中示出了满足设计技术要求的可选范围与飞机的设计点。大载重远航程是大型运输机的首要任务,因此,机翼面积的选取要使飞机处于巡航效率高处。现代先进气动力设计的机翼,高的巡航效率相对应的升力系数往往比较高,因此要求用较小的机翼面积,但小面积机翼带来高翼载,为了满足起飞着陆性能要求,就要求设计高效率的增升装置。由于远程飞机需要在机翼内装大量的燃油,在选择机翼面积时也要考虑这一因素。

在设计增升装置和结构布置(特别是主起落架的连接和收放)时,机翼内段一般为有后缘延伸,为抵消由于后缘延伸带来的机翼内段后掠角减小的影响,有些飞机上还有前缘延伸。在计算机翼面积时,必须将这些延伸考虑进去。针对图 3‑7 所示的机翼平面形状,波音公司采用下式计算机翼面积:

$$S = S_{\text{main}} + S_{\text{F}} + S_{\text{R}} + \left(1 - \frac{L_{\text{F}}}{\frac{b}{2} - SOB}\right)\Delta S_{\text{F}} + \left(1 - \frac{L_{\text{R}}}{\frac{b}{2} - SOB}\right)\Delta S_{\text{R}}$$

3) 机翼后掠角(Λ)的选择

(1) 机翼后掠角对气动特性的影响。

机翼后掠角的主要作用是可提高机翼的临界马赫数,避免在高亚声速飞行时,因压缩性影响造成机翼空气动力特性的恶化,使阻力急增而升力下降,俯仰力矩的急剧变化以及飞机的倾侧摆动等。

高亚声速运输机($Ma = 0.8$左右)机翼后掠角确定的原则是根据临界马赫数的要求,确定机翼后掠角 Λ 值。当飞机以最大速度飞行时,机翼上大部分表面都不会出现超声速区或产生激波,避免产生波阻。所以,后掠机翼已成为高亚声速运输机的典型形式。

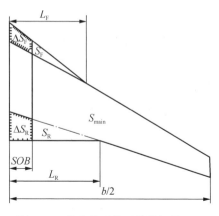

图 3-7 具有前后缘延伸的机翼平面形状面积计算

由于机翼后掠角对延缓高亚声速压缩性效应,降低跨声速、超声速波阻贡献突出,有时也用于调整重心位置。图 3-8 示出了后掠角与起飞重量之关系。

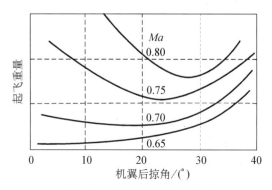

图 3-8 后掠角与重量之关系

有关后掠角选择的问题可概括如下:

a. 允许较高的巡航 Ma,Ma 一定时可采用较大的相对厚度或较高的 C_L 而不会出现大的波阻。

b. 后掠角引起气流的横向流动,使附面层在翼尖处堆积加厚,容易在翼尖处先发生气流分离并导致失速。

c. 为改善后掠翼的翼尖失速,需要降低 $C_{L_{max}}$ 或提高剖面的升力或加大梢根比。

d. 翼尖失速的飞机容易产生纵向不稳定性。

e. 后掠机翼的气动弹性稳定性增大。

f. 横向流动所引起的扰动不利于保持层流流动，自然层流机翼不宜用过大的后掠角。

g. 后掠翼造成翼尖载荷增大和结构展长加长均会引起结构重量的增加。

（2）后掠角对机翼结构重量的影响。

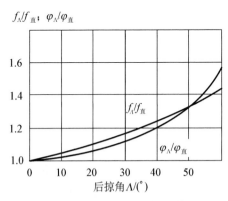

$f_\Lambda/f_直$；$\varphi_\Lambda/\varphi_直$

后掠角 $\Lambda/(°)$

图3-9 后掠机翼的弯曲与扭转刚度

当后掠角从 20°增加到 40°时，使机翼重量增加 40%～50%。

（3）后掠角对机翼刚度特性的影响。

后掠角对机翼的弯曲刚度和扭转刚度有很大的影响，在其他条件相同时，后掠角越大，机翼变形就越大（见图3-9）。图中说明后掠机翼翼尖剖面挠度 f 和扭角 φ 与直机翼对应值之比与后掠角的关系曲线。

后掠机翼刚度特性的另一个特点是机翼弯曲变形后，对顺气流剖面而言，将引起附加的扭转变形（见图3-54），机翼向上弯曲的同时减小了机翼翼梢部分的迎角。这对改善机翼的振动特性是有利的。

（4）后掠角对机翼振动特性的影响。

后掠角对机翼的振动特性有很大的影响，随着机翼后掠角的增加，当 $\Lambda \geqslant 20°$ 以后，颤振临界速度随后掠角的增大而迅速增加。

根据近年来大型运输机的发展趋势，不论是军用运输机还是民用运输机，其机翼后掠角趋向于 $\Lambda \leqslant 30°$。

4）机翼展弦比 AR 的选择

展弦比为机翼重要的气动力参数和结构参数，选择翼展是大型运输机机翼设计最基本要求之一，机翼展长有时受竞争规则、机库尺寸和地面设施等的限制。如若不是，则可按结构动力约束取最大值，以尽量减小诱导阻力。图3-10示出大型运输类飞机展弦比的发展历程和趋势。从图看出，随着时间的推进，大型运输机机翼展弦比逐年增大，民用运输机的机翼展弦比普遍大于军用运输机的展弦比。

展弦比的逐年不断增大，主要归功于设计技术进步和先进材料、工艺的应

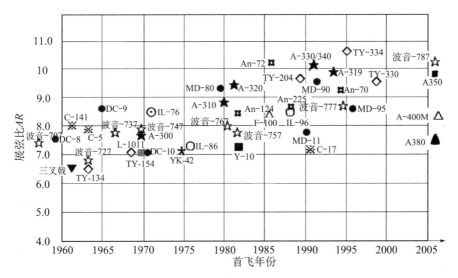

图 3‑10 运输机机翼展弦比的发展

用,流动控制技术、主动控制和载荷减缓技术的发展又使机翼展弦比进一步增大。展弦比增大时机翼结构重量也随之增加,到一定程度,重量增加抵消了诱导阻力降低的好处,两者达到了平衡。展弦比的选择应考虑以下几方面:

a. 展弦比的变化对诱导阻力和结构重量优化的展长变化较平缓。图 3‑11 示出了不同 Ma 时飞机起飞总重量随展弦比的变化。

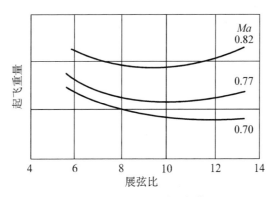

图 3‑11 机翼展弦比权衡

b. 要特别关注展弦比增大机翼弯矩对结构稳定性和颤振特性的影响。

c. 随着机翼结构重量的增加,机翼制造成本将加大,需要分析燃油消耗的收益和付出的重量代价。

d. 在机翼面积相同时,展弦比增大机翼内油箱容积将减小。

e. 展弦比或展长增大,在翼根部安装主起落架变得更加困难。

f. 展弦比或展长增大,机翼弦长变短,剖面 Re 变小,废阻增加,剖面最大升力系数减小。

g. 当爬升阶段要求受限制时,大展弦比的效果更为明显。因为此时诱导阻力占总阻力的比例高达 $70\%\sim80\%$。

h. 大展弦比剖面 Re 小容易实现层流流动并保持稳定,自然层流机翼大都采用大展弦比。

i. 展弦比增大,翼身干扰区相对减少,有利降低干扰阻力。

(1) 机翼展弦比 AR 对诱导阻力的影响。

因为 $C_{Di} = \dfrac{C_L^2}{\pi ARe}$,事实上,展弦比对 C_{Di} 的影响可以看成它对飞机最大升阻比 $(L/D)_{max}$ 的影响,当 AR 增加时,$(L/D)_{max}$ 也增加,使航程增加,改善使用经济性,并提高升限。

(2) 机翼展弦比对结构重量的影响。

当机翼展弦比从 4 增加到 8 时,机翼重量将增加 $110\%\sim120\%$,说明展弦比对重量影响最大。

(3) 机翼展弦比对刚度特性的影响。

当展弦比增大时,将显著地降低机翼的抗弯刚度和抗扭刚度。

(4) 机翼展弦比对振动特性的影响。

机翼展弦比对机翼颤振临界速度的影响较为显著,展弦比增加使 V_F 显著地降低。

(5) 机翼展弦比对飞机的操纵性和稳定性的影响。

当展弦比减小时,对防止大攻角时翼尖气流的分离有相当大的成效。但是,小的展弦比降低飞机的横滚阻尼特性和减小绕机身纵轴的惯性矩,这给飞机的横向稳定性和操纵性带来困难。

图 3-12 示出原麦道公司在先进技术中短程民用运输机研究中得到的针对 500 n mile 航段任务剖面的航段耗油与展弦比之间的关系。由图中看出,最佳的展弦比在 10 左右,这与近代先进的中短程高亚声速民用运输机的机翼展弦比的实际选择(MD-82 为 9.62、A320 为 9.4 和波音 737-800 为 9.4)是相当一致的。所以建议:民用运输机的机翼展弦比在 9.5~10 的范围内选择,但 A380 由于受到翼展80 m 的限制,不得不将机翼展弦比减小到 7.5。而军用运输机的机翼展弦比可选小些。机翼展弦比与后掠角的关系曲线如图 3-13 所示。

500 n mile 航段国内任务规则

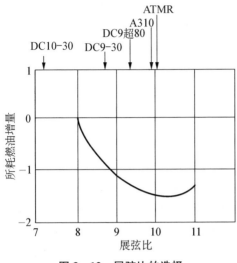

图 3-12 展弦比的选择

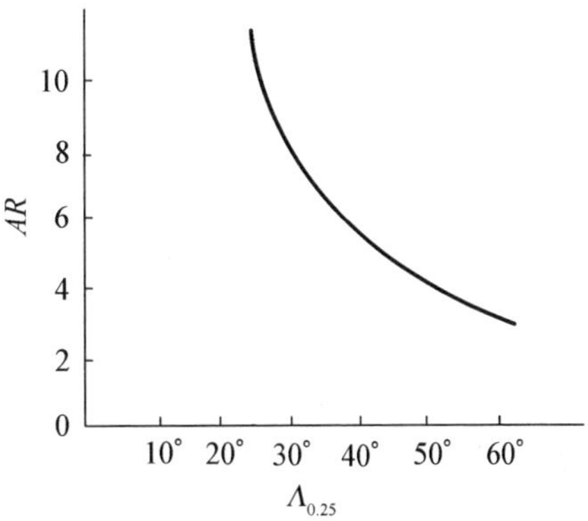

图 3-13 展弦比与后掠角的关系曲线

5）机翼梢根比 λ 的选择

决定机翼平面形状的另一参数为梢根比，通常由以下条件来决定：

a. 机翼翼弦的分布应使展向升力/环量分布趋近椭圆分布，以降低诱导阻力，从而可避免额外的几何或气动扭转。此种扭转将为非设计状态付出大的代价。

b. 机翼翼弦的分布应使剖面升力系数与剖面特性相兼容，避免可能导致抖振、阻力激增或流动分离的过高剖面升力系数 C_L。

c. 应注意梢弦不应太短，因为 Re 效应会引起剖面 C_L 降低并提前分离失速。

d. 梢根比越小，机翼结构重量越轻。在同等条件下梢根比小，可增大油箱容积。

机翼梢根比对气动力、重量的影响如下：

（1）机翼梢根比对机翼气动力影响。

后掠机翼由于产生自翼根向翼尖的侧向流动（见图 3-39）会使上翼面的附面层*增厚，如果再取沿展向为接近椭圆的载荷分布来力求减小诱导阻力的话，从图 3-14 可见，此时外翼的剖面升力系数增加，也就使外翼上表面吸力峰增大，更加剧了侧向流动，这会使外翼的附面层继续加厚而出现气流分离。机翼开

---

* 附面层即边界层。

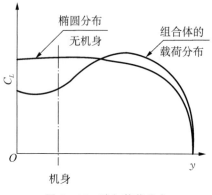

图 3-14 展向载荷分布

始抖振并产生自动上仰现象,有可能使机翼翼尖失速。为了消除这种现象,就要更改梢根比并沿翼展采用几何扭转角。建议飞机设计不要单纯去追求好的诱导阻力特性,而宁愿付出一些诱导阻力代价换来好的飞行品质。

综上所述,梢根比对机翼展向载荷分布有很大影响,是控制翼尖失速的一个主要参数。当 $\lambda < 0.4$ 时,大迎角下气流首先从翼梢开始分离,还可能引起副翼失效,使飞机失去横向操纵能力,容易在着陆时造成事故。翼梢气流首先出现分离,一方面是由于梢根比减小时引起翼梢部分的有效迎角增大。另一面,梢根比减小,表示根部弦长增大而梢部弦长减小,由于雷诺数的差别也使翼尖的 $C_{L_{\max}}$ 减小。因此,当机翼迎角增加时,翼梢区首先出现气流分离(见第 3 章图 3-36)。

(2)梢根比对机翼重量的影响。

当梢根比 λ 从 0.5 减小到 0.25 时,机翼重量减轻 10%~20%。由此可见,梢根比对机翼重量的影响最小。

(3)梢根比数值的决定。

梢根比数值往往由刚度和颤振及避免翼梢气流分离的诸条件折衷决定。大型运输机梢根比的选择如图 3-15 所示。

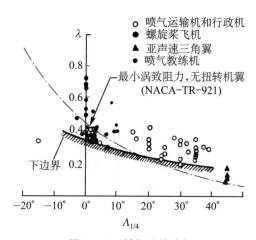

图 3-15 梢根比的选择

6) 世界各国主要大型运输机全机与机翼设计参数(见表 3-2)

表 3-2　世界各国主要大型运输机全机机翼设计参数

参数\机型	机翼面积/m²	翼载/(kg/m²)	推重比	机翼展弦比 λ	机翼后掠角 Λ+/(°)	机翼梢根比 λ	机翼上反角/(°)	顺气流翼型厚度 t/c/(°) 翼根	中部	翼尖	Ma_{MO}	增升装置类型 前缘	后缘	襟翼偏角/(°) 起飞	着陆	C_{Lmax} 起飞	着陆
波音 737-300	105.45	595	0.317	8.83	25	0.310	6	15.34	10.30	10.35	0.745	前缘缝翼,内侧为克鲁格襟翼	三缝襟翼	17.3°/	30°①	2.35	3.27
波音 747-200	511.0	727	0.239	6.96	37.5	0.309	7	13.44	9.4	8	0.92	克鲁格襟翼	三缝襟翼	/20°	/30°	1.89	2.55
波音 757-200	185.3	550.5	0.324	7.95	25	0.240	5	14.40	9.74	10.28	0.86	前缘缝翼	双缝襟翼			2.37	2.75
波音 767-200	283.8	448	0.321	7.90	31.5	0.264	6	15.10		10.3	0.80△	前缘襟翼	内侧:双缝襟翼 外侧:单缝襟翼				2.45
波音 777-200	427.8	537	0.298	8.70	31.5						0.84	前缘缝翼	内侧:双缝襟翼 外侧:单缝襟翼				
波音 787-8			0.335								0.85	前缘缝翼	内侧:双缝襟翼 外侧:单缝襟翼				
MD-82	118.0	574	0.262	9.62	24.5	0.156	3	12.90	11.0	9.5	0.84	前缘缝翼	双缝襟翼(固定式子翼+主襟翼)	17°/15°	21°/40°	2.35	3.04
A300	260.0	546	0.326	7.73	27	0.293		13.8		10.5	0.84	前缘缝翼	双缝襟翼			2.2	2.65
A310	219.0	648	0.335	8.80	28	0.310	11.8(内) 4.3(外)	20.6		11.8	0.84	前缘缝翼	内侧:双缝襟翼 外侧:富勒襟翼				3.0
A320	122.4	571	0.305	9.40	25	0.254	5.1	15		1.0	0.82	前缘缝翼	富勒襟翼	20°/15°	20°/35°	大于 3.0	
A330	361.6	636	0.251	10.1	30			15.25		9.86	0.86	前缘缝翼	富勒襟翼				

（续表）

参数\机型	机翼面积 /m²	翼载 /(kg/m²)	推重比	机翼展弦比 A	机翼后掠角 Λ+ /(°)	机翼梢根比 λ	机翼上反角 /(°)	顺气流翼型厚度 t/c(°/°) 翼根	中部	翼尖	Ma_{MO}	增升装置类型 前缘	后缘	襟翼偏角 /(°) 起飞	着陆	C_{Lmax} 起飞	着陆
A340	361.6	637	0.260	10.1	30			15.25		9.86	0.89	前缘缝翼	富勒襟翼				
A350	443	560	0.265	9.7	35						0.89	前缘缝翼	富勒襟翼				
A400M	221.5	616		8.1	15		-4			6.8		双缝襟翼（固定导流片+主襟翼）		56°			
伊尔-96	350	314	0.256	9.5	30						0.83	前缘缝翼	内侧：双缝襟翼 外侧：单缝襟翼				
图-154	201.5	446	0.317	7.83	35	0.205		12	11	8.2	0.90	前缘缝翼	28°/25°	45°/40°	20.5		2.70
图-204	184.17	508	0.335	9.5	28						0.81	前缘缝翼	双缝襟翼				
伊尔-76	300	575		8.5	25	0.333	-3				0.77	前缘缝翼	双缝襟翼	14°/30°	25°/43°	2.4	3.05
C-5A	576	659		7.75	25	**	-5.5				0.79	前缘缝翼	富勒襟翼				
C-17	353	752	0.269	7.2	25*	0.25	-3	13.6		11	0.77	前缘缝翼	外吹气双缝襟翼				5.6

① 波音737-300：着陆时中襟翼偏38.452°，后襟翼偏64.258°。

3.1.3 二维超临界翼型设计

1) 超临界翼型(supercritical airfoil)的几个特点

从 1965 年开始,美国 NASA 兰利研究中心的 R. T. 惠特科姆(R. T. Whitcomb)经过风洞试验之后提出了超临界翼型的概念。超临界翼型可以兼顾跨声速与低速要求,与尖峰翼型(peaky aerofoil)不同,超临界翼型头部比较丰满,而且上表面平坦,吸取了屋(平)顶翼型(roof top aerofoil)的优点,降低了前缘的负压峰值,使气流较晚达到声速,在超临界无激波流动条件下,翼型上表面压力沿弦向前面部分均匀分布(见图 3 - 16),在扩展超声速区范围的同时减小波前马赫数,使最终的激波强度减弱甚至完全消失,大大推迟波后附面层分离。由于翼型下表面不易出现激波,就可使下表面凸出一些并使厚度增加。用增加翼型后部下表面向内凹产生额外升力来补偿由上翼面曲率减小所造成的升力损失。

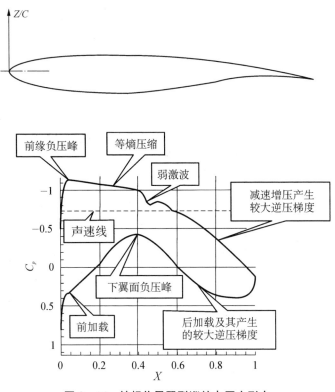

图 3 - 16 某超临界翼型巡航点压力形态

采用超临界翼型,可以在不增加飞机阻力下提高巡航速度;或者在保持 Ma_{DD} 相同的条件下,增加翼型的厚度,超临界翼型可以把阻力发散马赫数

（Ma_{DD}）提高 $0.05 \sim 0.12$；或者把翼型的相对厚度增加 $2\% \sim 5\%$。采用加厚的翼型，可使机翼的展弦比增加 $2.5 \sim 3.0$；或者在保持 Ma_{DD} 不变的条件下，把机翼的后掠角减小 $5° \sim 10°$。

应指出的是，超临界翼型的尺度效应对气动特性的影响比普通高速翼型更显著。当雷诺数从风洞试验值增加到接近真实飞行值时，绕流的分离会减弱甚至消除，从而可在 Ma 不变时扩大抖振边界，提高可用升力水平。

三维超临界机翼的气动力特性主要取决于二维超临界翼型的气动力特性。因此，选用气动力特性好的翼型是设计高亚声速运输机机翼的关键。为了提高巡航因子 $Ma\left(\dfrac{L}{D}\right)$，目前都采用先进技术的超临界翼型，这也是发展高亚声运输机空气动力特性的基本途径之一。

超临界翼型在现代喷气运输机上已得到广泛的应用。

20 世纪 70 年代末设计的波音 757、波音 767、A310 和 80 年代设计的 A320、A330/A340、MD‐11、C‐17、图‐204、伊尔‐96 飞机以及 90 年代设计的波音 777 飞机和 21 世纪初设计的 A380、波音 787、A350 等喷气运输机都在不同程度上采用了超临界翼型。图 3‐17(a) 示出了几种飞机的机翼平均相对厚度与 1/4 弦线后掠的关系。

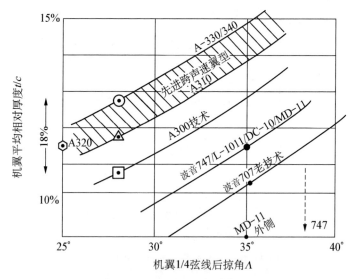

图 3‐17(a)　几种飞机的机翼平均相对厚度与 1/4 弦线后掠角的关系

（波音 747 飞机超出这个图之外，因为平均相对厚度为 7.8%）

图 3-17(b)示出了翼剖面形状发展的几个阶段。首先为 VC-10、"三叉戟"到 A300 飞机发展的先进的跨声速翼剖面,在激波前出现较大的载荷后,并体现出了后加载的概念。紧接着 A310 机翼翼剖面设计,使激波进一步后移,并有更大的后加载,大大提高了机翼所产生的升力。这种机翼的优越性是在给定的后掠角和相对厚度下可获得更大的速度,或者说在给定的阻力发散马赫数下,机翼可有较小的后掠角或更大的相对厚度,因为更大的目标是要储存更多的燃油。通过选择更大的相对厚度,机翼重量还可相对减轻,因为在飞行中弯矩最大的机翼,其根部能采用更大的结构高度,从而可采用较小面积的机翼,减少燃油消耗,最终达到降低使用成本的目的。

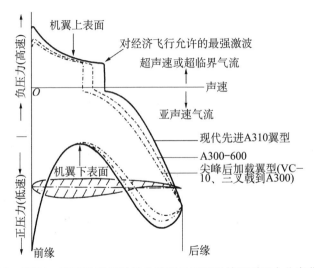

图 3-17(b) 空客公司设计的几种型号所采用的翼型压力分布曲线

上面说明了超临界翼型的气动力设计问题在现代高亚声速运输机设计中的重要地位。因此,为了设计出性能先进的高亚声速运输机,我们必须首先介绍如何设计超临界翼型的问题。

(1) 超临界翼型的设计准则。

实现超临界翼型压力分布形态的设计准则有如下几方面:

a. 非设计状态的声速区压力平坦设计准则——设计翼型时要求在某一非设计状态的升力系数 C_{L0D} 下,上翼面的压力分布平坦,其值恰低于声速值,如图 3-18 所示。C_{L0D} 与设计升力系数有关。例如当 $C_{L2D} = 0.7$ 时,则 $C_{L0D} = 0.4 \sim 0.5$。

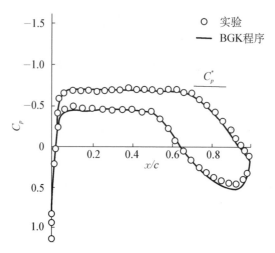

图 3-18　非设计状态升力系数 C_{L0D} 下的压力分布
$C_{L0D} = 0.425$

b. 后缘气流分离准则——对于 $Ma \leqslant Ma_{2D}$ 和 $C_L \leqslant C_{L2D}$ 的整个范围内,翼型后缘的压力梯度不应太大,以避免产生后缘分离。在翼型设计的理论计算中,$x/c \geqslant 97\%$ 处产生气流分离认为是可接受的。考虑这一准则后,非设计升力系数 C_{L0D} 下的压力平坦区大致为 $3\% \sim 80\%$(对于 $t/c = 10\%$ 的翼型)或 $x/c = 5\% \sim 66\%$(对于 $t/c = 14\%$ 的翼型)。

c. 设计迎角接近零的准则——采用适当前后加载,使设计状态下的翼型迎角接近于零。这可防止翼面脊点位置过前以及翼型中段的负压作用在翼型的背风面上,从而导致波阻的急剧增加。

(2) 超临界翼型的设计特点。

评价一个翼型在巡航状态时的好坏就看它的升阻比和阻力发散马赫数的大小。对新翼型的要求是尽可能地提高阻力发散马赫数,并在阻力相同的条件下能比老翼型产生更大的升力。

超临界翼型与普通翼型相比,其几何特点如下:

a. 头部钝些,前缘半径与翼剖面弦长之比可达 2.5%;

b. 上表面比较平坦;

c. 较弯的薄后缘。超临界翼型的前缘基本上没有弯度,而后缘区域的相对弯度可达 $2\% \sim 2.5\%$,最大弯度位于翼弦的 $80\% \sim 85\%$ 处。

图 3-19 为超临界翼型和普通翼型的几何形状和弯度线的比较。

由于超临界翼型的这些几何特点,使绕超临界翼型的气流流动有如下特点:

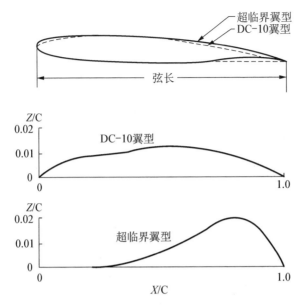

图 3‑19 超临界翼型和普通翼型的几何形状和弯度线
的比较

a. 在超临界翼型的上表面,超声速区一直扩展到翼型的后部,占翼型上表面很大的范围;

b. 较大的后缘弯曲使翼型后缘的上、下表面的压力差显著增大。

上述两方面的作用大大增加了翼型的升力。

2）超临界翼型比普通翼型产生更大的升力

这是超临界翼型在气动力上的第一个优点。在相同的超临界马赫数下,由于普通翼型与超临界翼型在几何形状上的差别,产生了压力分布的差别,如图 3‑20 所示。

在超临界翼型上表面,局部超声速区沿弦向伸展到一个很大的范围,而最大局部马赫数并不比普通翼型的大多少。同时,翼型后部附近上、下表面的压力差显著地增大了,这就产生了一个很大的升力增量,其中约一半是由于翼型上表面局部超声速区的弦向范围扩大产生的,另一半是由于弯度大而薄的后缘产生的。

3）超临界翼型提高了阻力发散马赫数

这是超临界翼型在气动力上的第二个优点。图 3‑21 示出了超临界翼型的效果。从图看出,两种翼型相比较,超临界翼型在低速时的阻力系数差不多增加 $3\% \sim 6\%$,但高速时的阻力发散马赫数增加 $0.06 \sim 0.1$,对于普通翼型气流在上表面加速,在 $x/c \approx 0.53$ 的弦向位置产生一道较强的激波,其向上伸展范围较

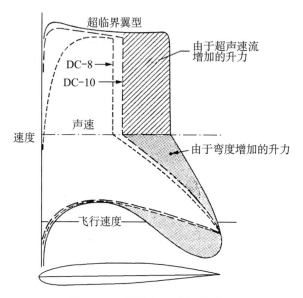

图 3‒20　翼型上、下表面的速度

（升力等于曲线所包围的面积）

大。气流通过激波后，很快恢复到亚声速压力，直到后缘附近，形成较陡的压力增高。这样，在激波中的能量损失造成了阻力增加，更重要的是，由很陡的流向总压升造成附面层分离，将导致阻力剧增、抖振和不稳定。超临界翼型的激波位置则远在弦线中点之后从翼型前缘后的 5％处直到激波之间是较均匀的超声速区。超临界翼型的激波强度较弱，波阻就小。更重要的，紧靠波后的压力变化较平坦，因此在这段距离内附面层由于渗混而提高了能量，因此气流不易分离。所

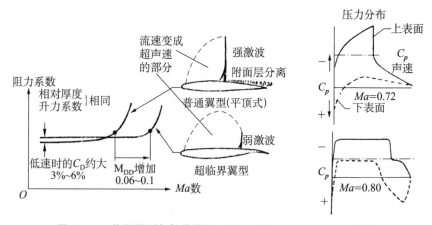

图 3‒21　普通翼型与超临界翼型的流动图画与压力分布的比较

以,超临界翼型能大大提高阻力发散马赫数。

超临界翼型的这种收益可从图 3-22 中看出,若升力系数不变,在保持相同的阻力发散马赫数条件下,超临界翼型可比普通翼型厚,这可减轻机翼的结构重量。例如,超临界翼型比 DC-10 飞机的翼型相对厚度大 3.5%,而阻力发散马赫数反而高 0.03。

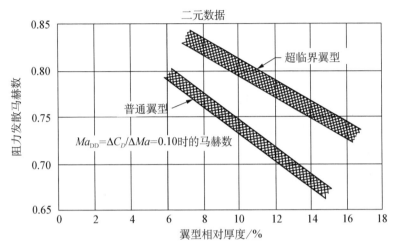

图 3-22 阻力发散马赫数与相对厚度的关系曲线($C_L = 0.51$)

图 3-23 是波音公司的二维风洞试验结果,三种翼型的相对厚度都在 10%条件下做比较,在巡航升力系数下,超临界翼型的阻力发散马赫数比波音 707 飞机的屋顶翼型高 0.08,而比波音 747 飞机的尖峰翼型高 0.05。

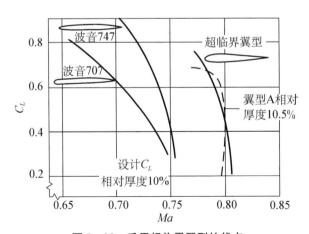

图 3-23 采用超临界翼型的优点

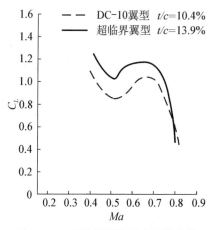

图 3-24　两种翼型抖振边界的比较

4）超临界翼型具有较高的抖振边界和机动能力

这是超临界翼型在气动力上的第三个优点。若设计得好，可以在给定升力系数时大大延迟发生抖振的马赫数；或者在给定的马赫数下，可以提高发生抖振的升力系数。超临界翼型是由于上表面的激波位置大大靠后，而且激波强度较弱，且紧靠激波后的压力变化较平坦，使附面层不易分离，因此提高了抖振边界。图 3-24 示出了两种翼型抖振边界的比较。

确定抖振开始点的方法有多种，下面列举风洞试验中常用的几种：

（1）升力曲线法。

升力曲线的拐点表示气流发生分离，一般对应抖振开始。

（2）机翼后缘压力法。

一般在机翼弦长 95％处测压，可以固定马赫数增大迎角，也可以固定迎角增大马赫数。当后缘压力发散，即压力曲线发生转折表示抖振开始。

（3）加速度计法。

可以在翼根或翼尖安装加速度计，当振动过载发散时即抖振开始。

（4）翼根弯矩法。

用电阻应变计在模型的机翼根部测出应力的均方根值随迎角的变化曲线，曲线的拐点即为抖振开始的迎角或升力系数。

这里介绍前两种测定抖振边界的方法：

（1）升力系数曲线上升力发散的拐点法。

二维试验中抖振点可直接由 C_L-α 曲线的升力发散来决定，如图 3-25 所示。

（2）机翼后缘压力发散法。

该方法把测压点选定后缘上一点（这点可选在半翼展的 70％～80％翼剖面），测定该点不同迎角下的压力系数。在小迎角下，

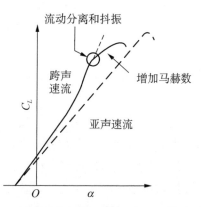

图 3-25　从升力线斜率变化判断抖振发生

压力系数是不变的,升力发散后,压力系数急剧减小并变为负值,由发散前与发散后曲线的切线交点来确定抖振点,如图 3－26 所示。用这种方法确定的抖振点与由 C_L -α 曲线的升力发散确定的抖振点是一致的。后缘点的压力系数是随着翼剖面后缘角的增大而增大的,所以,超临界翼型由于后缘角很小(见图 3－27),后缘点的压力系数很小,接近于零。

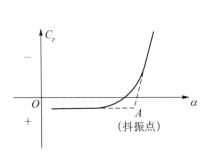

图 3－26　后缘压力发散确定抖振点

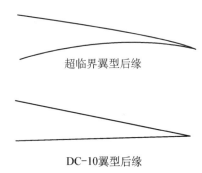

图 3－27　后缘形状的比较

5) 超临界翼型几何参数的选择

超临界翼型几何参数的选择必须兼顾高速与低速的不同要求。需要确定的几何参数有两个:前缘半径和后缘弯曲。

(1) 前缘半径的确定。

增大前缘半径的有利因素如下:

a. 增加干净机翼的最大升力系数。

选择翼型前缘半径时,首先要看前缘有没有缝翼,如果有,就不需要照顾低速起飞着陆性能,只按巡航状态确定翼型的前缘半径就可以了。这时,可取前缘半径大些,以便低速时减低负压峰值,提供较有利的反压梯度,延迟大迎角时的气流分离,提高干净机翼的最大升力系数。

图 3－28 给出两种不同前缘半径的翼型的升力系数对迎角的实验曲线,它们的前缘半径与翼弦之比 r_0/C 分别为 0.02 和 0.03。从曲线看出 B

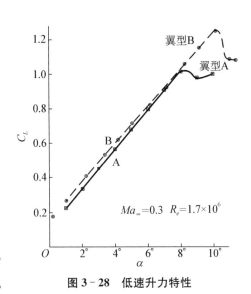

图 3－28　低速升力特性

翼型(r_0/C)所产生的 $C_{L_{\max}}$ 大。

　　b. 提高中等以上升力系数时的阻力发散马赫数。

　　图 3 - 29 给出两种前缘半径的超临界翼型的型阻与飞行马赫数的关系曲线。其中 DSMA523 翼型的前缘半径为 $2.5\%C$，DSMA647 翼型的前缘半径小得多，为 $1.2\%C$。图线表明，钝前缘翼型的确能得到较高的阻力发散 Ma 数。但从曲线上也反映出一个不利因素，即在 $Ma=0.55\sim0.75$ 之间，存在着"阻力蠕增"(drag creep)。也就是说，这种钝前缘翼型在较低马赫数时就可能在前缘附近出现弱激波，随马赫数增加激波逐渐后移，使阻力值随马赫数的提高而逐渐增大，以致在阻力发散马赫数时阻力较高，这种现象称为"阻力蠕增"。R. T. 惠特科姆的早期的超临界翼型为取得较高的阻力发散马赫数，采用了较钝的前缘，结果虽然提高了阻力发散马赫数，但在阻力发散马赫数时的阻力（比起小前缘半径来说）也较大。图 3 - 28 中的 DSMA523 翼型的"阻力蠕增"就比 DSMA647 翼型的厉害些。目前民用运输机为了省油宁可飞得稍慢一些，故趋向于取较小的前缘半径，这时虽然阻力发散马赫数稍低些，但阻力也小些。

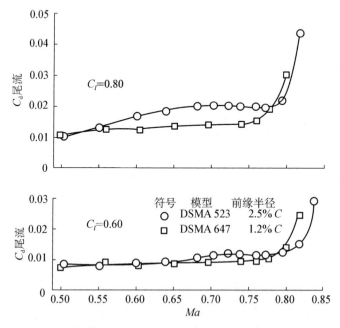

图 3 - 29　翼型前缘形状对阻力发散 Ma 数和阻力缓增的影响
($t/c=11\%$　$Re=14.5\times10^6$，自然转捩）

显然,减小前缘半径的有利因素如下:

a. 减弱"阻力缓增";

b. 小升力系数时的阻力发散马赫数大。

(2) 后缘弯度的选择。

a. 飞行雷诺数的影响。

超临界翼型升力的增加,一半来自后缘弯度的贡献,因此合理地确定后缘弯度对超临界翼型的设计是很重要的。

增加后缘区下表面的弯度,可以提高翼型下表面的压力,也就增加了翼型的升力,这是以不发生气流分离为前提。所以飞行雷诺数就成了选择后缘弯度的主要因素,当然也必须与给定的升力系数相适应。

对于大型高亚声速运输机,其飞行雷诺数为 40×10^6,有实用价值的超临界翼型的后部弯度可取为 $(2\% \sim 2.5\%)C$。对于小飞机,其飞行雷诺数为 $(10 \sim 12) \times 10^6$,则翼型的后部弯度可取 $(1.6\% \sim 1.8\%)C$。

b. 后缘弯度的确定。

增加后缘弯度的好处如下:

ⅰ. 提高干净机翼的 $C_{L_{\max}}$。后缘弯曲在翼型的下表面获得正的压力系数。这样,一方面为达到同样(较大的)升力,所需的迎角比起没有后缘弯曲而只靠迎角作用时的低得多,所以提高了 $C_{L_{\max}}$。另一方面,由于后缘弯曲主要是依靠下表面内凹来实现,这就可使上表面后缘处的压力分布设计较好,从而延缓附面层分离,提高 $C_{L_{\max}}$。

图 3-30 给出某飞机装超临界翼型后的低速升力特性的试飞结果。曲线表明,超临界翼型由于大的前缘半径与后缘弯曲大大提高了 $C_{L_{\max}}$ 值。为了有一个数量的概念,我们再举一个间接的例子,R. T. 惠特科姆设计的低速翼型 GAW-1 也具有较大的前缘半径和后缘下表面内凹的措施,把它与 NACA65$_2$-415 翼型分别装在展弦比为 9 的翼身组合体上进行风洞试验,试验雷诺数为 1.92×10^6。结果表明,两种翼型虽然升力线斜率相同,但 NACA65$_2$-415 翼型在 $C_L = 1.16$ 时发生

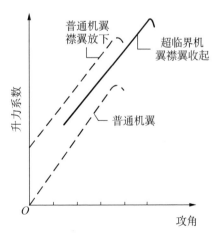

图 3-30 超临界翼型与普通翼型的低速升力特性的比较

突然失速，这时 GAW-1 翼型的 $C_L = 1.3$，但它的失速发生在 $C_L = 1.42$，从迎角来说大 5°，失速也显得缓和些。

ⅱ．提高大升力系数时的阻力发散马赫数。高速时，后部弯曲对翼型压力分布的主要影响如下：

- 在翼型下表面产生压力，这当然是主要的；
- 在翼型上表面的头部有附加的吸力；
- 翼型上表面激波向后移动。

这些因素使得既不增加激波强度，又增加了升力。这样，为达到较大的升力系数，所需的迎角就要小些，结果使附面层分离可以延后，提高了阻力发散马赫数。

减小后缘弯度的有利因素如下：

- 减小 C_{m0}，从而减小了配平阻力；
- 减轻下翼面的气动力干扰。因为一般后缘部分是安置操纵面的地方，特别在下表面都有操纵面铰链轴的整流鼓包，而下表面后缘附近压力弦向梯度都很大，下表面突出物的整流需精确设计，以防止干扰造成气流分离。

最后，要特别指出的是，在选择翼型的前缘半径和后缘弯度时，需要考虑到翼型在后掠翼上的展向位置。例如，翼根效应要特殊处理（详见消除翼根三维效应的方法）；厚度的弦向分布要综合气动力和结构的要求。

ⅲ．超临界翼型的缺点。这里应提醒的一点是，超临界翼型的一个缺点是其后缘升力较大，而引起的低头力矩也大，就要求大的配平阻力。例如，超临界翼型的 $C_{m0} \approx -0.16$，而普通翼型的 $C_{m0} \approx -0.04$，这一点应在飞机设计过程中注意。在设计中调整展向压力分布（如采用扭转），可产生正的俯仰力矩，与剖面负的俯仰力矩近似抵消，结果仅需很小的配平补偿。另外也可用前移上翼面吸力峰的方法来减小低头力矩。还有，超临界翼型弯度很大的后缘也给襟翼和活动面的设计带来困难。

ⅳ．超临界翼型的造型。对于减小超临界翼型的相对厚度既可提高阻力发散马赫数，又可提高升力。例如将翼型的相对厚度减小 2%，则在保持相同阻力发散马赫数的情况下，可将升力系数提高 0.1。但要注意，超临界翼型的上表面与超声速区有关，因而与激波阻力有关。为了使阻力不增加，应不改变上表面外形，以保持原来的压力分布。这样在改变翼型的相对厚度时，不能用老翼型的办法，即按中弧线来放大或缩小，而应保持超临界翼型的上表面的压力分布不变，修正下表面的压力，以实现相对厚度的变化。

图 3-31 是一个超临界翼型用这种方法来实现相对厚度从 14% 减小到 12% 的翼型形状。

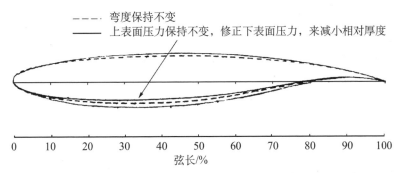

　　　- - - - - 弯度保持不变
　　　————— 上表面压力保持不变，修正下表面压力，来减小相对厚度

弦长/%

图 3-31　两种改变相对厚度方法的比较（从 14% 减小到 12%）

3.1.4　超临界机翼的设计准则

1) 大展弦比机翼的后掠理论

为了实现超临界机翼的设计要求，必须研究在设计中应遵循的准则，作为设计指导。

由于现代大型运输机都采用大展弦比中等后掠角的机翼，机翼上大部分区域（除翼根和翼尖外）的气流基本上具有二维流动特性（见图 3-32），因此，基本机翼的气动力设计起着基础作用。超临界机翼气动力设计的总指导思想是设计

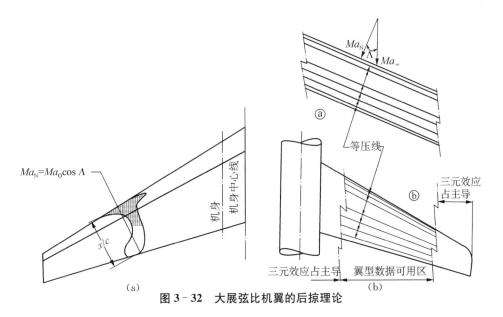

图 3-32　大展弦比机翼的后掠理论

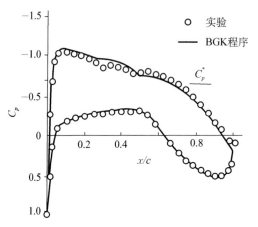

图 3-33 超临界翼型的典型设计压力分布
（目标压力分布）

具有良好性能的基本翼型，通过对翼根和翼尖区的局部修型和安装角及几何扭转角的变化使整个机翼的每个剖面都具有基本翼型的气动力性能，从而保证所设计的机翼具有良好的气动力特性。

2）超临界翼型的压力分布型态

现代高亚声速运输机采用所谓"第二代超临界翼型"。图 3-33 为其目标压力分布，其特点是上表面翼型前缘的压力分布稍微倾斜，在翼型中部附近有一微弱激波，接着是一段压力平坦区，以后压力恢复到后缘值。按照超临界机翼的气动和结构要求，这一目标压力分布是基于下列考虑：

（1）翼面上部超声速区的范围和强度，以及由超声速减到自由来流速度的压力恢复梯度。

（2）设计点附近，上翼面的压力接近于无激波。

（3）非设计状态下的激波必须是渐变的。

（4）除了强烈的激波引起的气流分离外，气流分离应从后缘开始。

（5）"后加载"和"前加载"的强度。

3）超临界机翼的设计准则[8]

（1）飞机在无穷远后方垂直平面（Trefftz 平面）上的投影如图 3-34 所示，可以得到在设计马赫数 Ma_{3D}、设计升力系数 $C_{L_{3D}}$、全机俯仰力矩系数 C_m 及翼根弯矩 C_{BM} 等约束条件下诱导阻力最小时的展向升力分布（环量分布）。典型的展向升力分布如图 3-35 所示。由图可见，通过不同的展向升力分布可以调节全

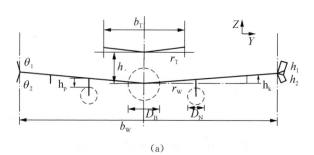

(a)

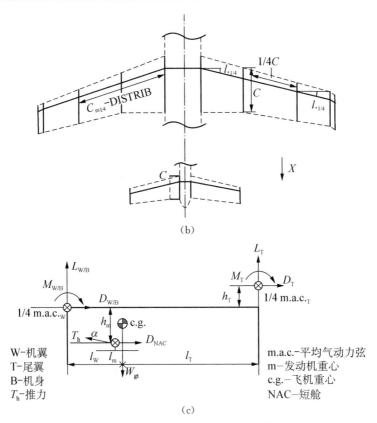

图 3-34　飞机在 Trefftz 平面上的投影

（a）Trefftz 平面上的投影　（b）顶视图　（c）侧视图

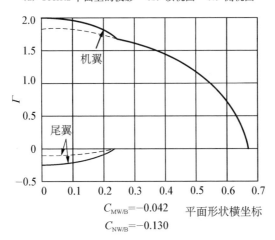

**图 3-35　对应于不同机翼-机身组合体俯仰力矩约
束所得的机翼和平尾的展向升力分布**

机俯仰力矩数值。以这种展向升力分布为基础，结合机翼失速特性对展向升力分布的要求，对此分布进行修正后可以得到超临界机翼设计的原始数据之一——展向升力分布目标值（即每个剖面所具有的升力系数和俯仰力矩系数值）。

有关 Trefftz 平面最小阻力设计方法可参阅文献[11]。

(2) 从翼根到翼尖沿整个翼展都具有直的后掠等压线准则——图 3-32 已经表明大展弦比机翼的中间部分能保持基本翼型的气动特性，这一准则的目的是消除翼根和翼尖效应，使整个机翼都具有基本翼型的特性。采用低阻翼尖能保持翼尖附近合理的等压线形状。通过这一准则和基本翼型的上翼面压力分布可以规定出整个机翼各剖面的上翼面压力分布。然后根据展向升力分布给出下翼面的压力分布，从而给出了整个机翼的目标设计压力分布。利用给定压力分布设计机翼剖面外形的设计程序即可确定整个机翼的剖面外形。当然，这在设计上存在一定的难度。

(3) 三维机翼设计时压强分布要满足的一些要求：

a. 在每个翼剖面上最大当地马赫数*的限制。为防止过大的阻力蠕增，上翼面超声速区的当地最大马赫数限制为 $Ma_{10c} \leqslant 1.2$。依激波位置和雷诺数的不同，激波前当地马赫数应限制为 $Ma_{10c} = 1.35 \sim 1.45$，以避免激波后的附面层分离。

b. 亚声速区的压强分布的要求：在正常飞行包线内任何飞行条件下机翼后缘上、下表面的逆压梯度应保证附面层不分离。

c. 升力系数的展向分布要求：依靠下翼面的修型使上翼面的等压线接近平行的直线，展向升力分布最好是椭圆或接近椭圆的分布。对于有梢根比的机翼，$60\% \sim 70\%$ 位置的剖面应是最大升力系数的位置，该位置的翼型选择应是三维机翼设计的出发点。

d. 当地俯仰力矩的展向分布：由于要求高的升力，外翼段剖面常具有正弯度，剖面俯仰力矩系数负值较大，故内翼段剖面的俯仰力矩系数应尽可能低，这表示要求的升力需要尽可能由前缘加载而取得。

(4) 考虑结构弹性变形的准则：

机翼扭转分布的基本原则是提高巡航特性，降低诱导阻力。特别是翼尖高载荷分布时，额外的负扭转还有助于改善失速特性。

---

* 对于后掠翼当地马赫数是指马赫数垂直于当地等压线的分量。

通过扭转可以适当改变机翼上的弯矩分布，从而可改变机翼结构重量。后掠机翼上扭转同时产生一个俯仰力矩，该力矩将对配平产生影响。而机翼扭转设计首先需要满足巡航阻力要求，检查第二阶段爬升升阻比，结合结构重量之权衡来完成。最终选定的负扭转量应刚好略高于防止失速的需求。

按照上面二个准则设计出来的机翼剖面外形称为巡航外形，因为该外形是按照设计 Ma_{3D} 数和设计升力系数 C_{L3D} 设计得到的。由于机翼在飞行中受到升力和重量的作用而发生结构变形，其巡航外形和型架外形（机翼在型架上的外形，即不受升力和重量作用下的机翼外形）是不同的。对于大展弦比机翼，其结构变形可以简化为绕弹性轴的弯曲变形和扭转变形。对于后掠机翼这两种变形可变成顺航向的弹性扭转角 θ_{Ecru}，如本章图 3 - 53 所示。

3.1.5 超临界机翼设计

1) 设计状态的确定

以高亚声速巡航的大型运输机，巡航是其设计状态，主要参数是巡航马赫数 Ma_{cru} 和巡航升力系数 C_{Lcru}。根据总体设计技术要求，在飞机方案设计中把巡航马赫数 Ma_{cur} 与起飞重量、机翼面积等参数一起作权衡研究后确定，再考虑发动机因素就能确定最有利的巡航高度。这样，就可求出设计升力系数为

$$C_L = \frac{2W}{\rho S (Ma_{cru} a)^2}$$

式中：W 为航段中点的平均重量；ρ 为巡航高度上的大气密度；a 为巡航高度上的声速。

根据机翼平面形状和设计巡航条件，转换到翼型的设计状态时需要利用下列关系：

$$C_{L2D} = (1.1 \sim 1.2) \frac{C_{L3D}}{\cos^2 \Lambda_{1/4}}$$

$$Ma_{2D} = Ma_{3D} \cos \Lambda_{1/4}$$

$$\left(\frac{t}{c}\right)_{2D} = \frac{\left(\frac{t}{c}\right)_{3D}}{\cos \Lambda_{1/4}}$$

上式中 2D 和 3D 分别表示翼型和机翼（顺航向）的参数。为了考虑翼根和翼尖的升力损失，通常把 $C_{L,2D}$ 放大 1.1~1.2 倍。

2）控制翼型配置

（1）后掠机翼表面上气流流动特点分析。

流经后掠机翼的气流流线如图 3-36 所示。流线发生弯曲的原因如图 3-37 所示。经过后掠机翼的气流流速为 V，而对机翼压力分布有影响的是垂直于焦线（或四分之一弦线）的分速 V_N，切向速度 V_τ 对压力分布无影响，且其大小沿翼展不变。翼型的典型压力分布在图示剖面上画出。在 ab 段气流减速，bc 段气流加速，至 c 点稀薄度最大，流速亦最大，c 点以后减速，在 b 点和 d 点之压力与自由流相同，即 $V_{Nb} = V_{Nd} = V_{N\infty}$，由各点 V_N 与 V_τ 的合成流速来看，不仅其速度大小改变，而且方向也改变，气流在开始时向外弯折，而后向内折回，成为流线的空间流动。

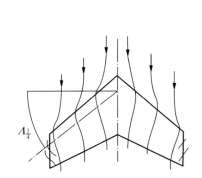 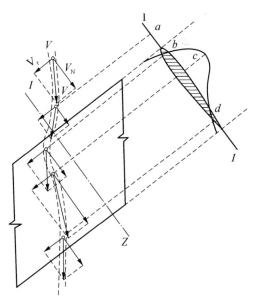

图 3-36 后掠机翼的流线谱   **图 3-37 流经后掠翼的气流流动轨迹图解分析**

基于以上分析，可得出后掠翼的根部、翼尖的流管情况以及翼根、半翼展中部和翼尖的各剖面的压力分布，如图 3-38 所示。

（2）控制翼型配置的思路。

采用超临界翼型设计的机翼与采用普通翼型设计的机翼其方法是相同的。如上所述，超临界翼型在大升力系数下能提高飞机的升阻比和阻力发散马赫数，或者在保持相同的阻力发散马赫数时来增大翼型的相对厚度或减小机翼的后掠角，从而减轻结构重量。超临界翼型具有良好的失速和抖振特性也是很有利的。

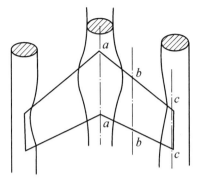
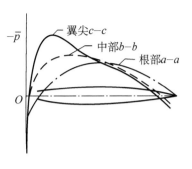

图 3－38　后掠机翼各剖面的流管情况和压力分布

在沿展向配置翼型之前,先要在给定的设计条件(即机翼平面形状、巡航马赫数及巡航升力)下计算出展向升力分布。重点是处理好翼根效应、翼尖效应、抖振特性及上仰特性的前提下,使 $Ma\dfrac{L}{D}$ 达到满意的要求。对大展弦比中等后掠角机翼,外翼部分基本能保持二维翼型的特性,这就是等压线保持直线准则,在翼根区域内有根部效应的作用,使上翼面的等压线向垂直机翼根弦的方向弯曲,如图 3 - 39 所示。

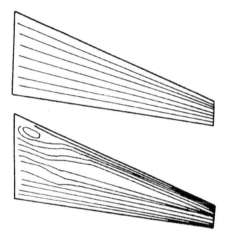

图 3－39　理想的等压线形状

机翼展向翼型配置的目的就是用改变翼型沿翼展方向相对厚度分布和中弧线的弯度分布使上翼面的等压线尽可能保持直线,从而能维持翼型的二元特性,使机翼具有良好的升阻特性。

翼型相对厚度是机翼设计的一项重要特性,相对厚度从翼根到翼尖的分布应按以下原则进行:

a. 机翼相对厚度应尽可能大,以减轻机翼结构重量,由此也可允许采用较大的翼展。

b. 增大相对厚度趋向于可增加 $C_{L_{\max}}$,也有利于高升力系统的设计。但当所有剖面 t/c 高于 12% 之后,继续增大相对厚度作用就变小,并有可能趋向不利。

c. 相对厚度增大,机翼油箱容积增大,机翼刚度特性提高。

　　d. 相对厚度大,由于流动速度和逆压梯度加大,从而使翼面型阻增加。

　　e. 用厚度翼型的主要麻烦是在高速时,临界 Ma 低,可能过早出现激波,到达阻力升高,限制了飞机有效飞行速度。

　　f. 相对厚度的展向分布应遵循等强度原则,有利于力的传递。

　　图 3 - 40 示出机翼厚度随机翼后掠角的变化关系。

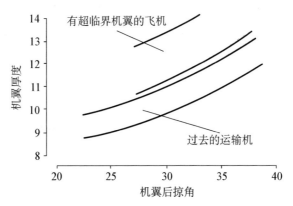

图 3 - 40　亚声速运输机的机翼技术标准

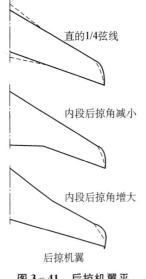

图 3 - 41　后掠机翼平面形状

　　为了安排起落架,民用运输机在机翼后缘都有转折,为了提高临界马赫数,有的在机翼根部前缘也有转折(见图 3 - 41)。在转折处需配置控制翼型。

　　在翼尖配置机翼前缘大后掠的低阻翼尖,使等压线与机翼二维区保持相同后掠角(如波音 707 - 320、VC - 10、三叉戟、MD - 82、C - 5A 和运 10 飞机等)。这里要特别指出的是,近代设计和改型的大型民用飞机的机翼翼尖加装翼梢小翼的如 A340、波音 747 - 400、波音 737 - 800 和波音 787 等飞机,而军用运输机的机翼翼尖装翼梢小翼的有 C - 17 飞机。还有翼尖加装涡扩散器的飞机有 A300 - 600、A310、A320 和 A380 等飞机。近年来又发展到斜削大后掠上翘翼尖,如波音 767 - 400、波音 747 - 8、波音 787 - 8 和 A350 等飞机(见第 3 章图 3 - 79 和图 3 - 80)。

　　(3) 翼型选择。

　　目前不论是民用运输机还是军用运输机,其机翼的翼型都选用超临界翼型,再发展下去可能用层流翼型(但机翼后掠角要减小),由于层流翼型对飞机表面制造质量要求特高,至今还没有用在生产型飞机上,而是今后努力的方向。选择翼型时还要考虑它在所选机翼平面形状上沿展向的配置。

(4) 翼型配置。

翼型配置时应考虑图 3-36 的情况,沿翼展分别配置不同翼型,以避免在翼根和翼尖处过早地达到临界马赫数。沿机翼展向正确地配置翼型,对提高机翼的临界马赫数和改善翼尖气流分离,提高机翼的 $C_{L_{max}}$ 有显著的影响。

而且,还应考虑到大迎角飞行时,翼尖分离的情况,所以应配置 $C_{L_{max}}$ 较大、且其临界迎角亦较大的翼型。

后掠机翼的翼型配置问题比较复杂,需要考虑多方面的影响。

如何提高机翼的临界马赫数:机翼的临界马赫数主要与机翼后掠角有关,初步分析认为,后掠机翼的临界马赫数要比平直机翼高 $\cos \Lambda_{1/4}$ 倍,但进一步分析,由于下列原因,后掠效应有一定程度减弱。

a. 垂直焦点线的翼剖面,其迎角要增加 $\cos \Lambda_{1/4}$ 倍,从而使临界马赫数减小;

b. 气流流过后掠机翼时,气流流线是空间曲线,因而起气动力作用的翼型不是平面的,而是复杂曲面。

有限翼展后掠机翼由于有翼根效应和翼尖效应的影响,一般认为翼根剖面由于无后掠效应,因此使临界马赫数降低。而在翼尖,由于翼尖绕流减弱了上表面的空气稀薄度,而使临界马赫数提高。但实际并不如此,由于气流的空间流动特性,以及在翼根和翼尖配置了不同的翼型,有可能反而在翼尖先产生梢激波。

为避免翼尖处压力突峰过大(见图 3-42),即应配置最大厚度点(即 $\overline{X}_c$ 较大)的翼型,这对提高临界马赫数是有利的。但是,这样会使翼型的后缘夹角增大,以致后部压力梯度较大,气流容易分离,从而使位于后缘的副翼效率降低。

对后缘有转折的民用运输机的机翼平面形状,一般配置四个控制翼型及翼型最大厚度线沿展向分布如图 3-42 所示。

(5) 升力(环量)分布。

在机翼设计中升力(环量)分布起着关键的作用,升力分布直接关系到机翼诱导阻力、结构重量和失速特性。最小诱导阻力要求近于椭圆的剖面升力分布如图 3-43 所示。

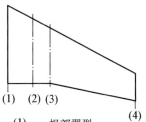 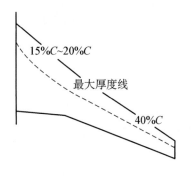

(1) —— 根部翼型
(2) —— 根部效应消失处翼型
(3) —— 后缘折点处翼型
(4) —— 尖部翼型

图 3 - 42　机翼翼型配置及翼型最大厚度线沿展向分布

图 3 - 43　升力(环量)分布

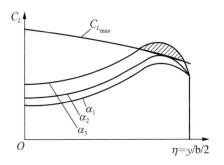

图 3 - 44　后掠机翼的 $C_{L_{max}}$ 和 $C_{L_{实际}}$ 的关系曲线

影响机翼升力分布的主要因素有机翼平面几何参数、机翼扭转分布。增加梢根比即加大翼尖弦长,在外翼产生更大升力。机翼扭转包括几何扭转和气动扭转,几何扭转指相邻剖面弦线的相对几何位置,气动扭转则是翼剖面气动特性的不同,通常以零升迎角或弯度来表征,扭转改变了升力分布,外侧机翼通常采用负扭转。

由于飞行状态的变化,机翼变形不同,在偏离设计状态时升力分布自然要偏离最佳分布。严重的可导致翼尖失速,因此外翼要求配置大承载能力,即较大的最大升力翼型。

迎角对机翼升力系数沿展向分布的影响:当迎角增大时,翼梢区的有效迎角和局部升力系数就增加(见图 3 - 44)。图 3 - 44 表示出由同类翼型组成的梯形后掠翼的 $C_{L_{实际}}$ 值沿展向分布。机翼根部翼型一般有比较大的相对厚度,由于这个厚度的影响,组成机翼翼型的 $C_{L_{max}}$ 值从翼根到翼尖是减小的。当迎角和整个机翼的 C_L 增大时,$C_{L_{实际}}$ 的值达到 $C_{L_{max}}$ 的值(在 α_2 时),然后在 $\alpha > \alpha_2$ 时,由于发生和发展的气流分离现象,$C_{L_{实际}}$ 不可能达到 $C_{L_{max}}$。在图 3 - 44 上可以看出气流分离在机翼翼尖区出现。

高亚声速运输机所用超临界翼型设计流程(见图 3 - 45)。图中设计要求框图中的 $C_{m1/4}$ 是指绕 1/4 弦点的俯仰力矩系数。主要设计程序如下：

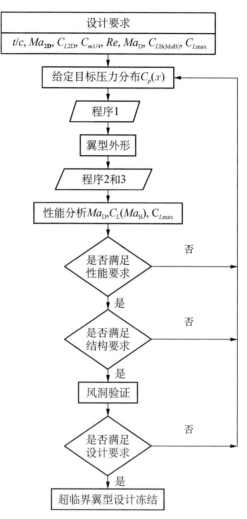

图 3 - 45 超临界翼型的典型设计流程

程序 1——给定翼型压力分布设计翼型外形的程序,例如,Carlson、Mcfadden 程序等;

程序 2——给定翼型外形的跨弯速粘性流压力分布计算程序,例如 Carlson、BGKJ 程序等;

程序 3——给定翼型外形计算低速最大升力系数程序。

根据上面对超临界机翼设计的详细讨论,可总结出超临界机翼的设计流程如图3-46所示。

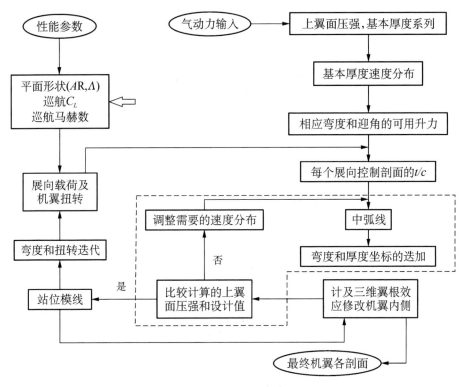

图 3-46   机翼设计过程

3) 高亚声速机翼最佳弯扭设计[2]

把具有理想压力分布形态的超临界翼型设计成机翼的基本翼型,那么机翼的三维设计就是要使整个机翼具有同一基本翼型的翼段一样工作,每个剖面具有类似的压力分布形态,在总体上反映出等压线为直线后掠(见图3-39)。这一准则的目的是消除翼根和翼尖的三元效应,使整个机翼都具有基本翼型的特性。采用低阻翼尖可保持翼梢附近的等压线形状。

具有适度梢根比的大展弦比后掠机翼展向载荷要向翼尖集中,因此必须采取扭转减小翼尖处的载荷使沿展向的环量分布接近于椭圆,实现诱导阻力最小的目的。图3-47为MD-82飞机机翼的扭转角沿展向分布,相应的展向环量和升力分布如图3-48所示。

用CFD方法进行机翼最佳弯扭设计使有可能按上述理论空气动力学的概

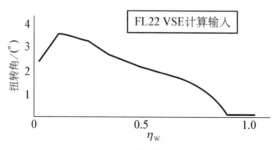

图 3 - 47   机翼扭转角展向分布

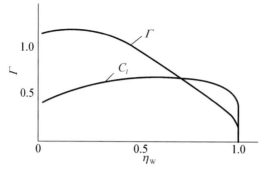

图 3 - 48   机翼环量展向分布

念来设计最佳弯扭分布,确保在设计状态$(Ma_{3D} \, \text{、} \, C_{L_{3D}})$下沿展向的翼剖面弯度和扭转分布的组合能导致机翼展向环量分布接近于椭圆,最大限度地减小诱导阻力。

亚声速机翼最佳弯扭设计目前采用小扰动线化理论,在机翼弦平面上划分足够的四边形网格,应用面元法,附加升力和力矩的约束条件,运用泛函求极值的原理,构造出涡阻力最小的代数方程组。获得最佳机翼弯曲面的当地斜率。

因为设计方法所依据的是小扰动线化理论,使这种最佳弯扭设计主要用于高亚声速巡航状态。由于附加了升力和力矩的限制,所以设计出的新机翼在升力和力矩上与设计以前的机翼相同,只是将涡阻力减小了。

图 3 - 49 给出亚声速机翼设计中所使用的坐标系、网格的划分、马蹄涡的布置。为了满足机翼后缘的库塔条件,在网格的四分之一弦线处布置马蹄涡的附着涡段,在网格的四分之三处布置控制点。

网格的斜率与环量之间的关系为

$$\left\{\frac{\partial \bar{z}}{\partial \bar{x}}\right\} = [A]\left\{\frac{\Gamma}{U}\right\} \qquad (3-1)$$

式中[A]是离散马蹄涡产生的气动力影响系数矩阵。其矩阵元素为

$$\overline{F}_{w,l,n}(x',y,z,s,\psi',\phi) - \overline{F}_{v,l,n}(x',y,z,s,\psi',\phi) \cdot tg\phi_l \qquad (3-2)$$

如图 3-49 所示,对根弦来说,展向载荷是对称的。这样,影响系数有下列等式存在:

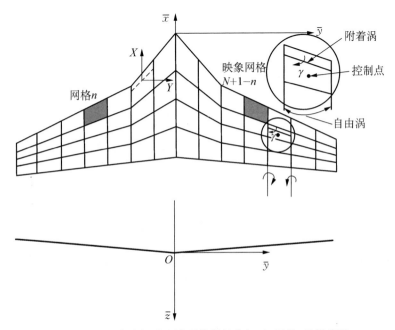

图 3-49 亚声速机翼设计所使用的坐标系、网格、马蹄涡线

$$\left.\begin{aligned}\overline{F}_{w,l,n} &= F_{w,l,n} + F_{w,l,N+1-n} \\ \overline{F}_{v,l,n} &= F_{v,l,n} + F_{v,l,N+1-n}\end{aligned}\right\} \qquad (3-3)$$

式中: $F_{w,l,n}$ 为左半翼面格网马蹄涡在控制点 l 处产生的影响函数,它与法洗成正比; $F_{w,l,N+1-n}$ 为右半翼面格网马蹄涡在控制点 l 处产生的影响函数; $F_{v,l,n}$ 为左半翼面第 n 个马蹄涡在控制点 l 处产生的影响函数,它与侧洗成正比; $F_{v,l,N+1-n}$ 为右半翼面第 $N+1-n$ 个马蹄涡(与左翼面第 n 个马蹄涡处于对称位置)在控制点 l 处产生的影响函数。

影响函数 $F_{w,l,n}$ 等是翼面上马蹄涡布置的网格位置与所求物面斜率点所处

位置之间的几何关系量。

影响函数 $A_{l,n}$ 是 x',y,z,s,ϕ,ϕ 等量的函数。其中 x,y,z 是以配平点为原点的直角坐标系的坐标，$x'=x/\beta,\beta=\sqrt{1-Ma_\infty^2}$；$s$ 为马蹄涡半宽度；ϕ 为左翼格网上马蹄涡的上反角，$-\phi$ 为右翼格网上马蹄涡的上反角；ψ 为格网 1/4 弦线后掠角，$\psi'=\arctan(\tan\psi/\beta)$。

从方程(3-1)可知，只要表面斜率矩阵 $\left\{\dfrac{\partial \bar{z}}{\partial \bar{x}}\right\}$ 已知，就可以采用弦向积分，确定出当地弯曲表面 $\bar{z}/c$，它包含了弯扭效应和迎角效应。但是，要想求出 $\left\{\dfrac{\partial \bar{z}}{\partial \bar{x}}\right\}$，必须确定方程(3-1)中的环量矩阵 $\left\{\dfrac{\Gamma}{U}\right\}$。

为了求出环量矩阵，首先要假定环量分布形态。机翼的升力、力矩和诱导阻力都可用环量分布来表达。为了找出诱导阻力最小的表达式，必须构造一个满足升力和力矩约束的阻力函数。用拉格朗日乘子法找出阻力函数存在极小值的条件，从而求出环量矩阵 $\{\Gamma/U\}$、C_L、C_m 和 C_{Di}。把 $\{\Gamma/U\}$ 的结果插值到方程(3-1)采用的原始展向位置。在计算网格的某一点 $(\zeta',\bar{y})$ 上，当地弯度的方程为

$$\frac{\bar{z}}{C}(\zeta',\bar{y})=\int_1^\zeta \frac{\partial \bar{z}}{\partial \bar{x}}(\zeta,\bar{y})\mathrm{d}\zeta \tag{3-4}$$

采用样条插值算法来算出原始展向位置处的当地高度。

从以上高亚声速机翼最佳弯扭设计的全部计算过程中可以看出，该设计方法适合于小迎角飞行情况，整个翼面不发生任何气流分离，没有考虑附面层产生的影响。

4）超临界机翼的设计流程

（1）机翼初始外形设计。

计及弹性变形影响的超临界机翼设计流程，除基本工作翼型设计流程，还有初始机翼外形设计、机翼巡航外形设计和确定机翼型架外形。

图 3-50 表示典型的初始机翼外形设计流程。根据超临界机翼的设计条件和原始外形数据，利用亚声速理论和超临界机翼设计准则（约束条件下最小诱阻准则，等压线直线后掠准则，考虑结构弹性变形准则），设计出初始的机翼外形作为机翼巡航外形设计的出发点（见图 3-50）。初始机翼外形设计流程所需的主要设计程序如下：

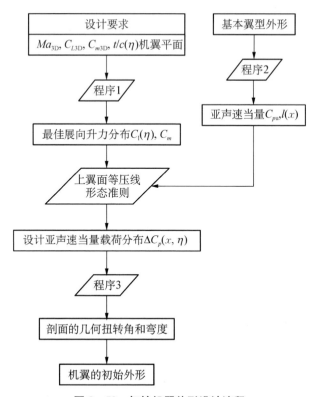

图 3-50 初始机翼外形设计流程

程序 1——在亚声速约束条件下最小诱导阻力优化设计程序:约束条件是 Ma_{3D}、C_{L3D} 以及 C_{BM}(翼根弯矩)。通过该程序可以得到最小诱导阻力 $C_{Di,min}$ 以及相应的展向升力分布 $C_l(\eta)$ 和俯仰力矩分布 $C_{m,c/4}(\eta)$;

程序 2——亚声速线化理论的翼型压力分布计算程序;

程序 3——给定载荷分布 $\Delta C_p(x,\eta)$ 计算机翼弯矩的亚声速涡格法程序。

(2) 巡航外形设计。

图 3-51 为典型的机翼巡航外形设计流程。所需的主要设计程序如下:

程序 1——给定机翼外形的跨声速粘*性流压力分布计算程序,如加粘性修正的 FLO-22 和 FLO-27 等;

程序 2——给定机翼压力分布设计机翼的跨声速反逆法程序,例如 Takanashi 程序等;

---

* 本行业惯用"粘"。

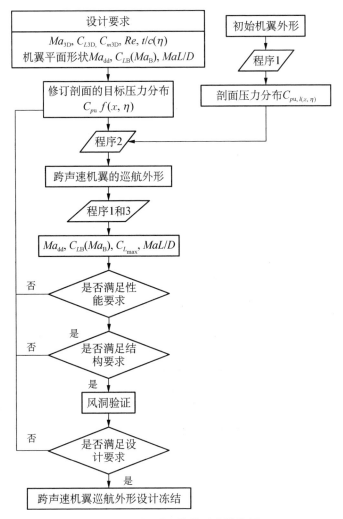

图 3 - 51 机翼巡航外形设计流程

程序 3——给定机翼外形计算低速最大升力系数程序。

（3）确定型架外形。

图 3 - 52 为典型的确定型架外形设计流程。所需的主要设计程序如下：

程序 1——机翼结构变形（弹性扭角）计算程序；

程序 2——跨声速粘性流弹性机翼压力分布和弹性扭转角计算程序，如 TWPDC 程序，以及其他有关气动外载、应力分析和结构打样的计算程序。

随着结构设计的细化，θ_{GJ} 将有一定改变。所以确定型架外形的工作要进行到设计结束、外形冻结为止。

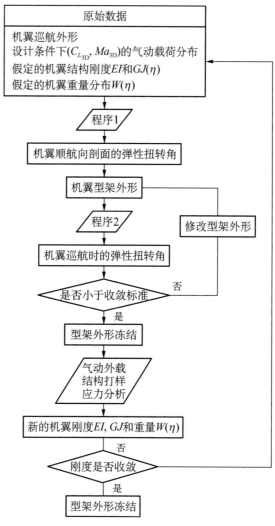

图 3 - 52　型架外形设计流程

（4）弹性变形的影响。

对于大展弦比后掠机翼来说，结构变形对气动特性的影响必须考虑。大展弦比机翼的结构变形可以简化为绕弹性轴的弯曲变形和绕弹性轴的扭转变形，而后掠机翼又可将这两种变形综合成为顺航向的剖面弹性扭转角 θ_{Ecru}（见图 3 - 53），而剖面本身的外形可认为不变。

对于现代大展弦比机翼，其巡航时的翼尖扭转角可达 $1°\sim3°$。所以，为了使巡航外形具有最佳几何扭转角 θ_{Gcru}，则型架外形的几何扭转角 θ_{GJ} 必须扣除巡航

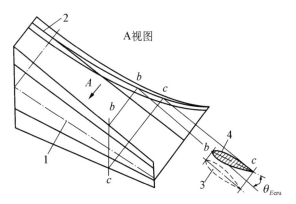

图 3-53 后掠机翼由弯曲变形引起的剖面扭转角

时的弹性扭转角 θ_{Ecru} 即等于巡航外形的几何扭转角 θ_{Gcru} 扣除巡航时的弹性扭转角 θ_{Ecru}，即

$$\theta_{GJ} = \theta_{Gcru} - \theta_{Ecru}$$

式中 θ_{Gcru} 由巡航外形设计中得到，θ_{Ecru} 则根据结构设计所得刚度数据经计算得到。图 3-54 表示机翼型架外形几何扭转角、巡航外形几何扭转角和巡航飞行弹性角。

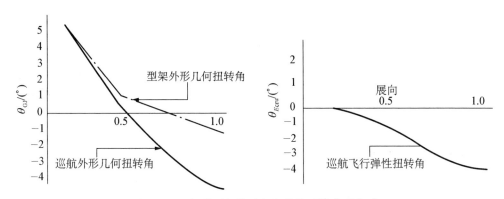

图 3-54 机翼型架外形和巡航外形的典型差别

（5）把风洞试验结果转换成全尺寸机翼的数据时考虑模型气动弹性变形的方法。

在风洞试验中，机翼的形状，特别是在飞机条件下（$n = 1$）的形状应该予以测量。对于机翼制造来说，无空气动力载荷（$n = 0$）的机翼是重要的，机翼形状通过 $n = 1$ 时的机翼所具有的气动弹性变形的几何形状经修正导出。考虑到机翼的结构变形,这个过程也必须包含风洞模型气动弹性变形。今天正在以精确到 0.02 mm 的高标准制造风洞模型,这个精度对跨声速风洞小尺寸模型的测量是重要的。根据风洞的载荷了解模型几何形状的变化也是重要的,因为它的变形也可能是要考虑的。

除了对这些影响进行理论上的估计外,在荷兰航空实验室的第一次风洞试验之后,人们开始从试验上来确定变形。这是通过从压力测量得到的载荷分布,对模型加载的方法进行的,同时在一个参考平台上测量弯曲和扭转。图 3 - 55 就是这些测量的结果,我们可以看到,铝制机翼翼尖的气动弹性扭转可达约为 1°,而钢制机翼的约为 0.5°。变化取决于模型的构造和制造方法。这两个模型都有测压孔和机翼内部相应的管道。

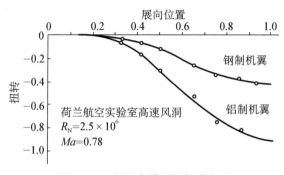

图 3 - 55 风洞中模型的气弹变形

3.2 机翼根部翼型的配置及消除翼根区翼-身干扰的方法

正如文献[19]所指出的,后掠机翼的根部区由于受到翼-身干扰的影响,气流流动情况变得非常复杂。同时,翼根区域所占机翼面积的比例大,环量比较集中,其尾流对尾翼和尾吊发动机的工作情况有直接影响。所以,翼根区的气动力设计好坏对全机的气动特性尤其是对升阻特性有极大的影响。特别到高马赫数以后,如果翼根区设计得不好,将使翼根区的机翼上表面的等压线后掠角大为减小,在比较小的迎角下就在机翼上表面出现激波并引起激波一附面层干扰,导致气流分离并引起抖振,使飞机性能恶化,并使阻力发散马赫数减小。所以,机翼设计要求设法尽可能维持机翼上表面直的后掠等压线,从而得到较高的阻力发散马赫数。国外一些文献指出,翼根区域的气动力设计是后掠机翼气动力设计的重点和难点,即使在 CFD 较发达的今天,处理翼-身之间的干扰多半还带有一些粗糙的近似或人为的假定,难以真实反映翼-身结合部位的实际形状,所以文献[19]指出,这一区域的气动力外形设计是需要更多依赖于经验的地方。

3.2.1 翼根区气流流动的机理描述

对于现代高亚声速运输机,特别是超临界机翼,翼根整流对翼根区的气动特性有重要影响,而且影响一直延伸到外翼。因此,对于现代高亚声速运输机,翼根的气动力处理必须与翼根整流综合起来考虑。

文献[2]对翼根整流做了详细论述。在翼-身结合处,当机身表面的气流流向机翼前缘时,由于机翼的阻挡作用产生逆压梯度,使机身附面层在机翼前缘之前发生分离。随着迎角增大,分离旋涡增强,分离范围扩大。分离旋涡不但产生阻力,严重时对升力也有影响。

翼根整流的目的如下:

(1) 消除(小迎角)和减轻(大迎角)气流分离和旋涡产生。

(2) 使不同气流的汇合尽可能地缓和。

(3) 避免不同附面层的相互干扰和增厚作用。

机身对机翼的干扰使机翼的压力分布发生变化,特别是在翼根区更为明显。机身对机翼翼根区翼型压力分布的影响如图 3-56 所示。该图是典型的现代运输机巡航状态的理论计算结果。机身的影响是提高机翼上表面的吸力峰值,增大前激波强度。机翼下表面翼弦中部的吸力有所下降。机身的干扰使翼根前缘分离更易发生。翼根的分离从前缘产生,因此,整流在翼根前缘之前就要开始,为此进行了整流影响的机理性研究。从图 3-56 的翼根压力分布可看出,在机翼前缘吸力峰以后紧接着出现一个很大的逆压梯度。机翼后部上、下表面的逆压梯度也很大,而且机翼后缘的附面层加厚,本来就容易分离。特别在机翼机身交界处,机身附面层与机翼附面层的相互堆积,情况更为严重。因

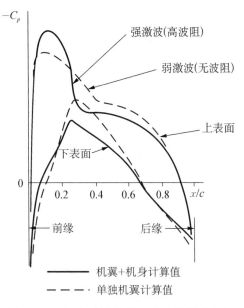

图 3-56 机身对翼根压力分布的影响(理论计算,典型巡航状态)

此,翼根需要从前到后的整流,整流不但要从翼根前缘以前开始,而且后部要延伸到基本机翼以后相当远的距离,减小翼型后部的收缩度,从而降低逆压梯度,以避免气流分离。

3.2.2　消除下单翼民用运输机翼-身干扰的方法

1) 翼根采用反弯度翼型

近代许多民用运输机机翼根部都采用"反弯度翼型"(见图3-57),它的主要优点如下:

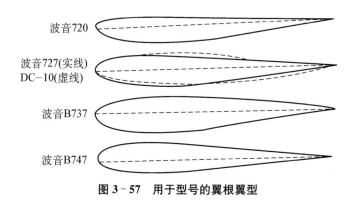

图 3-57　用于型号的翼根翼型

（1）使 35% 弦长以后的上表面无曲率,可减小下单翼飞机翼-身之间的干扰阻力,因为这种阻力随着马赫数的提高和升力系数的增大变得越来越严重。

（2）在高亚声速马赫数范围内的使用升力系数下,若相对厚度相同,则反弯度翼型的阻力有所下降,这样就使机翼的根部可能采用较厚的翼型而对阻力的影响又较小。

（3）采用反弯度翼型后对翼尖分离引起的"自动上仰"现象有所缓和。此外,随着马赫数的进一步提高,由于反弯度翼型的力矩特性较好,对改善飞机的"自动俯冲"现象十分有效,因为反弯度翼型减小了后部加载。

三叉戟 2B 飞机翼根采用的反弯度翼型(见图3-58),从图看出,翼型上表面后部非常平坦,在小迎角时巡航状态不会引起后缘气流分离。

图 3-58　三叉戟 2B 飞机翼根反弯度翼型

运 10 飞机的根部翼型是参考三叉戟 1E 飞机的翼型经修型而成,图 3‐59 反映了运 10 飞机风洞试验中得到的根部反弯度翼型对阻力的影响。三叉戟 1E 飞机翼根翼型的反弯度值为−1.15%,MD‐82 飞机的翼根翼型的反弯度值为 −0.563%。

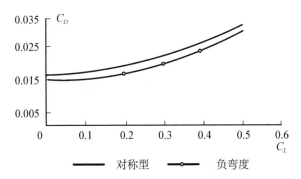

图 3‐59 运 10 机翼根部采用反弯度翼型的气动效果
（C_L 相同）

运 10 飞机和三叉戟 1E 飞机翼根剖面参数比较如表 3‐3 所示。

表 3‐3 两种飞机翼根剖面参数比较

机型 \ 剖面参数	$\bar{r}/c(\%)$	$\bar{c}/c(\%)$	$\bar{x}_c/c(\%)$	$\bar{f}/c(\%)$	$\bar{x}_f/c(\%)$	$\tau/(°)$
三叉戟 1E 飞机翼根剖面	2.171	9.962	20.7	−1.150	61.47	−9
运 10 飞机翼根剖面	3.320	12.945	25	−1.148	55	14.5

由图 3‐59 看出,运 10 飞机翼根采用反弯度翼型使翼身组合体的阻力水平有明显减小,但也使得机翼内段邻近机身升力系数小于正常工作升力系数,反过来使翼根区域处于不利的工作状态,从而使全机的升阻比下降。因此,不仅要根据巡航状态干扰阻力最小的要求选择适当的小正弯度或反弯度翼型,而且要在非干扰区迅速消除反弯度翼型带来的不利影响,尽快过渡到为该机设计的高气动效率的基本翼型,以克服翼根小正弯度或反弯度翼型对升力带来的不利影响。

对于超临界机翼,翼根就采用超临界反弯度翼型,如图 3‐60 所示。

2) 翼根区机翼前缘向前延伸

采用翼根区机翼前缘向前延伸(见图 3‐61),可使后掠角增加(但不要超过45°),达到等压线后掠,提高临界马赫数的目的。这就要求靠近机身侧面的机翼

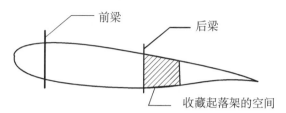

图 3‑60　翼根区采用超临界反弯度翼型

剖面具有低的升力系数,大约等于外侧机翼剖面升力系数的 60%。

早期设计的波音飞机大多采用翼根前缘向前延伸,如波音 720(见图 3‑61)、波音 727、波音 737 和波音 747 等飞机。波音 720 飞机是在波音 707‑120 飞机基础上翼根前缘向前延伸,使临界马赫数增加 0.02 和升阻比提高 2%。从图 3‑61 上看出,波音 720 飞机由于翼根区前缘向前延伸,翼型由正弯度变成反弯度,翼型最大弯度向前移至(12~15)% 弦长处,这样在大马赫数时可减小翼‑身之间的有害干扰阻力。有、无翼根前缘向前延伸的翼型上表面的压力分布如图 3‑62 所示。但是,近代装有超临界机翼的飞机,由于其临界马赫数较高,所以一般都没有采用翼根前缘向前延伸。

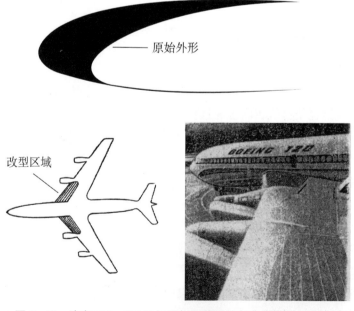

图 3‑61　波音 707‑120 飞机翼根向前延伸后称为波音 720 飞机

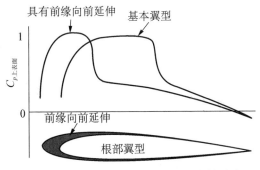

图 3 - 62　前缘向前延伸对剖面压力的影响

3）翼根区剖面修型

按照关于处理翼根三维效应的概念,对翼根区的翼型设计原则是要使翼剖面的吸力峰前移,这由剖面最大厚度前移来实现。翼型最大厚度位置应尽可能靠前,大约移到 15％～20％弦长处,甚至有前移到 12％～15％弦长处,并使35％弦长以后翼型上表面基本保持直线(如图 3 - 58 所示)。这样使剖面的后缘夹角减小,以便保证超临界马赫数下吸力峰值之后的上表面压力单调地逐渐增加,否则会发生第二次膨胀趋势。所以,成功的翼根剖面设计避免了上表面后部的曲率。

对于超临界机翼,从外翼到翼根后缘都有弯度,从试飞结果发现机翼根部后缘下表面有气流分离,这是由于后缘弯度与机身的干扰影响而造成的。对超临界机翼,其翼型的后缘弯度要自外翼向翼根处缓和地减小。外翼后缘弯度可取为 2％左右,而在翼根处小于 1％,取 0.8％左右。

4）机翼根部区域沿展向翼型厚度分布规律

由于翼根剖面最大厚度前移,在最大厚度以后,使翼根翼型的厚度迅速减小,以抵消机身存在使机翼上表面的等压线后掠角减小,达到类似于机身缩腰的效果。如果单靠上面的几种弦向措施效果仍不明显,最好能在离根部剖面的一半根弦长(或从机身对称面算起的 30％半翼展处)的展向范围内就使翼型厚度显著减下来。文献[28]从减轻重量的观点讨论过这个问题,结论是"选择合理的(非线性的)相对厚度沿展向变化规律允许在好的气动特性情况下得到很高的重量效能,因为机翼根部的剖面厚度在最小限度上影响速度而在最大限度上影响重量"。

在运 10 飞机研制中,为了解决机翼内段直母线所造成的平面形状转折处翼肋上的附加载荷过大引起的结构设计问题,在超 VC - 10 机翼内段构型规律[17]

的启示下,进行了改机翼内段直母线为抛物鞍面(弦向为翼型,展向为抛物线母线所形成的双曲面)的风洞对比试验,取得了出乎意料的气动力效果,图 3 - 63 示出两种构型气动效率的比较。由图可见,在巡航马赫数下的升阻比或航程参数 $Ma\left(\dfrac{L}{D}\right)$ 提高了约 9% 或使同样航程下的 Ma 数增加约 0.04。

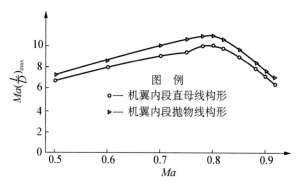

图 3 - 63   机翼内段不同构形规律气动效果的比较(运 10 飞机)

机翼翼根区域上表面有非线性曲面的飞机列于表 3 - 4。

表 3 - 4   机翼翼根区域上表面有非线性曲面的飞机

机型	机翼翼型相对厚度/%			翼根区翼型展向厚度分布规律
	根部	中部	梢部	
运 10	13.04	10.73	10	抛物线
波音 707 - 320	12.1	10.4	10.3	在 I 大樑处为四次曲线
波音 727 - 200	13		9	非线性变化
波音 737 - 300	15.4	9.5	108	非线性变化
超 VC - 10	13	10	9.75	二次曲线
A300B	13.8	10.4	10.4	非线性变化
A310	20	11.5	11	非线性变化
A320	15	11.7	11.7	非线性变化
MD - 82	半翼展/%				非线性变化
	9.7	11.1	18.8	38.1	86.7	
	机翼翼型相对厚度/%			
	12.9	12.0	11.7	11.01	9.5	

5) 国外民用运输机翼根区域展向厚度变化规律举例

图 3‑64 为 A310 飞机的机翼翼型相对厚度沿展向分布典型地反映了机翼内段非直母线构型的特点。

图 3‑65 为 A320 飞机的机翼翼型相对厚度沿展向分布类似于 A310 飞机的情况。

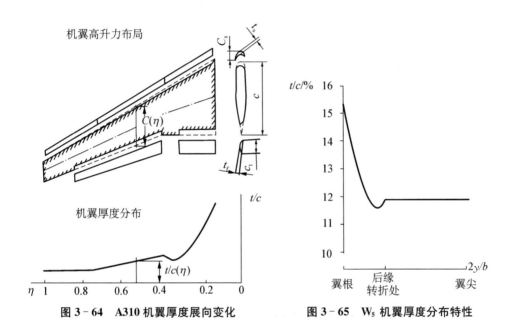

图 3‑64 A310 机翼厚度展向变化   **图 3‑65 W₅ 机翼厚度分布特性**

图 3‑66 为 MD‑82 飞机的机翼翼型相对厚度沿展向分布。由图 3‑67 看出 MD‑82 的翼根部是插了一段进去使展向相对厚度变成非线性规律,这既增加了结构高度,保证了机翼刚度,减轻重量,又满足了载油容积的需要。

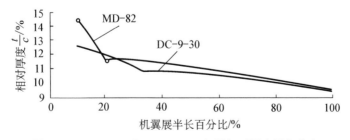

图 3‑66 MD‑82 和 DC‑9‑30 机翼相对厚度展向分布

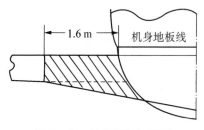

图 3 - 67　机翼根部加厚图

6）下单翼民用运输机机翼-机身之间的整流

为了减小下单翼民用运输机在高亚声速时机翼与机身之间的不利干扰,在翼根处采用整流罩,如图 2 - 8 所示。

机翼与机身结合处整流罩形状对阻力的影响:

使用经专门选择的整流罩可以减小机翼与机身结合处的迎面阻力系数。图 3 - 68 是整流罩按下单翼方式配置的后掠翼飞机的极曲线影响的一个实例。

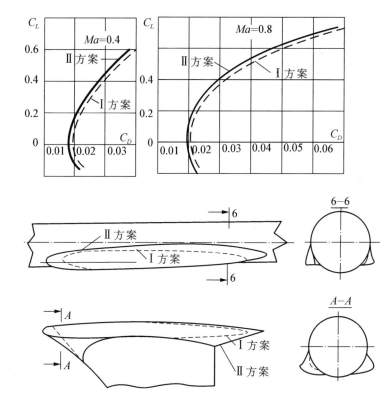

图 3 - 68　$Ma = 0.4$ 和 0.8 时在机翼和机身接合处使用两种 Ma 整流罩方案的飞机模型的 $C_L = f(C_D)$ 曲线

从图看出,采用方案Ⅱ的直壁式整流罩时,它消除了扩散段和机翼前缘、后缘部分与机身结合处的局部气流分离,因此可使机翼＋机身布局的迎面阻力系数降低,并且在这种情况下因干扰而产生的附加阻力值实际上与迎角及马赫数无关。

欧洲空客公司 A300 和 A310 民用运输机的翼根整流：

图 3-69 为 A300 和 A310 飞机的翼根整流，图中所示翼型为 A310 的翼根翼型，整流外形为与机身交线。由于 A300 飞机的翼型为尖峰有限后加载翼型，翼根翼型相对厚度较小，为 0.138。A310 飞机采用超临界翼型，头部较钝，翼根翼型相对厚度为 0.206。由于 A300 飞机的根部翼型相对厚度较小，前缘吸力峰也不太高，因而 A300 飞机的翼根采用了较小的前缘整流。A310 飞机的翼根翼型相对厚度较大，因而采用了完全能消除前缘分离的大整流，可使巡航阻力比 A300 飞机减小约 1.3%。

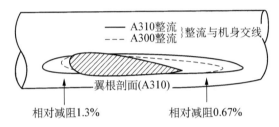

图 3-69   A310 翼根整流最佳化——相对 A300 阻力减小

（图中数字为 A310 翼根整流相对 A300 阻力减小的百分数）

A300 和 A310 都为下单翼民用运输机，下翼面与机身表面成钝角，所以下翼面基本不要整流。由于上翼面后部收缩很快，而且与机身表面相交成锐角，因而在机翼上表面有范围比较大且向后延伸的后部整流。由于 A310 的翼根翼型厚度比 A300 的大，因而 A310 飞机的翼根采用了大整流，减阻效果也比 A300 的好。

对于翼根剖面前缘的整流，向前延伸要有足够长度、外形和缓过渡，纵向剖面外形应与基本翼型相似，对于钝头翼型和相对厚度大的翼型，整流延伸的范围应更大。前缘整流的大小还与基本机翼翼型的压力分布形状有关，如图 3-70 所示。如基本翼型前缘有很高的吸力峰，在其后有很大的逆压梯度，就需要大的前缘整流。如基本翼型前缘吸力峰和逆压梯度均不大，小的前缘整流就能起作用。

图 3-71 为一个在现代民用运输机模型上，有大小两种翼根前缘整流，大整流向前延伸 0.25 机身侧面翼型弦长，小整流延长的长度为翼根弦长的 0.05 倍。该机翼的翼型没有高的前缘吸力峰，类似图 3-71 的上图，因而 $0.05c$ 和 $0.25c$ 整流的减阻效果基本相同。图 3-72 表明该整流的设计是成功的，在小 C_L 和大 C_L 以及低速和超临界情况均有减阻效果。

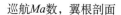

巡航Ma数，翼根剖面

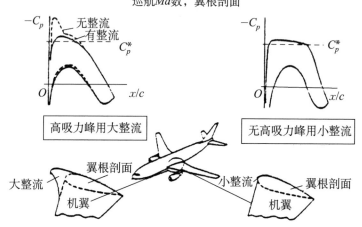

图 3‑70　翼型压力分布形状对前缘整流大小的影响

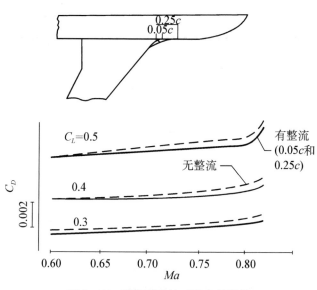

图 3‑71　翼根前整流对阻力的影响

（风洞试验，$Ma = 0.78$）

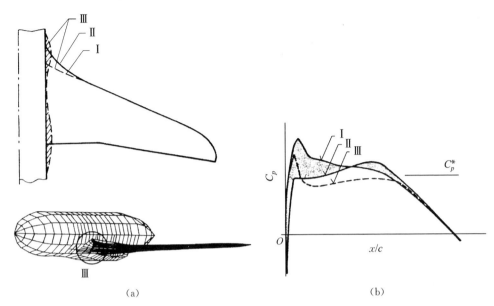

图 3 - 72 某运输机的翼根修形和翼根整流及对翼根上表面压力分布的影响

(a) 某运输机的翼根修形和翼根整流 (b) 翼根修形和整流对翼根上表面压力分布的影响(巡航升力,风洞试验,$Ma = 0.75$)

下面介绍一个利用翼根整流保持超临界压力分布的例子。它是一个下单翼民用运输机的研究方案,机翼的参数为四分之弦线的后掠角为 $\Lambda_{\frac{1}{4}} = 20°$,展弦比 $AR = 8.0$,翼根翼型的相对厚度 $t/c = 0.18$。超临界机翼的设计状态为 $Ma = 0.75$ 和 $C_L = 0.45$。由于基本机翼 I 的翼根不能保持超临界翼型的压力分布,设计了两种翼根整流方案,一个加大翼根后掠的修形 II,另一个翼根整流(包括加大翼根后掠) III,如图 3 - 72(a)和图 3 - 72(b)所示。

在设计状态,两种整流方案 II 在翼型中部有局部的超声速区,而翼根整流 III 在前缘虽有不大的吸力峰和弱激波,但在其后压力分布平坦并为亚声速流动。两种整流都改善了原机翼的翼根压力分布,基本达到设计的目的。这个例子说明,翼根整流除了消除机翼的气流分离以外,还可以利用它改善超临界机翼的压力分布。对于超临界机翼的特点,在这方面利用 CFD 技术对整流的设计进行检查是必要的,因为翼根整流对压力分布的影响不仅在翼根区,而且可以达到 $70\%\sim80\%$ 半翼展。

3.2.3 消除上单翼军用运输机机翼-机身之间干扰的方法(即翼根整流)

图 3 - 73 为现代上单翼军用运输机翼根整流的一个示例。翼根前缘整流无论从垂直机身或平行机身的剖面看,整个外形有良好的缓和过渡,整流罩与机身

外形交角大于或等于90°。翼根后部整流基本从翼型最大厚度处开始。由于机翼为上单翼。上翼面与机身表面交角为很大的钝角。机身与机翼外形过渡平滑,附面层相互影响很小,所以,机翼上部不需要整流。机翼下表面与机身相交成锐角,需要整流。整流表面由垂直机翼下表面的直线构成,该直线与机身表面成很大的钝角。后部整流向后延伸的长度为机身侧面机翼弦长的31%,前部整流向前延伸的长度为机身侧面机翼弦长的13%。

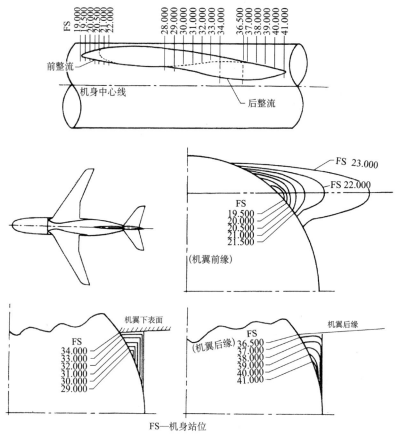

图 3 - 73 运输机的翼根整流示例

对于翼根剖面后缘之后的整流外形不一定非用直线构成,也可以用圆弧整流(见图3-74)。该图为某一上单翼军用运输机的机翼突出于机身表面,有两种翼根整流(A 和 B)。整流 A 基本按机翼上部的流线形状设计。整流 B 是一个大整流罩,从风挡开始在机身上表面的中央部分用一个大整流罩将机翼盖住。两种整流在机翼下表面与机身交界处用圆弧整流。

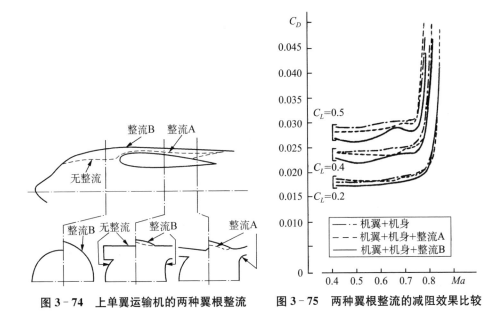

图 3-74 上单翼运输机的两种翼根整流

图 3-75 两种翼根整流的减阻效果比较

两种整流的减阻效果比较如图 3-75 所示。在 $C_L = 0.2$ 时,小整流 A 的减阻效果不明显,在 $C_L = 0.4 \sim 0.5$ 时减阻量 $\Delta C_D = 0.0005 \sim 0.001$。大整流 B 在 $C_L = 0.2$ 时就有明显的减阻效果,$\Delta C_D \approx 0.001$,在 $C_L = 0.5$ 时 $\Delta C_D = 0.0025$。图线观察表明,整流 A 减轻但未完全消除前缘分离,而整流 B 基本消除了前缘分离。这个例子说明,用整流控制前缘分离的重要性。

3.2.4 机翼-机身之间翼根整流工作总结

在翼根后部由于机身和机翼附面层的加厚以及翼型逆压梯度的双重影响,气流更容易分离,整流罩的外形应注意和缓过渡,减小气流的扩散度。后部整流一般从翼型最大厚度附近开始,整流剖面逐渐扩大,在机翼后缘达到最大。在机翼后缘以后,整流外形开始收缩,而这种收缩也需要和缓,所以后部整流的长度比前部大得多。对于后部收缩大和逆压梯度大的翼型,整流罩外形的和缓过渡要更加注意。

由于机翼与机身交界处是复杂的三维曲面,附面层的干扰也很复杂。而目前,翼根整流尚无合适的 CFD 技术可以比较准确地计算。翼根整流罩设计主要依靠经验和风洞试验,在测力之外,一定要进行流谱观察(用各种方法),随时进行外形修改,直接观察和修形是非常重要的。有经验的技术人员可以看出问题的所在,再修成"理想"的外形,最后由风洞试验来验证。

3.3 机翼翼尖翼型配置及消除翼尖三维效应的方法

由于后掠机翼的绕流特性产生横向气流并向翼尖流动,会在翼尖造成边界层堆积,易引起气流分离,使翼尖提前失速。为了克服这种不利现象,一般在翼尖采用最大厚度靠后的翼型,同时为了改善翼尖失速特性,要配置相对厚度较大,最大升力系数较高且失速特性较好的翼型。

为了达到翼尖等压线后掠,必须消除翼尖三维效应。其方法如下。

3.3.1 采用低阻翼尖来保证等压线后掠

由于后掠机翼存在气流的横向流动,在翼尖区气流流管收缩(见图 3-38),流速加大,使翼尖区域过早地出现超声速流和梢激波,从而使阻力增加,并提早进入失速。采用低阻翼尖可克服对飞行性能和飞行安全的不利影响,而且低阻翼尖可以减小高亚声的阻力并改善机翼失速特性,低阻翼尖如图 3-76 所示。

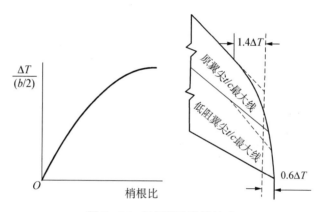

图 3-76 低阻翼尖设计技术

低阻翼尖的设计方法如下:机翼平面形状确定后,梢根比和半翼展长度都为已知值,根据图 3-76 的左图查得 ΔT 值,然后可得到低阻翼尖在机翼前缘的开始点和后缘的终止点,而低阻翼尖的前缘可采用三次曲线。

低阻翼尖在早期的大型运输机上得到了广泛的应用,如美国的波音 707-320、C-5A 和 MD-82 飞机,还有英国的三叉戟 2E、3B、VC-10 等飞机,特别要指出的是在 VC-10 飞机的平尾上也采用低阻翼尖(见图 3-77)。

VC-10 水平尾翼模线的主要数据如下。

(1) 前缘后掠角 37°12′13″;

(2) 25%弦线后掠角 35°;

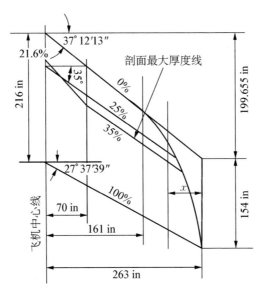

图 3-77 VC-10 飞机的水平尾翼的低阻翼尖

（3）后缘后掠角 $27°37'39''$；

（4）翼根（即飞机中心线）弦长 216 in；

（5）翼根剖面最大厚度位于 21.6% 弦长；

（6）翼根剖面相对厚度 9%；

（7）前缘直线段（从翼根到距中心线 161 in 之间）；

（8）从 161 in 至翼尖这一段的前缘按弦长为 $30.496\,5\sqrt{x}-1.274\,0x$ 变化，x 为翼尖至该弦距离；

（9）翼尖弦后缘点到翼根弦前缘点的距离为 $(199.655+154)$ in；

（10）翼型前缘半径在翼根处为 $1.2\%c$；

（11）从距中心线 70 in 至翼尖这一段的前缘半径为 $0.98\%c$；

MD-82 飞机的机翼采用低阻翼尖，其翼尖曲线定义如图 3-78 所示。

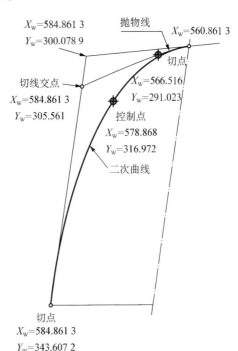

图 3-78 MD-82 的低阻翼尖平面形状定义

3.3.2 机翼采用大后掠上翘翼尖

波音 747-8、波音 767-400、波音 767-400ER、波音 787-8 和 A350 飞机采用斜削大后掠上翘翼尖(波音 767-400ER 飞机的翼尖前缘后掠角比老机翼前尖前缘后掠角大 9°5′),大后掠上翘翼尖的作用是在低速可减小起飞距离,提高爬升率,并降低油耗,在高亚声速巡航飞行时削弱梢激波,提高临界马赫数,推迟失速,如图 3-79 和图 3-80 所示。

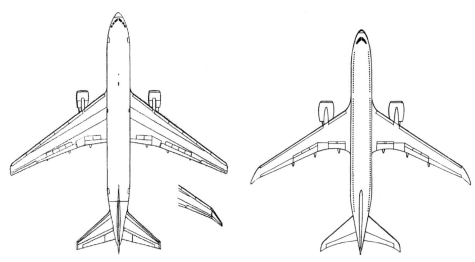

图 3-79 波音 767-400 飞机的大后掠翼尖
与老翼尖的比较

图 3-80 波音 787-8 的大后掠翼尖

3.3.3 沿展向配置不同升力系数的翼型、机翼采用"几何扭转"

在翼尖处可以布置具有更大升力系数的翼型,而在翼根处采用弯度较小的翼型或对称翼型,甚至还可以采用反弯度翼型。这样最大升力系数沿展向的分布规律得到改进,在翼根处升力系数变得较小,而在翼尖处则较大,使得在大迎角时气流分离先从机翼根部开始,防止大迎角时出现上仰失速。

在翼尖处的翼剖面相对翼根处的翼剖面有 $-3°\sim-5°$ 的几何扭转角。翼尖的实际迎角减小,这样,就把临界迎角移到更大的数值,使翼尖处在大迎角时不致发生气流分离,避免了上仰失速。图 3-47 为 MD-82 飞机机翼沿展向的几何扭转角。

3.4 减小高亚声速运输机巡航阻力的一些措施

许多与性能有关的设计参数决定了飞行包线的边界,例如最大升力系数和抖振边界,但是,飞机阻力也是设计师关心的重要项目。

虽然我们掌握了有关边界层特性、减小流动分离区域和计算展向升力分布进而计算诱导阻力的方法,但是准确估算阻力仍是一项困难的工作。

虽然在预计阻力的手段如 CFD 和风洞试验方面取得了进展,但是客户对飞机设计的要求也越来越高。

干净构型的阻力由零升阻力、升致阻力、压缩性阻力和配平阻力构成。现代运输机外形流线,使用 CFD 技术可最大限度地减小机体各部件之间的流动干扰。

每个部件的阻力由摩擦阻力、压差阻力和压缩性阻力构成。

真实飞机表面绝不是光滑的。存在着突出物和粗糙度。

突出物指天线、仪表探头、外部铰链、闪光灯、操纵面缝隙等。

粗糙度如波纹度、制造中产生的隙缝和配合不当,铆钉及类似的小突起。

在低雷诺数,只要粗糙度处于湍流边界层的层流亚层内,其附加阻力主要是摩擦阻力。

图 3-81 示出高亚声速运输机巡航时典型的阻力构成。

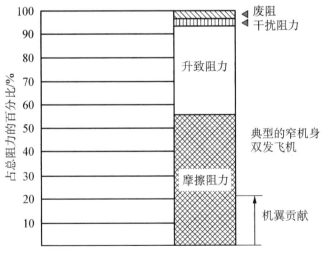

图 3-81　运输机的阻力分解(巡航)

高亚声速运输机在巡航时摩擦阻力和诱导阻力占总阻力的绝大部分。世界上主要的航空工业公司对减阻方法做了不少研究,并取得了一些成果。下面分别讨论各种减阻措施。

3.4.1 人工层流和自然层流

摩擦阻力与所谓废阻,即与飞机上各个凸起零件、连接键、不平度与粗糙度有关的阻力都是飞机阻力的重要组成部分。对于大型运输机,摩阻和废阻每增加一个百分点(以最小阻力的百分数计),降低升阻比约 0.1。所以,降低摩阻和废阻是设计师的任务和经常关心的问题。在设计中,设计师都制订了飞机外表面的表面质量标准。

人工层流和自然层流是减少高亚声速运输机摩擦阻力有发展前途的手段。在现代翼型上,在跨声速流中形成局部超声速区,气流在其中加速,直到出现结尾激波。机翼翼面上出现相当长的区域有有利的负压梯度。翼面加工得相当好的超临界翼型(粗糙度约为 5 μm),跨声速时,翼型边界层会有层流,甚至在相当大的雷诺数时($Re = 30 \times 10^6$)可延至翼弦中部。

图 3-82 表示,对小后掠机翼,在表面加工质量高的条件下能够实现层流边界层的稳定是相当明显的。但是对中等和大后掠角的机翼试验表明要实现自然层流是很复杂而又相当困难的。前缘增升装置的存在也是对层流的妨碍因素。

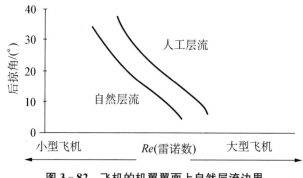

图 3-82 飞机的机翼翼面上自然层流边界

另一个减小摩擦阻力的有效方法是从机翼等部件的表面上吸除边界层造成人工层流,并能保证层流段长度达到机翼弦长的 60%～70%,使总阻力降低 14%～15%。

人工层流在原理上可适用于任何后掠机翼,但要求一定的能量消耗,并增加结构重量。使人工层流系统难以实际应用的复杂问题在于这一系统的结构实施(见图 3-83)以及使用。

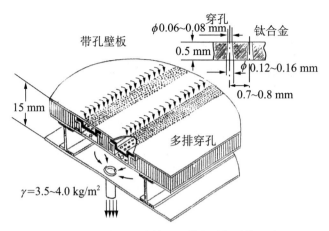

图 3‒83　用人工层流的机翼的多孔板结构示意图

　　层流的综合控制：对中等后掠角的机翼最有应用远景的是所谓层流综合控制。层流绕流的综合控制系统的特点是把后掠机翼前缘（翼弦的 20% 左右）边界层吸附与机翼翼面相当大的部分上有有利的负压力梯度结合起来（见图 3‒84）。风洞实验研究表明，采用流量系数相当小的层流结合控制系统在前缘区（$C_q = 0.0005$）吸除边界层可使机翼翼面层流段长度达翼弦的 60%～70%。

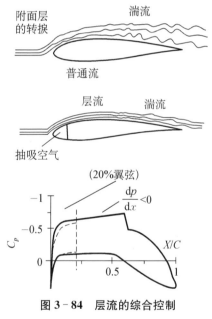

图 3‒84　层流的综合控制

3.4.2　利用纵向沟槽（细肋）来改进系统边界层结构使阻力减小

　　如图 3‒85 所示，模型在风洞中的实验和试验飞机上的试验表明，摩擦阻力能下降 6%～10%。

　　机翼表面装有沟槽（细肋）薄膜后改变湍流边界层结构的原因如下：

　　（1）三角形的尖峰与底谷改变了气流近壁面的速度梯度，也就是边界层从尖峰滑向底谷时减弱了湍流的能量。尖头细肋的减阻效果比钝头的好些。另外，底谷的宽度相对尖头的锐头作用要小。

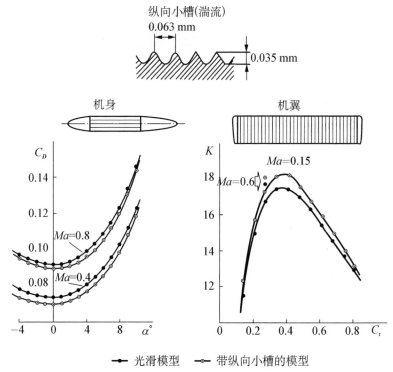

图 3 - 85　带表面沟槽的模型的升阻比与阻力系数

（2）细密排列的沟槽有效地破坏了湍流的纵向涡结构，而纵向涡流正是边界层传递能量的主要来源。

3.4.3　在机翼翼尖安装翼梢小翼使诱导阻力减小

由于翼梢小翼改变了机翼的升力分布和机翼后缘涡结构，后缘涡产生的气动力最终表现为作用在机翼-翼梢小翼组合体上的压力，达到机翼-翼梢小翼的一体化设计。与提供同样阻力降低的翼尖延伸相比，翼梢小翼产生的翼根弯矩较低（见图 3 - 86），从而使有效翼展增加更多。然而，翼梢小翼的长度必须大约是翼尖延伸的 2 倍，才能获得同样的诱导阻力减小。目前不少运输机上采用翼梢小翼。美国空中加油机 KC - 135（波音 707 飞机的前身）安装翼梢小翼后，大约可使全机阻力减小 7%（见图 3 - 87），而波音 747 - 400 飞机安装翼梢小翼后大约只减小阻力 3%。

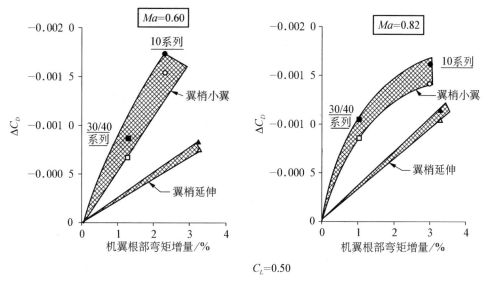

○ DC–10 10系列最佳翼梢小翼A2
□ DC–10 30/40系列最佳翼梢小翼C
△ DC–10 10系列至30/40系列翼梢延伸
○ 风洞雷诺数
● 修正为飞行雷诺数

图 3‑86 麦道 DC‑10 机翼翼梢延伸和翼梢小翼对阻力和机翼根部弯矩的影响

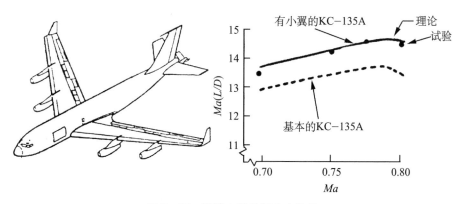

图 3‑87 翼梢小翼的气动力收益

图 3-88 为利尔喷气 28/29 的机翼与翼梢小翼之间有较大的曲率半径,以防止在后缘附近当地表面流速过高和出现气流分离。

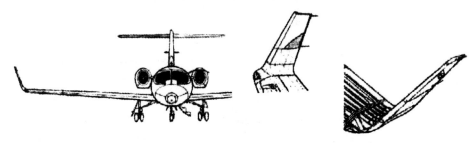

图 3-88 利尔喷气 28/29 连接机翼翼梢和翼梢小翼的最小干扰首选外形

当受停机空间限制或考虑机动时,翼梢小翼就可用于机翼翼展受限制的情况,后一种考虑迫使原麦道公司的 C-17 重型军用运输机采用了翼梢小翼。

图 3-88 示出几种大型运输机采用不同翼梢装置的减阻效果比较。图 3-89 为波音 767-400 飞机的斜削翼尖(包括波音 747-8、波音 787-8 和 A350 飞机)。

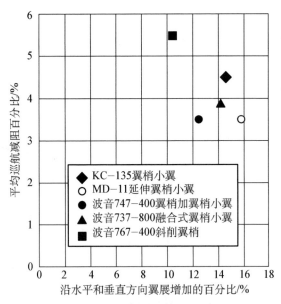

图 3-89 采用翼梢装置减小阻力

机翼上安装涡流发生器减小激波与附面层干扰所引起的气流分离(详见第 9 章),给附面层增加能量,推迟气流分离。

3.4.4　流线型机头设计

传统的飞机机头是由正面 2 块和侧面 4 块挡风玻璃组成,如果侧面减少 2 块挡风玻璃,使飞机机头更具流线型,能减小阻力,同时驾驶员在驾驶舱的视野也比传统的机头更加宽阔。在机头结构设计空间和舒适的驾驶员仪表布置的约束基础上,结合快速成型和 CFD 技术对机头控制剖面和控制线进行精细气动力设计,使飞机机头达到综合最优。

4 大型运输机的机身设计

4.1 概述

首先论述设计要求，以获得最佳机身外形的可能性和对设计程序的建议。

4.1.1 功能和设计要求

飞机的初步总体布置是与机身密切相连的，应比较详细地拟定机身的主要尺寸。实际上，在总的设计概念中，机身是非常重要的项目，乘员舱、货舱和客舱的基本尺寸必须考虑好，以提供飞机方案布局中的尺寸数据和"经验法则"的设计指导。更详细的设计工作资料将包含在各种民用和军用运输机的规范和飞行各个分系统承制方的设计数据包中。所以在整个布局建立之前，机身的设计可能已经开始了。

机身的重要特征如下：

（1）机身构成了容纳商载的壳体，对这些商载需要在指定的速度下运输一定的距离。必须在飞行前能很快地装载，在飞行后很快地卸载。假如采取了适当的措施，机身结构也能提供对气候因素（寒冷、低压、非常高的风速）和对外界噪声的防护。

（2）机头是安放驾驶舱最适宜的部件。

（3）机身可作为连接其他主要部件（如机翼、尾翼和机尾安装的发动机）的中心构件，也是把商载与飞机连起来的纽带。

（4）通常大多数飞机系统装在机身内，机身内还装有燃油和可收放起落架。辅助动力装置（APU）和空调设备也安装在机身内。

机身的许多要求限制了设计师的选择范围。下列项目列举了必须给予密切注意的因素,因为它们对设计有重要影响。

(1) 机身阻力应较低,因为它占零升阻力的 20%～40%。在给定动压下,阻力主要取决于形状和浸润面积。

(2) 机身结构必须有足够的强度和刚度、重量轻,具有规定的使用寿命,并易于检查和维修。为了避免增压舱的疲劳破坏,蒙皮必须选用较低应力水平。例如 850 kgf/cm²,这大约是 2024 - T3 铝材极限应力 $\sigma_{0.2}$ 的 30%。压力舱应具有圆形横剖面,或以圆弧段构成的横剖面。

(3) 使用成本受机身设计对燃油消耗的影响,也受制造成本的影响。一般来说,在可接受的限度内尽可能保持机身小而紧凑,以降低成本。必须记住,机身设计和尺寸大小是关系飞机盈利能力的决定性因素。但一定要保证飞机具有满意的舒适性。

(4) 机身不只是用来安装尾翼,而且也影响尾翼的布局。机身通常对俯仰和偏航力矩起不稳定作用,其大小程度与它的体积近似地成正比;而尾翼的稳定贡献主要取决于机身长度。

4.1.2 阻力和外形的变化

大型运输机(它是一种特别适合优化的飞机)的机身外形很少是理想的流线体。人们可能要问,机身外形的气动力优化到什么程度才既是希望的又是可能的。除了设计师经常考虑的在较广泛意义上的优化问题(什么是座椅的最佳安排? 货舱放在什么地方最好? 等),在初步设计阶段要回答的主要问题:

(1) 是以获得最小阻力的理想流线型为目标好呢还是用柱形中段为好?

(2) 是细长的形状合适呢还是短粗的机身更好?

气动布局的设计准则要求在满足同样载客量的情况下使机身截面减至最小,从而使迎面阻力最小。

图 4 - 1 给出相对于不同参考面积的机身阻力系数来说明机身长细比 λ_f(长度/直径)对阻力的影响。这些参考面积为迎风面积、浸润面积和(体积)$^{2/3}$。对长细比大于 4 的情况,图上相应于完全流线的旋转体。图中也给出了有圆柱段的机身的阻力系数。这里假设,对这些 λ_f 值基于浸润面积的阻力系数基本上与纯流线体的阻力系数相等。由图可以得出下列结论:

(1) 对长细比很大的形状,基于浸润面积的阻力系数趋向于平板值。当 λ_f 小时,有较大的压差阻力。

(2) 基于迎风面积的阻力系数,在 $\lambda_f = 2.5 \sim 3$ 时有一个明显的最小值。有

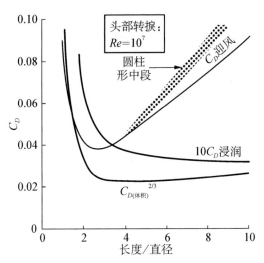

图 4-1 流线型旋转体的低速阻力系数

圆柱中段时,阻力系数增加较大,特别是 λ_f 值较高的情况。

(3) 基于(体积)$^{2/3}$ 的阻力系数,在 $\lambda_f = 4 \sim 6$ 时显示有一个平坦的最小值,长细比值更高时阻力增长不多。长细比小于 3 时,导致阻力明显增加。对全部 λ_f 值,圆柱中段实际上对阻力系数没有影响。

虽然图 4-1 的数据不能适用于所有机身外形,也不能用来做阻力计算,但整个图形的趋势在大多数情况下可以认为是可用的。实际机身所采用的长细比分布很宽,那是因为还包含其他的因素。机身的长细比应根据总体布置的需求而定,对巡航马赫数低于 0.85 的高亚声速飞机,只要不影响商载,机身设计应尽可能接近流线型。

在飞机工程设计中,我们没有标准的方法可采用。从图 4-2 的运输机的机身布局的讨论可能提供一种启示,说明关于理想流线型或图 4-1 曲线的最小值是否可能成为设计师的目标。图 4-2 为运输机的情况,安排给载荷用的空间占

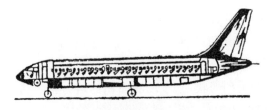

图 4-2 有较大的商载容积和有效的内部布置的机身(达索的"水星")形状

据了机身容积的 $60\%\sim70\%$，这里，机身的形状是根据有效安排旅客或货物而得出。

由于下列原因，采用圆柱形机身中段：

(1) 结构设计和制造大为简化。

(2) 可能以很少的空间损失取得有效的内部布置。

(3) 增大了座位布置的灵活性。

(4) 可以用增加机身长度的方法来做进一步的发展。

机身长度增加时，尾翼面积减少，但这也只能减到一定程度。大飞机的机身细长，长细比为 $12\sim15$，这就有可能遇到刚度问题。用分析方法进行的研究指出，在考虑最佳外形时，并非机身的阻力而是更为突出的重量才是决定性的因素。这一点可从基于(体积)$^{2/3}$的阻力系数随长细比改变很小(见图 4-1)得到验证。

对旅客机和货机，改变机身外形的可能性受到有关装载的实际考虑的限制。机身应"由内向外"设计，蒙皮对载荷的包容方式应使浸润面积最小，并应尽可能避免气流过量分离。

对巡航马赫数低于 0.85 的亚声速飞机，其优化的范围是有限的。只要不影响商载，设计应尽可能接近理想流线外形。做出不同的初步设计方案，详细做出装载的各种布置，这样将会找到最合适的机身形状。机身的长细比和外形很大程度上是这样确定的。

对于超声速飞行，为使波阻低到可接受的水平，要求非常细长的机身。对于法国宇航公司和英国飞机公司合作研制的"协和"号和苏联的图-144 超声速运输机，所选的相应长细比约为 20 和 18.5，很有趣的是"协和"号和图-144 两种飞机的机身都采用圆柱形中段。

4.1.3 机身为圆柱形中段的设计程序

用于有圆柱形中段的运输机机身的设计程序，它特别适用于大型宽机身类型的运输机。对于比较小的，比如说小于 120 座的民用运输机，可以用假设客舱几乎完全是柱形的简化程序。下面讨论的某些步骤也适用于货运飞机，但在许多情况下，货舱门的位置是设计中的决定性因素(见本章第 4.3.3 节)。

(1) 选择最可能决定机身中部直径的剖面，按此剖面选定每排座位数与货载的尺寸。机身的其余主要尺寸将在很大程度上取决于这个参数。

(2) 根据某些事先确定的规则(座椅尺寸、座椅前后距离、安全措施等)设计横剖面形状。如果要容纳 150～200 位旅客,应考虑采用双过道。如果载客多于 500 人,使用双层客舱的考虑也是可行的。内形控制点确定下来后,就限定了客舱和货舱的内部尺寸。通过这些点,尽可能紧凑地画出内部周线来。一般的形状是圆的,但也可用圆弧段组成(双泡形、扁腹形)。

(3) 外部形状可根据假设的最小机身壁板厚度(蒙皮、维持形状的构件、衬垫等)来确定。

(4) 到此就可以画出包括驾驶舱的机身头部和尾部的平面图了。这些是非圆柱形外形的部分。因为在这些地方,单位容积容纳的旅客通常少于柱形部分,它们应尽可能地短。在本节下面可以找到一些准则。

(5) 从总商载中减去机身头部和尾部的商载容量,选择机身柱形段来装载商载的主要部分。

(6) 在侧视和前视图的基础上,可确定下列细节:

a. 驾驶舱的主要尺寸。

b. 舱门、窗户和应急出口的尺寸和位置;登机、下机或应急撤离所需的空间。

c. 机身的尾部,它必须设计成在起飞抬前轮和着陆时不产生不可接受的几何限制。

d. 示出机翼中段占据的空间,尾吊发动机的固定挂架,起落架的收放,增压与空调,电气和电子系统等,只要它们出现在机身内的。

e. 在客舱地板下面留出适当的空间,以装载货物和旅客行李。如果不行,要考虑改变横剖面形状(如双泡形),增加直径、抬高客舱地板、改变座位安排等。

(7) 如果第一次假设没有得出满意的设计,或如果要评价不同的可能方案,设计程序必须再从(1)开始,并重复必要的次数。通常需要检查一下,在已经确定的机身内部是否可能设计其他布置方案,例如,不同的座位安排形成各种等级,混装机(在主舱内既有旅客又有货物)、货机等。

4.2 民用飞机的机身设计

4.2.1 机身头部设计

影响机身头部阻力的主要是头部形状及其长细比。民用运输机头部长度主要根据驾驶舱、机头雷达罩、天窗玻璃外形以及驾驶舱视觉要求,而在气动力上要避免产生气流分离而引起阻力增加。机身头部长细比取 2.0 左右,基本上是上部呈二组抛物形曲面,而下部呈椭圆曲面的组合较适合于巡航马赫数为0.8左右的高亚声速民用运输机(见图4-3)。

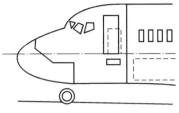

图4-3　机身头部侧视图

4.2.2　舒适性和商载密度的重要性

在机身设计中,很重要的是要考虑这样一些因素,如乘坐者的舒服,旅客的方便,登机和服务以及机身形状对飞机总体布局的影响等方面。这些方面对使用经济性有重要的作用,虽然不能定量地估计它们的影响。使用经济性是极其重要的,以致制造商通常要制造一个或几个机身样机,然后确定最终设计。

虽然旅客用各种标准来衡量客舱的布置,但一些最低要求是必须要满足的。舒适性主要取决于下列因素:

(1) 座椅的设计与安排,特别是座椅的可调性和可用的腿部空间。

(2) 内设给人总的美感,特别是在有限的客舱内能显现的宽敞感。

(3) 旅客在客舱内能活动的空间。

(4) 客舱内的气候:温度、湿度、穿堂风和提供可调节的气源。在爬升和下降时将压力变化率保持在可接受的限度之内也是很重要的。

(5) 舱内噪声,或更明确的是"说话干扰水平"和声共振的出现。

(6) 加速度,主要是垂直飞行轨迹的加速度,同时在刹车时也有前后方向的加速度。除了像天气这样的外部因素外,舒适性在很大程度上受到机翼设计和机身柔度的影响。

(7) 爬升和下降时的机身状态。

(8) 旅行的持续时间。

(9) 卫生间、盥洗室和类似的使人感到舒适的设施的数量和方便性。

(10) 乘务员的服务态度、飞行中的娱乐、膳食供应、小吃等。

对于起飞重量超过大约23 000 lb(11 000 kg)的飞机,装载"密度"随飞机尺寸变化很小。对现代多数运输机队,平均密度为5.1~5.5 lb/ft³(80~90 kg/m³),对新的大型宽机身喷气飞机(波音747、DC-10、L-1011、A-300B),平均密度约为4.5 lb/ft³(70 kg/m³)。

4.2.3　客舱设计

1) 横剖面

第一步确定在一个横剖面中要安排的每排座位数。图4-4示出波音767、

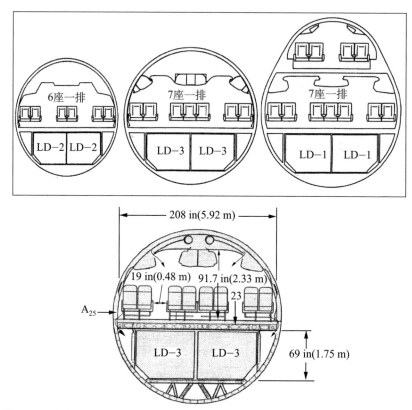

图 4 - 4　　波音 767（左）、波音 777（中）、波音 747（右）和 A330 - 300 的客舱横剖面
图、波音 767 飞机的机身外部直径 16 ft 6 in、波音 777 飞机的机身外部直
径 20 ft 4 in、波音 747 飞机的机身外部直径是 21 ft 3.5 in 和 A330 - 300
飞机的机身外部直径是 17 ft 4 in

波音 777、波音 747 和 A330 - 300 飞机的客舱横剖面图以及四种飞机的机身外
部直径。

　　像座椅尺寸和过道尺寸等细节要表示在横剖面中。FAR - 25.817 限制过
道两边座位数不超过 3 个。因此，如果在一个横剖面内安排多于 6 位旅客，设计
师必须考虑两个过道。FAR - 25.817 规定了运输机允许的最小过道宽度。每
个旅客必须能自由地活动头部而不会碰到客舱壁面，这要求从眼睛量起至少有
8～10 in(0.20～0.25 m) 半径的活动空间。

　　对民用运输机，真实旅客舱的布置更多是由市场而不是由规范决定的。
图 4 - 5 规定了重要的尺寸。座椅间距定义为从一个座椅背面到下一个座椅背
面的距离。它包括座椅前后的距离和腿所占的空间。座舱内部高度是座椅处从
地板到舱顶的高度。

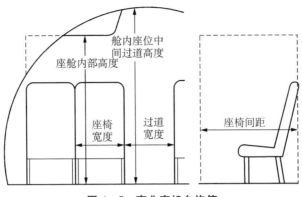

图 4-5 商业客机允许值

表 4-1 提供了典型的一等舱、经济舱和高密度客舱的尺寸和数据,这些数据可用于布置客舱地板的平面图。

表 4-1 典型旅客舱数据

	一等舱	经济舱	高密度/小飞机
座椅间距/in	38~40	34~36	30~32
座椅宽度/in	20~28	17~22	16~18
座舱内部高度/in	>65	>65	—
通道宽度/in	20~28	18~20	≥12
通道高度/in	>76	>76	>60
每舱安置的旅客数(国际—国内)	16~20	31~36	≤50
每个厕所(40 in×40 in)的旅客数	10~20	40~60	40~60
每位旅客占的通道体积/ft³	5~8	1~2	0~1

2) 座椅安排和客舱尺寸

为了增加客舱内部的灵活性,座椅镶入地板内的滑轨上。标准座椅滑轨允许座椅间距(即在同一列中两相邻座椅对应点之间的纵向距离)以 1 in 的增量进行调节。

座椅间距(椅距)一般与服务等级相关。

作为一种指导原则,下列数据可作为典型的椅距值。

头等:38~40 in;

旅行/普通/经济:34~36 in;

高密度/经济:30~32 in。

舒适性不仅与椅距有关,椅距的选择还可能受到旅程持续时间和座椅宽度的影响。另一个重要问题是每排最多座位数,而旅客的倾向不喜欢一排三个座位。这可以用选择较大的椅距或采用较宽的中间座椅的办法来改善。

如果在一排座椅前有墙壁或隔板,应留出一些空间,给予足够伸脚的地方,并允许椅背的调节有限制。座椅靠背与隔墙之间有 40 in 左右的距离就足够了。在紧急出口处也要留出额外的空间。

在正常巡航状态,客舱地板尽可能地保持水平。对大飞机来说,保持地板水平特别重要,因为食品和饮料要用小车来运送。在高密度布置中,地板应足够强,以支持最大数量的旅客。允许的地板载荷一般应至少为 $75\sim100\ \text{lb/ft}^2$ ($350\sim500\ \text{kg/m}^2$),当地板必须装载货物时,要求达到 $200\ \text{lb/ft}^2$($1\ 000\ \text{kg/m}^2$),悬壁地板的厚度约为机身直径的 5%。可根据机身设计图确定地板总面积。对常规飞机,统计平均值为每位旅客占据 $6.5\ \text{ft}^2$($0.6\ \text{m}^2$),而对宽体喷气客机为 $7.5\ \text{ft}^2$($0.7\ \text{m}^2$),两者均指全旅行级情况。

图 4-6 为波音 767-200 和波音 767-300 的客舱布置图。

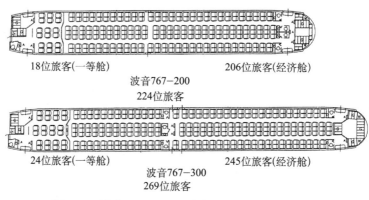

18位旅客(一等舱)　　　　　206位旅客(经济舱)

波音767-200

224位旅客

24位旅客(一等舱)　　　　　245位旅客(经济舱)

波音767-300

269位旅客

图 4-6　波音 767-200 和波音 767-300 的客舱布置

4.2.4　客舱座椅

图 4-7 和表 4-2 给出 20 世纪 90 年代飞机的座椅及尺寸。

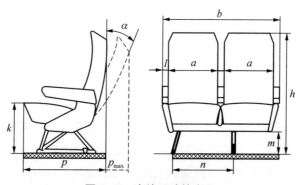

图 4-7　座椅尺寸的定义

表 4-2 座椅尺寸

符号*	单位	座椅等级		
		豪华型	普通型	经济型
a	in	20(18 1/2~21)	17(16 1/2~17 1/2)	16.5(16~17)
	cm	50(47~53)	43.5(42.5~45)	42(40.5~43.5)
b_2**	in	47(46~48 1/2)	40(39~41)	39(38~40)
	cm	120(117~123)	102(100~105)	99(47~102)
b_3**	in	—	60(59~63)	57
	cm	—	152(150~160)	145
l	in	2 3/4	2 1/4	2
	cm	7	5.5	5
h	in	42(41~44)	42(41~44)	39(36~41)
	cm	107(104~112)	107(104~112)	99(92~104)
k	in	17	17 3/4	17 3/4
	cm	43	45	45
m	in	7 3/4	8 1/2	8 1/2
	cm	20	22	22
n	in	通常	32(24~34)	
	cm		81(61~86)	
P/P_{max}	in	28/40	27/37 1/2	26/35 1/2
	cm	71/102	69/95	66/90
α/α_{max}	°	15/45	15/38	15/38

* 各符号定义见图 4-7。

** 该标志表示每段的座椅数。

说明：(1) 该数据表示正常值，不是标准值。括号内给出统计范围；

(2) 在宽体喷气客机上，在旅行/＝等舱中选用的座椅尺寸为：$a = 19\,in(48\,cm)$，$b_3 = 66\,in(188\,cm)$，$h = 43\,in(109\,cm)$。在高密度布置中，采用正常型座椅；

(3) 在第三等飞机上，按惯例布置的座椅尺寸仅有一个或没有扶手，其典型尺寸为：宽 16.5 in(42 cm)，$h = 35\,in(89\,cm)$，$p = 26\,in(66\,cm)$。

豪华型：椅距 37~42 in；

普通型：椅距 32~36 in；

经济型：椅距 28~31 in。

豪华型用于头等舱，经济型座椅则适合于高密度级。除此之外，在舒适型等级和上面给的分级之间并无明确的关系。也可按座椅宽度（扶手之间距离，图 4-7 中的"a"）分类如下：

豪华型：$a = 19$ in；

普通型：$a = 17$ in；

狭窄型：$a = 16$ in。

座椅宽度 19 in(48 cm)一般用于多数客机的头等舱，但也用于宽体喷气客机的旅行级客舱。在后一种类型的飞机中，也可能用普通座椅宽度，以便在一个横剖面能多加一个座位。

座椅和座椅的安装件按旅客重量 170 lb(77 kg)设计。必须能承受飞行中和在地面时的正常载荷，但是紧急状态时发生的载荷构成更临界的情况。在适航性条例中规定如表 4-3 所示。

表 4-3　适航性条例规定

	向前	向后	向上	向下	侧面
FAR-25.561	$9g$	—	$2g$	$4.5g$	$1.5g$
DCAR-D3-8	$9g$	$1.5g$	$4.5g$	$4g$	$2.25g$

按 FAR-25.785，对于座椅固定件要考虑附加系数 1.33。

座椅重量的一些数据可在表 4-4 中找到。

表 4-4　民用飞机的典型座椅重量

座椅等级	中程/远程		短程	
	lb	kg	lb	kg
豪华型——单座	47	21.3	40	18.1
双座	70	31.8	60	27.
普通型——单座	30	13.6	22	10.0
双座	56	25.4	42	19.0
三座	78	35.4	64	29.0
经济型——单座	24	10.9	20	9.1
双座	47	21.3	39	17.7
三座	66	29.9	60	27.2
月票——单座	—	—	17	7.7
双座	—	—	29	13.2
轻重量　座椅	—	—	14	6.4
乘务员　座椅	18	8.2	14	6.4

公务座椅：

单座——要员：50 lb(22.7 kg)

　　　——普通：40 lb(18.1 kg)

　　　——轻型 a/c：32 lb(14.5 kg)

喷气飞机座椅——教练员：150 lb(专设)

4.2.5 旅客应急出口、舱门和窗户

1) 应急出口

根据适航条例要求：

旅客机，将按 FAR - 25 和 BCAR D 部进行合格审定(见 FAR - 25.807 至 813 及 BCAR D 部 D4 - 3 章 5 节)。

应急出口通常分为四级，其细节在图 4 - 8 和表 4 - 5 中给出。Ⅰ型和Ⅱ型位于座舱地板高度(除Ⅱ型有位于机翼的上部外)。Ⅲ型和Ⅳ型位于机翼之上。此外，FAR - 25.807 还对腹部应急出口和通过必锥撤离做了说明。

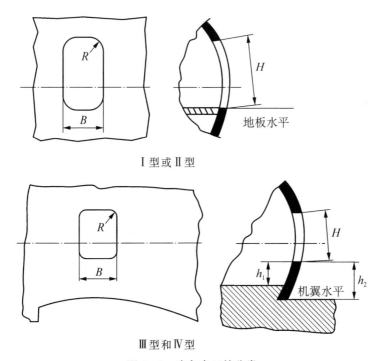

Ⅰ型或Ⅱ型

Ⅲ型和Ⅳ型

图 4 - 8 应急出口的分类

表 4 - 5 应急出口的分类

应急出口分类与位置		B(最小)/in(mm)	H(最小)/in(mm)	R(最大)/in(mm)	阶梯的最大高度	
					内边 h_1/in(mm)	外边 h_2/in(mm)
Ⅰ	地板面	24(610)	48(1 219)	$\frac{1}{3}B$	—	—
Ⅱ	地板面	20(508)	44(1 118)	$\frac{1}{3}B$	—	—
	机翼之上				10(254)	17(432)
Ⅲ	机翼之上	20(508)	36(915)	$\frac{1}{3}B$	20(508)	27(686)
Ⅳ	机翼之上	19(483)	26(661)	$\frac{1}{3}B$	29(737)	36(914)

说明:按照 FAR - 25.807 在图 4 - 8 定义上述各尺寸。

要求的出口最小数目示于表 4 - 6 中。如旅客数多于表中给出的范围,必须符合专用条件。FAR - 25 部要求 A 型出口不小于 42 in 宽,72 in 高(107 cm×183 cm)。关于位置、可达性、撤离滑梯等细节可参阅 FAR - 25.807。

表 4 - 6 按 FAR - 25 部要求的旅客应急出口的最小数目

座椅容量(座舱乘员除外)	机身每边所需的出口数目			
	Ⅰ 型	Ⅱ 型	Ⅲ 型	Ⅳ 型
1～10	—	—	—	1
11～19	—	—	1	—
20～39	—	1	—	1
40～59	1	—	—	1
60～79	1	—	1	—
80～109	1	—	1	1
110～139	2	—	1	—
140～179	2	—	2	—

说明:(1) BCAR 规定,对 1～10 位乘客只稍有差别,在此情况下,对Ⅳ型,要求机身两边均有一个应急出口。对 180～219 座椅容量,对Ⅰ型与Ⅲ*型,要求每边有两个应急出口。

(2) 乘客座椅超过这个数目应参考相关的规则,并做专门的调整。

(3) 在彼此完全相对的位置处不需要出口,而应该根据乘客座椅布置确定出口。

(4) 两个Ⅳ型的出口可被每个Ⅲ型出口所替代。

(5) 应急出口的分类,在表 4 - 5 和图 4 - 8 上予以定义。

BCAR D 部要求中规定,Ⅰ型和Ⅱ型应急出口,其通道宽度为 20 in(51 cm)。

并推荐下列标准：

Ⅰ型为 36 in；

Ⅱ型为 20 in；

Ⅲ型和Ⅳ型为 18 in。

这些尺寸决定了在应急出口旁的椅距，因而将影响客舱总长度。

2）旅客舱门和窗户

如果舱门要作为应急出口来做合格审定，至少必须具备相应类型应急出口的宽度。适合于作为 A 型出口的舱门宽度至少为 42 in(107 cm)。

对最多至 70 或 80 位旅客，一个旅客舱门一般已足够，而两个舱门最多用到约 200 个旅客。

旅客舱门放在左边，服务用的舱门放在右边。而宽体喷气客机可从两边登机。

舱门最好为 6 ft 高，3 ft 宽(1.80 m×0.90 m)。

窗距并非一定决定于椅距，而是经常决定于机身框与框的最佳距离。框距与窗距的平均数是 20 in(0.50 m)。增压舱的窗户形状为圆形、带圆角的矩形、椭圆形或卵形。窗户的最高点大体位于乘员眼睛的水平。从机外和从机内达到旅客舱门、服务舱门和盖板不应受到阻碍。例如，在机翼和安装在机身上的发动机之间的空间，应能使仪器供应和装货车有足够的运动自由度。

4.2.6　货舱

设计技术要求常常不规定载荷的数量。不同的航空公司可能有根本不同的要求，这取决于它们的运输类型，所以最好的方法是向可能的客户进行调查。如果没有时间这样做，下面给出的方法是一种快速答案。它基于下列假设：

（1）受体积限制和受结构限制的商载是相等的；

（2）一位旅客的重量是 170 lb(77 kg)，见 BCAR D 部 D3.1 章 3.4 节；

（3）每位旅客的行李重量，短途飞行为 35 lb(16 kg)，长途飞行为 40 lb(18 kg)；

（4）装载效率为 85%，即 15% 的空间是损失掉的；

（5）货物的平均密度为 10 lb/ft³(160 kg/m³)，行李的平均密度为 12.5 lb/ft³(200 kg/m³)。

不考虑在货舱门处的存放损失，可导出下列公式：

货舱容积＝0.188 ft³/lb(0.007 4 m³/kg)×最大商载—20.8 ft³/每旅客

$(0.59 \text{ m}^3/\text{每旅客}) \times$ 旅客数。

同样,也可用此式得到受容积限制的商载:

最大商载 $= 8.8 \text{ lb/ft}^3 (136 \text{ kg/m}^3) \times$ 货舱容积 $+ 177 \text{ lb/每旅客}(80 \text{ kg/每旅客}) \times$ 旅客数。

4.2.7 服务设施

属于国际航空运输公司(IATA)的航空公司对于向旅客提供服务的工作已做了一定的规定,在开始设计客舱之前,应该得到针对这方面专门研究的结果,并把它列入设计技术要求中去,其例子如下。

1) 厨房、卫生间和衣柜

这些设施的数量和尺寸标于表4-7中。数据是从标准型别的规格中得到的,在布置设计中应考虑能有一定的灵活性。

表4-7 某些客机的厨房、卫生间和衣柜的数量和尺寸

飞机型别	N_{PASS} —	航程 /n mile	厨房		卫生间			衣柜	
			数量	$1 \times b$/in	数量	$1 \times b$/in	旅客 卫生间	数量	$1 \times b$/in
BAC-111-200/400	74	900	2	49×22	2	65×35	37	1	49×22
麦克唐纳·道格拉斯 DC-9-10/20	80	1 100	1	48×33	2	48×48	40	2	48×21
波音737-200	115	1 800	1	55×43	2	43×34	58	1	55×43
达索"水银"	140	800	—		2	47×34	70	2	49×16
波音727-200	163	1 150	2	51×32	3	43×39	55	—	
A-300 B/4	295	1 600	3		5	59×35	59	—	
洛克希德L-1011	330	2 700	1	20× 13.5 ft²	7	45×36	47	—	头顶 挂衣架
麦克唐纳·道格拉斯 DC-10	380	3 000	1	地板下 厨房	9	40×40	42	2	6.3× 1.8 ft²
BAC-VC-10	135	4 200	1	49×32	5	47×41	27	2	42×24
波音707-320B	189	5 000	2	79×47	4	40×37	48	1	79×43
麦克唐纳·道格拉斯 DC-8-63	251	4 000	2	48×34	5	42×42	50	4	34×20
波音747	490	5 000	4	6.6× 2.1 ft²	12	40×40	41	2	5.9× 2.3 ft²

说明:N_{pass} 为最大的旅客数目,旅行级,大约34 in的座椅间距;航程系相对于 $N_{pass} \times 205$ lb的有效载重并包含正常燃油储备的航程;尺寸系指平均长度×宽度;卫生间不总是矩形的。

位置:由于美观的原因,卫生间最好位于从厨房不能直接看得见的地方。卫生间应容易到达,当客舱布置有独立的头等舱时,在头等舱附近也应备有卫生间。卫生间一般是不移动的,因为它们是飞机结构的一个整体部分,而且它们要求有专门的装置。至于厨房的位置和安排只有很有限的灵活性。最好把这些设施安排在客舱的前面或后面,这样可安排不同的客舱布置方案。对宽体喷气客机,把配餐室放在地板下面可节省空间。

在两次飞行之间,在服务、装载和卸载时,要完成下列工作:

(1) 装满饮用水;

(2) 从配餐室拿走丢弃的食物、饮料和废物,装上新鲜的供应品;

(3) 清理卫生间;

(4) 打扫客舱;

(5) 卸下和装上旅客的货物和行李。

卡车、梯子、运送车、装载机等工作时不应互相妨碍,这就要求仔细地布置舱门的位置和服务点,特别是对大飞机。图4-9给出了一个例子。

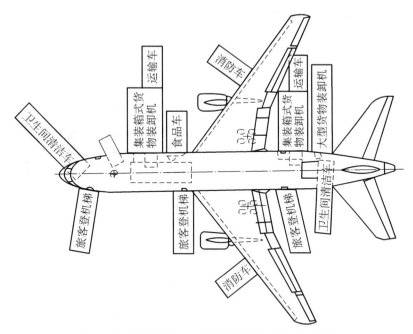

图4-9 洛克西德L-1011"三星"飞机的地面工作

2) 客舱系统

每架旅客机必须具备的设施有广播系统、照明、冷空气(由旅客操作)、旅客座位上面的行李架和放手提行李的空间。当巡航飞行高度高于 25 000 ft(7 620 m)时,辅助供氧系统是必需的(参见 FAR - 91.32)。

3) 客舱工作人员

适航性条例(如 FAR - 91.215)规定了空中服务员的最小数目,客舱工作人员的实际数目是由航空公司确定的。表 4 - 8 给出了每位客舱工作人员对应的平均旅客人数。

表 4 - 8　每位客舱工作人员对应的平均旅客数

	头等	混合	旅行级
国际航班飞行	16	21	31
美国国际飞行	20	29	36
其他国家国内飞行	21	—	39

在每一出口至少要放一个折叠椅给客舱工作人员用。椅子处应对客舱内部有良好的视界。

4.2.8　后机身设计

后机身的长度/直径比通常取 3.0 左右,收缩太快易发生附面层分离。后机身外形对阻力有较大影响,因后机身处于机翼的下洗场中,应具有一定的上翘。使得在起飞和着陆时获得所需的抬前轮角度(机翼尾部不致擦地),从阻力的角度看,上翘角不宜超过 6°～7°。

A300B 飞机曾做过许多机身尾部外形对巡航阻力影响的高速风洞选型试验,结果指出机身尾部有约 6°上翘时阻力增量为最小(见图 4 - 10)。MD - 82 飞机机身尾部外形由老尾锥发展到像 A300B 一样的新尾锥,如图 4 - 11 所示。

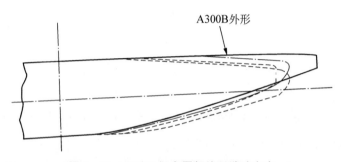

A300B外形

图 4 - 10　A300B 机身尾部外形试验方案

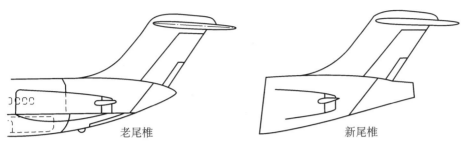

老尾椎　　　　　　　　　　　　　新尾椎

图 4 - 11　MD - 82 飞机的新、老尾锥比较

4.3　民用货机的机身设计

4.3.1　民用货机概况

随着过去空中货运的快速增长,按 ICAO 预测,这种增长将继续下去,但是,只有很少的民用飞机是专为货运设计的,这是有些原因的:

(1) 相当多的货物是装在客机的腹部运送的。在这种情况下,运载成本较低。因为额外的直接费用主要只计燃油成本。

(2) 下面的几种形式得到了广泛的应用:

- 旅客机的专用货机型(如 DC - 8 - 62F、波音 707 - 320C);
- 旅客机的快改(QC)或速改(RC)型如 DC - 9 - 30RC,波音 727 - 200QC。

只要在以后的年代里空运货物继续以同样速度增长,可以期望新的货运飞机的市场会扩大,下面是这种看法的一些理由:

(1) 大多数由旅客机改装的货机有机身侧面的装货门。鉴于 8 ft×8 ft 集装箱越来越普遍使用,将来要求有很大的舱门,除了宽机身喷气飞机外,大多数客舱不适合于这个尺寸。

(2) 货物的平均密度大大高于客舱的商载密度。将来,这种差异看来还会增加,因为旅客的舒适性将改善,而货物的密度将趋向增加。按照空运货量将超过旅客机的设想,将出现专用民用货机的市场:

- 由于大量货物要运,将出现远程运输机市场;
- 由于客机改为运货不适合于这种任务,将出现短距运输机市场。

在选择新的货机的大小时,要考虑的一个主要因素是直接使用成本(D. O. C),如图 4 - 12 所示。对一定的飞机产量,D. O. C 将随飞机尺寸增大而减小,其原因主要是每磅空运货物的燃油成本较低,飞行工作人员、系统和维修的成本降

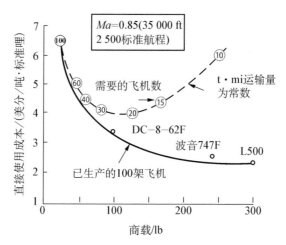

图 4‐12　货机大小对直接使用成本的影响

低。这里顺便说一下,专用货机竞争不过旅客机的货机型。

4.3.2　商载密度和货舱容积

可以想象最理想的情况是货舱完全装满的同时商载也是最大的情况。然而,当运载比重大的货物时,货舱只装满了一部分,没用的空间增加了阻力和重量。运送比重小的货物时,装载的重量将低于允许的货物重量。飞机在某些方面强度过剩。只有在掌握要运货物的尺寸和重量的详细数据的基础上,才能找出适当的办法,而这些数据应由可能的用户提供。有些情况,可以用适合于不同商载密度的机身做几个初步布置方案,看哪一种选择收益最大。虽然大多统计图示出峰值在 $10\sim20\ \text{lb/ft}^3\ (190\ \text{kg/m}^2)$,然而交运密度比这高的货物的频率变化很大。

根据文献推荐,货舱容积应按下列数据确定,它适用于大批货物的运输:

$$净容积 = \frac{密度余量}{交运货物平均密度} \times \frac{最大商载 \times 平均货载百分率}{装载系数}$$

平均货载百分率,相当于旅客运输的平均载荷系数,可取 0.65。密度余量要求达到 1.20~1.30,以容纳密度低于平均值的货物。

装载系数为可用容积占净容积的百分数。这是考虑货物拦网、货物与结构之间的间隙、检查的空间等。该系数为 0.70~0.85。综合这些数据,其结构是对平均密度和低密度货物商载将受到空间限制。密度高于平均值 15%~25%,将达到最大商载能力。

4.3.3　装载设施

货物必须用可靠方法装运,并防止在飞机中整个移动,大型民用运输机使用标准货物集装箱,货物和行李预先装上集装箱,然后从机腹进入飞机。方案设计时,最好采用现有集装箱,而不是购置大体积的新集装箱。

图 4-13 表示小型运输机两种广泛使用的集装箱,波音 727 飞机曾广泛使用,事实上图示的波音 727 集装箱在每个商用机场都可得到。

波音727-200 C集装箱(78 ft³)　　　　　　LD-3集装箱(158 ft³)

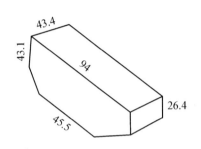
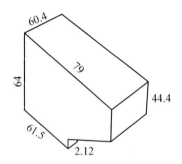

图 4-13　货物集装箱

LD-3 集装箱用于所有的宽机身运输机,波音 747 运载 30 个 LD-3 集装箱外加 1 000 ft³ 容积的散装货物,L-1011 飞机运载 16 个 LD-3 集装箱外加容积 700 ft³ 散装货物,DC-10 飞机和 A340 各有 14 个 LD-3 集装箱(分别加上 805 ft³ 和 565 ft³ 容积的散装货物)。

为了容纳这些集装箱,腹部货舱门要求一边尺寸约为 70 in,下单翼民用运输机通常要有两个分别在翼盒的前、后的腹部货舱。

民用运输机每位旅客货物容积范围为 8.6～15.6 ft³,其中的小值用于短程小喷气式飞机(DC-9),大值用于洲际喷气式飞机(波音 747)。DC-10、L-1011、A340 和波音 767 的每位旅客大约是 11 ft³,注意,这些容积是托运的货物和旅客行李的空间。

对于载荷分布均匀的民用货机,最大地板载荷至少必须为 125～300 lb/ft² (600～1 500 kg/m²)。

局部载荷的设计准则是 3 500～9 000 lb(1 600～4 000 kg)。

舱门的尺寸必须按货物的类型来选择,要易于装卸货物。对纵向装货情况,两边至少必须有 1 in(2.5 cm)的间隙。货舱顶部必须至少比货物高 6 in

(15 cm)，以便于装载。是否需要在装了货物的货舱内设一条通道，取决于所运货物的类型。集装箱装的货物通常不需要在飞行中做检查。货舱的最好形状是柱形；除了在很特殊的情况下，地板上不应有台阶。为驾驶舱乘员设一个单独的舱门是必要的。通常在机身壁板上设有几个窗户。对民用货机，考虑可改为旅客机型是有好处的，在这种情况下，要有更多的窗户和旅客登机门。

4.4　驾驶舱设计

4.4.1　驾驶员座椅和飞行操纵器件的位置

对于运输机，飞行操纵器件和仪表的位置不仅仅考虑方便性，而且有更多的要求。驾驶员相对于座舱窗户的位置和窗户的形状有同样的重要性。各种体形尺寸的驾驶员在座舱内必须感到方便，并能得到有清楚的外部视野的位置。一般用参考上位点作为设计基准。这是设计师在飞机内选定的一个固定点，用它做确定外部视界和座椅位置的参考。其定义如下：

（1）参考眼位点的位置必须是当主纵向操纵杆在最后位置（即升降舵达到上位止动点）时，眼位点在操纵杆上的最后点之后的距离不小于 5 in。

（2）参考眼位点必须位于座椅中心线两侧各 1 in 的两个垂直纵向平面之间。

（3）任一高为 5 ft 4 in(1.63 m)至 6 ft 3 in(1.91 m)的人，坐在座椅上，必须能调整座椅（椅背处于竖直位置），将他的两眼之间的中点落在参考眼位点上。在座椅安全带系紧、腰带和肩带系紧的情况下，他必须能操作飞机的各种操纵器件。

FAR-25.777 规定了座椅调整量的要求，该调整量是相对于位于参考眼位点之下 31.5 in 的座椅底部而言的。自动工程师协会（SAE）和国际标准化组织（ISO）已经对驾驶舱其他尺寸的标准化作了推荐。各种建议的主要数据示于图 4-14，它可作为驾驶舱或样机设计的起点。

在大多数运输机上，机组的座椅位置可在水平和垂直方向调节，座椅可向后倾斜。在有些情况下，座椅滑轨向后伸出一段距离或允许有侧向移动，以便可以方便地进出，或者使机组人员可以取得一种位置，以便能够对某些操纵器件进行操作或读出仪表板的数据。椅背在竖直位置用于起飞和着陆，短程飞行时，此位置一般不变。自动驾驶仪工作时使用座椅的巡航位置。

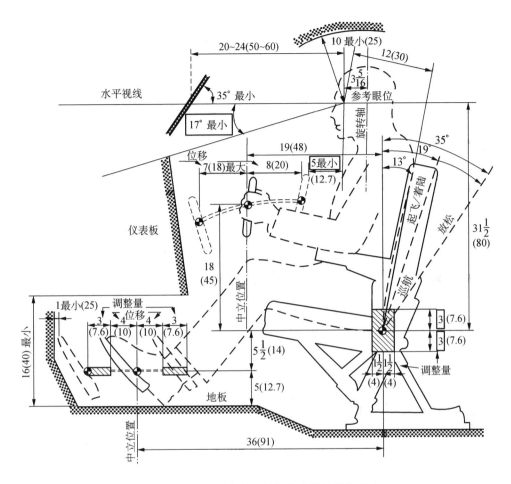

图 4‑14　用驾驶盘的运输机驾驶舱的推荐尺寸

说明：（1）两个座位中心线间的距离：见表 4‑9；

（2）脚蹬中心线间距离 14 in(35 cm)；

（3）大多数尺寸可在较宽范围内选取，但方框中的尺寸除外，那是建议的 FAR‑25.772 条文中规定的；

（4）标准的地板是参考线；经常还采用一个搁脚板。

4.4.2　驾驶舱视界

在按目视飞行规则飞行时，驾驶员必须对空间的一部分有清楚的视界，以使他有足够的信息去控制飞行航迹，并避免与其他飞机或障碍物相碰。从设计角度看，这个一般性要求可以用巡航飞行、起飞、着陆和地面滑行时的最小视角来进行评估。

1) 水平飞行(见图 4 - 15)

为定义清楚的视界,假设为双目视界,并假设头和眼睛是以一个半径做方位运动,其圆心就在中心轴上。视界从眼位量起,飞机纵轴处于水平位置。例如在水平飞行中,驾驶员从参考眼位点向前看,清楚的视界必须能达到向下 17°,向上 20°。清楚视界的完整包络线在图 4 - 15(b)中给出,其中也标出了不允许有障碍挡住驾驶员视线的区域。这确定了风档支架、仪表和驾驶舱其他设备的位置,也标出了可以设置限制宽度的风档支柱的区域。

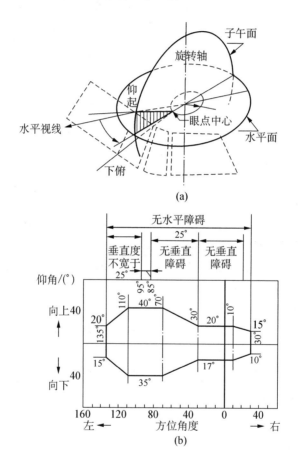

图 4 - 15　水平飞行中驾驶员座位处的视界(FAR - 25.777 建议)

(a) 驾驶员视线的定义　(b) 视界清楚区域的最低要求

2) 进场时的视界(运输类)

对现代运输机,可以看到其低速飞行时的飞机姿态有相当大的变化范围。

这是由于机翼展弦比、后掠角、增升装置的形式有很大差别造成的。相应地,对这类飞机必须制定保证进场时有清楚视界的标准。民用运输机常需要大的前视角,L-1011飞机的前视角为21°。根据进场速度和进场中的飞机迎角算出比较精确的近似值。

$$\alpha_{前视角} \approx \alpha_{进场} + 0.07V_{进场}$$

式中$V_{进场}$单位用 kn。

前视角必须足够,使驾驶员能看到进场或接地区的灯光,其距离为着陆速度飞行3 s越过的距离,此时飞机的状态如下:

(1) 下滑角25°;

(2) 处于决策高度,飞机最低点高于接地区100 ft(见图4-16);

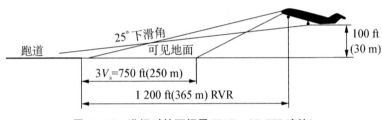

图4-16 进场时的下视界(FAR-25.777 建议)

(3) 偏航角±10°;

(4) 以跑道可见距(RVR)1 200 ft进行进场;

(5) 达到最临界重量和重心的装载。

在英国适航条例BCAR D4-2的附录2中,做了一些附加规定:

(1) 在下滑时驾驶员应能看到地面,从飞机到能看到的地面处距离最大为130 ft,最好为50 ft或更小。

(2) 在爬升时,驾驶员至少应能看到水平线以下10°,最好达到15°~20°。

(3) 在着陆时,飞机处于尾部向下姿态,驾驶员应能看到水平线以下。另外,希望在滑行时驾驶员能看到他那一侧的飞机翼尖。

对于带增压机身的高速飞机,想把所有这些要求都体现在驾驶舱的设计中,设计师可能要遇到不少麻烦。其结果可能是不可接受的机身外形、高的阻力代价和不可接受的高噪声。所以多数运输机并未满足全部要求,但不管怎样,这些应作为驾驶舱设计的出发点。

4.4.3 驾驶舱的尺寸和布局

最少飞行机组人员数取决于总的工作负载,它由下列内容组成:

(1) 飞行轨迹控制;

(2) 防止碰撞;

(3) 导航;

(4) 保持与空中交通管制中心联系;

(5) 对各系统进行操作和监督;

(6) 做出有关飞行方面的决定。

总工作负载受飞行持续时间、系统的自动化程度和复杂程度以及使用限制等的影响。因此,图 4-17 和表 4-9 关于驾驶舱的座位数是统计数字,显然不是标准的要求。

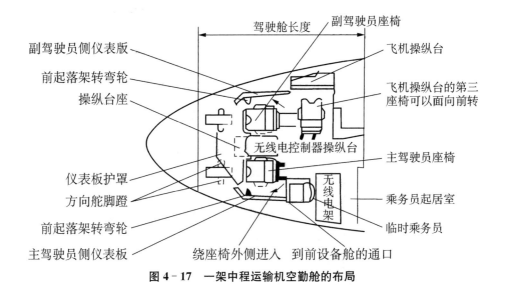

图 4-17 一架中程运输机空勤舱的布局

运输机必须有双套飞行操纵器件,必须至少有两位驾驶员操纵。短程至中程飞机可由两位驾驶员操纵。但是远程和一些中程飞机,由于飞行持续时间较长以及所装的系统复杂,要求有三位空勤人员。于是要给飞行工程师或第三位驾驶员(系统的操作员)提供控制仪表板和座椅。图 4-17 表示在远程飞机中需要有相当大的驾驶舱。必须提供适当的地方,以便机组成员放置他们的行李、大衣等,该地方应在驾驶舱内或接近驾驶舱。

表 4 - 9　机组人数和驾驶舱尺寸的统计数据

		运输机	
	远程	中程	短程
最少乘员数	按工作负载确定(1),最少数:2		
驾驶舱座椅数	4	3 或 4	2 或 3(3)
驾驶舱长度　最小值	140(355)	125(317)	低实际值90(228)
平均值	150(380)	130(330)	高实际值105(267)
座椅中心线间的距离	42(107)	42(107)	40(102)
驾驶舱乘员　最小值	每50位旅客(FAX)1位乘员		
数目　　　　平均值	每30位旅客(PAX)1位乘员		每35位旅客(PAX)1位乘员

说明：(1) 在 FAR - 25 部附录 D 中定义了工作负载；

(2) 数据中除去临时乘员数或视察者的短程座椅；

(3) 按照老的传播，当最大起飞重量超过 80 000 lb(36 300 kg)时需配备一位航空工程师；

(4) 按图 4 - 17 定义，在运输机上包括电子设备框架占有的空间；

(5) 这个数字变化很大，它首先受外部机身宽度的影响。

(参考 FAR - 23.1523 和 25.1523 部；25 部附录 D。FAR 操作规程 91.211、91.213、91.215 和 121.385 到 121.391。)

4.4.4　空勤人员的应急出口(参照 FAR - 25.805 和 BCAR - D 部 D4 - 3 章的 5.2.1 节)

"除给飞行机组提供了方便和易于接近的撤离条件外，还应符合下列规定：

(1) 在飞行机组所在区域，飞机两侧必须各有一个出口，或者有一个顶部带盖的舱口。

(2) 每个出口必须足够大，其位置必须能使机组迅速撤离。除至少为 19 in×20 in(482 mm×508 mm)的矩形无障碍出口外，其他尺寸和形状的出口，只有通过一名典型的飞行机组成员向适航当局圆满地演示了出口的实用性后方可采用"。

4.5　军用运输机的机身设计

4.5.1　机身中段设计

大型军用运输机实际上是一架货机，根据布雷盖(Brequet)航程方程式(见图 4 - 18)看到，在全机外形确定中有效机身设计的重要性。机身对全机升阻比、空重和有效装载都有直接的影响。机身阻力占全机总最小阻力的 30%～60%，机身的重量占飞机基本重量的 20%～40%。

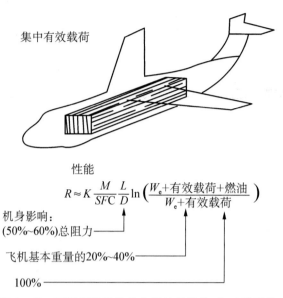

集中有效载荷

性能

$$R \approx K \frac{M}{SFC} \frac{L}{D} \ln \left(\frac{W_\mathrm{e} + 有效载荷 + 燃油}{W_\mathrm{e} + 有效载荷} \right)$$

机身影响：
(50%～60%)总阻力

飞机基本重量的20%～40%

100%

**图 4-18　军用运输机的机身设计最佳化：气动设计和
结构设计之间的协调**

　　因为全部货物都要装在机身内，而且在整个机身长度内，要便于搬运货物和空投，图 4-19 为 C-17A 飞机的货舱。这些要求决定了机身外形的最小截面。这就面临着起落架不能占货舱空间，这样要保持最小阻力的气动力外形就更困难。因为不得不把起落架放在机身下部外侧鼓包内（见图 4-20）。这样既增加重量，又使阻力增大。

图 4-19　C-17A 军用运输机机身货舱

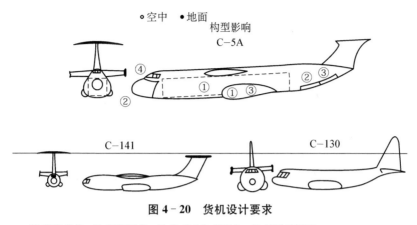

图 4-20 货机设计要求

① 矩形货舱；② 机场要求；③ 装载和卸载规定；④ 驾驶员视界

4.5.2 机身前段设计

有圆柱形中段的机身。

下列各点适用于机身头部，即机身的非柱形的前部。

（1）长度/直径比的常值为 1.5~2.0。对货机也可用较低的值，如果舱门和舱门支持结构重量的减轻能抵偿外部阻力代价的话。

（2）所有民用运输机都有雷达装置，其天线必须安装在机头部。

（3）把前起落架放在压力舱前隔框之前可能较有利，在这种情况下机轮舱没有承压墙。

可折机身头部（包括驾驶舱）的军用运输机有 C-5A（见图 4-21），这种可折机头使通过钢索、导线、管道等方面引起了较大的困难。重量代价约为机身结

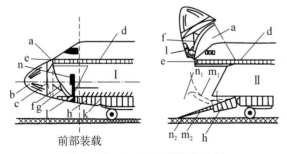

前部装载

图 4-21 C-5A 可折机身头部

a—机身头部；b—雷达罩；c—承压隔框；d—舱门铰链；e—导向件；f—滑轨；g—支杆；h—可调节的地板元件；k—铰接头；l—前地板元个把；m—装卸跳板；n—折板

构重量的 12％左右。还有从空客民机 A300 - 600 改的 A300 - 608 超级运输机也采用可折机身头部(见第 14 章)。

4.5.3　机身后段设计

下列的一些提示是针对机身尾部的,即非柱形体的后部。

(1) 为避免大面积的附面层分离及与之相关的阻力增长,尾部长度一般为 2.5～3.0 倍柱形段的直径。

(2) 为便于制造,机身尾部的一部分可作为锥体,此锥的半顶角应为 10°～11°,最大 12°。锥体和柱形部分之间应有足够大的曲率半径过渡。

(3) 尾部横截面形状应近似圆形或立起来的椭圆形。扁平的尾部形状的阻力特性好。

(4) 在正常使用情况下,起飞和着陆时机身尾部应不擦地。

(5) 只要重心位置允许,通常机身尾部有足够空间安放辅助动力装置 (A.P.U.)或空气调节系统。

机身后段必须设计成便于装卸货物,还要通过空投系统。所以,通常最难确定其有效外形部分的是后机身(见图 4 - 22),该图为实际机身设计中必须考虑的气动力现象。设计中我们一定要分析清楚机身周围的流场,以便确定作用在机身壳体、舱门和其他部件上的阻力和载荷。从图中看出,在外形明显变化处会产生高的局部压力,结果使附面层分离,阻力增加,并存在噪声、抖振和声振疲劳问题。机翼在机身和后机身上产生下洗场而诱导一个气流偏角,再加上上翘后机身,这些流动组合就会产生一个不平常的涡流和尾流图谱,这些涡流和尾流必须通过风洞流谱观察试验使其减轻或根本得到解决。

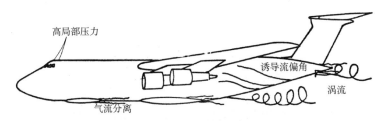

图 4 - 22　气动力效应,阻力水平,压力差和载荷

举一个实际飞机上的例子:C - 141 飞机在机翼根部和起落架舱附近的流场产生一个相当强的涡,并以向下的倾角流过后机身。这一涡流同后机身本身的流场组合,产生了附加的涡流,并且其脱出的频率正好与尾翼和后机身结构某些固有频率同步,结果观察到一个极反常和扰动的现象,称它为扭摆。由于这些涡

流场的产生,在正常巡航时会出现横向加速度。

由于军用运输机后机身向上翘一个角度所产生的流场加上机翼的下洗和起落架鼓包,可能产生不利干扰[见图 4-23(a)]。这些涡是不稳定的,会引起横向振荡,特别是在低速、大功率、大襟翼偏度时更甚。后机身上翘在巡航飞行中也要付出相当大的阻力代价[见图 4-23(b)]。机身下缘的尖角可能缓和这个问题,由于它产生稳定的涡,在机身下诱导出上洗,于是形成附着流。测量数据表明,这一阻力代价可限制在一个合理的范围内[见图 4-23(c)]。

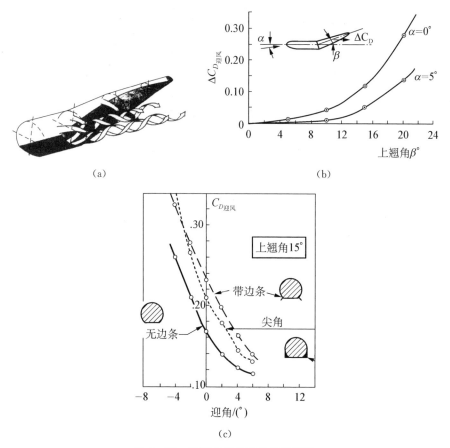

(a)   (b)

(c)

图 4-23　绕弯曲后机身的流动现象

(a) 后装载机身的气流分离和脱出涡的示意图　(b) 阻力增量与上翘角　(c) 横剖面形状对阻力的影响

军用运输机在机身尾部有很大的舱门,带有可以下降到地面的货桥,能自动装卸各种装备。这些飞机的机身尾部有两种形式,一种是使机身平的底部急剧地向上倾斜,以便在开口长度最小的情况下保证货物所要求的开口尺寸,这种做法的缺点是增大机身的阻力约 15%。如美国洛克希德公司的 C-130 飞机的机身尾部的形状就属此类(见图 4-24)。大多数近代军用运输机,如伊尔-76、C-141A 和 C-5A,为了减小气动阻力,加长了机身尾部下表面以最小角度向上倾斜,使所需开口的长度增大(见图 4-24)。

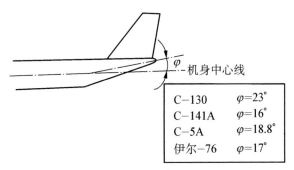

图 4-24　机身尾部上翘

图 4-25 为 C-5A 军用运输机后部装载结构系统。

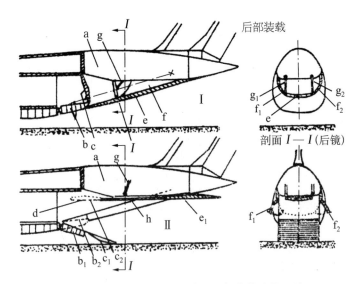

图 4-25　C-5A 军用运输机后部装载结构系统

a—承载结构;b—可调节的地板元件;c、d—折板;e—中央装载舱门;f_1、f_2—侧舱门;g_1、g_2—螺旋千斤顶;h—杠杆

图 4-26 为 C-5A 的剖面结构图。

现代先进的军用运输机 C-17,由于特殊使用要求,后机身上翘(11.0°)(而

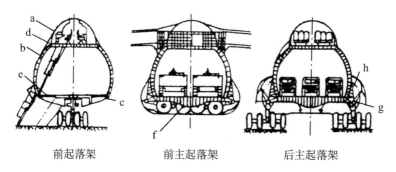

图 4 - 26　洛克希德 C - 5A 的装载设施和起落架支承

a—上弧形段；b—中弧形段；c—下弧形段；d—上地板；e—主地板；f—机身主框架；g—主起落加振支柱；h—外安装框架

伊尔-76 为 8°），并开了一个大货舱门，便于装货和空投。研究表明，只要保证气流扰动特别是分离不发生于上翘后体的前面，由气流分离产生的阻力就会减小。C-17 飞机考虑到后货桥结构设计、使用要求等方面内容，机身后体下表面比较扁平，致使机身后体下表面在后货舱门货桥转轴处过渡比较剧烈，易产生分离，形成分离涡。为此，在 C-17 飞机机身后体下表面舱门后侧垂直于地面左右对称地安装了根弦长约 5 m、梢部弦长约 4 m、高度约 0.55 m 的导流片（见图 4 - 27），有效地破碎了后体下表面产生的分离涡，减少了机身尾段分离涡产生的阻力。风洞试验表明，C-17 飞机后体导流片的使用，可使全机巡航阻力减小约 3%。

图 4 - 27　C - 17 军用运输机的后机身导流片

　　图 4-28 示出了主战坦克 M60 经 C-17 军用运输机后机身大开口装入机身中。

图 4-28　主战坦克 M60 装进 C-17 飞机的机身中

　　军用运输机使用平托板承载货物,货物放在这些托板上,下面绑紧,上面用帆布盖好,最常见的托板尺寸是 88 in×108 in。

　　军用运输机的货舱地板必须大约距地面 4~5 ft,以便没有货物装卸设备的基地直接从卡车车板装卸货物。然而,为了运输货物,货舱的横截面积对一架军用运输机极为重要。C-5A 军用运输机可以运输超尺寸的货物,包括 M-60 坦克、直升机和大的载重汽车,C-5A 飞机的货舱室宽 19 ft、高 135 ft、长 121 ft。

　　C-130 飞机用来直接向前线运送军队和补给,而不能运输超尺寸的货物,它的货舱尺寸为宽 10 ft 3 in,高 9 ft 2 in 和长 41 ft 5 in。

　　对于载荷分布均匀的军用货机,最大地板载荷至少必须为 225~1 200 lb/ft² (1 100~6 000 kg/m²)。

　　局部载荷的设计准则是 3 000~10 000 lb(1 300~4 500 kg)。

5 增升装置设计

5.1 增升装置的设计目标

增升装置设计的目标是要满足飞机起飞着陆性能要求，即满足场域要求。对增升装置的评价准则是起飞构型下有高的升阻比和着陆构型下具有最大升力系数。提高这两个气动力参数取决于增升装置设计的技术水平。

我们知道，衡量民用运输机性能的四个指标是安全性、经济性、舒适性和环保性。而民用运输机安全性要求首先必须满足相应的适航规章要求。

起飞第二阶段单发失效的爬升梯度（必须具有越障能力）要求改变过去增升装置设计的目标是单纯追求最大升力系数。对于民用运输机来说，为了达到所要求的起飞着陆性能，更重要的是在起飞构形和着陆失败后的复飞就要求有较高的升阻比以及着陆构形下具有低的升阻比和尽可能高的最大升力系数的组合，并限制对巡航性能影响最小，这无疑给增升装置设计带来更大的困难。

5.1.1 高、低速之间的协调

民用运输机的设计点是在高亚声速巡航状态，也就是说，在机翼高速外形确定之后，再来考虑增升装置设计，在这个过程中，可能会对机翼巡航外形提出一些改动要求，以满足增升装置的设计目标。

民用运输机的任务是在决定的航程范围内，最大有效地运送给定的载荷。能够定量说明效率的是直接使用成本（DOC），它包括燃油、机体、机组成员、维护、税收等成本。达到最小的 DOC 参数是民用运输机布局的主要目的。对于规定的飞机目标，为了确定机翼平面形状、重量和推力的最佳组合，必须做权衡研究。

机翼气动力设计的目标是特定巡航能力的选择,像速度、航程、初始高度、爬升能力和抖振边界的确定。在气动力和结构设计中要考虑先进有效的技术,机翼的主要设计参数像翼载、翼展、后掠角、展弦比、扭转和厚度分布必须进行优化。

机翼的一些主要参数强烈地影响着增升装置的效率,在权衡研究中必须把它考虑进去。例如,高翼载要增加最大升力能力,以满足起飞着陆性能要求,这会增加增升装置的复杂性,并使重量和成本增加。增加机翼的展弦比对提高增升装置的效率是有利的,而机翼后掠角的增大会降低增升装置的效率。

在飞机方案设计中,另一个主要参数是推重比,对于民用运输机来说,所要求的推力通常是由起飞场长的考虑来决定的。

由于机翼平面形状和增升装置效率之间是相互有牵连的,最终设计一般在最佳巡航效率和可接受的起飞着陆性能之间来折中,这种折中在迭代过程中可以找到。

增升装置的气动力参数(即在起飞和着陆中的升阻比和最大升力系数)对航程参数和成本效率的影响可以从下列关系中来说明:

$$\underset{C_{L_{\max}} \quad L/D}{增升装置} \quad \underset{空重\,燃油重量\,巡航\,L/D}{\underline{影响航程的参数^*}} \quad \underset{机体重量\,发身机推力}{\underline{成本参数}}$$

$$航程 = \frac{V}{C}\left(\frac{L}{D}\right)^*_{巡航} \ln \frac{空重^* + 有效载荷 + 燃油}{空重^* + 有效载荷}$$

提高增升装置的升阻比和最大升力系数的方法取决于增升装置设计的有效性,这又直接关系到飞机的空重和巡航升阻比。这进一步影响机体的重量和获得起飞性能所要求的发动机推力,从而影响成本。

增升装置的影响可能要按对飞机巡航不是最佳的方式来确定机翼面积。另外,增升装置影响巡航阻力特性,因为增升装置改变了机翼的外形,并引起间隙和台阶及其他一些不希望的表面情况,这是非常不利的。增升装置的操纵机构对飞机的空重也有影响,而且影响空重的翼梁位置常常取决于增升装置的要求。

5.1.2　增升装置设计目标

1) 起飞和着陆复飞爬升

(1) 起飞着陆性能是影响民用运输机安全的主要因素,适航规章对起飞着陆性能有严格要求。起飞分起飞滑跑、过渡和爬升三个阶段,在地面滑跑时要求飞机具有较高的升力系数,可使飞机的起飞场长较短,满足型号设计的性能要求。

（2）在起飞爬升时要求飞机具有较高的升阻比，在飞机到达安全起飞高度时达到适航规章所要求的安全速度。

（3）在巡航爬升和下降时，能提供合适的升力系数和升阻比，使飞机按型号设计要求运作。

（4）能确保适航规章所要求的单发失效进场、单发失效着陆和最低爬升要求的能力（见表 5-1），以确保飞机安全起降。

表 5-1　涡轮动力运输类飞机的爬升要求综述（FAR-25 部）

飞行阶段		飞机形态					最小爬升梯度		
		襟翼位置	起落架	发动机推力（功率）	速度	高度	$N_e = 2$	$N_e = 3$	$N_e = 4$
起飞爬升能力（第一段）		起飞	↓	起飞	V_{LOF}	$0 \rightarrow h_{uu}^{(1)}$	0	0.3	0.5
起飞航迹	"第二段"	起飞	↑	单发失效	起飞	$V_2^{(2)}$	$h_{uu} \rightarrow$ 400 ft	2.4	2.7	3.0
	最终起飞（第三段）	航路	↑		最大连续	$V \geqslant 1.25V_s$	$400 \rightarrow$ 1 500 ft	1.2	1.5	1.7
进场爬升能力		进场[3]	↑	起飞	$V \leqslant 1.5V_s$	$0^{(1)}$	2.1	2.4	2.7
着陆爬升能力		着陆	↓	全发起飞[4]	$V \leqslant 1.3V_s$	$0^{(1)}$	3.2	3.2	3.2

符号： V_{LOF}—离地速度 V_2—起飞安全速度 V_R—抬前轮速度 V_s—失速速度 $u \cdot c$—起落架位置 h_{uu}—起落架收起完成时的高度 N_e—每架飞机的发动机数目	（1）脱离地面效应。 （2）起飞安全速度 V_2 是在 35 ft 高度点得到的空速，总的要求规定： $V_2 \geqslant V_{2min}$（V_{2min} 不小于 $1.2V_s$） $V_2 \geqslant 1.1V_{MCA}$（空中最小操纵速度） （3）襟翼位置应使 $V_s \leqslant 1.10V_s$（着陆）。 （4）更为精确的是，在油门推到起飞功率状态 8 s 后的发动机可用功率（推力）。 （5）起飞要求是在实际重量时，另一要求是在着陆（触地）重量时。

（5）对于进场和着陆构形也规定了最小允许爬升性能：

a. 进场爬升能力，适用于单发失效的进场构形。对于指定的着陆重量，这个要求限制了进场襟翼偏度，因此影响着陆性能；

b. 着陆爬升能力,从着陆性能来看,在努力改善机翼最大升力系数的同时,还应考虑升阻比 L/D,这样,在不成功的着陆后才能保证安全的复飞和爬升。

(6) 按进场构形进场时,应使飞机进场速度较小,满足型号设计的性能要求。

(7) 增升装置以各种偏度打开后,提供的附加机翼升力的作用点应尽可能靠近飞机的重心,使增升装置的收放不会产生很大的俯仰力矩变化,不会引起过大的纵向操纵力(FAR-25 部规定不大于 23 kgf(50 lbf)。

2) 起飞场长

(1) 增升装置的偏度。

增加襟翼偏度,将增大失速和离地时的 C_L 值,从而减小 V_S 和 V_2,缩短起飞滑跑距离,这将使 L/D 和爬升梯度变坏,起飞的空中距离增加。对于给定的推重比 $\frac{T}{W}$ 值,用最小场长来定义最佳襟翼偏度。

(2) 起飞重量。

对于给定的襟翼偏度,起飞距离和重量的关系可划分为三种区域(见图 5-1):

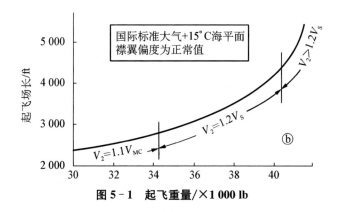

图 5-1　起飞重量/×1 000 lb

a. 对中等的 $\frac{T}{W}$ 值,$V_2 = 1.2V_S$,场长正比于 V_S^2(从而正比于翼载 W/S)和推力。因而 S_{to}(起飞场长)近似地正比于 W^2。

b. 对于大的 $\frac{T}{W}$ 值(小起飞重量),V_{MC} 的余量构成 V_R 和 V_2 的下限,在这个区域,主要是 $\frac{T}{W}$ 决定了场长,S_{to} 与重量近似地成线性变化。

c. 对于小的 $\frac{T}{W}$ 值,第二阶段爬升梯度可能得到满足,V_R 和 V_2 相对于 V_S 必须增大,场长随 W 迅速增加。对于给定的襟翼偏度,起飞重量的增加不能超过最大爬升梯度满足最小要求值时的重量,例如,当 V_2 等于最大爬升梯度速度时的情况。当襟翼偏度可变化时,用逐渐减小襟翼偏度可能得到小的 $\dfrac{T}{W}$ 值。

（3）温度和高度变化。

当周围大气温度增加时,空气密度和推力减小,因而场长增加,由于类似的原因,场长亦随高度而增加。

3）着陆场长

对运输机一般使用"任选"的着陆距离,即可能是最短的着陆距离,这个距离要在干跑道和理想状态下验证,并乘以系数 5/3。着陆划分为两个阶段,从通过障碍到接地的空中距离和从接地到停止的着陆滑跑距离。

对着陆性能有影响的因素如下:

（1）利用图 5-2 的 WAT 曲线(各种高度和温度下的限制曲线)来确定着陆重量,或限制给定着陆重量所确定的最大的襟翼偏度。

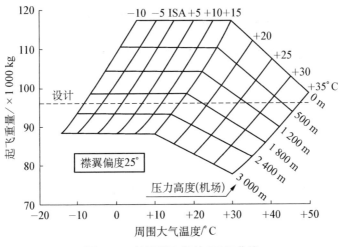

图 5-2　某型号飞机的 WAT 曲线

（2）用逐步分析法对拉平进行分析。

（3）接地时的飞行航迹角为 0.5°左右,对应的下降率为 $(0.3\sim0.6)\,\mathrm{m/s}$。

（4）接地后的刹车滑跑可以用与中断起飞完全相同的方法进行分析。

5.2　飞机起飞性能要求

图 5-3(a)～(d)示出飞机起飞过程由地面滑跑、过渡和爬升这些阶段组成。

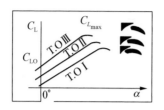
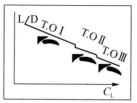

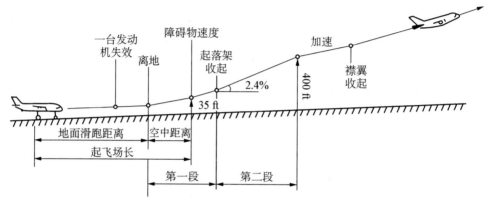

图 5-3(a) 双发动机民用运输机的起飞过程和要求

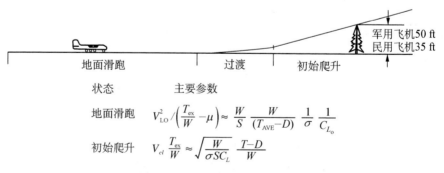

$$V_{LO}^2 \Big/ \Big(\frac{T_{ex}}{W} - \mu\Big) \approx \frac{W}{S} \frac{W}{(T_{AVE} - D)} \frac{1}{\sigma} \frac{1}{C_{L_o}}$$

$$V_{cl} \frac{T_{ex}}{W} \approx \sqrt{\frac{W}{\sigma S C_L}} \frac{T - D}{W}$$

图 5-3(b) 起飞剖面和主要参数

V_{LO}—离地速度；T_{ex}—剩余推力；T_{AVE}—平均推力；D—阻力；μ—摩擦系数(跑道轮胎之间的摩擦)；σ—大气密度比；S—机翼面积；W—飞机重量；C_{L_o}—离地升力系数；C_L—升力系数；T—推力；V_{cl}—爬升速度

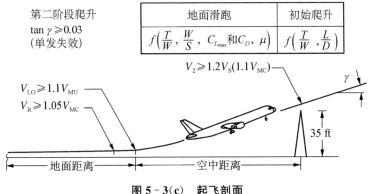

图 5 - 3(c) 起飞剖面

γ—飞行航迹角；V_{MU}—全发工作最小离地速度；V_{MC}—按单发失效确定的空中最小操纵速度；V_S—失速速度；V_R—抬头速度；$C_{L_{max}}$—最大升力系数

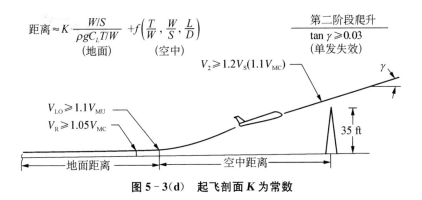

图 5 - 3(d) 起飞剖面 K 为常数

起飞性能的特点在于起飞场长，它包括地面滑跑距离和空中距离。地面滑跑距离是翼载、推重比和增升装置气动效率（$C_{L_{max}}$、C_D）及地面摩擦系数的函数。空中距离是推重比和升阻比的函数。FAR - 25 部对民用运输机的起飞过程做了规定，参数之间的相互牵连是引人注目的。图 5 - 3 示出起飞场长的定义，起飞场长包括从静止位置加速到离地速度 V_{LOF} 所经过的地面滑跑距离加上越障 35 ft（民用运输机）或越障 50 ft（军用运输机）的安全高度所经过的空中段水平距离之和。按照 FAR - 25 部的要求，V_{LOF} 必须等于最小起飞离地速度 V_{MU} 的 1.1 倍。V_{MU} 的定义为一台发动机不工作时飞机能安全起飞的最小速度，V_{MU} 是飞机最大升力能力的函数，因为尾翼与地面干扰会限制可用旋转角，就使可用升力系数减小。所以，如果 V_{MU} 要增加的话，那就不可避免地要增加飞机的地面滑跑距离。特别是对于后机身加长的飞机，这个 V_{MU} 对增升装置的限制特别大。

在这种情况下,最大可用迎角(不是可达到的最大可用升力系数)将是决定性的参数,它限制了飞机的可用升力。

在确定地面滑跑条件时,主要参数是离地速度的平方除以剩余推力/重量比减去摩擦系数,这个量值与飞机的翼载、重量除以发动机的推力(地面滑跑中的平均值)减去襟翼打开时飞机的阻力、离地时的 $1/C_{LOF}$ 成正比(见下面关系式)。离地时的 V_{LOF} 值一般规定为 $C_{L_{max}}$ 的某一百分数值。

$$V_{LOF}{}^2 \Big/ \Big(\frac{T_{剩余}}{W} - \mu \Big) \approx \frac{W}{S} \, \frac{W}{(T_{平均} - D)} \, \frac{1}{\sigma} \, \frac{1}{C_{LOF}}$$

飞机离地后,接下去最感兴趣的是起飞安全速度 V_2,当飞机达到地面以上 35 ft(或 50 ft)高度时一定要达到这个速度,此速度在 FAR-25 部中有明确规定,例如,V_2 必须大于失速速度 V_S 的 1.2 倍,并且要大于空中最小可操纵速度 V_{MCA} 的 1.1 倍。根据 FAR-25 部规定允许使用动力失速速度,此速度通常是在 1g 定常飞行时的失速速度的 0.94 倍(因机种而异)。因为在接近失速时,法向载荷系数开始大约保持常值直到发生转折,这表明机翼失速正在迅速发展,相应的空速称之为 1g 失速速度,用 V_{S1g} 表示,紧接在 1g 转折之后,空速继续降低,而下沉速度继续增加,直到驾驶员采取下俯机头的修正造成正的 $\mathrm{d}v/\mathrm{d}t$ 为止。在这个过程中测得的最小空速 V_{Smin} 显著低于 V_{S1g}。

起飞后,从第二爬升段开始,起落架收起,直到 400 ft 高度,此时增升装置仍然处于起飞偏度状态,按照 FAR-25 部的要求,当一台发动机失效,速度必须为 V_2,最小爬升率必须如下(见表 5-1):

$$\tan \gamma \geqslant \begin{cases} 2.4\%（二发飞机） \\ 2.7\%（三发飞机） \\ 3.0\%（四发飞机） \end{cases}$$

在爬升阶段,爬升率与爬升速度乘剩余推力/重量比成正比。这个量又正比于发动机的推力减去襟翼打开时的飞机阻力、重量的倒数以及相应的翼载和此速度下升力系数的组合(见下面关系式)。

$$V_{C_L} \, \frac{T_{剩余}}{W} \approx \sqrt{\frac{W}{\sigma S C_L}} \, \frac{T-D}{W}$$

还需考虑一台发动机停车能完成爬升,速度经常是根据此条件确定的。由于这种原因,高升力状态时的阻力是非常重要的(见图 5-4)。这种阻力分成两部分,其中一部分是对称基本构形产生的阻力,而另一部分是风车阻力与方向舵及副翼偏转产生的配平阻力之和。从图 5 - 4(a)看出,升致阻力近似占 80%,而型阻约占 16%。

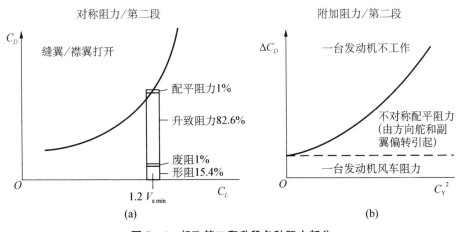

图 5 - 4　起飞第二爬升段各种阻力部分

下面推导爬升率(即爬升梯度)的表达式。

起飞爬升段的爬升性能是以爬升梯度的大小来评价的,爬升梯度指爬升轨迹角的正切值。

从飞机上升受力图(见图 5 - 5)可以看出,爬升时的爬升角 γ 是水平面和风轴(稳定轴)即 x 轴之间的夹角,沿 x 轴和 z 轴的平衡方程为

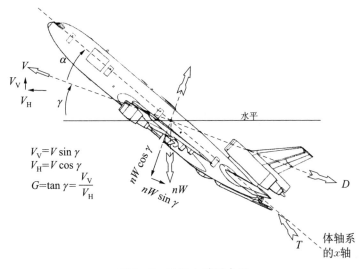

图 5 - 5　飞机上升受力图

$$\Sigma F_x = T\cos(\alpha + \varphi) - D - W\sin\gamma \tag{5-1}$$
$$\Sigma F_z = T\sin(\alpha + \varphi) + L - W\cos\gamma$$

式中:α 为机翼迎角;φ 为推力与机翼平均空气动力之间的夹角;γ 为爬升角。

对计算爬升梯度来说,由于飞机的最大爬升角在 $10°$ 以内,所以可得到

$$\cos(\alpha + \varphi) = 1$$

和

$$\cos\gamma = 1$$

由式(5-1),得

$$T = D + W\sin\gamma \tag{5-2}$$

$$L = W\cos\gamma \tag{5-3}$$

由式(5-2),得

$$\gamma = \arcsin\left(\frac{T-D}{W}\right) = \arcsin\left(\frac{T}{W} - \frac{\cos\gamma}{L/D}\right) \tag{5-4}$$

$$\approx \arcsin\left(\frac{T}{W} - \frac{1}{L/D}\right)$$

$$\sin\gamma = \left(\frac{T-D}{W}\right) \approx \left(\frac{T}{W} - \frac{1}{L/D}\right)$$

所以

$$\tan\gamma = \sin\gamma = \frac{T}{W} - \frac{1}{L/D}$$

这就意味着,对于给定的推重比,爬升率直接与升阻比(L/D)有关。典型的 L/D 对 C_L 的包线可见图 5-3(a)中的上左小图。图中包线分成几个阶段对应于不同的起飞构形,每一根包线段的右端为规定构形的第二爬升段的最大可用升力系数($C_{LV_2} \leqslant C_{L_{\max 1g}}/1.13^2$)。

最后要指出,起飞爬升第二阶段适航条例对民用运输机的增升装置的要求是(双发飞机单发停车)

$$V_2 \geqslant 1.2V_S$$

$$C_{L_{\max 1g}} \geqslant 1.13^2 C_{LV_2}$$

$$\gamma \geqslant 2.4\%$$

5.3　飞机着陆性能要求

民用运输机的进场是在下滑坡度为 3° 的情况下完成的(见图 5 - 6)。一般来说,典型的进场速度约在 125～150 KTS 之间,由于着陆事故率与进场速度有关,所以,对于一个新方案的设计,其进场速度通常更趋向于定位在较低的值。

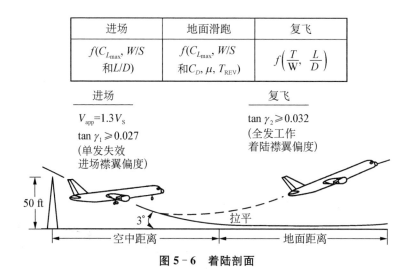

进场	地面滑跑	复飞
$f(C_{L_{\max}}$, W/S 和 L/D)	$f(C_{L_{\max}}$, W/S 和 C_D, μ, T_{REV})	$f\left(\dfrac{T}{W},\dfrac{L}{D}\right)$

进场

$V_{app}=1.3V_S$

$\tan \gamma_1 \geqslant 0.027$

(单发失效
进场襟翼偏度)

复飞

$\tan \gamma_2 \geqslant 0.032$

(全发工作
着陆襟翼偏度)

50 ft

3°　　拉平

空中距离　　　　　地面距离

图 5 - 6　着陆剖面

FAR - 25 部的要求,着陆进场速度必须大于最小动力失速速度 $V_{S\min}$ 的 1.3 倍,而 $V_{S\min} = 0.94V_{S1g}$。这 V_{S1g} 的失速速度和着陆的设计翼载所决定的最大升力系数必须由增升装置来保证。

还要考虑到着陆构形的升阻比 L/D 对复飞爬升率和进场发动机的额定推力的不利影响。例如,在低的进场 L/D 时,必须由较高的发动机额定推力来弥补,这对于航路修正或从进场到复飞是有利的。

图 5 - 6 为装有四台涡扇发动机的民用运输机的进场、着陆和复飞过程,图中指出,进场、着陆和复飞与那些气动力参数有关。从图 5 - 6 中看出,影响进场的气动力参数有最大升力系数 $C_{L_{\max}}$、翼载 W/S、阻力系数 C_D、地面摩擦系数 μ 和反推力 $T_{反推力}$。影响复飞的气动力参数有推重比 $\dfrac{T}{W}$ 和升阻比 L/D。

最后要指出,进场着陆时适航条例对增升装置的要求如下:

飞机从 50 ft 着陆,此时需要低的升阻比和高的升力系数。

进场速度　　　　　　　　$V_{app} \geqslant 1.3V_S(n \neq 1)$

$$C_{L_{\text{max1}g}} \geqslant 1.22^2 C_{L\text{app}}$$

进场复飞,所有发动机工作情况下

$$\gamma \geqslant 3.2\%$$

单发失效(双发飞机)或最大着陆重量下

$$\gamma \geqslant 2.1\%$$

进场形态失速速度不超过相应着陆失速速度的 110%

$$C_{L_{\text{maxapp}}} \geqslant 0.91^2 C_{L_{\text{maxlanding}}}$$

其中,$C_{L_{\text{maxapp}}}$ 为进场形态的最大升力系数;$C_{L_{\text{maxlanding}}}$ 为着陆形态的最大升力系数。

5.4　起飞和着陆的气动力

图 5-7 示出了起飞和着陆的气动力,现在要说明该图中的几个重要的气动力参数,图中曲线表明不同襟翼偏度时升阻比随升力系数的变化。这些曲线的垂直切线或 $C_{L_{\text{max}}}$ 确定这种情况下的最小飞行速度,因而也确定了起飞和着陆速度(以大于 1 的因子乘以速度值)。在起飞和着陆机动时,实际飞行条件下的升力系数比这个值低,而且这就是我们关心飞机升阻比的那个点。在起飞状态中,军、民用运输机越过障碍和爬升的速度大约是失速速度的 1.2 倍。我们希望最

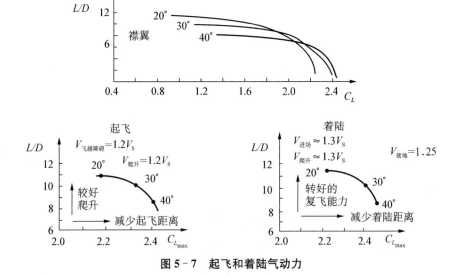

图 5-7　起飞和着陆气动力

大限度地增大地面滑跑时的 $C_{L_{\max}}$，但是爬升率的要求势必需要仔细地估算这一爬升速度下的阻力。就是根据这种形式的分析，我们可确定适合起飞状态的襟翼偏度。所以，为了满足起飞场长和爬升率两者的要求，起飞构形的气动力优化最后借助于升力能力和 L/D 效率的最佳折中。把类似的条件用于着陆状态，着陆距离实际上是因升阻比低和 $C_{L_{\max}}$ 高而缩短。这一点还必须与着陆失败时的复飞能力进行比较，这时就需一个与发动机推力相一致的升阻比。

5.5　增升装置的设计要求

5.5.1　增升装置的气动力要求

（1）具有最大的 $\Delta C_{L_{\max}}$ 增量；

（2）在巡航飞行状态，增升装置的台阶和缝隙引起的 ΔC_D 增量最小；

（3）到达 $C_{L_{\max}}$ 时的临界迎角增量要适当，使飞机的着陆迎角在 $7°\sim 9°$ 之间；

（4）在着陆状态，对应 $0.6C_{L_{\max}}$ 时的升阻比最大；

（5）在起飞状态，对应 $0.7C_{L_{\max}}$ 时的升阻比最大；

（6）最小的压力中心移动量，尽可能小的升力矩。

5.5.2　增升装置的结构和操纵系统要求

（1）结构要求：连接机构简单、可靠、重量轻，独立构件少等。最根本的是支撑机构设计简单，如采用圆弧滑轨，襟翼绕定轴旋转方式。

（2）操纵机构要求：铰链力矩最小，而且操纵机构对飞机的空重也有影响，影响空重的是翼梁位置，它常常取决于对增升装置的要求。

图 5-8 示出了增升装置设计要求的详细内容。

5.6　增升装置设计应遵循的原则

世界各国在发展民用运输机的过程中，采用的增升装置形式如下。

机翼后缘：有单缝富勒襟翼、双缝襟翼和三缝襟翼。

机翼前缘：有前缘缝翼和克鲁格襟翼。

这样，翼剖面就形成前缘缝翼＋主翼＋后缘襟翼。在设计中它们应遵循的原则如下：

（1）在前缘缝翼和后缘襟翼收起的巡航状态，要保证机翼表面外形光滑，避免台阶和缝隙产生额外的附加阻力，不引起燃油消耗增加，也不提高成本，要符合经济性要求。例如，MD-82 飞机在襟翼打开后，下表面有一块与主翼铰接的

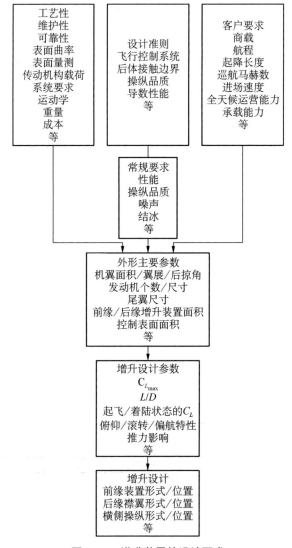

图 5‑8 增升装置的设计要求

折流板应自动偏转,保证缝道有良好的入口形状,使气流通过缝道时畅通无阻。更重要的在襟翼收上时把折流板压下,对机翼下表面起整流作用。

（2）前缘缝翼和后缘襟翼与主翼之间的缝道以及双缝、三缝襟翼之间的缝道要具有良好的气流品质,使主翼和襟翼头部具有合适的目标压力分布。襟翼头部的吸力峰值要低,位置靠后,吸力峰饱满圆滑,达到−1～−2之间,增大升力。主翼头部最小压力不能太低,在−4.5～−6之间,尽可能提高后缘处压力,达到−4左右,增加缝翼对升力的贡献。

（3）民用运输机的增升装置设计状态为着陆状态，起飞和进场襟翼偏角要满足起飞场长和适航要求。

（4）增升装置的力矩特性决定了后掠机翼的上仰特性和配平特性。增加纵向稳定性，并保证飞机着陆时的姿态。

（5）增升装置的设计不但要满足起飞和着陆之间的协调，还要满足结构、重量和操纵系统的要求。可以说，大型运输机的增升装置设计是非常复杂的系统工程，因为影响增升装置设计的因素实在太多。

5.7 增升装置设计

根据飞机设计要求，确定增升装置的设计目标，决定采用增升装置的形式，然后确定增升装置的参数，如襟翼相对弦长、缝翼相对弦长以及它们的偏角等；设计襟翼、襟翼的外形，使其具有合适的压力分布形态，最后进行襟翼、襟翼的参数优化。

增升装置提供附加的机翼升力基本上是用下述方式得到：

（1）增加翼型弯度；

（2）边界层控制，其作用来自改进了的压力分布，排除低能边界层或给它增加能量，减轻或延续气流分离；

（3）襟翼偏转时弦长延伸引起机翼有效面积的增加。

后缘襟翼偏转增加了弯度并改善后缘处的气流流动。前缘增升装置可推迟或消除前缘失速。图 5-9 表明了前、后缘增升装置的作用。

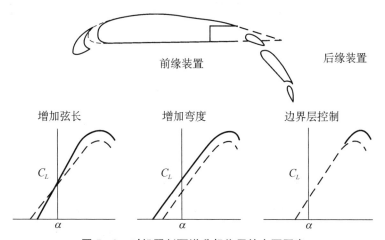

图 5-9 对机翼剖面增升起作用的主要因素

表 5-2 示出大型运输机不同形式增升装置的最大升力系数统计数据。

表 5-2 有增升装置的机翼的典型最大升力系数

| 增升装置 | | 典型襟翼角度 | | $C_{L_{max}}/\cos \Lambda_{1/4}$ | |
后缘	前缘	起飞/(°)	着陆/(°)	起飞	着陆
单缝襟翼	—	20	40	1.50~1.70	1.80~2.20
富勒襟翼	—	15	40	2.00~2.20	2.50~2.90
双缝襟翼	—	20	50	1.70~1.95	2.30~2.70
双缝襟翼	缝翼	20	50	2.30~2.60	2.80~3.20
三缝襟翼	缝翼	20	40	2.40~2.70	3.20~3.50

5.7.1 对前、后缘增升装置的要求

增升装置必须提供尽可能高的升力系数,使地面滑跑距离尽可能缩短,同时为了越过障碍物并能使飞机以一定的爬升率爬升,必须具有较高的升阻比。

图 5-10 描述了 C-5A 飞机后缘增升装置的发展过程,画出了爬升升阻比对最大升力系数的典型曲线。曲线表明,双缝和三缝襟翼的最大升力系数比富勒襟翼优越,但富勒襟翼能产生较高的升阻比。如果推力足以使飞机克服较大的阻力,并假定付出重量代价不大,那么可能愿意采用 $C_{L_{max}}$ 最大的襟翼。然而,曲线上的星号点表明同时满足起飞距离要求和单发停车爬升能力要求的目标,唯一能满足此条件的就是富勒襟翼,因此,C-5A 飞机的后缘增升装置选择了富勒式襟翼。

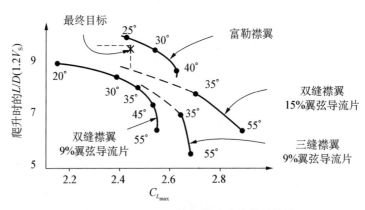

图 5-10 C-5A 飞机初期试验的典型结果

最佳的后缘襟翼偏度随要求的升力系数而变化,而前缘缝翼又必须适应后缘襟翼的偏度。在巡航、起飞和着陆时,前缘缝翼的偏度可能不同。

另外,在实际襟翼设计中,应十分重视襟翼偏转时引起的俯仰力矩变化。往往由于襟翼放下时引起过大的低头力矩,为了配平则必须付出较大的升力损失,这样就不能充分发挥襟翼的作用。同时给操纵飞机也带来一定的困难,所以要求襟翼偏转时引起的俯仰力矩变化要小。

5.7.2 前缘增升装置设计

1) 前缘增升装置的作用和形式

前缘增升装置也有三种作用:

(1) 弦向伸长;

(2) 增加弯度;

(3) 控制边界层。

前缘增升装置的偏转使机翼头部环量增加,诱导出上洗,使头部吸力峰增加,在有前缘失速倾向的机翼上气流将提前分离。前缘增升装置的主要作用是控制前缘分离,将失速推迟到更大的迎角,提高后缘襟翼的增升效果,增大 $C_{L_{\max}}$。对于经过优化的布局,全翼展缝翼使最大升力系数 $C_{L_{\max}}$ 的增量在 $0.5\sim0.9$ 之间。

按其作用大小的次序,前缘增升装置有前缘缝翼、克鲁格襟翼和前缘襟翼等形式(见图 5-11)。

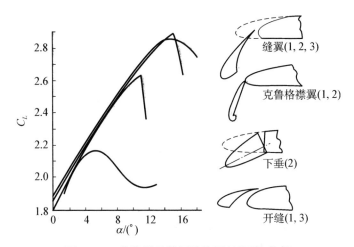

图 5-11 前缘增升装置的选择(剖面的考虑)

(1)—弦向延伸;(2)—增加弯度;(3)—边界层控制

2) 前缘缝翼 β

在大型运输机上,机翼前缘都设计有前缘缝翼和克鲁格襟翼。如 A320、

MD-82 和 C-5A 等飞机都为全翼展前缘缝翼,波音 737-300 飞机的机翼前缘外侧为前缘缝翼,内侧为克鲁格缝翼。

(1) 前缘缝翼是位于机翼前缘前部的高度弯曲的小翼型,单位面积上能产生很大的吸力,并减小基本翼型的吸力。相应的型阻和俯仰力矩变化很小,而使机翼载荷和配平阻力无显著增加。

(2) 首先谈一下前缘缝翼设计准则:一个正确的开缝的设计和位置的选择,首先要保证缝隙有足够的间隙,使每个翼段在主流中都有各自的边界层和尾迹,并在向下游发展中互不发生并吞。这种附面层和尾迹的发展过程与一架双翼机的每个机翼各自边界层的发展没有什么区别。各翼段的附面层或尾迹只到机翼后缘处才合为一个尾迹。缝隙的大小使各个上下游的边界层或尾迹正好相切为佳,如图 5-12 所示的实例一样,此时各自的尾迹似清晰可辨的流线。

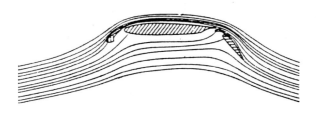

图 5-12　在 $\alpha = 0, C_L = 3.70$ 时,计算有前缘缝翼和后缘双缝襟翼的翼型所得到的流线流场

飞机上缝翼的缝隙要比风洞模型所给出的缝隙小一些,因为飞机在飞行中的雷诺数与模型在风洞中的试验雷诺数是不同的,所以边界层的厚度也不同。显然,缝隙的形状不是主要的,只要保证缝隙收敛就可以了,但必须避免间隙太小,因为这会使各翼段的边界层或尾迹相混后合并,从而使效率大为降低;如果合并现象在缝隙内就已发生,则整个缝翼的效率可能还不如一个简单襟翼,这是绝对不允许的。

(3) 前缘缝翼参数为:偏角、缝隙、外伸量和缝翼后缘相对机翼固定头部的上下位置(ΔY)(见图 5-13)。选择参数既要考虑到缝翼为获得最大升力增量的需要,又要考虑到缝翼在放下状态时对飞机俯仰力矩的影响。

图 5-13 表示前缘缝翼相对于基本翼剖面的位置的典型影响。这里所画的四种缝翼位置用坐标 Δx 和 Δy 的变化来表示。

这里所考虑的各种位置,对应位置 3 使最大升力系数的提高最大。特别是对后掠机翼的上仰问题,是增升装置设计中应考虑的一个重要因素。在画出的

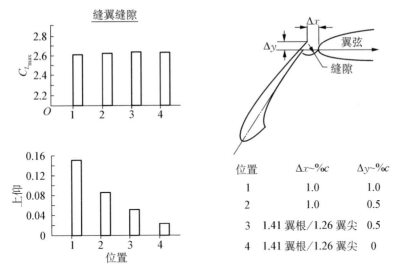

图 5 - 13 前缘缝翼的参数选择

缝翼位置中,位置 4 在缓和这一趋势方面似乎是最有效的。

（4）通过 CFD 计算或风洞试验,可得到如图 5 - 14 所示的前缘缝翼的缝隙与后缘襟翼和前缘缝翼偏度的关系曲线,这是一个具有 25°后掠加上三缝后缘襟翼的机翼,前缘缝翼与全翼展的 57%。选择最佳缝隙时,既要考虑到其增升效果,又要注意到上仰问题。上仰除了使飞行品质恶化外还可限制最大升力系数。在方案设计时建议可采用 $\Delta y \approx 0$、偏角为 $20° \sim 25°$、缝隙为 $3\%c$ 左右和缝翼弦长为 $15\%c$ 做第一轮设计。

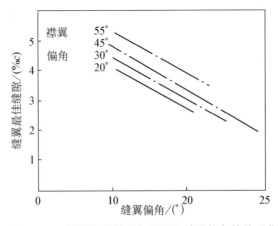

图 5 - 14 缝翼最佳缝隙与襟翼和缝翼偏角的关系曲线

可以用沿展向变缝隙增效的方法来延迟翼尖失速及后掠机翼相应的上仰问题。其措施如沿展后改变缝隙宽度，缝翼偏转角或缝翼相对弦长等。

图 5-15 表示翼根弦长相等的两种前缘缝翼（一种是等弦长的缝翼，另一种是等百分比弦长的缝翼）的升力和俯仰力矩特性的比较。从升力曲线上可以看出，由于缝翼面积较大而引起的性能改进，最大升力系数从 2.78 增加到 2.86。这种面积较大的前缘缝翼的好处也可以在俯仰力矩中看出，增大缝翼外侧面积有助于控制失速上仰。

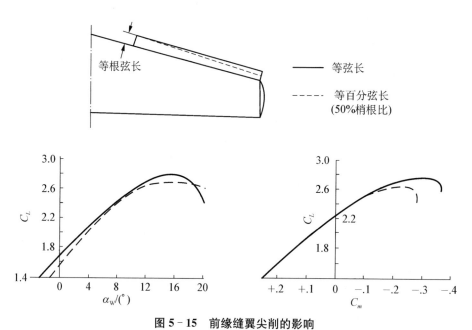

图 5-15　前缘缝翼尖削的影响

图 5-16 中的右上方曲线说明内侧前缘缝翼密封对最大升力系数和升阻比的影响，非密封缝翼的 $C_{L_{max}}$ 和升阻比的提高是由于缝翼能控制前缘分离和增加弯度所得的良好的气动力效果。

国外民用飞机像波音 737-300、MD-82 和 A320 等，其前缘缝翼在起飞时的偏度与缝隙各具特点。

a. 图 5-17 示出了波音 737-300 飞机的前缘缝翼各偏度情况。从图中看出，在起飞时缝隙很小（5 mm 左右），只起到增加弯度和延伸弦长的作用。

b. MD-82 飞机的前缘缝翼在起飞时对应两种缝隙，当后缘襟翼偏转 0°～13°时，前缘缝翼偏转 17.8°的缝隙很小。而当后缘襟翼偏转 15°～24°时，前缘缝翼偏转 21°后缝隙很大（同着陆状态），在翼根的缝隙为 70 mm。

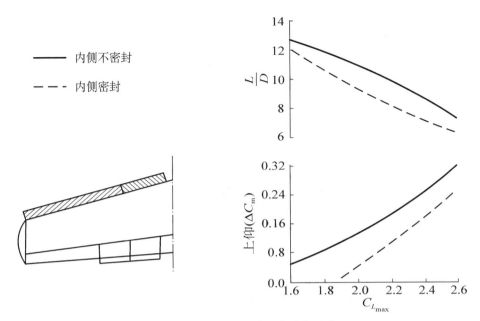

图 5 - 16 内侧前缘缝翼密封的影响

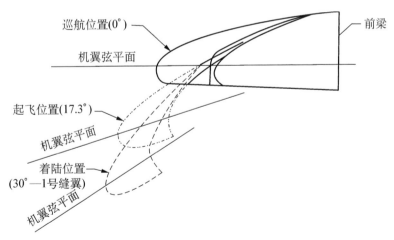

图 5 - 17 波音 737 - 300 飞机的前缘缝翼（前缘缝翼剖面垂直于机翼前缘）

c. A320 飞机的前缘缝翼的设计考虑如下：起飞时前缘缝翼的缝隙与偏度进行了低阻优化（见图 5 - 18），前缘缝翼在起飞时具有较大的缝隙。另外，着陆时要求取得最大升力。

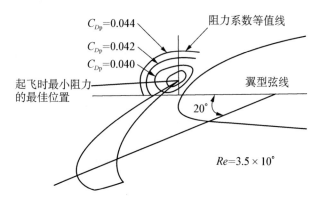

图 5‑18   试验确定 A320 飞机的低阻前缘缝翼在起飞时的偏度和缝隙

3）克鲁格襟翼

图 5‑19 示出克鲁格襟翼的作用。

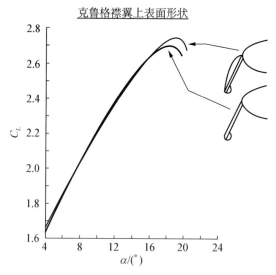

图 5‑19   同形状的克鲁格襟翼比较

（1）克鲁格襟翼的工作原理同缝翼，即增加当地剖面弦长和弯度，它与主翼之间可留或不留缝隙。一般常将克鲁格襟翼用在机翼内段，与外段缝翼组合起来在失速时提供正的纵向稳定性。

（2）克鲁格襟翼对最大升力系数的影响以偏度 $45°\sim55°$ 为最佳。超过这一范围，其影响大于弯度增加的补偿。同时，克鲁格襟翼加工成曲面形状的效果比直线的 $C_{L_{max}}$ 提高 0.04。在采用克鲁格襟翼时，应考虑到把它结合到基本结构上去的困难。

（3）克鲁格襟翼的主要设计参数如图 5-20 所示，其中：

a. 机翼弦平面随克鲁格襟翼运动后的位置与原弦平面的夹角（逆时针）；

b. 克鲁格襟翼打开后，其在运动的弦平面上的投影长度。

前缘站位	$\alpha/(°)$	H/mm
215	64	17.5
191	61.5	17.6
167	58	17.8
143	51.5	18.1
119	45	18.5

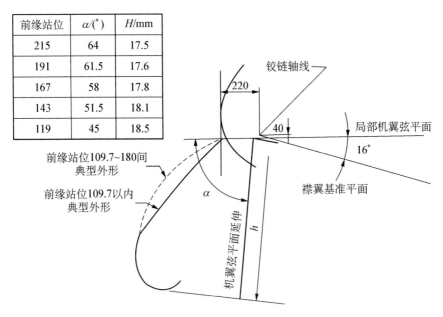

图 5-20 波音 737-300 飞机机翼前缘内侧的克鲁格襟翼的设计参数（克鲁格襟翼剖面垂直于前缘）

（4）前缘襟翼（铰接前缘）。

a. 它是前缘下垂能够增加弯度的可转动部分，其效果是增加上表面曲率，由此提高最大升力，前缘襟翼使翼型头部吸力峰值变得平缓，因此可把前缘分离延迟到更大迎角。

b. 前缘襟翼效率比缝翼差，但机构简单，刚度好，特别用于薄的翼型。

c. 前缘襟翼的主要设计参数是偏角。

5.7.3 后缘增升装置设计

1）后缘增升装置的作用和形式

后缘增升装置是飞机增升装置的主要部件，也是附加机翼升力的主要提供者。后缘襟翼偏转使主翼后缘区的流场速度加大，并有一个向下转折的横向流畸变。由库塔条件可知，这种横向流畸变会在主翼上诱发环量的增加，这就是后缘襟翼的环量效应。

偏转的后缘襟翼不仅在主翼后缘诱发一个横向流,还会使主翼后缘的切向速度加大,因此主翼后缘的尾迹以明显高于来流的速度离开后缘,相当于主翼上表面的附面层以更高的速度向后喷射出去,这就是后缘襟翼的喷射效应。

喷射效应使主翼后缘区附面层速度加快,减缓了该区逆压梯度的不利作用,延迟了主翼上表面的气流分离。特别是按位流理论可知,翼型上表面的吸力升力的增加与后缘的喷射速度平方成正比,所以后缘襟翼的喷射效应直接增加了主翼的升力。

后缘襟翼的主要形式有开裂式襟翼、普通襟翼、单缝襟翼、富勒襟翼、双缝襟翼和三缝襟翼等,如图 5-21 所示。

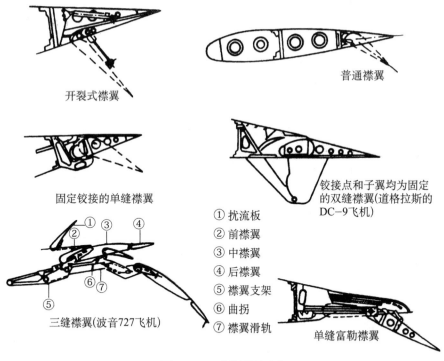

图 5-21　后缘襟翼形式

（1）开裂式襟翼。

开裂式襟翼由铰链固定在后梁后下表面的加强板构成。结构简单、重量轻。但此襟翼偏转时引起较大阻力,小偏度时尤其是这样,故不适合起飞使用。

（2）普通襟翼。

普通襟翼是铰接的机翼后缘部分,如缝隙密封可获得最佳性能,但偏度超过 $10°\sim15°$ 时气流在转折处后立即分离,升力逐渐下降,而阻力增加与开裂式相似。

（3）单缝襟翼。

它的优点是有特殊形状的缝隙,空气从机翼下进入缝隙。由于襟翼前缘上的吸力使上翼面的附面层稳定并引导到基本机翼的后缘,在襟翼面上形成新的附面层,它允许有效偏度达到 $40°$。

（4）富勒襟翼。

富勒襟翼是一种在滑轨上向后运动几乎达到它整个弦长然后偏转到它最大角度的带缝襟翼,机翼上表面蒙皮延伸到 $90\%\sim95\%$ 弦长处。它的良好性能是由于有效面积增加得到的,增加升力引起的附加阻力很小。

（5）双缝襟翼。

双缝襟翼在大偏度时显著优于单缝襟翼,原因是更有利的压力分布,襟翼上的气流分离进一步推迟。具有固定铰链点和尺寸较小的固定子翼的双缝襟翼,结构简单,但其型阻在起飞时可能较高。如果在小偏度时将子翼做成可收缩的,则襟翼在起飞时实际上是单缝的,这将降低阻力并改善爬升性能。但襟翼外部支撑件会引起可观的废阻。

（6）三缝襟翼。

三缝襟翼用于翼载非常高的飞机上,与前缘装置组合在一起,这种襟翼需要复杂的支撑和操纵。

2）后缘襟翼的关键设计参数

后缘襟翼的关键设计参数是缝隙、重叠量和偏度。图 5-22 是 TA(W)-1 二段翼型缝隙优化的例子。这是以二段翼型粘性流分析方法为基础,采用数学优化方法可寻求具有约束条件下的最佳缝隙形状。

缝道参数选择和襟翼外形设计是增升装置设计的重点,有较大的难度。为什么新飞机采用三缝襟翼的形式较少,原因就是三个缝道的优化设计工作量大,如果要进行风洞选型试验,那就费时又费钱,弄得不好达不到理想的效果。

缝道参数选择的三个要素为缝道形状、重叠量（overlap）和缝隙宽度（gap）。

一般缝道为收敛形状,使流经缝道的气流具有喷射、有压力恢复和新生附面层等作用,从而增强承受逆压梯度的能量,延迟气流分离,提高最大升力系数。

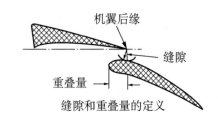

缝隙和重叠量的定义

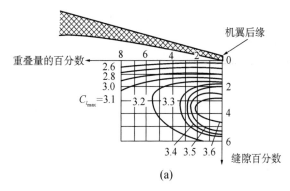

(a)

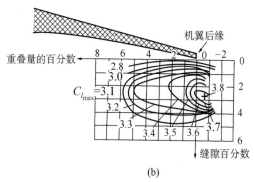

(b)

图 5-22 缝隙和重叠量的定义及优化

（a）35°襟翼偏度　（b）40°襟翼偏度

襟翼设计仅仅是部分外形设计，只设计其头部和上表面外形的一段，靠后面就是与机翼后缘区的外形一致。前缘缝翼设计主要是设计机翼固定前缘的头部外形。

3）不同形式的后缘增升装置气动特性比较

图 5-23 给出单缝襟翼和双缝襟翼、富勒襟翼二元气动特性的比较，在整个 C_L 增量范围内，富勒襟翼的阻力比双缝襟翼的小。因此，在相同的 ΔC_L 下，升阻比较高，这是富勒襟翼的优点。

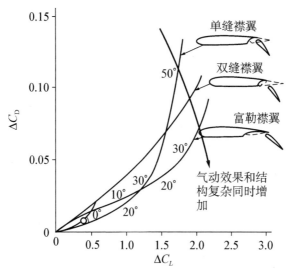

图 5 - 23　单缝襟翼、双缝襟翼和富勒襟翼的性能趋势

5.7.4　型号增升装置设计

1) 型号前缘增升装置设计

（1）形式选择原则。

前缘增升装置的形式可分为全翼展前缘缝翼和机翼外侧为前缘缝翼、内侧为克鲁格襟翼。至于内侧是否设计克鲁格襟翼要由内侧区翼剖面的厚度来定。对机翼内侧区翼型较厚，特别是翼型头部大而钝，很难设计成前缘缝翼时，可采用克鲁格襟翼。

（2）展向安排原则。

一般机翼的外翼前缘无其他装置，所以前缘增升装置可延伸到翼尖。这对提高最大升力有好处，并可改善大迎角失速特性。缝翼内侧如一直延伸到机身侧面，还可起密封作用，避免气流上下窜流，进一步提高增升效果。

（3）弦长长度选择原则。

主要取决于前梁布置。前梁若按等百分比弦长布置，大多位于 15％弦长处。如果前梁不按等百分比弦长布置，外翼前梁所占弦长百分比较大时，则外翼的前缘缝翼所占弦长的百分比也大于内翼。

（4）打开和收上运动方式。

前缘缝翼一般垂直于前缘打开和收上。若由于起飞爬升需要有高的升阻比,可通过前缘缝翼收放机构形式"克鲁格"缝翼,即起飞打开时无缝,着陆进场时有缝。这可能对改善失速特性有所影响。翼吊发动机短舱的飞机要避免缝翼打开时与挂架相碰,要在挂架两侧作密封处理,这样可提高增升效果,减小升力损失。例如像 A320 飞机,因发动机短舱的挂架把前缘缝翼分成两段,使最大升力有所损失(约损失 $\Delta C_L = 0.2$),后来在风洞中进行改进试验研究,几乎完全避免了这种损失,如图 5 - 24 所示。

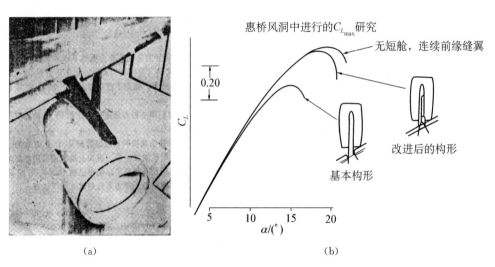

（a） （b）

图 5 - 24　短舱挂架与前缘缝翼交接处密封与不密封对升力系数的影响

（a）A320 前缘缝翼短舱挂架交接图　（b）前缘缝翼/挂架连接方式的改进方案

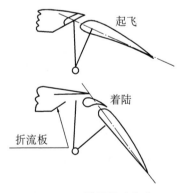

图 5 - 25　襟翼转动方式

2) 型号后缘增升装置设计

（1）形式选择原则。

常用的后缘增升装置大体有三种形式:大后退富勒襟翼、双缝襟翼和三缝襟翼。起飞爬升时要求提供大的升阻比,着陆时要求有大的阻力。为此采用双缝襟翼的飞机(如 MD - 82 飞机),在起飞时基本上呈单缝(见图 5 - 25),起飞襟翼小偏度时子翼还未偏出舱外。A310 飞机在机翼内侧设计为双缝襟翼,起飞时仍为单缝襟翼,导流片和主襟翼连在一起,只是在着陆时打开为双缝襟翼,如图 5 - 26 所示。

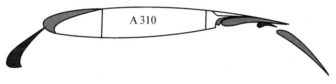

图 5‑26　A310 飞机的增升装置

（2）展向位置选择原则。

与前缘缝翼不同，后缘襟翼的展向位置受副翼布置的限制，其外侧位置各种飞机不一样，如 MD‑82 和波音 737‑300 飞机的后缘襟翼的外侧位于半翼展的 67%处，而 A320 飞机的后缘襟翼外侧位置位于半翼展的 75%处。

（3）弦长长度选择原则。

弦长长度选择原则主要取决于机翼后梁位置（这涉及油箱布置及起落架的安排）。在机翼后缘转折处，MD‑82 飞机的后梁位于 60%弦长处，A320 飞机的后梁位于 65%弦长处，而波音 737‑300 飞机的后梁位于 67%弦长处，且整个展向后梁不位于等百分比弦长处。为了安排操纵系统，在襟翼头部与后梁之间应留有一定空隙，一般为 180~250 mm。

（4）打开和收藏的运动方式。

各种飞机的后缘襟翼运动方式各不相同，主要有以下方式：

- 等距离大后退收放，如 A320 飞机的富勒襟翼、波音 737‑300 飞机的三缝襟翼；

- 绕翼下铰支点非顺气流圆锥运动，如 MD‑82 飞机的双缝襟翼。

如前所述，波音 737‑300、MD‑82 和 A320 飞机所采用的后缘襟翼形式各不相同，但增升效果都较高。下面给出这三种飞机的后缘襟翼的偏度、缝隙和重叠量的优化结果。

a. 波音 737‑300 飞机的后缘襟翼为三缝（见图 5‑27），并采用直线—圆弧—折线滑轨，襟翼沿几根滑轨相对应的位置所组成的平面运动，而且转轴是瞬时的。后缘襟翼在偏转时会产生较小的展向位移，在不同展向站位，其展向位移值各不相同。表 5‑3 给出同一外襟翼几个不同剖面位置的襟翼偏转不同角度所产生的展向位移量。

b. MD‑82 飞机的后缘襟翼为双缝，由子翼和主襟翼组成。子翼和主襟翼之间是固连的，其相对位置及缝隙大小如图 5‑28 所示，$\varphi = 36°$，缝隙 $G = 65$ mm。

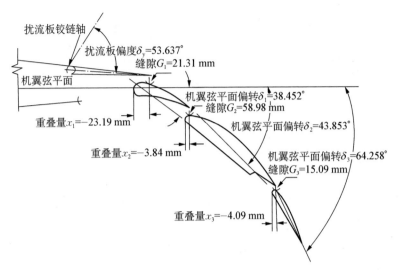

图 5 - 27　波音 737 - 300 飞机的后缘三缝襟翼

表 5 - 3　同一外襟翼几个不同剖面位置的襟翼偏转不同角度所产生的展向位移值（in）

翼剖面	偏角 展向位移	0°	1°	2°	5°	10°	15°	25°	30°	40°
WBL 202		0	0	0.02	0.04	0.09	0.27	0.55	1.21	2.51
WBL 254		0	0	0.02	0.04	0.09	0.25	0.51	1.11	2.27
WBL 355		0	0	0.03	0.05	0.09	0.23	0.43	0.91	1.81
WBL 417		0	0.01	0.03	0.05	0.09	0.21	0.39	0.78	1.53

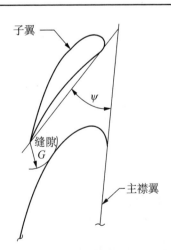

图 5 - 28　MD - 82 飞机后缘双缝襟翼的子翼与主襟翼之间
的缝隙和相对位置

c. A320 飞机的后缘襟翼为大后退的富勒襟翼,其缝隙、偏度和重叠量的关系如图 5-29 所示。

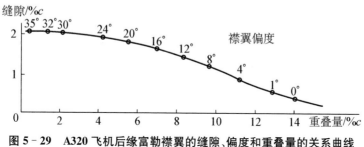

图 5-29 A320 飞机后缘富勒襟翼的缝隙、偏度和重叠量的关系曲线

3) 型号飞机起飞着陆形态的最大升力(见表 5-4)

表 5-4 几种飞机增升装置最大升力系数 $C_{L_{max}}$ 的比较

机型	波音 737-300	MD-82	A320	波音 757-200
$C_{L_{max}}$(起飞)	2.34	2.35	—	2.37
$C_{L_{max}}$(着陆)	3.27	3.04	>3.0	2.75

4) 增加增升效果的几种措施

(1) 利用有利于提高增升装置效果的机翼条件。

a. 利用干净机翼。下翼面没有短舱和挂架分割干扰的干净机翼,便于使前缘增升装置设计成展向连续形式,从而为提高增升装置效率提供条件。

b. 机翼内侧后缘后掠角为零,明显提高襟翼的增升效果。

c. 采用尾吊发动机布局,使襟翼放下不受发动机喷流影响,就可使后缘襟翼做成单块式或块数减少,以减少涡流损失。

(2) 选择有利的襟翼形式。

目前常用三种襟翼形式:富勒襟翼、双缝襟翼和三缝襟翼。至于采用何种增升装置,应从增升效果、结构重量及操纵系统的复杂程度经权衡后再定。

(3) 配置有利的襟翼平面形状和相对参数。为了达到短场长起飞着陆的目的,偏重于提高增升效率和 $C_{L_{max}}$,可选择较大的襟翼相对参数,如相对展向 $\bar{l}_f$、相对弦长 $\bar{C}_f$ 和相对厚度,特别是 $\bar{C}_f$ 对提高增升效果有较大的影响。表 5-5 列出了几种飞机襟翼相对参数 $\bar{l}_f$ 和 $\bar{C}_f$ 的比较。

表 5 - 5　襟翼相对参数$\bar{l}_f$和$\bar{C}_f$比较表

机型	MD - 82	DC - 9 - 30	波音 737 - 100	波音 707	VC - 10	雅克 - 40	F - 28
$\bar{C}_f$	36/28	36	29	27	29	31.5	32
$\bar{l}_f$	67	67	66	67	65	67	69

（4）设计上重视提高气动效率和降低重量（见图 5 - 30）。

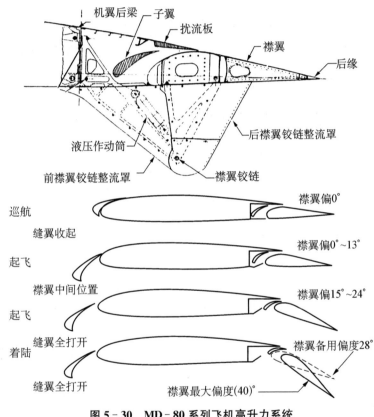

图 5 - 30　MD - 80 系列飞机高升力系统

a. 在襟翼舱下表面机翼后缘，设计一块与襟翼收放联动的折流板，可提高襟翼偏转的效率。

b. 襟翼采用绕固定于机翼下方铰支点的转动方式，不需采用四连杆机构或很长的滑轨，达到了机构简单、零件少和重量轻的目的。

（5）配置前缘缝翼，以达到起飞着陆性能的设计要求。

具有固定铰链轴和尺寸较小的固定子翼的双缝襟翼（如 MD - 82 系列飞机）

如图 5-30 所示,其结构简单,但其型阻在起飞时可能较高。如在小偏度时将子翼做成可收缩的,则襟翼在起飞时实际上是单缝的,这将降低阻力并改善爬升性能。襟翼外部的支撑件整流罩也引起一定的废阻。

MD-80 飞机双缝襟翼的增升效率如图 5-31 所示。

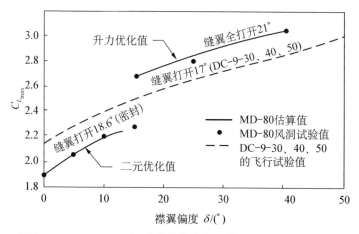

图 5-31　MD-80 飞机改进的高升力系统效率(三位前缘缝翼)

5) 国外民用飞机后缘增升装置运动机构设计

目前在航线上飞行的客机中,襟翼运动机构主要如下:

(1) 铰链式机构。

襟翼通过与其相连的摇臂绕转轴上的铰链点做圆弧运动,MD-82 飞机的襟翼就采用这种铰链式的襟翼运动机构,如图 5-32 所示。

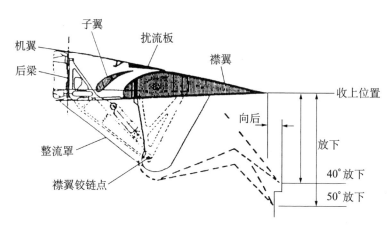

图 5-32　MD-82 飞机采用铰链式襟翼运动机构

（2）四连杆式机构。

襟翼通过与其相连的连杆实现驱动舵面的运动，波音 777 飞机的襟翼采用四连杆机构如图 5-33 所示。

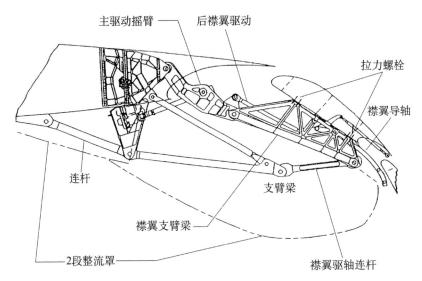

主驱动摇臂　　　后襟翼驱动
拉力螺栓
襟翼导轴
连杆
支臂梁
襟翼支臂梁
2 段整流罩
襟翼驱轴连杆

图 5-33　波音 777 飞机四连杆机构

（3）滑轨-滑轮架机构。

襟翼通过滑轮架沿固定在机翼上的滑轨运动。其中滑轨的轨迹多种多样，有圆弧、曲线、直线及直线＋曲线等多种形式。这些都有助于襟翼实现不同的运动以满足最佳气动性能要求。波音 737 飞机的三缝襟翼就采用滑轨-滑轮架机构来实现襟翼的运动，如图 5-34 所示。

（4）连杆-滑轮架机构。

A320 飞机最终设计的襟翼采用富勒形式，经试验悬臂梁系统可得到较高的 $C_{L_{max}}$ 和较低的型阻，最后改成悬臂梁支撑系统，导轨系统如图 5-35 的形式。

6）襟翼各种运动机构的分析比较[45]

（1）铰链式。

a. 其最大优点是结构和运动简单。并可实现舵面的上、下运动。

b. 富勒运动较差。只能做圆弧运动，后退量有限，起飞升阻比较小，但着陆时可打开到 53°，阻力大，$C_{L_{max}}$ 也大，比单缝富勒襟翼有优势。

c. 巡航阻力大。这种形式的整流罩需包容襟翼摇臂、提供该摇臂铰链点连接的机翼支臂以及襟翼作动器。由于铰链点为机翼转轴上一点，它离机翼下方

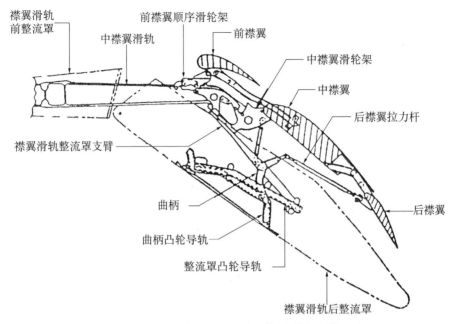

图 5-34 波音 737 飞机的滑轨-滑轮架机构

襟翼滑轨前整流罩
中襟翼滑轨
前襟翼顺序滑轮架
前襟翼
中襟翼滑轮架
中襟翼
后襟翼拉力杆
襟翼滑轨整流罩支臂
曲柄
曲柄凸轮导轨
整流罩凸轮导轨
襟翼滑轨后整流罩
后襟翼

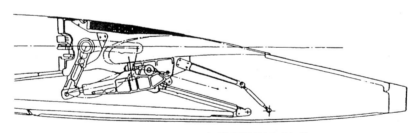

图 5-35 A320 飞机襟翼滑轨驱动机构

较远。这样,摇臂整流罩的高度高,迎风面积大。

d. 襟翼摇臂不能承受气动力侧向载荷。由于摇臂既是薄形构件,又是运动件,它不能承受来自外襟翼由于向上的安装角带来的气动侧向载荷。

(2)四连杆机构。

从实现襟翼富勒运动而言,四连杆机构最简单,连杆机构运动灵活。只是受连杆长的限制,舵面运动的连杆数量较多,多杆系的运动较复杂。其特点如下:

a. 有好的富勒运动;

b. 整流罩的高度和宽度尺寸都可以小些;

c. 杆系多,机构运动复杂。

（3）滑轨-滑轮架机构。

滑轨-滑轮架机构实际上是"四连杆机构"的一种综合和简化，除圆弧滑轨外，其他滑轨-滑轮架都具有如下特点：

a. 富勒运动效果好。直线滑轨或直线-圆弧滑轨都有较长行距的直线段，提供襟翼在起飞小角度运动时的大后退量，既可增加机翼面积，又可减小阻力，从而大大提高起飞时的升阻比。

b. 整流罩高度低、宽度窄。这种机构的整流罩只需包容滑轨-滑轮架及作动器。使整流罩的高度很低，也适合于顺气流布置，并且整流罩的宽度较窄。这些都使整流罩的迎风面积减小，从而降低巡航阻力。空客飞机的襟翼滑轨整流罩的阻力系数增量仅为 $\Delta C_D = 0.000\ 7$ 左右，大约只占巡航阻力的 4%。

c. 滑轨-滑轮架机构及运动较复杂。滑轨-滑轮架集承载与运动于一体。既要承受复杂的气动力载荷（法向、切向及侧向载荷），又要满足襟翼起飞、着陆的复杂的运动要求，从而使机构变得结构较重、形状复杂。

（4）两种典型的滑轨-滑轮架机构的比较。

在使用襟翼传动装置的飞机中，最典型的要数波音 737、波音 747 和波音 757 及 A320、A330 和 A340 飞机。它们虽同属直线滑轨，但各自形成了不同特点，如表 5-6 所示。

表 5-6　两类滑轨-滑轮架的特点比较

	波音 737、波音 747 和波音 757	A320、A330 和 A340
运动形式	（直线＋圆弧）滑轨	直线滑轨/支杆
舵面连接	滑轮架	滑轮架、前（后）支杆
舵面驱动	滚珠丝杆副	旋转作动器＋连杆
舵面运动	沿滑轨平动	沿滑轨平动和转动
舵面类别	双缝或三缝襟翼	单缝襟翼
重量与成本	重量大，成本高	重量轻，成本低

a. 从滑轨-滑轮架的结构及滑轮架沿滑轨运动分析，波音 737、波音 747 和波音 757 飞机均为直线-圆弧形滑轨，剖面为"工"字梁。其特点是长的直线段在起飞时襟翼水平后退量大，向下偏角小。在滑轨圆弧段襟翼向下偏角度大。满足飞机在着陆时具有大升力（襟翼大后退、大弯度）和大阻力（襟翼大偏角）的要求。A320、A330 和 A340 飞机的襟翼为纯直线向下稍倾斜滑轨，剖面呈"T"字形起飞时，与波音飞机的滑轨运动特点相似。而着陆时，其滑轮架沿滑轨运动至

最低点过程中,与襟翼相连的支杆(前、后支杆)绕下铰链点偏转,使舵面向下大角度偏转,以达到襟翼在着陆时具有大升力和大阻力的目的,如图 5‐36 所示。

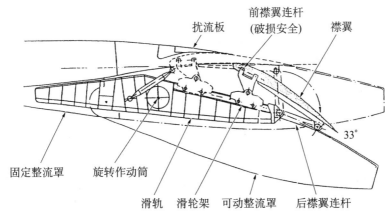

图 5‐36 A340 飞机的襟翼采用独特的滑轨‐支杆式运动机构

A320、A330 和 A340 飞机采用非常简单的直线滑轨和支杆达到了与波音飞机相同的襟翼气动力效果,却带来设计、制造简单、成本低、重量轻等多种好处。

b. 从滑轮架的受力分析看出,波音 737、波音 747 和波音 757 飞机的襟翼上的气动外载——法向力是通过位于滑轮架上前、后两对滚柱传递给滑轮及其机构,襟翼偏转时为平衡襟翼上的气动力矩,前、后滚柱承受的载荷相差很大,特点是后滚柱上的力可高达气动外载的几倍。为对付如此大的载荷,后滚柱尺寸必须足够大,随之滑轨(工字梁截面)高度增加,重量也增加。而 A320、A330 和 A340 飞机的襟翼由于增加了前支杆和后支杆,滑轮架中的前、后滚柱的承载大大降低,且非常接近带来了很大的好处,优势明显。

c. 独特的滑轨设计。几乎所有飞机的襟翼、缝翼滑轨都是"工"字形剖面,法向滚柱支承在"工"字梁上、下突缘的内侧,以承受襟翼作用在滑轮上的向上或向下的压力。而 A320、A330 和 A340 飞机的襟翼滑轨都是"T"字形,其主要的法向滚柱布置在突缘的下方。实际上,襟翼在收放过程中,气动载荷的法向力都是向上的,并通过滑轮架上的法向滚柱作用在滑轨突缘上。因而,滑轮架前、后这一对法向滚柱是主要的承力件。至于支承在滑轨上表面的前、后两个轴承,主要是承受飞机在地面时襟翼的惯性载荷,这个力相对很小,因而,轴承尺寸较小。这种巧妙设计大大简化了滑轨的构型,制造容易,重量减轻,这是空客飞机襟翼作动机构的一大亮点。

　　d. 多缝襟翼与单缝襟翼。双缝襟翼一般由子翼和主襟翼组成,并固连起来,如 MD‑82 飞机的襟翼就是这样。而波音 737 飞机的三缝襟翼是由前襟翼、主襟翼和后襟翼所组成。它们的优点是在起飞状态可增大机翼的面积,提高升阻比,而着陆时可提高最大升力系数并改善进场姿态。由于主襟翼和子翼之间的缝隙,可使流经襟翼下表面的高压气流流向上表面后部,从而推迟了襟翼大偏度时上表面的气流分离,提高增升效果。像波音 737 飞机的襟翼其滑轨、滑轮架或复杂的四连杆机构使得襟翼的传动装置变得很复杂而又重量大,维护量大,成本也高。

　　从 A320 飞机开始,空客公司率先采用了单缝富勒襟翼(空客之后的飞机都是这样)。后来波音 777 飞机的外襟翼也采用了单缝襟翼。最新设计的波音 787 飞机的内、外襟翼也都是单缝富勒襟翼。这是因为单缝富勒襟翼布局、设计、制造简单、重量轻、成本低、维护也方便。而多缝襟翼的前襟翼要独自配一套滑轨‑滑轮架或连杆机构,使运动、结构变得十分复杂,带来空间布置紧张,重量增加和成本昂贵等弊病。单缝富勒襟翼的好处很多,但气动增升效果比双缝襟翼或三缝襟翼要差些。A310 飞机的机翼内侧为双缝襟翼,子翼和主襟翼可做相对运动,在巡航时可收入机翼内,使外形干净。这里要指出的是,在起飞时为单缝襟翼,减小阻力,这样可提高爬升升阻比,着陆时为双缝襟翼,可降低升阻比,提高着陆最大升力系数 $C_{L_{\max}}$。而外侧机翼上采用单缝富勒襟翼。

5.8　三维增升装置气动力计算方法[47]

5.8.1　计算方法概述

　　三维襟翼的气动力问题,长久以来主要依靠风洞试验。由于襟翼部件模型尺寸小,加工和试验都很困难。如何发展理论方法,以便在襟翼设计中更有效地利用已有的经验,一直是人们非常关注的问题。由于实际襟翼的外形有时很复杂,并且受到机翼分块数量的限制。

　　采用钩形升力面的概念,不在整个机翼表面布置基本解,而是在机翼弦向各段的上表面和部分下表面布置涡环,这样既可反映各段之间的缝隙影响,又能满足工程精度要求,节约计算费用。应用这种方法算出的弦向载荷分布符合试验规律,展向载荷分布和纵向气动力系数都比较满意。

5.8.2　主要符号

α　来流迎角

Ma_∞　来流马赫数

$\pmb{V}_\infty$　来流速度

Γ　涡环强度

$\pmb{q}(p)$　涡环对 P 点的诱导速度

$\pmb{n}_i$　面元 i 的外法线矢量

$\pmb{Q}_{ij}$　涡环 j 对控制点 i 的速度影响系数

γ_i　无量纲涡环强度

ΔC_p　压差系数

$(\Delta X,\Delta Z)$　襟翼缝隙参数

l　无量纲展长

s　中翼展长度

5.8.3　几何描述

1) 坐标系定义和机翼外形

为了描述增升装置外形下机翼的复杂外形,并计算它的气动力,这里规定三种坐标系:即主坐标系、站位坐标系和切面坐标系,如图 5 - 37 所示。

主坐标系又称机翼坐标系,X 和 Y 轴均位于机翼的参考弦平面内。X 轴是弦平面和机身对称面的交线,并指向机翼后缘。Y 轴过机身对称面内的机翼前缘点,与 X 轴垂直。Z 轴垂直于 XOY 平面,构成右手坐标系。

站位坐标系是为了定义活动面而引入的,它可以是中外翼站位、外翼站位等。例如襟翼内端面,控制切面位置,均在站位坐标系内定义。

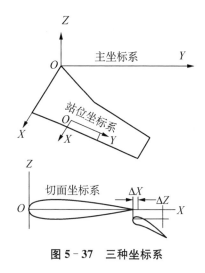

图 5 - 37　三种坐标系

任意网格线上的翼剖面外形是由若干个基本翼剖面插值而得到的。每个基本翼剖面都是在它自身的切面坐标系内定义的。取剖面的参考弦线为 X 轴,Z 轴与 X 轴垂直,但是坐标原点可以在参考弦线上的任意位置。活动面打开时与参考翼段的相对位置是由控制切面上的重叠量 $(\Delta X,\ \Delta Z)$ 决定的。

2) 计算网格

在划分网格时,规定各翼段的前后缘和内外端都必须是一条网格线。各翼

段的弦向网格基本上是按余弦投影规律来划分的。

$$\frac{X_i}{c} = \frac{1}{2}(1 + \cos \psi_i) \tag{5-5}$$

$$\psi_i = \frac{i\pi}{N} \quad i = 1, 2, 3, \cdots, N \tag{5-6}$$

但是允许做适当调整,以便使每一条特殊线(如襟翼舱后缘线)位于网格线上。

根据计算表明,主翼段弦向划分 8 块,缝翼、襟翼弦向划分不小于 4 块;展向划分 7~10 块,计算结果是满意的。

网格形成之后,每个面元都是由 4 个角点确定的直纹面。控制点位于它们的几何中心,而外法线矢量由该面元对角线矢量积近似地确定。经验表明,这样的几何描述是可以接受的。

5.8.4 方法描述

1) 计算模型

本计算采用的计算模型仍然是一种薄翼。在每个翼段的上表面和部分前缘下表面布置面元 4 条边界一致的涡环。因为每个翼段的有效升力面呈钩形,所以称之为钩形升力面。在每一片条的翼段后缘放一个 π 形尾涡,沿下游翼段表面上方拖向后缘,然后经过适当的过渡伸向无穷远。图 5-38 表示在某一片条上的典型布涡情况。考虑左右翼面上所有的涡环、尾涡以及来流的影响,并要求

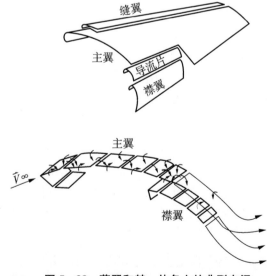

图 5-38 薄翼和某一片条上的典型布涡

在每一个控制点均满足无穿透条件。这样,一个物理问题最后就变成了一个数学问题。

2) 基本公式

在可压流中,强度为 Γ 的涡段对 $P(X, Y, Z)$ 点的诱导速度可以写为

$$q(p) = \frac{\Gamma}{4\pi} A\{[(Z_1 - Z)(X_2 - X) - (Z_2 - Z)(X_1 - X)]\boldsymbol{i} +$$
$$[(Y_1 - Y)(Z_2 - Z) - (Z_1 - Z)(Y_2 - Y)]\boldsymbol{j} +$$
$$[(X_1 - X)(Y_2 - Y) - (Y_1 - Y)(X_2 - X)]\boldsymbol{k}\}$$

式中:(X_1, Y_1, Z_1) 是涡段的起点;(X_2, Y_2, Z_2) 是涡段的终点。系数

$$A = \frac{B - C}{D}$$

$$B = \frac{(X - X_1)(X_2 - X_1) + \beta^2(Y - Y_1)(Y_2 - Y_1) + \beta^2(Z - Z_1)(Z_2 - Z_1)}{[(X - X_1)^2 + \beta^2(Y - Y_1)^2 + \beta^2(z - z_1)^2]^{\frac{1}{2}}}$$

$$C = \frac{[(X - X_2)(X_2 - X_1) + \beta^2(Y - Y_2)(Y_2 - Y_1) + \beta^2(Z - Z_2)(Z_2 - Z_1)]}{[(X - X_2)^2 + \beta^2(Y - Y_2)^2 + \beta^2(Z - Z_2)^2]^{\frac{1}{2}}}$$

$$D = \beta^2[(Y - Y_1)(Z - Z_2) - (Z - Z_1)(Y - Y_2)]^2 +$$
$$[(X - X_1)(Y - Y_2) - (Y - Y_1)(X - X_2)]^2 +$$
$$[(X - X_1)(Z - Z_2) - (Z - Z_1)(X - X_2)]^2$$

又 $\beta^2 = 1 - Ma_\infty^2$

因为一个涡环是由 4 个等强度的涡段构成的,所以由上述公式就可以计算出涡环的影响。但是在实际计算时,每个涡段的起点、终点的选取须与所假设的涡环封闭矢量一致。强度为 Γ 的尾涡对 P 点的诱导速度,左侧为

$$q(p) = \frac{\Gamma}{4\pi[(Y - Y_1)^2]} \cdot \left\{1 + \frac{X - X_1}{[(X - X_1)^2 + \beta^2(Y - Y_1)^2 +}\right.$$
$$\left.\frac{1}{\beta^2(Z - Z_1)^2]^{\frac{1}{2}}}\right\} \cdot [(Z - Z_1)\boldsymbol{j} - (Y - Y_1)\boldsymbol{k}]$$

右侧为

$$\vec{q}(p) = \frac{\Gamma}{4\pi[(Y - Y_2)^2 + (Z - Z_2)^2]} \cdot \left\{1 + \frac{X - X_2}{[(X - X_2)^2 + \beta^2(Y - Y_2)^2 +}\right.$$
$$\left.\frac{1}{\beta^2(Z - Z_2)^2]^{\frac{1}{2}}}\right\} \cdot [(Z_2 - Z)\boldsymbol{j} + (Y - Y_2)\boldsymbol{k}]$$

均匀来流的影响表示为

$$V_\infty = V_\infty(\cos\alpha\, \boldsymbol{i} + \sin\alpha\, \boldsymbol{k})$$

将同一涡环的各涡段的速度影响系数归并为 $\boldsymbol{Q}_{ij}$，根据翼面无穿透条件，在每个控制点上应满足以下方程

$$\Sigma\boldsymbol{n}_i \cdot \boldsymbol{Q}_{ij}\Gamma_j + V_\infty \cdot \boldsymbol{n}_i = 0$$

式中 $\boldsymbol{n}_i$ 为面元控制点处的外法线矢量，联立求解，就可确定所有的涡环强度。面元上的压差系数为

$$\Delta C_p = \frac{2l\gamma_i}{dc_i}\cos\theta_i$$

式中：l 为机翼展长；dc_i 为面元的平均弦长；θ_i 为面元与来流之间的夹角。无量纲量 γ_i 为涡环强度：

$$\gamma_i = \frac{\Gamma_i}{lV_\infty}$$

由此也可以求得剖面和机翼的气动力系数。

5.8.5 计算与试验结果的比较

应用上述方法，做了两个算例。

第一个算例是直机翼，既有 GA(W)-1 翼型及相应的襟翼剖面，襟翼舱后缘位于 100% 翼弦处。试验模型的尾支杆部分没有襟翼，相当于中央翼，其余部分为全翼展富勒襟翼。该试验目的是发展一种先进的轻型飞机。第二个算例是展弦比为 6 的 45° 后掠尖削翼。采用 NACA64A010 翼型，装有 40% 展长的后缘双缝襟翼和全翼展前缘缝翼。图 5-39～图 5-43 给出了本计算方法的计算结果

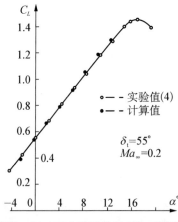

图 5-39 升力曲线比较（第一算例）

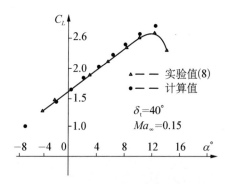

图 5-40 升力曲线比较（第二算例）

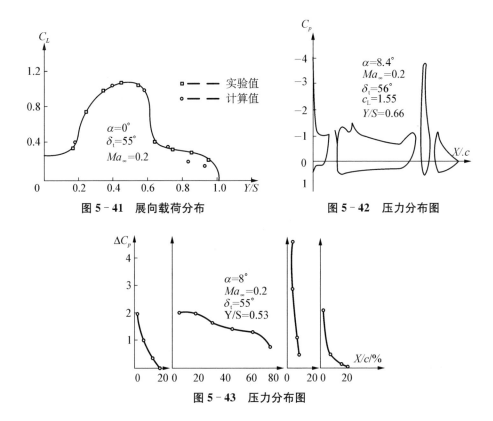

图 5‑41　展向载荷分布　　　　　　图 5‑42　压力分布图

图 5‑43　压力分布图

和试验结果的比较,图例表明计算与试验结果符合得较好,这说明这种推广了的薄翼理论,仍适用于粘性附着流。

为了说明展向载荷的可信程度,我们给出第二副机翼在 $Y/S=0.55$ 处的压力分布图,和 $Y/S=0.53$ 处计算得到的 ΔC_P 值。虽然不是一对一的完全比较,但是从形态上来看,两者是吻合的(见图 5‑42 和图 5‑43)。

本书采用钩形升力面概念,解决带开缝襟翼的机翼气动力计算问题。由于这种处理使复杂的问题得到了简化,又能获得满意的计算结果,因此具有一定的实用意义。

5.9　增升装置方案设计的风洞试验技术

过去,国内在增升装置的方案设计阶段,都采用全模试验,费用非常昂贵,同时周期很长。现在在型号前期研究中,可以采用结构简单,造价便宜的 SCCH (Swept Constant Chod Hafd)模型作风洞试验。也可用二元模型做增升装置选型试验。

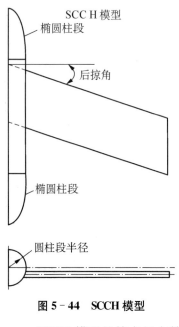

图 5 - 44　SCCH 模型

5.9.1　SCCH 模型的设计原理及试验数据的修正

SCCH 模型包括一个理想的机身和一个带后掠角的、翼型形状及其弦长沿翼展向不变的机翼(见图 5 - 44)。这种模型用于光洁机翼和增升装置偏转下扰流板处于收上和打开位置时测力和测压试验。这种模型的试验结果极大地补充了理论分析的可用性,因它能体现附面层的展向效应,同时在一定程度上考虑了机身影响和翼尖效应,这种试验方法的结果对全模设计具有指导作用,大大缩小全模试验时增升装置优化的范围,从而减少全模试验所需的时间和费用。另一方面,它又能够为相关性提供验证数据。

SCCH 模型的特点是在简单的模型上考虑了机翼上的主要几何参数,如:

(1) 机翼后掠角;

(2) 典型剖面(见图 5 - 45)条件下各活动面(前缘缝翼、固定翼、后缘襟翼和扰流板)的翼型(见图 5 - 46)。

图 5 - 45　SCCH 模型的翼型

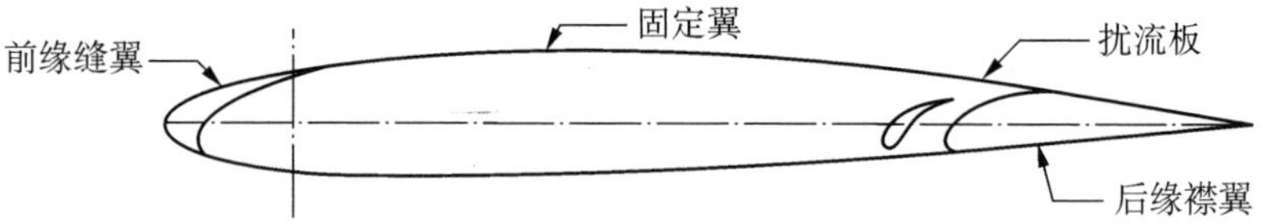

图 5 - 46　各活动面的翼型

(3) 前缘缝翼、后缘襟翼和扰流板的相对弦长。试验的主要目的是采用简单的模型通过试验获取初始的气动力数据,为确定增升装置的构型及其运动轨迹、滑轨和作动器的安排提供数据,并可据此回答在飞机预发展阶段与气动力有关的其他设计部门提出的问题。

SCCH 风洞试验模型的优点:SCCH 模型结构简单,造价低,加工和试验周期短,能得到风洞试验的气动力数据。

SCCH 模型风洞试验结果结合理论的和半径验的方法,可以初步估算下列数据:

　　a. 前缘缝翼和后缘襟翼的运动轨迹;

　　b. 前缘缝翼、固定翼和后缘襟翼上的载荷;

　　c. 扰流板偏转时对后缘襟翼上载荷的影响。

这些结果对三元半模的设计具有指导作用。

由 SCCH 模型风洞试验结果向飞机气动力数据的转换。

　　a. 高速干净飞机的 $C_{L_{\max A}}$ 值等于由 SCCH 模型试验的 $C_{L_{\max M}} \times 0.9$;

　　b. 低速三维的 $C_{L_{\max}}$ 值等于 SCCH 模型试验 $C_{L_{\max M}} \times \dfrac{S_{襟翼部分}}{S_{机翼}}$,其中 $S_{襟翼部分}$ 定义如图 5 - 47 所示阴影部分的面积。

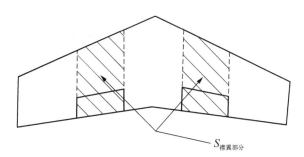

图 5 - 47　带襟翼的机翼面积

5.9.2　二维模型设计与试验

图 5 - 48 为低速风洞试验中的二维模型。为了消除洞壁边界层,所以就采用壁面吸除方法以保证气流基本上是二维流动。对前缘缝翼、后缘襟翼的重叠量和缝隙的几何形状进行选型试验,升力是按压力积分测得的,阻力是按模型下游的尾流横向测量结果得到的。

在粘性流层中弦向几个点的位置上测量了总压头,并且这些数据对二维理论方法的研究是有用的。

5.10　雷诺数对 $C_{L_{\max}}$ 的影响及其修正

雷诺数效应是气动力设计师最关心的问题。风洞试验过程中,在推算全尺

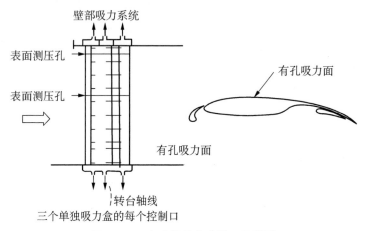

图 5-48 有壁部吸力孔的二元模型

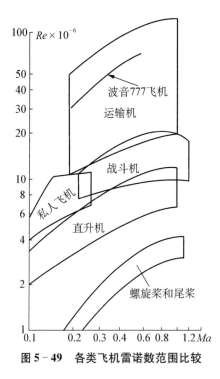

图 5-49 各类飞机雷诺数范围比较

寸的最大升力系数值时可能产生一定的近似值(或不精确性),尤其是对那种在使用中尺寸和速度乘积产生很高雷诺数的飞机(即大型运输机),因为在各种飞机中大型运输机的雷诺数最大(见图 5-49)。

下面来分析雷诺数对 $C_{L_{max}}$ 的影响。从图 5-50 中看出,曲线①对应干净机翼,它表示弦长雷诺数在 $1.4 \times 10^6 \sim 5.8 \times 10^6$ 之间时,增量 $\Delta C_{L_{max}}$ 为 0.27。曲线②是带双缝襟翼、偏度为 55°的同一机翼情况,曲线的斜率变化很剧烈,这是由于在低雷诺数时机翼前缘气流失去保持体的能力。曲线③是机翼前缘再增加外侧缝翼和内侧克鲁格襟翼的情况,又重新恢复到曲线①的趋势。要指出的是该前缘装置在挂架附近没有密封,克鲁格襟翼与机身也不密封。密封不好促使前缘失速的情况,随着雷诺数增加实际上情况恶化。所以随着雷诺数进一步增加,$C_{L_{max}}$迅速下降。拆去短舱挂架并将前缘装置完全密封,得到曲线④。

这个流程把经验、理论计算和风洞试验有机地联系了起来,为增升装置设计

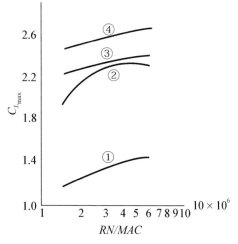

图 5 - 50　雷诺数对 $C_{L\max}$ 的影响

①干净构型；②双缝襟翼，干净前缘；③外侧缝翼，内侧克鲁格襟翼，克鲁格襟翼与机身之间不密封，前缘缝翼与挂架之间不密封；④拆去挂架，缝翼密封，克鲁格襟翼与机身之间密封

做到周期短、成本低、质量好奠定了基础。

模型在风洞中做试验，因其雷诺数低，所以要对吹风得到的数据进行雷诺数修正后才能使用。

国外经常采用变雷诺数风洞吹出 $C_{L\max}$ - Re 曲线（最大雷诺数最多能达到自准区），外推到飞行雷诺数约 4×10^7 的 $C_{L\max}$ 作为全尺寸风洞名义下的最大升力系数。同时选择一种具有飞行数据的类似飞机作为参考机，同样由风洞值外推到飞行雷诺数下的全尺寸风洞名义下的最大升力系数 $C_{L\max M}$，它与实际飞行值存在差值：

$$\Delta C_{L\max} = C_{L\max F} - C_{L\max M}$$

那么，我们认为实际飞行雷诺数最大升力系数为

$$C_{L\max F} = C_{L\max M} + \Delta C_{L\max}$$

这样新研制型号的实际飞行雷诺数下的最大升力系数就估算出来了。

有关低速最大升力系数随雷诺数变化的修正方法详见第 10 章的有关论述。

5.11　增升装置设计流程

增升装置设计至今还采用准三维气动力设计方法，二维、三维来回设计，其设计基本流程如图 5 - 51 所示。

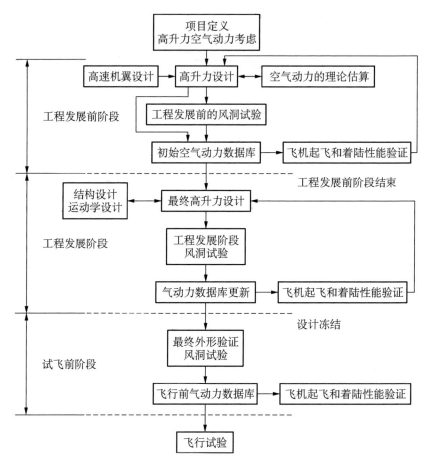

图 5‑51　增升装置设计流程

6 尾翼和操纵面设计及飞行品质分析

本章讨论的是高亚声速运输机的尾翼（水平尾翼和垂直尾翼）和操纵面（升降舵、方向舵、副翼和扰流板）的设计要求以及适合于高亚声速运输机的这些部件的设计方法。接着分析大型运输机的飞行品质。

尾翼和操纵面是保证飞机稳定和操纵的主要部件，对这些部件的设计要求主要是从确保飞机安全的角度出发，其设计要求可参见适航规章、各种飞行品质规范和飞机设计一般技术要求。其中有合格审定的飞行试验要求，也有对气动力的设计要求。

尾翼气动力设计的主要任务是增加尾翼效率、选择尾容量、翼型相对厚度和尾翼的平面形状参数。

6.1 水平尾翼和升降舵设计

水平尾翼设计是飞机设计中难度较大的部件，因为要考虑的因素太多。就常规布局的高亚声速运输机来说，水平尾翼的作用是保证全机纵向力矩的平衡，使飞机保持稳定并产生机动操纵所需的力和力矩。因此，确定水平尾翼的相对面积或尾容量要考虑飞机各种不同的装载状态所引起的重心变化范围。对平尾来说，常用方法是绘制"剪刀图"，即在水平尾翼相对面积或尾容量与飞机重心的关系图上按飞行品质要求，绘制出不同的边界线，在由这些边界线所构成的公共区域内，可根据所需的重心变化范围确定相应的平尾相对面积或尾容量。

平尾的作用，主要是在翼-身组合体给定的情况下，为全机提供合适的气动力力矩，以平衡、稳定和操纵飞机。平尾所提供的相对飞机重心的纵向力矩系数一般可表示为

$$C_{mH} = -\frac{M_H}{qSc_A} = -\frac{q_H S_H l_H C_{LH}}{qSc_A} \qquad (6-1)$$
$$= -k_H V_H C_{LH} = -k_H V_H C_{LaH}(\alpha + i_H - \varepsilon)$$

式中：c_A 为平均空气动力弦长；S 为机翼面积；C_{LH} 为平尾升力系数；C_{LaH} 为平尾升力线斜率；k_H 为平尾处的速度阻滞系数；S_H 为平尾面积(见图 6-1 中阴影部分)；ε 为平尾处下洗；$V_H = \dfrac{S_H l_H}{Sc_A}$ 为平尾尾容量；l_H 为平尾尾力臂(平尾 1/4 平均气动力弦点至机翼 1/4 平均气动力弦点之间距离)；α 为机翼迎角；i_H 为水平尾翼安装角(民用运输机平尾采用微动偏转)。

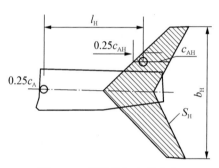

图 6-1 平尾几何参数定义

由式(6-1)可见，影响平尾力矩系数的主要有三类几何参数：

(1) 平尾的几何形状参数，如展弦比、后掠角、梢根比和翼型等，决定着其升力线斜率 C_{LaH} 的大小。

(2) 平尾的几何位置参数，如平尾相对翼-身组合体的远近和高低，决定着 l_H、k_H、i_H 和 ε 等的大小。

(3) 平尾的几何尺寸，决定着其相对面积 S_H/S 大小。

初步设计时，平尾的几何形状多事先选定，对大型运输机来说，其平面形状一般为梯形，其参数的变化范围不大，因而 C_{LaH} 的变化范围也不大。

平尾的高低位置对于民用运输机为下平尾，对于军用运输机为 T 尾。因而 k_H 和 ε 也可根据经验或试验确定。

至于平尾力臂，一般变化不大，对于大型运输机的客舱和货舱布置要求基本上决定了机身的长度。

这样，在初步设计阶段，平尾设计的任务往往是在其他参数预先设定的情况下，首先选择合适的平尾面积(或尾容量)。也就是说，先根据纵向飞行品质要求，绘制出平尾面积(或尾容量)相对飞机重心活动范围的边界图，然后选定合适的值。

6.1.1 平尾设计准则

根据美国民航适航条例 FAR-25、MIL-F-8785C 军用规范和苏联的飞机设计一般技术要求等的规章和规范要求提出选择平尾容量的准则，包括纵向静、动稳定性,前轮操纵,起飞抬前轮,控制失速和进场配平等。

1) 按稳定性要求决定飞机的重心后限

(1) 纵向静稳定性。

a. 握杆静稳定性:

FAR-25 和 MIL-F-8785C 均要求在所有的配平状态飞机应具有握杆静稳定性:为保证升降舵偏角随速度变化有正梯度即 $(\mathrm{d}\delta_e/\mathrm{d}V > 0)$,平尾面积的选择必须使握杆中心点 $\bar{x}_n$ 位于飞机重心之后的某一距离,即使握杆静稳定裕度 K_n 为正。飞机的握杆中心点为

$$\bar{x}_n = \bar{x}_{ac} + k_H\left(1 - \frac{\mathrm{d}\varepsilon}{\mathrm{d}\alpha}\right)\frac{C_{L\alpha H}}{C_{L\alpha}}\frac{l_H S_H}{c_A S} \tag{6-2}$$

式中:$\bar{x}_{ac}$ 为无尾飞机的气动力中心,由翼-身组合体计算得到;$C_{L\alpha}$ 为全机升力线斜率;$\dfrac{\mathrm{d}\varepsilon}{\mathrm{d}\alpha}$ 为下洗变化率。

当最小握杆静稳定裕度 K_{nmin} 确定后,飞机重心后限与平尾尾容量之间的关系即可由下式给出:

$$\bar{x}_{cg\cdot aft} = \bar{x}_n - K_{nmin} = \bar{x}_{ac} + k_H\left(1 - \frac{\mathrm{d}\varepsilon}{\mathrm{d}\alpha}\right)\frac{C_{L\alpha H}}{C_{L\alpha}}\frac{l_H}{c_A}\frac{S_H}{S} - K_{nmin} \tag{6-3}$$

亚声速民用运输机的 K_{nmin} 常取 10%,而参考文献[1]建议取$(1.5 \sim 2.0)\% l_H$。

b. 松杆静稳定性:

为保证驾驶杆力随速度的变化有正梯度,即 $\mathrm{d}F_e/\mathrm{d}V > 0$,平尾面积或平尾尾容量的选取必须使松杆中心点位于飞机重心之后某一距离,即使松杆静稳定裕度为正。飞机的松杆中心点为

$$\bar{x}'_n = \bar{x}_{ac} + k_H\left(1 - \frac{\mathrm{d}\varepsilon}{\mathrm{d}\alpha}\right)\frac{C'_{L\alpha H}}{C'_{L\alpha}}\frac{l_H}{c_A}\frac{S_H}{S} \tag{6-4}$$

式中:$C'_{L\alpha H}$ 为松杆平尾升力线斜率;$C'_{L\alpha}$ 为松杆全机升力线斜率。

后重心与 $(\mathrm{d}F_e/\mathrm{d}V)_{min}$ 的关系式为

$$\bar{x}_{cg\cdot aft} = \bar{x}'_n + \frac{V_{tr}}{2W}\frac{C_{LH\delta}}{c_A G C_{H\delta}}\frac{S_H l_H}{S_e c_e}\left(\frac{\mathrm{d}F_e}{\mathrm{d}V}\right)_{min} \tag{6-5}$$

式中:V_{tr} 为配平速度;W 为飞机重量;$C_{LH\delta}$ 为升降舵效率;C_{hH} 为 $\partial C_H/\partial\delta$;$G$ 为传动比;c_e 为升降舵平均弦长;S_e 为升降舵面积。

按统计或经验,选定升降舵尺寸,补偿形式和传动比,估算出铰链力矩导数后,就可按式(6-5)决定平尾尾容量与飞机重心后限之间的关系。

c. 握杆机动裕度 $K_m(\mathrm{d}\delta_e/\mathrm{d}n<0)$:

为保证升降舵偏角随过载的变化为负梯度,即 $\mathrm{d}\delta_e/\mathrm{d}n<0$,平尾面积的选取必须使握杆机动点位于重心之后某一距离,即使握杆机动裕度 K_m 为正,飞机的握杆机动点为

$$\overline{X}_m = \overline{X}_n + 0.55\rho g\,\frac{S_H L_H^2 C_{L\alpha H}}{WC_A} \tag{6-6}$$

一般来说,规范对 $\mathrm{d}\delta_e/\mathrm{d}n$ 的要求是通过握杆机动裕度提出的。如苏联的《飞机设计一般技术要求》有下述要求,即

$$W < 100\ \mathrm{t} \quad K_{m\,min} > 10\%;$$
$$W > 100\ \mathrm{t} \quad K_{m\,min} > 15\%。$$

这样,当 $K_{m\,min}$ 选定后,即可按下式决定平尾面积与重心后限之间的关系:

$$\overline{X}_{cg\cdot aft} = \overline{X}_m - K_{m\,min} = \overline{X}_n + 0.55\rho g\,\frac{S_H L_H^2 C_{L\alpha H}}{WC_A} - K_{m\,min} \tag{6-7}$$

d. 松杆机动裕度 $K'_m(\mathrm{d}F_e/\mathrm{d}n<0)$:

为保证驾驶杆力随过载的变化为负梯度,即 $\mathrm{d}F_e/\mathrm{d}n<0$,平尾面积的选择必须使松杆机动点位于重心之后某一距离,即使松杆机动裕度 K'_m 为正。飞机的松杆机动点为

$$\overline{X}'_m = \overline{X}'_n + 0.55\rho g\,\frac{S_H L_H^2 C'_{L\alpha H}}{WC_A} \tag{6-8}$$

这样,当规范要求选定 $(\mathrm{d}Fe/\mathrm{d}n)_{min}$ 后,即可按下式决定平尾面积与飞机重心后限之间的关系:

$$\overline{X}_{cg\cdot aft} = \overline{X}'_m + \frac{S_H L_H}{WGC_A S_e C_e}\,\frac{C_{L_H\delta}}{C_{H\delta}}\left(\frac{\mathrm{d}F_e}{\mathrm{d}n}\right)_{min} \tag{6-9}$$

(2) 纵向动稳定性。

FAR-25·181(a)要求在任何允许飞行速度下握杆和松杆的纵向短周期振荡要有重阻尼。

MIL-F-8785C·3.2.2.1中规定当量短周期阻尼比 ζ_{sp} 应在表6-1中规定的范围内。而当量短周期无阻尼自振频率应当满足驾驶员操纵期望参数 CAP:

表 6-1 MIL-F-878C 运输类飞机短周期阻尼比要求

等级	B 种飞行阶段		C 种飞行阶段	
	最小	最大	最小	最大
满意的	0.30	2.00	0.35	1.30
可接受的	0.20	2.00	0.25	2.00

$$CAP = \frac{\omega_{nsp}^2}{\dfrac{n}{\alpha}} = \frac{WC_A}{I_y}(\overline{X}_m - \overline{X}_{cg}) = \frac{WC_A}{I_y}K_m$$

或
$$\left[\overline{X}_{cg}\right]_{Aft} = \overline{X}_m - \left[CAP\right]_{min} \Big/ \left(\frac{WC_A}{I_y}\right) \qquad (6-10)$$

式中:$\overline{X}_m$ 为握杆机动点;I_y 为惯性矩。

从 MIL-F-8785C(见图 6-2)可查到 B 种飞行阶段 CAP 的下边界和从

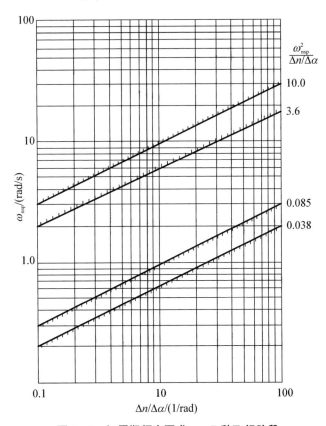

图 6-2 短周期频率要求——B 种飞行阶段

图 6-3可查到 C 种飞行阶段 CAP 的下边界为

　　　　B 种飞行阶段(爬升、巡航、待机、着陆)：$[CAP]_{min} = 0.085$

　　　　C 种飞行阶段(起飞、进场、复飞、下降)：$[CAP]_{min} = 0.160$

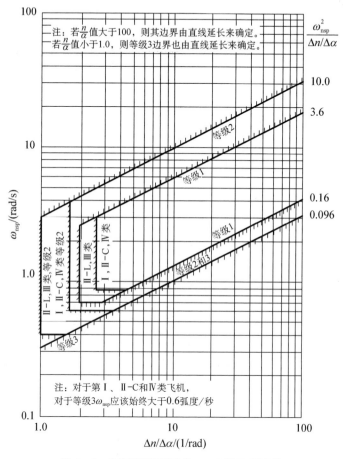

图 6-3　短周期频率要求——C 种飞行阶段

　　由功姆勒和吉特森所推荐的规定 ζ_{sp} 与 $(L_a/\omega_{nsp})_{max}$ 的关系必须满足如图 6-4 所示的判据。

　　国际民航组织(ICAO)适航性技术手册 DOC9051-AN/896 对短周期振荡的要求是由参数 $T_{1/2} \sim L_a$ 随参数 $T \sim L_a$ 变化表示的(见图 6-5)。

　　(3) 前轮操纵要求(地面航向稳定性和操纵性)。

　　FAR-25 部 233 关于地面航向稳定性和操纵性要求意味着主起落架到重

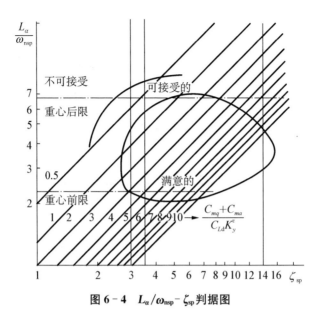

图 6 - 4 $L_\alpha/\omega_{\mathrm{nsp}} - \zeta_{\mathrm{sp}}$ 判据图

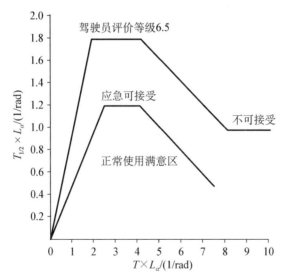

图 6 - 5 ICAO 推荐的满意的短周期特性准则

（取自适航性技术手册 DOC9051 - AN/896）

心的距离不能低于一定的最小距离，即前起落架不能卸载太大。一般可把前起落架载荷至少限制到(3～4)％的飞机总重。

  地面停车时的法向力如图 6 - 6 所示。

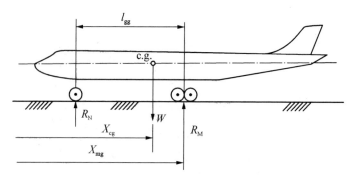

图 6‑6 地面停机时的法向力

$$KWl_{gg} = W(X_{mg} - X_{cg})$$

$$X_{cg} = X_{mg} - Kl_{gg}$$

$$[\overline{X}_{cg}]_{Aft} = \overline{X}_{mg} - K\,\overline{l}_{gg} \tag{6-11}$$

a. 如果主轮越靠后($\overline{X}_{mg}$愈大),则重心后限越靠后。

b. 如果前轮卸载系数 K 值越大,则重心后限越靠前。

2) 按操纵要求决定飞机的重心前限

(1) 起飞抬前轮。

在起飞时,飞机必须能产生足够大的尾翼载荷,以保证在抬前轮速度时,在限定的时间间隔内,例如 1 s 使飞机产生一定的转动角速度 θ_R,一般为$(3\sim 5)°/s$。

如果抬前轮时,飞机的受力情况如图 6‑7 所示,则根据参考文献[1]可导出下列关系:

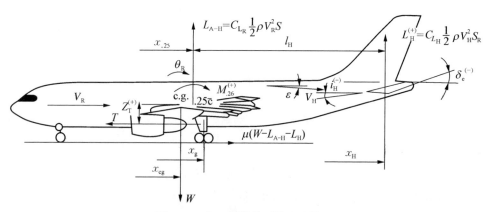

图 6‑7 起飞抬前轮时的受力情况

$$\frac{S_H}{S} = \frac{C_{L_{max}}}{\eta_H \eta_q C_{LH}} \frac{c_A}{l_H} \Bigg[\frac{C_{m1/4}}{C_{L_{max}}} - \Big(\frac{V_{S1}}{V_R}\Big)^2 \frac{x_g - (z_g - z_T) T/W - x_{cg \cdot for}}{c_A} \Bigg]$$

$$+ \frac{C_{LR}}{C_{LH}} \frac{c_A}{l_H} \Big(\frac{x_g}{c_A} - \frac{x_{1/4}}{c_A}\Big)$$

$$(6-12)$$

式中：
$$\eta_H = \frac{x_H - x_g}{l_H} \Big(\frac{V_H}{V_R}\Big)^2$$

$$\eta_q = 1 + \frac{C_{L\alpha H}}{C_{LH}} \frac{\dot{\theta}_R (x_n - x_g)}{V_R}$$

$$C_{LH} = C_{L\alpha H}(\alpha - \varepsilon + i_H) + C_{LH\delta} \cdot \delta_e$$

式中的 V_{S1}，$C_{L_{max}}$ 和 $C_{m1/4}$ 等按起飞构型计算，且应考虑动力装置工作和地面效应影响。抬前轮速度，一般可取 $V_R = 1.05 V_{S1}$。式(6-12)即可用来确定平尾尾容量和飞机重心前限之间的关系。

（2）着陆拉平时的操纵能力。

在着陆下滑过程中，接近地面时，平尾应能足以使飞机达到并保持接地时的飞行姿态，且应留有一定的操纵余量。

其受力情况可参见图 6-7。但无地面支反力时，同理也可写出平尾尾容量与飞机重心前限之间的关系，即

$$\frac{S_H}{S} = \frac{C_{L_{max}}}{\eta_H \eta_q C_{LH}} \frac{c_A}{l_H} \Bigg[\frac{C_{m1/4}}{C_{L_{max}}} - \Big(\frac{V_{S1}}{V_{Touch}}\Big)^2 \frac{x_g - x_{cg \cdot for}}{c_A} \Bigg] +$$

$$\frac{C_{LR}}{C_{LH}} \frac{c_A}{l_H} \Big(\frac{x_g}{c_A} - \frac{x_{1/4}}{c_A}\Big)$$

$$(6-13)$$

式中：
$$\eta_H = \frac{x_H - x_g}{l_H} \Big(\frac{V_H}{V_{Touch}}\Big)^2$$

$$\eta_q = 1 + \frac{C_{L\alpha H}}{C_{LH}} \frac{\dot{\theta}_R (x_H - x_g)}{V_{Touch}}$$

式中的 V_{S1}、$C_{L_{max}}$ 和 $C_{m1/4}$ 等按着陆构型计算，但应考虑地面效应。

（3）失速操纵能力。

FAR-25·201 及 FAR-25·203 对失速演示的规定实际上要求，当飞机配平在着陆形态 $1.3 V_{Smin}$ 时，升降舵必须把飞机拉到失速速度。也就是当全偏

襟翼,重心处于前限时,平尾应能足以操纵飞机使其达到最大升力系数 $C_{L_{max}}$,并留有一定的操纵裕量。临近失速时,飞机的受力情况如图 6-8 所示。容易求出,此时的平尾尾容量与飞机重心前限之间的关系为

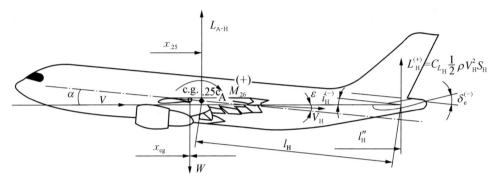

图 6-8 临近失速时飞机的受力情况

$$\frac{S_H}{S} = \frac{C_{L_{max}}}{\eta_H C_{LH}} \frac{c_A}{l_H}\left(\frac{C_{m1/4}}{C_{L_{max}}} + \frac{x_{cg}}{c_A} - \frac{x_{1/4}}{c_A}\right) \qquad (6-14)$$

式中:

$$\eta_H = \frac{l''_H}{l_H}\left(\frac{V_H}{V}\right)^2$$

(4) 进场配平与复飞要求。

当以着陆构形进场、重心位于前限时,飞机应能在 $1.2V_S$ 配平。如因复飞,需从 $1.2V_S$ 加速至 $1.8V_S$ 时,平尾面积的选择应满足使平尾不致产生失速的条件。

此时,飞机的受力情况可参见图 6-7。为满足上述条件,参考文献[1]给出了下述关系,以作为计算平尾尾容量与飞机重心前限之间的关系参考:

$$\frac{S_H}{S} = \frac{c_A}{\eta_H C_{LaH} l_H}\left[\frac{C_{m1/4}/C_{L_{max}} + 0.7(x_{cg}/c_A - x_{1/4}/c_A)}{(\alpha h)_{min}/C_{L_{max}} + 0.39(1 - d\varepsilon/d\alpha)/C_{La}}\right] \qquad (6-15)$$

其中所允许的平尾失速迎角尚应考虑前缘结冰的影响,一般可取

$$(\alpha_H)_{min} = -0.25 \text{ rad}$$

6.1.2 水平尾翼初步设计

上面讨论了平尾设计准则,但判断是否符合这些准则要进行许多导数和惯

性数据计算以及通过飞行验证,这在方案设计阶段是达不到的。因此,首先根据同类飞机的统计数据并采用工程经验方法来初步选定平尾参数,然后制作模型进行风洞试验,并做操稳检查,看是否满足准则要求。再根据需要重新调整参数,直至满足准则要求。实际上飞机设计是一个逐次渐近的过程。

1) 水平尾翼"剪刀图"的绘制

根据重心前、后限的各种限制,在平尾尾容量与飞机重心范围图上可画出"剪刀图"(见图 6 - 9)。

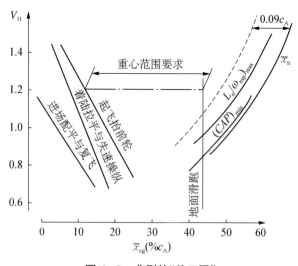

图 6 - 9　典型的"剪刀图"

从"剪刀图"上可见,决定重心前限的有起飞抬前轮要求、着陆拉平时的操纵能力、失速操纵能力和进场配平与复飞要求。决定重心后限的有握杆和松杆中性点(带有稳定性裕量)、最大 $\dfrac{L_\alpha}{\omega_{nsp}}$ 要求、最小 CAP 要求以及前轮操纵要求。重心前限是由起飞抬前轮限制,重心后限是由 9% 的重心裕量限制。

根据设计使用重心范围,可以确定所需的平尾尾容量。如果尾力臂是由机身内部布置等其他因素决定后,按可直接求出所需的平尾面积。

在具体计算时,因要考虑飞机各种构型、飞行重量和飞行状态的组合,以期绘制最临界的边界,这是件非常繁杂的工作。而且在设计初期,很难取得完整的气动力数据,质量、惯量数据和操纵系统数据。经验表明,在高亚声速民机的初步设计阶段,对无增益系统的常规飞机仅建立握杆中性点边界,并取(9~10)% c_A 静稳定性裕量以及建立地面滑跑稳定性边界已经能包含重心后边界最临界的情况。在建立握杆中心点边界时,要考虑到气动弹性影响是趋向于减小稳定性,民用运输机适航性条例要求在直至稳定性和操纵性允许最大速度(V_{FC})或最大马赫数(Ma_{FC})的高速范围内,飞机场需要满足稳定性要求,因而,最低稳定性将出现在飞机包线的V_{FC}边界。所以,必须在速度-高度包线上沿V_{FC}/Ma_{FC}边界,特别在V_{FC}线拐弯处计算若干个点,以便找出重心后边界的临界情况,如图6-10所示。

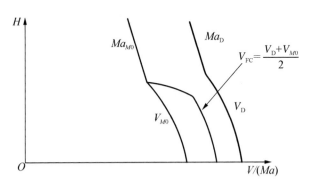

图 6 - 10 计算握杆中性点的飞行状态

对于 T 尾布局的飞机,为了防止飞机进入深失速,以及在失速时有可能改出,往往要加大平尾尾容量,一般加大 10% 左右。

2)深失速恢复

当发动机采用尾吊布局时,平尾设计要考虑飞机在后重心时能提供固有的气动力深失速恢复能力,而不是依靠诸如推杆器等自动保护装置。

为满足这一点,当然要选择尾吊发动机短舱和挂架的适当位置,以减小大迎角时发动机短舱、挂架引起的尾流对尾翼的干扰,但当由于总体布局所限,发动机短舱位置无多少调整余地时,深失速恢复特性可能要求增大平尾面积。

检查深失速特性的临界情况为后重心,配平在 $1.3V_S$ 的着陆进场形态。最大升降舵后缘下偏时,允许的最小纵向恢复力矩为 -0.08,如图 6 - 11 所示。

由于大迎角时纵向力矩是非线性的,而气流分离特性又与 Re 数密切相关,所以在初步设计阶段深失速特性很难预测,一般需要通过迎角直到 50° 以上的大迎角高 Re 数风洞试验进行检查。

3)平尾面积和主要参数确定

平尾设计要确定以下参数:

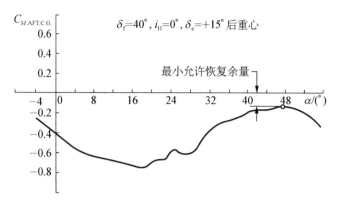

图 6-11 对深失速恢复能力的要求

- 面积和尾力臂(S_H 和 l_H);
- 展弦比(AR_H);
- 梯形比(λ_H);
- 后掠角(Λ_H);
- 相对厚度($\bar{t}_H$);
- 翼型;
- 安装角(I_H);
- 上反角(Γ_H)。

平尾主要参数的确定主要是满足飞机的纵向稳定性、操纵性和飞行品质的要求,但在初步设计阶段,只能采用统计的逐步深化的方法。

(1)面积尾力臂。

作为第一轮,可使用平尾尾容量参数

$$V_H = \frac{l_H S_H}{S c_A}$$

表 6-2 给出了大型运输机平尾尾容量和升降舵数据。设计时可以取表中的尾容量平均值,或是与布局相近的飞机进行比较后选择。

在机身的总体布置以及尾翼的布局确定以后,尾力臂 l_H 也随之确定,为了降低飞机重量和减小阻力,尾力臂尽可能取大些。

有了尾容量 V_H 和尾力臂 l_H 以后,可用下式得到平尾面积:

$$S_H = \frac{V_H S c_A}{l_H}$$

表6‐2 涡扇发动机干线飞机的平尾尾容量和升降舵数据

机型	机翼面积 S/m^2	机翼平均弦长 c_A/m	平尾面积 S_H/m^2	尾力臂 l_H/m	尾容量 V_H	升降舵与平尾面积比 S_e/S_H	升降舵相对弦长 根部/尖部
波音727‐200	157.93	5.49	34.93	20.42	0.82	0.25	0.29/0.31
波音737‐200	91.04	3.41	29.82	13.35	1.28	0.27	0.30/0.32
波音737‐300	99.37	3.32	30.66	15.15	1.35	0.24	0.24/0.34
波音747‐200B	510.95	11.58	136.56	31.85	0.74	0.24	0.29
波音747SP	510.95	11.58	142.51	22.22	0.54	0.21	0.32/0.20
波音757‐200	185.30	4.54	54.35	17.34	1.15	0.25	0.29/0.38
波音767‐200	283.35	6.04	77.66	20.60	0.94	0.23	0.30/0.25
MD‐80	117.98	4.79	29.17	18.71	0.96	0.34	0.39/0.38
A300‐B4	260.03	5.85	69.49	24.51	1.12	0.26	0.35
A310	218.97	5.88	64.01	21.95	1.09	0.26	0.33/0.30
L‐1011‐500	320.00	7.47	119.10	17.04	0.83	0.19	随动升降舵
图‐154	210.50	5.12	40.50	17.95	0.71	0.18	0.27/0.25

（2）平面形状参数。

表6‐3给出了平尾展弦比、梯形比、后掠角、上反角和安装角的统计数据范围，可供选择这些参数时参考。在分析这些参数影响时，对机翼平面形状选择时的考虑因素也适用于平尾平面形状设计。

表6‐3 平尾平面形状设计参数

机型	上反角 Γ_H /(°)	安装角 i_H /(°)	展弦比 AR_H	后掠角 $\Lambda_{H1/4}$ /(°)	梯形比 λ_H
涡扇干线飞机	−3～11	可变	3.4～6.1	18～37	0.27～0.62

通常考虑结构重量，不希望选择大展弦比，只有发动机采用尾吊的"T"布局，为了减小发动机短舱产生的涡流对平尾的下洗影响，增大深失速时平尾产生的低头力矩才选用较大的展弦比。平尾的展弦比直接影响平尾的升力线斜率，增加平尾展弦比可提高平尾的气动力效率，减少所需的平尾面积，并可降低巡航配平阻力。但过大的展弦比会降低平尾的失速迎角，根据统计数据，对于高亚声速大型运输机，平尾的展弦比可见表6‐3的统计范围。

后掠角与相对厚度要组合选择,目的是使平尾的临界马赫数大于机翼的临界马赫数,通常要求超过量 $\Delta Ma = 0.05$,并在设计俯冲马赫数时,在平尾上不会出现强激波。在初步设计阶段,可根据设计俯冲马赫数 Ma_d 用图 6-12 来选择外露平尾的相对厚度和后掠角的组合。

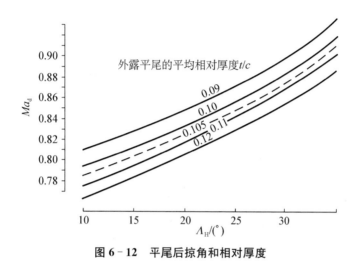

图 6-12 平尾后掠角和相对厚度

(3)平尾翼型配置。

平尾在上、下两个表面均需提供升力,因此大部分平尾采用对称翼型或是对称翼型的修形。典型的翼型为 NACA 0009~0018。如果发现在襟翼放下、前重心时的配平情况或是起飞抬前轮时的平尾设计是临界情况,有时也采用反(负)弯度翼型,以减小平尾的面积。另外,有的高亚声速运输机其平尾采用反(负)弯度翼型,可减小高速巡航时的配平阻力。

4)改进平尾、升降舵效率的措施

(1)改变平尾的翼型对提高平尾效率有显著的影响。例如,利用基本的对称翼型增大前缘半径和在前缘采用反(负)弯度修形能明显地推迟失速,提高最大升力系数 $C_{L_{\max}}$,而高速特性无显著变化。由于失速迎角的提高,$C_{L_{\max}}$ 的增大,当操纵性要求是平尾设计的临界情况时,可大大减少所需的平尾面积。

表 6-4 是 NACA64010 对称翼型坐标和前缘修形后的坐标,该平尾后掠角 35°,展弦比 4.5,梯形比 0.5。

图 6-13 表示了在雷诺数 $Re = 11 \times 10^6$ 时,翼型经前缘修形后的平尾与基本翼型平尾升力系数的比较,有些飞机采用这种措施后,使平尾前缘最大下偏角增加 2°。

表 6 - 4　NACA64010 及其修形

NACA64010		NACA64010 前缘修形		
站位	坐标	站位	坐标	
	上和下		上	下
—	—	−0.72	−0.87	−0.87
—	—	−0.71	−0.75	−1.02
—	—	−0.50	−0.09	−1.68
—	—	−0.25	0.23	−2.03
−0.25	0	0	0	0.46
0.50	0.80	0.50	0.82	−2.54
0.75	0.97	0.75	0.97	−2.67
1.25	1.23	1.25		−2.88
2.50	1.69	2.50		−3.25
5.00	2.33	5.00	（与 64010 相同）	−3.58
7.50	2.81	7.50		−3.72
10.00	3.20	10.00		−3.81
15.00	3.81	15.00		−3.96
20.00	4.27	20.00		
30.00	4.84	30.00		
40.00	4.00	40.00		
50.00	4.68	50.00		
60.00	4.02	60.00	（与 64010 相同）	（与 64010 相同）
70.00	3.13	70.00		
80.00	2.10	80.00		
90.00	1.06	90.00		
95.00	0.54	95.00		
100.00	0.02	100.00		
前缘半径　0.687		前缘半径　1.600		
后缘半径　0.023		后缘半径　0.023		

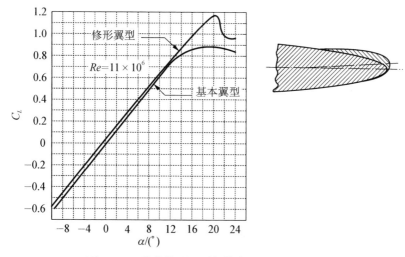

图 6 - 13　前缘修形翼型与基本翼型的升力系数

（2）选择合适的平尾相对机翼弦线的高低位置，对机翼在失速时平尾的效率有很大影响。

图 6 - 14 表示平尾高低位置的四个区：A、B、C 和 D。

A 区：机翼尾流不影响尾翼，通常是平尾的最佳位置，但襟翼放下时有变化。

B 区：低速时与 A 区相同，但在高亚声速时，特别是机动时有变化。

C 区：当机翼不稳定时，平尾进入机翼尾流。

D 区：大迎角时平尾效率大大降低，通常使 $C_m - C_L$ 起明显勺形变化，导致深失速。因此，无特殊需要，平尾不要进入 C 区和 D 区。

图 6 - 15 为平尾在上述四个区时的俯仰力矩特点，在图中，α_S 为失速迎角，α_{tr} 为配平迎角；MGC 为平均几何弦长。

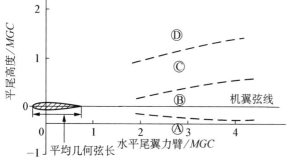

图 6 - 14　平尾位置的四个区

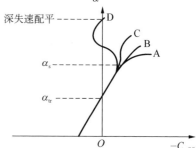

图 6 - 15　平尾在不同区的俯仰力矩

选取平尾的上(下)反角与平尾的高、低位置有关。对于低平尾布局,一般采用有上反角,以此增大起飞着陆时平尾的离地高度。对翼吊发动机布局的飞机,要求平尾位于发动机喷流的边界以外(见图 6-16),当然,具有上反角的平尾更有利于避免喷流的影响。对于"T"型尾翼,平尾一般采用下反角,以此提高平尾的颤振速度,并可降低有侧风时平尾上的不对称载荷。

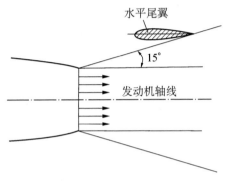

图 6-16　水平尾翼相对于喷流的示意图

(3) 平尾的平面形状参数对平尾效率有显著影响,后掠平尾的 $C_{L\alpha H}$ 比平直平尾低,$C_{L_{\max}}$ 比平直平尾小,而且达到最大值的迎角也要小。表 6-5 表示后掠平尾和平直平尾的承载能力特征参数比较。图 6-17 表示 $C_{L\alpha H}$ 随后掠角的变化。因此,对中、低速民用飞机除非美观需要,应减小后掠角,提高平尾效率。

表 6-5　后掠平尾与平直尾翼承载能力特征参数比较

平尾形式	$C_{L\alpha H}$	$C_{L_{\max}H}$	$\alpha/(°)$
平　直	0.058	1.24	21.5
后掠角 $40°$	0.053	0.97	19

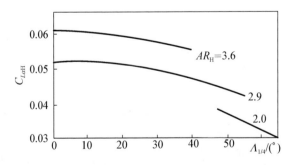

图 6-17　相对厚度 9% 不同展弦比平尾的 $C_{L\alpha H}$ 随后掠角的变化

（4）升降舵效率是以增加偏度 δ_e 所引起的 ΔC_{LH} 增量的大小来评定的。在线性段，升降舵的效率为 $C_{l\delta_e}$，舵的相对效率系数为

$$\frac{\partial \alpha_H}{\partial \delta_e} = \frac{C_{L\alpha H}}{C_{l\delta_e}}$$

图 6-18 表示舵效率系数随后掠角增加而减小的规律，虽然后掠平尾的舵面效率系数比平直平尾小，但后掠平尾的舵面效率可保持到比平直平尾更大的偏度。

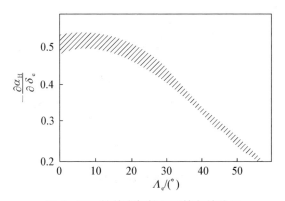

图 6-18　舵效率与舵面后掠角的关系

（5）减小升降舵前缘与平尾安定面之间的间隙，可提高舵面效率，该间隙等于 2% 舵面的平均弦长。把缝堵除，平尾的 C_{D0} 减小，而 $C_{L\alpha H}$ 则增大 3.5%～5.5%。

（6）轴式补偿使舵面的效率和气动力承升能力有所下降。为减小负偏度时轴式补偿对舵面的气动承升能力的影响，可以用非对称的舵面翼型，绕舵面转轴将舵面前缘相对翼弦上翘 5°。

5）平尾参数优化

这里介绍一种高亚声速大型运输机在初步设计阶段平尾参数优化设计方法，其优化仅限于性能、稳定性和操纵性范围。平尾优化的流程如图 6-19 所示。按照"剪刀图"，根据前、后使用重心范围设计决定平尾的尾容量：

$$V_H = \frac{S_H l_H}{S c_A}$$

然后根据总体布局选定尾力臂的变化范围，随之定出平尾面积的变化范围。平尾展弦比和梢根比变化根据统计值限制其优化范围（因为这两个参与结构重量

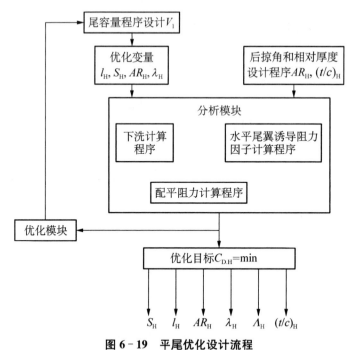

图 6‑19 平尾优化设计流程

关系密切)。这样就把 S_H、l_H、AR_H 和 λ_H 作为优化变量。

至于平尾后掠角 Λ_H 和平尾相对厚度 $(t/c)_H$ 根据设计俯冲马赫数 Ma_d 由图 6‑12 先定,不作为优化变量。

平尾优化的目标是飞机的配平阻力,对四个参数变化的优化范围计算出各种组合的配平阻力,通过优化模块而得到配平阻力最小的一组平尾设计参数。

6.2 垂直尾翼和方向舵设计

本节通过对美国适航性条件 FAR‑25、军用飞机规范 MIL‑F‑8785C 以及苏联的飞机设计一般技术要求(OTT)等有关资料对大型运输机飞行品质要求的分析,提出了垂直尾翼设计的基本准则以及垂直尾翼和方向舵设计的工程方法。

6.2.1 概述

垂直尾翼设计的最终目的是为了配置一个能满足 FAR‑25、MIL‑F‑8785C 中关于飞机横向-航向稳定性和操纵性要求,它包括垂直安定面和方向舵设计。

在飞机初步设计阶段,垂直尾翼设计是在获得总体设计参数和无尾的翼-身组合体气动力导数情况下进行的,它主要影响到飞机的横向-航向静稳定性、操纵性和动稳定性。

设垂直尾翼对航向稳定性的贡献为$(C_{n\beta})_V$,则全机航向稳定性为

$$C_{n\beta} = (C_{n\beta})_{W\text{-}F} + (C_{n\beta})_V \tag{6-16}$$

式中:$(C_{n\beta})_{W\text{-}F}$为飞机翼-身组合体航向稳定性导数。

$$(C_{n\beta})_V = (C_{La})_{VS} \frac{q_V}{q} \left(1 + \frac{\mathrm{d}\sigma}{\mathrm{d}\beta}\right) \frac{S_V l_V}{S \cdot b} \tag{6-17}$$

设垂直尾翼对横向稳定性的贡献为$(C_{l\beta})_V$,则全机横向稳定性$C_{l\beta}$为

$$C_{l\beta} = [(C_{l\beta})_{W\text{-}F}]_\Gamma + (C_{l\beta})_V \tag{6-18}$$

式中:$[(C_{l\beta})_{W\text{-}F}]_\Gamma = 0$为上反角$\Gamma$为零时翼-身组合体横向静稳定导数;$(C_{l\beta})_\Gamma$为机翼上反角所产生的对横向稳定性影响。

$$(C_{l\beta})_\Gamma = -0.25 C_{La} \Gamma \frac{2(1+2\lambda)}{3(1+\lambda)} \tag{6-19}$$

$$(C_{l\beta})_V = -(C_{La})_{VS} \frac{q_V}{q} \left(1 + \frac{\mathrm{d}\sigma}{\mathrm{d}\beta}\right) \frac{S_V Z_V}{S \cdot b} \tag{6-20}$$

可见,垂直尾翼的种种要求都将表现在对$C_{n\beta}$、$C_{l\beta}$的要求之中。垂直尾翼设计实际上就是对$C_{n\beta}$、$C_{l\beta}$的设计与选择。

本节首先根据 FAR-25 以及 MIL-F-8785C 对飞机的各种品质要求,提出了垂直尾翼设计的基本准则以及垂直尾翼和方向舵设计的工程方法。

6.2.2　垂直尾翼设计准则

首先介绍民用运输机适航条件 FAR-25、美国军用规范 MIL-F-8785C 以及苏联飞机设计的一般技术要求(OTT)等有关资料提出的垂直尾翼设计准则。

1) 临界发动机停车后的空中平衡能力

FAR-25.149 条款规定:当临界发动机突然停车时,能在该发动机继续停车的情况下恢复对飞机的控制,并维持零偏航或坡度不大于5°的直线飞行的最小速度V_{MCA}不得超过失速速度的 1.2 倍,即要求$V_{MCA} \leqslant 1.2 V_S$。

高亚声速运输机飞行时,它的平衡能力随着动压的增加而增大,这里规定了

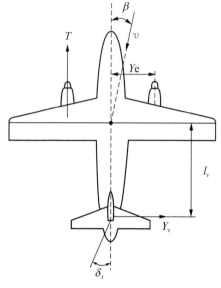

图 6‑20　动力不对称飞行

方向舵必须能够平衡由于临界发动机停车而产生的不对称动力矩的最小速度，从而成为方向舵设计必须满足的一个指标。

当右发动机停车后，驾驶员通过对方向舵的操纵维持零侧滑直线飞行（见图 6‑20），此时偏航力矩平衡方程可近似为

$$\frac{TYe}{qSb} + C_{n\delta r}\delta_r = 0 \qquad (6-21)$$

根据上面 FAR‑25.149 的要求有

$$C_{n\delta r} \geqslant -\frac{1}{\delta_{r\max}} \frac{TYe}{qbS} \qquad (6-22)$$

$$q = \frac{1}{2}\rho V_{MCA}^2$$

在飞机初步设计阶段，由于 V_{MCA} 为未知值，可取其临界值 $1.2V_S$。于是有

$$C_{n\delta r} \geqslant -\frac{0.694}{\delta_{r\max}} \frac{TYe}{q_s Sb} \qquad (6-23)$$

$$q_s = \frac{1}{2}\rho V_S^2$$

通常，失速速度由下式确定：

$$V_S = 3.6\sqrt{\frac{2G}{C_{LS}\rho S}} \qquad (6-24)$$

式中：C_{LS} 为失速升力系数，一般可由风洞实验结果分析确定，对民用运输机而言，C_{LS} 通常对应 $C_{L_{\max}}$ 最大升力系数。根据 FAR‑25.149 要求，此时推力 T 为最大可用起飞推力。

2）临界发动机停车后地面平衡能力

FAR‑25·107 条款规定：在飞机起飞滑跑阶段，当临界发动机突然停车后，仅用气动主操纵就能恢复飞机的操纵并用不超过 68 kgf（680 N）的脚蹬力就能安全继续起飞的最小速度 V_{MCG} 不得超过临界发动机失效速度 V_{EF}，即 $V_{MCG} \leqslant V_{EF}$。

当右发动机停车时,垂直尾翼必须能够提供足够的对主起落架的偏航力矩以平衡不对称动力力矩(见图 6-21)。此时,飞机所需的杠杆推力 TL(thrust leverage)为

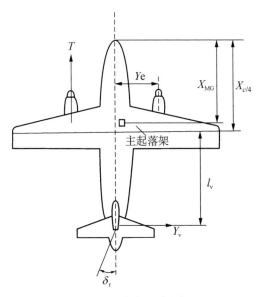

图 6-21 动力不对称起飞

$$TL_{需用} = \frac{T_{max}Y_e}{l_v - X_{MG} + X_{c/4}} \qquad (6-25)$$

垂直尾翼所能提供的最大杠杆推力 TL 为

$$TL_{可用} = \frac{(Y_v)_{max}}{T/T_{max} + \dfrac{\partial T}{\partial V}V_{MCG}/T_{max}} \qquad (6-26)$$

式中: $(Y_v)_{max} = C_{y\delta r}^* \delta_{rmax} \dfrac{q_v}{q} S_v \left(\dfrac{1}{2}\rho V_{MCG}^2\right)\left(1 + \dfrac{d\sigma}{d\beta}\right)$, $C_{y\delta r}^*$ 是以垂直尾翼面积为参考面积的侧力导数。

显然,为了恢复对飞机的控制,飞机所能提供的杠杆推力必须不小于飞机所需的杠杆推力,即

$$TL_{可用} \geqslant TL_{需用} \qquad (6-27)$$

于是由式(6-21)、式(6-22)、式(6-23)可得

$$S_V \geqslant \frac{\left(T + \frac{\partial T}{\partial V}V_{\text{MCG}}\right)Y_e}{C_{y\delta r}^* \delta_{\text{rmax}} \frac{q_v}{q}\left(1 + \frac{\mathrm{d}\sigma}{\mathrm{d}\beta}\right)\frac{1}{2}\rho V_{\text{MCG}}^2} \frac{1}{l_V - X_{\text{MG}} + X_{\text{C}/4}} \tag{6-28}$$

3) 横向-航向静稳定性要求及其匹配

FAR-25·177 条款规定：当方向舵松浮时，飞机应具有从侧滑中改出的趋势，即要求 $C_{n\beta S} > 0$。

FAR-25·181 规定：主操纵处于松浮状态时，飞机的任何横向耦合运动应受到正阻尼。

MIL-F-8785C 3.3.1.1 条款对荷兰滚特性提出更为详细的要求。它规定荷兰滚阻尼比 ζ_d、荷兰滚无阻尼自振频率 ω_{nd} 的最小值不应低于如下值：

$$\zeta_{d\text{min}} = 0.08;$$
$$(\zeta_d \omega_{nd})_{\text{min}} = 0.15;$$
$$\omega_{nd} = 0.40。$$

根据横侧四阶小扰动运动方程组的分析，荷兰滚阻尼比 ζ_d、荷兰滚无阻尼自振频率 ω_{nd} 满足：

$$\begin{cases} 2\zeta_d \omega_{nd} = (-\overline{Y}_\beta + \overline{N}_r) + \dfrac{\overline{L}_\beta}{\overline{N}_\beta}\left(\dfrac{g}{V} - \overline{N}_P\right) \\ \omega_{nd}^2 = \overline{N}_\beta \end{cases} \tag{6-29}$$

于是有

$$C_{n\beta} \geqslant 0.16 \frac{I_{zz}}{qSb} \tag{6-30}$$

再进一步分析飞机横向-航向荷兰滚模态、螺旋模态的稳定性不难发现，滚转力矩和偏航力矩对侧滑角的导数 L_β 和 $\overline{N}_\beta$ 之间必须保证一定的比例关系，应满足如图 6-22 所示那样的判据。

苏联的"飞机设计一般技术要求（OTT）"规定，对横向-航向静稳定性匹配提出了具体要求，即最大滚转角速率 P_{max} 和最大偏航角速率 R_{max} 的比值 æ 的选用范围。

$$\text{æ} = -\frac{P_{\text{max}}}{R_{\text{max}}} \tag{6-31}$$

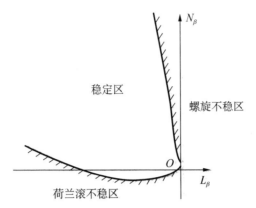

图 6 - 22 横向-航向静稳定性匹配

对于 100 t 以下的大型运输机要求：

$$0 < æ < 1.0 \tag{6-32}$$

对于 100 t 以上的大型运输机要求：

$$0 < æ < 0.75 \tag{6-33}$$

4）侧风中起飞、着陆能力

FAR - 25 规定,运输机应具有直到 $0.20V_{SO}$（襟翼在着陆状态时失速速度或最小可用飞行速度或 20 kn 以上不超过 25 kn 的 90°侧风中）安全起飞、着陆的能力。此要求相当于方向舵偏转 25°,侧滑角至少为 11.5°。

苏联 1974 年出版的民航规范 HJIГC - 2 中将这一侧风分量加大到 $0.25V_{SO}$。

苏联的"飞机设计一般技术要求（OTT）"规定,前三点飞机在风速不小于 10 m/s 的条件下,应保证只用侧滑来修正侧风就可以进入着陆。

MIL - F - 8785C 3.3.7 条款规定,当飞机在侧风中动力进场时,航向操纵脚蹬力不超过 54 kgf（540 N）情况下,偏航和滚转的操纵能力足以产生 10°侧滑角,侧风速度为 15.5 m/s。

参考文献[21]的第 21 章中要求,当飞机受到 $0.2V_s$ 的侧风时,方向舵偏转 20°侧滑角至少为 11.5°。因此,由偏航力矩平衡方程可近似得到

$$C_{n\delta r} \geqslant -\frac{11.5}{20}C_{n\beta} \tag{6-34}$$

这也成为确定方向舵面积的一个重要准则。

从上看出,各种适航规章对侧风中飞机起飞、着陆能力都有要求,侧风进场着陆的要求对任何一种布局的飞机均需检查。

5) 侧风中非对称动力时飞机的配平能力

MIL-F-8785C 3.3.9 条款规定,飞机的推力突然损失时,飞机应能在 15.5 m/s 的不利侧风中安全飞行,此时 $V \geqslant 1.4V_s$。

假定飞机右发停车,同时侧风的作用又使飞机向右侧滑,于是飞机偏航平衡方程为

$$\frac{TYe}{qSb} + C_{n\beta}\beta + C_{n\delta r}\delta_r = 0 \qquad (6-35)$$

通常在最不利侧风中临界发动机又突然停车的可能性很小很小,因此一般考虑中等侧风中临界发动机停车的情况作为方向舵设计的限制条件,于是有

$$C_{n\delta r} \geqslant -\frac{1}{\delta_{rmax}}\left[\frac{TY_e}{\delta_{rmax}Sb} + C_{n\beta}\beta^*\right] \qquad (6-36)$$

方向舵偏度 δ_r 的大小,反映了飞机不对称动力的平衡能力。此时,应当: $\delta_r < \delta_{rmax}$; T 为起飞推力。

式中:

$$q^* = \frac{1}{2}\rho(1.4V_s)^2$$

$$\beta^* = 5°$$

6) 正的有效上反限制

MIL-F-8785C 3.3.6.3(2)条款规定,对于等级 1 和等级 2,在实际使用中可能遇到侧滑范围内,正的有效上反决不应达到超过驾驶员可用滚转操纵效能的 75%,且要求滚转杆力不超过 1.4 kgf。

根据上述要求,有

$$C_{l\beta}\beta_{max} + C_{l\beta}\delta_a = 0 \qquad (6-37)$$
$$\delta_a \leqslant 0.75\delta_{amax}$$

这就对 $C_{l\beta}$ 提出了限定:

$$C_{l\beta} \leqslant 0.75C_{l\delta a}\frac{\delta_{amax}}{\beta_{max}} \qquad (6-38)$$

可见,垂直尾翼设计还与副翼设计紧密相关。

6.2.3 垂直尾翼初步设计

上面介绍了垂直尾翼(包括方向舵)的设计准则,根据这些准则以及一些常用的工程估算方法,就可以对大型运输机的垂直尾翼和方向舵进行初步设计。

1) 垂直尾翼面积的确定

垂直尾翼是飞机航向稳定性的主要部件,全机的航向稳定性为

$$C_{n\beta} = (C_{n\beta})_{\mathrm{W}} + (C_{n\beta})_{\mathrm{F}} + (C_{n\beta})_{\mathrm{V}} + (C_{n\beta})_{\Gamma} \qquad (6-39)$$

式中:$(C_{n\beta})_{\mathrm{W}}$ 为机翼所产生的方向稳定性导数;$(C_{n\beta})_{\mathrm{F}}$ 为机身所产生的方向稳定性导数;$(C_{n\beta})_{\mathrm{V}}$ 为垂直尾翼所产生的方向稳定性导数;$(C_{n\beta})_{\Gamma}$ 为机翼上反所产生的方向稳定性导数(初步设计阶段先不考虑)。

如果 $(C_{n\beta})_{\mathrm{W}}$、$(C_{n\beta})_{\mathrm{F}}$ 已知,则垂直尾翼设计就更为简捷。否则可以用如下方法估算 $(C_{n\beta})_{\mathrm{W}}$、$(C_{n\beta})_{\mathrm{F}}$:

$$(C_{n\beta})_{\mathrm{W}} = C_L^2 \Big\{ \frac{1}{4\pi AR} - \frac{(\tan\Lambda)c/4}{\pi AR + 4(\cos\Lambda)c/4}$$
$$\Big[(\cos\Lambda)c/4 - \frac{AR}{2} - \frac{AR^2}{8(\cos\Lambda)c/4} + \frac{bx}{c}\frac{(\sin\Lambda)c/4}{AR} \Big] \Big\}$$
$$(6-40)$$

$$(C_{n\beta})_{\mathrm{F}} = -K_\beta \frac{S_{\mathrm{fs}}}{S} \frac{l_{\mathrm{f}}}{b} \Big(\frac{h_{\mathrm{f1}}}{h_{\mathrm{f2}}}\Big)^{1/2} \Big(\frac{b_{\mathrm{f2}}}{b_{\mathrm{f1}}}\Big)^{1/3} \qquad (6-41)$$

式中:
$$K_\beta = 0.3\frac{l_{\mathrm{cg}}}{l_{\mathrm{f}}} + 0.75\frac{h_{\mathrm{fmax}}}{l_{\mathrm{f}}} - 0.105 \qquad (6-42)$$

式中各几何参数如图 6-23 所示。

$$(C_{n\beta})_{\mathrm{V}} = \frac{S_{\mathrm{V}}l_{\mathrm{V}}}{Sb}\frac{q_{\mathrm{v}}}{q}\Big(1+\frac{\mathrm{d}\sigma}{\mathrm{d}\beta}\Big)(C_{L\alpha})_{\mathrm{VS}} \qquad (6-43)$$

式中:
$$\frac{q_{\mathrm{v}}}{q}\Big(1+\frac{\mathrm{d}\sigma}{\mathrm{d}\beta}\Big) = 0.724 + \frac{3.06 S'_{\mathrm{VB}}/S}{1+(\cos\Lambda)c/4} + 0.4\frac{Z_{\mathrm{w}}}{d} + 0.009AR \quad (6-44)$$

其中 S'_{VB} 为垂直尾翼的毛面积,即延伸到机身中心线的垂直尾翼面积,如图 6-24 所示;$(C_{L\alpha})_{\mathrm{VS}}$ 为假想垂直尾翼的升力线斜率,假想垂直尾翼的展弦比为实际垂直尾翼展弦比的 1.55 倍,但两者面积相同;Z_{w} 为机翼根弦线到机身中心线的

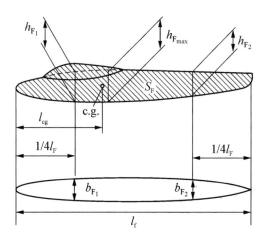

图 6 - 23 与侧滑引起的偏航力矩有关的机身几何参数

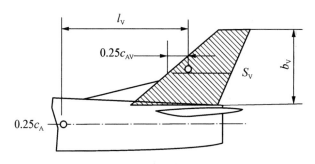

图 6 - 24 垂尾几何参数定义

垂直距离; AR 为机翼展弦比。

于是,对于某一给定的 $C_{n\beta}$,垂直尾翼的尾容量为

$$\frac{S_V l_V}{Sb} = \frac{C_{n\beta} - C_{n\beta W} - C_{n\beta F} - C_{n\beta r}}{(C_{La})_{VS} \frac{q_v}{q} \left(1 + \frac{d\sigma}{d\beta}\right)} \tag{6-45}$$

飞机 $C_{n\beta}$ 值的选取可根据式(6-30)、式(6-32)、式(6-33)来确定。通常大型运输机 $C_{n\beta}$ 的值一般在 0.1~0.25 之间。也可查图 6-25 的曲线。

根据式(6-24)、式(6-41),即可求得垂直尾翼的面积 S_V 和尾容量 $\dfrac{S_V l_V}{Sb}$。

2) 方向舵面积的确定

上面给出了方向舵效率的各种边界，不难从式(6-23)、式(6-34)、式(6-36)中找到 $C_{n\delta r}$ 的临界值 $C_{n\delta r}^*$。根据参考文献[2]，方向舵操纵效率 $C_{n\delta r}$ 可近似表示为

$$C_{n\delta r} = -0.9(C_{L\alpha})_{VS} \frac{S_V l_V}{Sb} \tau$$

$$(6-46)$$

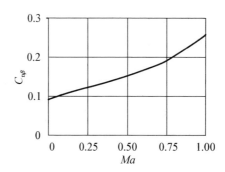

图 6-25 航向稳定性导数随马赫数变化曲线

于是有

$$\tau = -C_{n\delta r}^* \Big/ \Big(0.9(C_{L\alpha})_{VS} \frac{S_V l_V}{Sb} \Big)$$

$$(6-47)$$

式中：τ 为方向舵效率，它取决于方向舵的面积 S_R 和垂直尾翼面积 S_V 的比，如图 6-26 所示。

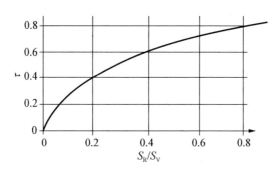

图 6-26 方向舵效率曲线

6.2.4 垂直尾翼几何形状的选择准则

垂直尾翼设计是一个复杂的过程，但人类在航空领域近百年的实践中积累了丰富的经验，大量投入使用的飞机的统计数据以及经验公式为飞机设计中可信并可供参考的依据。下面简要讨论垂直尾翼平面形状的选择准则。

1) 垂直尾翼尾容量的确定

在 6.2.2 节所讨论的垂直尾翼设计准则，均可转化成对垂直尾翼尾容量的要求，垂直尾翼尾容量的表达式为

$$V_V = \frac{S_V l_V}{Sb}$$

对于多发动机飞机,特别是翼吊布局的飞机,垂直尾翼的主要设计状态是当临界发动机失效后仍能保持飞机操纵和稳定飞行。在适航条例中,临界发动机失效后的操纵主要体现在对空中最小操纵速度 V_{MCA} 和地面最小操纵速度 V_{MCG} 的要求上。

航向静稳定性导数 $C_{n\beta}$ 与横向静稳定性导数 $C_{l\beta}$ 之间应协调,因为它们影响着横向-航向动稳定性,特别是荷兰滚的振荡特性。

2) 垂直尾翼展弦比 AR_V 的选择

垂直尾翼对飞机航向静稳性 $C_{n\beta}$ 的贡献 $(C_{n\beta})_V$ 是全机航向稳定性的主要部分,$(C_{n\beta})_V$ 近似正比于 $(AR_V)^{1/3}$。可见垂直尾翼展弦比 AR_V 对飞机的航向静稳定性有很大影响。对于"T"形尾翼的飞机,由于水平尾翼对垂直尾翼起到端板作用,垂直尾翼的展弦比可以取小些,以提高垂直尾翼的刚度并降低重量。大型运输机的垂直尾翼展弦比 AR_V 一般在 $0.8 \sim 2.0$ 之间。

3) 垂直尾翼梢根比 λ_V 的选择

垂直尾翼梢根比 λ_V 对飞机的横向-航向静稳定性影响较小。对于低平尾飞机,垂直尾翼的梢根比一般取大于 0.3。对"T"尾布局的飞机来说,垂直尾翼要取较大的梢根比,主要从结构重量和刚度上来考虑。

4) 垂直尾翼后掠角 Λ_V 的选择

垂直尾翼后掠角 Λ_V 对垂直尾翼到飞机力矩参考点之间的距离即尾力臂有直接的影响。大型运输机的垂直尾翼后掠角一般在 $30° \sim 50°$ 之间。图 6-27 给出了垂直尾翼后掠角随尾容量的变化统计规律。

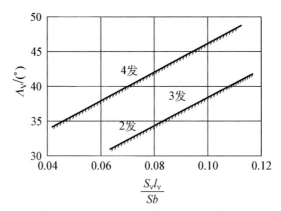

图 6-27 垂尾后掠角与尾容量的关系

5) 垂直尾翼的翼型相对厚度的选择

垂直尾翼的翼型相对厚度一般为 $9\% \sim 12\%$,翼型相对厚度要与后掠角组合在一起选择(见图6-28),以满足在设计俯冲马赫数 Ma_d 时垂直尾翼上不产生强激波。对于"T"尾布局的飞机,增大垂直尾翼后掠角可同时增大水平尾翼和垂直尾翼的尾力臂,而翼型相对厚度也要增大,这样可提高 T 尾布局飞机的垂直尾翼刚度,这对防颤振是极为重要的。

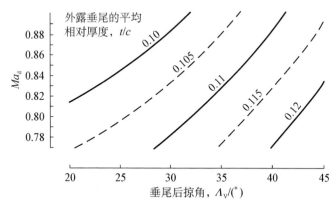

图6-28 垂尾后掠角与相对厚度的关系

在初始设计阶段,垂直尾翼的几何参数可参考表6-6的统计数据。

表6-6 涡扇发动机干线飞机的垂尾尾容量和方向舵数据

机型	机翼面积 S/m^2	机翼展长 b/m	垂尾面积 S_V/m	尾力臂 l_V/m	尾容量	方向舵与垂尾面积之比	方向舵相对弦长根部/尖部
波音 727-200	157.93	32.92	39.20	14.45	0.110	0.16	0.29/0.28
波音 737-200	91.04	28.35	21.65	12.41	0.100	0.24	0.25/0.22
波音 737-300	99.37	28.90	22.20	13.93	0.100	0.31	0.26/0.50
波音 747-200B	510.95	59.74	77.11	31.09	0.079	0.30	0.30
波音 747SP	510.95	59.74	82.22	21.18	0.057	0.27	0.31/0.34
波音 757-200	185.30	38.10	35.67	16.52	0.086	0.34	0.35/0.33
波音 767-200	283.35	47.55	46.17	19.69	0.067	0.35	0.33/0.36
MD-80	117.98	32.92	15.61	15.39	0.062	0.39	0.49/0.46
A300-B4	260.03	44.81	45.24	24.23	0.094	0.30	0.35/0.36
A310	218.97	54.89	45.24	20.88	0.098	0.35	0.33/0.35
L-1011-500	320.00	49.99	51.10	17.74	0.055	0.23	0.29/0.26
图-154	210.50	37.49	31.68	13.20	0.055	0.27	0.37

6.3　副翼与扰流板设计

6.3.1　副翼、扰流板的设计准则

飞机的横向-航向运动是相互联系的。在垂直尾翼的设计准则中,与方向舵有关的项目大都与副翼、扰流板的设计有关。同时,对副翼和扰流板还有其他方面的要求。

1）与协调侧滑能力有关的要求

（1）垂尾设计要求中的正的有效上反限制不仅是对横向静稳定性的要求,也构成对横向操纵能力的检查。

（2）垂尾设计要求中的侧风起飞、着陆能力,表面上看是对方向舵操纵的要求,实际上抗侧风能力也可能受到副翼、扰流板操纵效能的限制。MIL－F－8785B 更规定:"在不超过 30 n mile/h 90°侧风中应能起飞和着陆",同时针对不同的飞行品质等级对驾驶盘力和脚蹬力有如表 6－7 的要求。

表 6－7　美国军用规范对盘力和脚蹬力的要求

品质等级*	副翼驾驶盘力/lbf**	方向舵脚蹬力/lbf
1	<25	<100
2	<30	<180
3	<70	<180

* 1级—飞行品质明显地适合任务飞行阶段;
　2级—飞行品质适合于完成任务飞行阶段,但驾驶员工作负担有所增加或效果有所降低,或兼有之;
　3级—飞行品质能满足安全地操纵飞机。但驾驶员工作负担重或任务效果不好,或两者兼有。
** 1 lbf ≈ 4.45 N。

对侧风进场的要求是所构成对副翼、扰流板操纵能力的检查,在于能产生 10°侧滑角。

（3）在垂尾设计要求中有对临界发动机停车的航向平衡要求,实际上还包括副翼盘力和/或偏度的要求。如苏联的 OTT 指出:在平直飞行中克服临界发动机停车出现的不对称力矩引起的倾斜中所需的副翼盘力 $F_a < 5$ kgf(50 N),副翼偏度 $\delta_a < 0.2\delta_{a,max}$。MIL－F－87855B 要求:超过 $1.4V_{min}$ 所有速度上,单靠副翼可以在定常直线飞行中保持航向平衡,此时副翼驾驶盘力不超过 70 lbf(311.5 N)。

2）对滚转性能要求

英国的 AP970 要求:低空进场 $V = 1.3V_S$, $\delta_a = \delta_{a,max}$ 情况下:

$$\frac{1}{57.3}\frac{pb}{2V} \geqslant 0.07, \quad F_a < 30 \text{ lbf}(133.5 \text{ N})$$

苏联的 OTT 要求:低速 $(1.2 \sim 1.4)V_{\min}$, $\delta_a = \delta_{a,\max}$ 情况下:

$$\frac{1}{57.3}\frac{pb}{2V} \geqslant 0.055$$

高速 $(V = 0.9V_{\max})$ 时

$$p > 0.15 \text{ rad/s}, \quad F_a < 35 \text{ kgf}(350 \text{ N})$$

$$\frac{\mathrm{d}F_a}{\mathrm{d}p} = -60 \sim -250 \text{ kgf/(rad/s)}$$

苏联的民航规范 HJГС - 2 规定:应当保证单用横向操纵,在驾驶盘偏转不超过 90°的情况下可以从向一侧倾斜 $\gamma = 30°$ 定常转弯变成向另一侧倾斜 30°的定常转弯,而且时间不大于 6 s。

美国军用规范 MIL - F - 8785 中也有 $\frac{1}{57.3}\frac{pb}{2V} \geqslant 0.07$ 的要求,在 1969 年修订成 MIL - F - 8785B 时认为按不同的飞行阶段和不同的飞行品质等级对给定时间内产生倾斜能力的要求列于表 6 - 8。同时,操纵力要满足表 6 - 9 的要求。而且,要求"滚转反应随驾驶杆位移或杆力的变化不应有讨厌的非线性"。

表 6 - 8　美国军用规范对倾斜能力的要求

类别	品质等级 飞行阶段	1	2	3
Ⅲ	B	2.0 s 内 $\gamma=30°$	3.0 s 内 $\gamma=30°$	4.0 s 内 $\gamma=30°$
	C	2.5 s 内 $\gamma=30°$	3.2 s 内 $\gamma=30°$	4.0 s 内 $\gamma=30°$

表 6 - 9　最大操纵力

品质等级	飞行阶段	最大驾驶盘力/lbf(N)
1	B	50(222.5)
	C	25(111.3)
2	B	60(267.0)
	C	30(133.5)
3	全部	70(311.5)

3) 对盘旋性能的要求

美国联邦航空条例 FAR - 25 部规定:临界发动机停车,要求在最大起飞重量和最不利的重心位置,运转发动机发出最大连续功率的情况下,应能从 $1.4V_{\rm S1}$ 的定常飞行中,分别向停车发动机的一侧或相反方向做 20°倾侧盘旋。

MIL - F - 8785B 要求:方向舵脚蹬松浮时,单用横向操纵能做 $\gamma = 30°$ 的定常转弯,但此时副翼驾驶盘力不超过 10 lbf(44.5 N)。

6.3.2　副翼和扰流板设计

大型运输机的横向操纵是以副翼和扰流板的联合操纵组成,而副翼和扰流板的参数常用工程经验方法来确定。因为副翼和扰流板的联合操纵形式的优点是结构简单,重量轻,维护性好,能满足一定高度使用范围的横向操纵要求。高速时,尽管副翼由于气动弹性影响,效率降低,但速压对扰流板影响小。对于 MD - 82 飞机,这两种操纵装置的横向滚转效率随速度的变化如图 6 - 29 所示。从图中看出,在高速时,扰流板可以补充副翼效率之不足。扰流板和副翼联动还有一个作用是抵消副翼因偏转时没有差动而产生与滚转方向相反的逆偏航力矩,在上偏副翼一侧同时偏转扰流板,达到消除这一逆偏航力矩的目的。

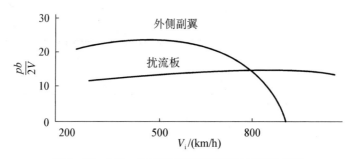

图 6 - 29　MD - 82 飞机的副翼和扰流板滚转效率

波音 707 - 320 飞机,由于机翼后掠角较大(35°),高速飞行时动压大,易产生副翼反效,所以在高速时把外副翼锁死,横向操纵靠内侧高速副翼(位于内侧发动机后面,又不受喷流冲击)和扰流板,而扰流板占了全机横向操纵效率的80%。像波音 737 - 300 和 MD - 82 飞机,由于机翼采用中等后掠角(25°左右),虽然高速时副翼不反效,但效率较低,而这时扰流板起主要横向操纵作用。波音 767/777/787 飞机,都是双发翼吊布局,波音 767 没有高速内副翼,而波音 777 和波音 787 飞机在发动机位置采用襟副翼,高速时当副翼用,起飞着陆时作襟翼用。

6.3.3 副翼和扰流板的几何参数选择

1）主要喷气运输机副翼和扰流板的相对面积（见表 6 - 10）

表 6 - 10 主要喷气运输机副翼和扰流板相对面积

机 型	$S_a/S/\%$	$S_a/S/\%$	机 型	$S_a/S/\%$	$S_a/S/\%$
波音 707 - 320	4.19		DC - 10 - 10	4.86	3.54
波音 727 - 200	3.36	4.69	A300B	2.72	6.92
波音 737 - 300	2.52	3.54	A310	3.13	6.17
波音 747 - 200	4.03	6.03	A320	2.24	8.98
波音 757 - 200	2.41	5.92	C - 5A	4.08	6.95
波音 767 - 200	4.09	5.47	L - 1011	2.32	3.54
DC - 9 - 30	3.80	—	BAC1 - 11	3.07	2.47
MD - 82	2.99	3.96	伊尔 62	5.81	3.41

2）MD - 82 和波音 737 - 300 飞机的副翼参数（见表 6 - 11）

表 6 - 11 两种型号的副翼数据

机型	铰链轴后副翼面积/m²	铰链轴后相对弦长/%	相对展长/%	轴式补偿/%
MD - 82	3.53	23.5	21.30	25
波音 737 - 300	2.50	46.8	18.42	—

3）MD - 82 和波音 737 - 300 飞机的扰流板参数（见表 6 - 12）

表 6 - 12 两种型号的扰流板数据

机型	展长（每侧）/m		弦长/m	
	内扰流板	外扰流板	内扰流板	外扰流板
MD - 82	2.29	4.32	0.340	0.36
波音 737 - 300	2.36	5.28	0.499	0.52

6.3.4 副翼和扰流板的气动力效率

扰流板的作用是破坏机翼上表面的局部气流，达到减升增阻的目的。这样扰流板有三种功能：做横向操纵、空中减速板和着陆滑行时的减升增阻用。着陆滑行时，减升作用可增加轮胎上的作用力，使刹车减速更为有效，与所产生的阻力联合使用，减速效果可达 20%。飞行扰流板一般布置在外襟翼前面，这样产生的横滚力矩大。地面扰流板布置在内襟翼的前面。飞行扰流板做不同用途时其偏角大小各不相同。例如：MD‐82 飞机的两块飞行扰流板做横向操纵时最大向上可偏 60°；做减速板使用时可向上偏 35°，同时还可作横向操纵；做着陆滑行减速时，最大向上偏角与内侧地面扰流板偏角一样为 60°。

横向滚转率是检查飞机横向操纵效率的指标之一。按美国军用规范 MIL‐F‐8785C 对中程运输机的滚转率要求，1 级品质 A 种飞行阶段在 1.4 s 内滚转角不低于 45°，即每秒 32°。表 6‐13 列出运 10 飞机不同减升板开度的气动力效率。

表 6‐13　减升板不同开度的气动效率（运 10 飞机）

δ_s	ΔC_L	ΔC_D	ΔC_m	δ_s	ΔC_L	ΔC_D	ΔC_m
20°	−0.26	0.003	0.133	60°	−0.37	0.031	0.192

6.4　大型运输机的飞行品质分析

6.4.1　横向‐航向阻尼特性（即荷兰滚模态特性）

飞机横向‐航向运动总阻尼的参数是 $\zeta_d \omega_{nd}$（ζ_d 为荷兰滚振荡阻尼比，ω_{nd} 为荷兰滚振荡无阻尼自振频率）由 MIL‐F‐8785C 与 MIL‐F‐8785B 相比，在 C 种飞行阶段[*]，一级品质的 $(\zeta_d \omega_{nd})_{min}$ 从 0.15 rad/s 降低到 0.1 rad/s，三级品质从 0.02 rad/s 降到零。但是对于二级品质的 $(\zeta_d \omega_{nd})_{min}$ 值却仍规定为 0.05 rad/s，未做任何修订（见表 6‐14）。图 6‐30 所提供的 C‐5A 飞机 B 种 C 种飞行阶段

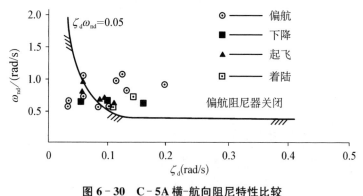

图 6‐30　C‐5A 横‐航向阻尼特性比较

---

[*] B 种飞行阶段是指爬升、巡航、待机、下降；C 种飞行阶段是指起飞、进场、复飞、着陆。

的试飞数据与二级品质边界比较可以看出,在偏航阻尼器关闭条件下,C-5A飞机的横-航向阻尼特性并不全部满足 MIL-F-8785C 中二级品质$(\zeta_d \omega_{nd})_{min} = 0.05 \text{ rad/s}$ 的要求(见表6-14)。同样,像波音747、康维尔990飞机的试飞或飞行模拟器数据中也一样不满足该判据的要求,而驾驶员却都评定为满意的或可以接受的,其评定等级均不低于库珀-哈珀数字等级的 6 或 5,因此可认为,在 MIL-F-8785C 中,对大型运输机横-航向阻尼特性二级品质$(\zeta_d \omega_{nd})_{min} = 0.05 \text{ rad/s}$的要求可放宽些,建议采用$(\zeta_d \omega_{nd})_{min} > 0$。

表 6-14　规范对$\zeta_d \omega_{nd}$的要求

规范 等级		MIL-F-8785B	MIL-F-8785C
C种飞行阶段	一级品质/(rad/s)	0.15	0.1
	二级品质/(rad/s)	0.05	0.05
	三级品质/(rad/s)	0.02	0.3

6.4.2　滚转时间常数

滚转模态时间常数 τ_R 描述的是滚转速率随时间变化的轨迹形状,其形状基本上确定了飞机的平均滚转角加速度。

从滚转模态时间常数的近似表达式

$$\tau_R \approx (I_x/sb^2)(4/\rho v)(-1/C_{L_p})$$

可以看出,τ_R 与(I_x/Sb^2)成正比,与飞机的无量纲滚转阻尼导数C_{L_p}成反比。由量纲分析可知,(Sb^2)(S 为机翼面积,b 为翼展)随飞机几何尺寸的四次幂增加,而转动惯量随飞机尺寸的五次幂增加。可以肯定大型运输机的(I_x/Sb^2)要比战斗机的大得多。图 6-31 是 C-5A 和 L-1011 飞机 B 种飞行阶段 τ_R 的试飞值与 MIL-F-8785C 中一级品质边界的比较,图 6-32 是 C-5A 飞机 C 种飞行阶段 τ_R 的试飞值与一级品质边界的比较。可以看出,图中的试飞值均不满足 MIL-F-8785C 中一级品质的要求,而 C-5A 飞机在 C 种飞行阶段个别状态的 τ_R 值高达 3.0 s,同样 L-1011 飞机 B 种飞行阶段个别状态的 τ_R 值也高达 2.2 s。另外,波音747飞机的飞行模拟器数据也有这种趋势,其 B 种飞行阶段个别状态的值高达 2.16 s,但驾驶员的评定是满意的。在 MIL-F-8785C 中,规定大型运输机一级品质的滚转模态时间常数不应大于 1.4 s,这要求是很严的,建议可适当放宽至 2.3 s 左右。

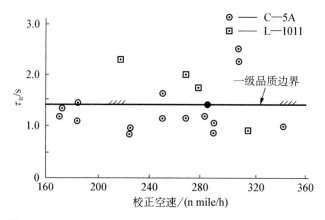

图 6‐31　C‐5A 和 L‐1011B 种飞行阶段的 τ_R 值与一级品质边界比较

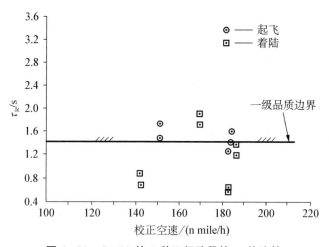

图 6‐32　C‐5A 的 C 种飞行阶段的 τ_R 值比较

6.4.3　滚转操纵效率

滚转操纵效率是确定飞机横向机动能力的一个基本参数。在 MIL‐F‐8785C 中大型运输机选用滚转 $30°$ 所需的时间 $t_{30°}$ 这个参数来描述,规定 B 种和 C 种飞行阶段一级品质的 $t_{30°}$ 分别为 $2\sim2.3$ s 和 2.5 s。

在阶跃副翼操纵输入的情况下,在规定的时间内,飞机能达到的倾斜角的近似表达式为

$$\varphi_t \approx \frac{Sb}{I_x}\frac{\rho v^2}{2}C_{L\delta_a}\delta_a\tau_R\left[t-\tau_R(1-\mathrm{e}^{-1/\tau_R})\right]$$

从量纲分析可以看出,(Sb) 随飞机几何尺寸的三次幂增加,I_x 随飞机几何尺寸的五次幂增加。因此大型运输机的 (Sb/I_x) 比小飞机的小得多。所以,为了使大型运输机能满足 MIL-F-8785C 中所规定的滚转操纵效率一级品质的要求,副翼滚转操纵导数 $C_{l\delta_a}$ 必须大大增加,这对于具有巨大滚转转动惯量的大型运输机来说是很难实现的。同样,大、小型飞机也很难满足同一个 $t_{30°}$ 的要求。

图 6-33 是 C-5A 的 B 种飞行阶段 $t_{30°}$ 试飞值和波音 747 的飞行模拟器数据与 MIL-F-8785C 中一级和二级品质边界的比较。图 6-34 是 C-5A 和波音 747 的 C 种飞行阶段的 $t_{30°}$ 值与一级和二级品质边界的比较。可以看出,无论是在 B 种还是在 C 种飞行阶段,C-5A 的 $t_{30°}$ 试飞值有些状态高达 4 s 和 4.2 s,波音 747 飞机在某些状态下的 $t_{30°}$ 飞行模拟器数据高达 4.5 s。因此,它们的滚转操纵性能显然不满足 MIL-F-8785C 中一级品质的要求,但驾驶员对它们的评定为满意的。

另外,康维尔 990 飞机在 C 种飞行阶段 $t_{30°}$ 试飞值也有很多试验点不满足 MIL-F-8785C 一级品质的要求,但驾驶员的评定等级是库珀-哈珀数字等级的 2~2.5 级。而且,驾驶员还认为,康维尔-880 在进场着陆构型时,若在 2 s 内能滚转 12°,就认为该机的滚转操纵效率是满意的,这比 MIL-F-8785C 中规定的 2.5 s 内 III 类飞机的倾斜角改变 30°的一级品质要求低得多。

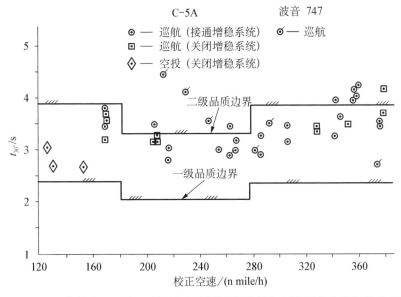

图 6-33　C-5A 和波音 747 的 $t_{30°}$ 试飞和飞行模拟器数据与规范要求比较(B 种飞行阶段)

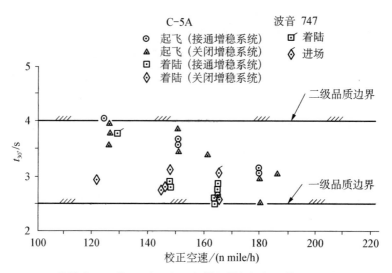

图 6 - 34　C - 5A 和波音 747 的 $t_{30°}$ 试飞和飞行模拟器数据与规范要求比较（C 种飞行阶段）

从以上讨论可知，MIL - F - 8785C 中关于对大型运输机 B 种和 C 种飞行阶段一级品质的要求是过于苛刻了。鉴于 C - 5A、波音 747 和康维尔 - 990 飞机都属于具有一级飞行品质的飞机，同时考虑到尺寸效应的影响，建议大型运输机 B 种飞行阶段一级品质的 $t_{30°}$ 和 C 种飞行阶段一级品质的 $t_{30°}$ 都为 4.5 s。

6.4.4　侧滑幅值

侧滑幅值（$\Delta\beta/k$）的要求是针对飞机操纵精度的要求提出的，在 MIL - F - 8785C 中规定的 $\Delta\beta/k$ 值，表面上似乎与 MIL - F - 8785B 中的定量标准完全相同，但 $k = \varphi_{t指令}/\varphi_t$ 要求在 MIL - F - 8785C 中，对 Ⅲ 类飞机一级和二级品质的大多数速度范围和飞行阶段，要求的 $t_{30°}$ 比 MIL - F - 8785B 中的增大了，因此，实际上 k 值减小了，$\Delta\beta/k$ 值增大了。换句话说，MIL - F - 8785C 中对 Ⅲ 类飞机侧滑幅值的要求更严了。

从图 6 - 35 中 C - 5A 飞机 B 种和 C 种飞行阶段 $\Delta\beta/k$ 的试验值与 MIL - F - 8785C 中一级品质边界比较结果中可以看出，C - 5A 的 $\Delta\beta/k$ 试验值当增稳系统断开后并不满足 MIL - F - 8785C 中一级品质要求，而接通增稳系统后只有部分试验满足 MIL - F - 8785C 中一级品质要求。而从图 6 - 36 中 C - 5A 飞机 B 种和 C 种飞行阶段 $\Delta\beta/k$ 的试飞值与 MIL - F - 8785C 二级品质边界比较结果中可以看出 C - 5A 飞机的试飞值只有一些点满足二级品质边界的要求。可是驾驶员却评定 C - 5A 的侧滑幅值是符合要求的。

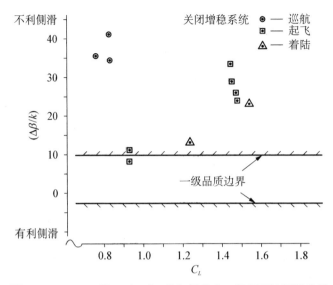

图 6-35　C-5A 的 Δβ/k 试飞值与规范中一级品质边界的比较

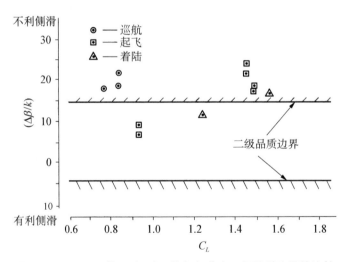

图 6-36　C-5A 的 Δβ/k 试飞值与规范中二级品质边界的比较

图 6-37 指出，L-1011 飞机接近于符合滚转性能要求，但正如这里所看到的结果是，所产生的侧滑幅值的个别点超过了允许的边界。L-1011 飞机的侧滑幅值并未促使试飞员或航空公司的驾驶员做出不好的评论。

6.4.5　允许的飞机运动响应延迟时间

MIL-F-8785C 中要求，"对于一级飞行品质，允许飞机响应的最长时间延

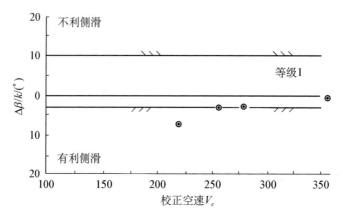

图 6-37 L-1011 飞机 B 种飞行阶段的侧滑幅值数据

迟为 0.1 s"。现代运输机的响应时间延迟超过了这个值,但驾驶员仍然认为具有好的飞行品质。

图 6-38 是"波音 767-80"飞行模拟器模拟重量为 500 000 lb 大型运输机的横向操纵系统响应时间与平均的驾驶员评定等级之间的关系。由图可见,横向操纵系统反应时间从 0.4 s 增大到 1.0 s 时,驾驶员的评定等级只改变了库珀-哈珀数字等级的 0.5 级,即使反应时间增加到 1.4 s,相应的数字等级才是 4.0 级,十分接近一级飞行品质边界,即库珀-哈珀数字等级的 3.5 级。

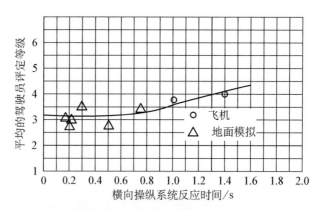

图 6-38 驾驶员评定等级与横向操纵系统反应时间的关系

图 6-39 是洛克希德-乔治亚公司的地面模拟器,在模拟具有 C-5A 气动特性、重量为 750 000 lb 的大型飞机低速进场着陆时所得横向反应时间延迟与驾驶员评定等级的关系。

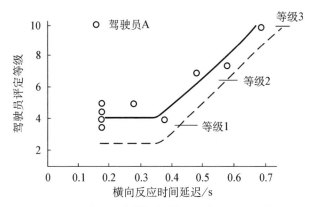

图 6 - 39 驾驶员评定等级与横向反应时间延迟的关系

图 6 - 40 是大型运输机在进场着陆时横向-航向有效时间延迟与驾驶员评定等级之间的关系。可以看出,横-航向有效时间延迟达 0.24 s,A、B 两位驾驶员评定等级为一级品质。即使有效时间延迟到 0.4 s,两位驾驶员仍评定为满意的或可接受的。

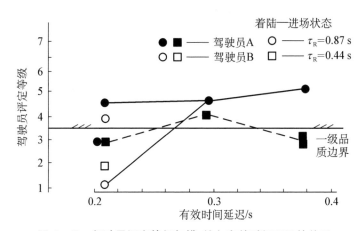

图 6 - 40 驾驶员评定等级与横-航向有效时间延迟的关系

因此,我们可以得出,MIL - F - 8785C 中对一级品质允许的飞机响应最长时间规定得太严了,建议该时间可以放宽些,大型运输机横向-航向允许的响应延迟时间改为:一级品质为 0.03 s,二级品质为 0.50 s。

6.4.6 C - 5A 大型军用运输机的惯性-重量比对飞行品质的影响

美国空军对 C - 5A 大型军用运输机提出的稳定性和操纵性指标确实是很严格的,例如,造成设计上相当困难的一个要求是对 C - 5A 这类尺寸的飞机要具有 1 s 内倾斜 8° 的能力。这是与当时(1975 年之前)的军用规范有差别的一个重要变化。导致对 C-5A 飞机飞行品质需要更多注意的理由是这种尺寸的飞机必须在临时机场上着陆。C-5A 飞机具有在前线未经准备的机场上着陆的能力。并使飞机在起飞和着陆时是可操纵的和安全的。

C-5A 飞机的飞行品质数据是从模拟器和初步的飞行试验中得到的。

C-5A 飞机的操纵系统是由 4 套液压系统组成的全动力系统,每个操纵面用双重伺服机构作动。纵向操纵系统包括内、外升降舵,并具有内升降舵提供的俯仰增益装置。航向操纵由两个方向舵和两个完全独立的增益系统,它们受驾驶员操纵信号支配。横向操纵是由普通的外侧副翼与横向操纵扰流板联合提供。

C-5A 飞机的纵向静稳定性和配平的准则与大多数喷气运输机相似。水平安定面尺寸是由在重心后限 $41\%c_A$ 时所需的静稳定性余量和重心前限 $19\%c_A$ 时抬前轮速度要求确定的。所以,平尾的尺寸不受飞机惯性对动态特性的影响所左右。

对 C-5A 飞机的要求是设计成具有等于或低于现行喷气运输机的起飞和着陆速度,同时要在具有同样好的飞行品质情况下实现这些性能。

C-5A 飞机的特点是低速度和大惯性的组合能显著地影响操纵增益系统的设计。图 6-41 说明这个问题的数量概念。绕飞机 Y 轴惯性矩对重量之比的显著变化可看作是 2/3 次定律的一个近似例子。对于一般类似尺寸的飞机,发现由操纵面得到的力矩一般正比于平尾的面积。对于翼载相对地是常数,只要惯性矩相对机翼面积和重量差不多是一样的话,绕任意轴的角加速度实际上也是常数。然而,惯性的变化和飞机重量的变化不是同幂次的,惯性变化幂次较高,从 C-5A 飞机的情况可看出会发生什么现象。惯性矩对重量之比表明 C-5A 的惯性水平是 C-130 飞机的 3~10 倍,图 6-41 上大的重量变化范围代表从飞机空重一直到高惯性矩的观点来看最不理想的状态是起飞满载重量的情况。大型运输机的稳定性和操纵性受下面两种因素的影响。

1) 惯性-重量比影响的表现

(1) 飞机对操纵输入的反映是迟钝的。

按飞机用仪表着陆系统(ILS)和拉平机动的着陆状态中所要求的飞行品质来决定平尾面积和升降舵弦长,图 6-42 表明了有关这种机动的某些模拟器试验结果。图中的纵坐标为库珀飞行品质评定等级,其中 3.5 级一般为驾驶员对这种机动的评定为满意的标准。按满足某些稳定性特性和其他设计准则确定了一个基本平尾面积。若增加 30% 平尾面积,这当然增加了着陆机动中的反应能力。但增加 30% 的平尾面积所达到的评定等级的改善是不明显的。当然可继

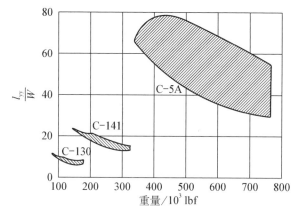

图 6-41 俯仰惯性对重量之比

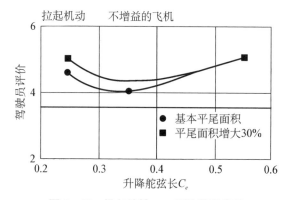

图 6-42 纵向特性——着陆襟翼放下

续增加平尾面积使驾驶员评定等级超过 3.5 级,但这将使飞机的重量和阻力大为增加。这个问题可以进一步通过驾驶员对拉平机动的评定意见和 C-5A 飞机发展期间所用的短周期运动准则来说明。图 6-43 是短周期运动的现行判据:在纵向运动中飞机的自振频率对其阻尼比的关系。上面一条线是有增益系统的飞机可接受的下边界,下面一条线是增益元件单个失效时的边界。图中所有各点都落在可接受的范围之内,但是驾驶员的评定还是不可接受的,括号中的数值超过 3.5 就说明了这一点。这里,我们再一次看到大的惯性-重量比使飞机显得迟钝的问题。初始的反应是缓慢的,它使驾驶员产生过操纵,当增益升降舵功率时特别明显。这就引起驾驶员诱发振荡,使飞行品质变得完全不能满意。于是发展了解决这个问题的一个办法,就是将驾驶杆运动速度加到飞机的增益系统中去。为达到所希望的飞行品质,采用了增益系统可以将内侧升降舵加、减10°,利用计及外洗流的杆行程反馈,以及能改善阻尼特性的俯仰速率回路激化俯仰反应,形成增益效果。

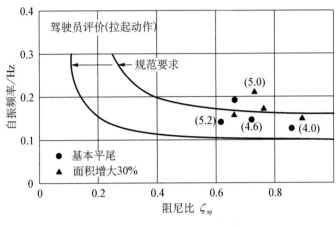

图 6 - 43　纵向短周期特性

(2) 着陆中的横向-航向特性的研究是基本以 45°的航向截取定位标,随着定位标进入到 200 ft 高度,在该高度改仪表飞行为目视飞行,并对准跑道中心线,最后在跑道上着陆。所遇到的问题是转弯协调,由高滚转率产生的反向偏航,由扰流板产生的正偏航,方向舵反映的起始时滞这几个因素组合起来使实现这种转变协调极为困难。研究了各种垂直尾翼面积和方向舵弦长对驾驶员意见的影响,其结果如图 6 - 44 所示。即使能得到明显的改善,仍不足以达到满意等级(为获得满意评定等级而无法提供足够的增益量时)。因为提供必要的增益比增加垂尾面积所增加的重量要少,所以保持基本垂尾面积和 29% 的方向舵弦

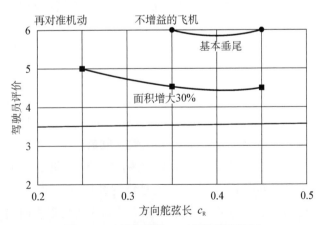

图 6 - 44　横向特性——着陆襟翼放下

长。横-航向增益系统包括对方向舵输入偏航率、滚转率和侧滑角信号,对副翼输入滚转率、倾斜角和驾驶盘信号。对方向舵输入倾侧角和滚转率保证了转弯协调,而输入偏航率改善荷兰滚阻尼。副翼快速偏转改善滚转中的起始反应,滚转率信号发送滚转阻尼,而侧滑角回路则改善横向稳定性。

在研究横向-航向飞行品质时,纵向模态也是经过增益的,以避免把驾驶员注意力分散到一种已知的不满意的模态上去;然而,驾驶员对纵向操纵的评定还是不可接受的。发现这是由于应用横向操纵扰流板时带来的升力损失,在对准跑道的操纵中它引起一个下沉速率,这使驾驶员感到不自然,而且在 200 ft 的高度是极不希望的。三轴均有增益系统的滚转操纵效率的研究表明,如 $pb/2V$ 的值在 $0.15\sim0.35$ 之间,则可得到对横-航向操纵的满意评定。当 $pb/2V$ 超过 0.25 rad 的基本水平以后再增加滚转操纵效率,驾驶员的意见并不表明有任何好处;而在较低的水平下,对于最大的驾驶盘偏度驾驶盘力从 35 lb 减小到 25 lb 确实使驾驶员满意,另一方面,驾驶员对纵向操纵的评定表示由扰流板产生的升力损失的影响确是相当重要的,如图 6 - 45 所示,人工地消除升力损失,就可以达到满意的驾驶员评定。为了消除飞机上的升力损失,横向操纵扰流板往上偏 $3°$,解决了问题,后来的模拟器试验结果显示,驾驶员评定等级是 2.5 级。

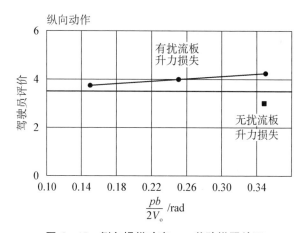

图 6 - 45　侧向操纵功率——着陆襟翼放下

(3) 在巡航状态下,与在着陆襟翼位置时所碰到的问题本质上是相同的。缓慢的反应引起过操纵的倾向,当速度增加时,这种过操纵的倾向更加严重。结论:经过增益的 C - 5A 飞机则对所有的操纵都能获得满意的评定,从这些试验中获得的最主要的结果示于图 6 - 46。它指出为达到横-航向机动的满意评定,

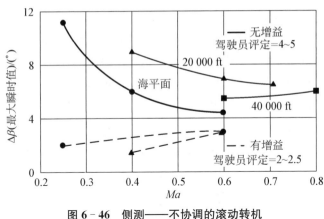

图 6 - 46　侧测——不协调的滚动转机

操纵和增益系统必须限制最大瞬时侧滑角小于 $4°$。

　　为 C - 5A 发展的增益系统提供了等于或在某些方面优于现行运输机的飞行品质。当全部增益系统损坏时，驾驶员意见表明飞机的飞行品质仍是可接受的，在驾驶员加强注意的情况下可以安全飞行和着陆。

　　在发展满意的飞行品质过程中，操纵面的设计主要是由常规的静稳定性和操纵性准则来决定，而由于高惯性带来的飞行品质问题是通过适当的增益系统来解决的。

　　2）当飞机变得越来越大时，机体也就变得更为柔性

　　大飞机的短周期反应的收敛性和一次弯曲频率在对数坐标图中作为飞机总重的函数表示出来（见图 6 - 47）。这些曲线接近所包含的危险。弯曲模态和短

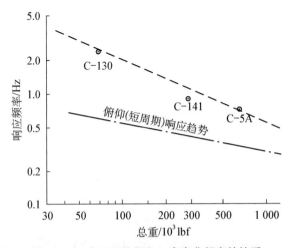

图 6 - 47　大飞机俯仰和一次弯曲频率的接受

周期模态的耦合可能导致飞机发散,而且在研究飞机稳定性和操纵性的任何问题时绝对要考虑柔度特性。

当飞机变得更大时,看来这个问题会变得越来越普遍,并需要越来越多的注意以确保这一现象不会使飞机具有不满意的飞行特性。

6.5 发动机非对称失效时的操纵特点

大型运输机单侧发动机失效被公认为是飞行实践中最复杂的情况之一。

下面介绍发动机单发失效时三种不同的操纵方法,最有利的一种方法是本节介绍的第三种。介绍三种操纵方法的目的是为了解释接近最佳爬升性能的零侧滑的原因。

为了保证单侧发动机失效时顺利完成飞行,必须满足两个基本条件:

(1) 在飞机构型设计中,应保证飞机非对称推力飞行时具有可接受的操纵性能。

(2) 机组有意识的合理行为。

发动机突发故障时,飞机会出现明显的旋转运动,正是这种旋转运动(侧向过载和加速度)向驾驶员发出初始行动信号。

发现飞机受到扰动时,驾驶员直觉反应会用舵面偏转来消除扰动:用脚蹬应对转弯,用驾驶盘应对横滚。

消除飞机旋转运动的最初时刻,上述舵面状态决定了飞机在空间的姿态,飞机向失效发动机一侧旋转和滚转及向全发工作的一侧侧滑。

但此时飞机的侧向气动力 C_p 与重力分量仍不平衡,如不及时采取措施平衡,就会导致新的不平衡运动开始。

如果驾驶员能够及时识别故障,也就是在飞机偏离正常飞行情况、临近危险状态之前,保持足够清醒的头脑,同时具有相应的理论知识和实践技能,那么就有可能顺利排除突发故障的影响。

为了能够顺利完成发动机失效的飞行,驾驶员必须懂得和理解一系列问题。

(1) 当一台或两台发动机失效时,在什么速度和高度范围飞机可保持直线飞行?

(2) 最大航程飞行的距离和状态会如何变化?

(3) 如何进行非对称着陆?

一台发动机失效、推力非对称时,飞机直线飞行的平衡条件是作用在飞机上的侧向力和力矩等于零。

航向平衡　　$(T+\Delta D)L_T+N_\beta\beta+N_{\delta_r}\delta_r=0$；

横向平衡　　$L_\beta\beta+L_{\delta_a}\delta_a+L_{\delta_r}\delta_r=0$；

直线运动　　$C_\beta\beta+C_{\delta_r}\delta_r-G\sin\phi=0$。

在方程组中包含有四个自变量：β，ϕ，δ_a，δ_r。依次给其中一个赋值，如β，可以得到单台发动机失效情况下（如左发动机失效），飞机直线飞行时，维持飞机平衡所需的副翼偏角、方向舵偏角和飞机滚转角的关系曲线（见图6－48），其中数字Ⅰ、Ⅱ、Ⅲ分别表示单台发动机失效时维持飞机平衡、保持直线飞行的三个基本方案。

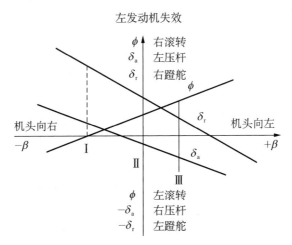

图6－48　左发动机失效时舵偏角和飞机滚转角的平衡曲线图

6.5.1　飞机无滚转并向失效发动机一侧侧滑

飞机无滚转并向失效发动机一侧侧滑的稳定飞行，如图6－49所示。这种情况只能以下面论述方式实现。

方向舵逆着飞机旋转方向大幅度偏转，使飞机向失效发动机一侧侧滑，同时也使飞机初始向失效发动机一侧的滚转开始减小。当飞机完全退出滚转时，副翼反向偏转（也就是向失效发动机一侧偏转），平衡飞机向失效发动机一侧侧滑所产生的滚转力矩L_β。于是，实现飞机不滚、向失效发动机一侧侧滑的水平飞行。

这种驾驶方法只有一个优点：飞机保持发动机失效前无坡度飞行姿态，侧滑指示器"小球"处在中央位置（因为$n_y=0$）。在复杂飞行条件下，特别是在着陆

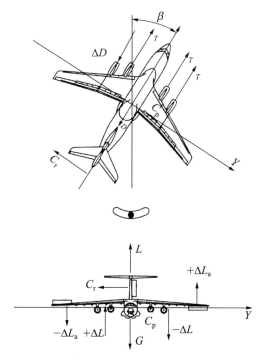

**图 6‑49　发动机失效时用无滚转向失效发动机
一侧侧滑的飞行方式来平衡飞机**

拉平时,可避免机翼擦地。这种情况需要向工作发动机一侧施加很大的方向舵操纵压力,结果是向失效发动机一侧产生中度侧滑。爬升性能因中度侧滑而降低。在机翼水平的条件下 V_{MC}(发动机失效时的最小控制速度)将会比公布的数值高很多,因为没有可以用于帮助方向舵抵消不对称推力的水平分量升力。综述起来这种操纵方法有三个缺点:

(1)这种飞行方法所需要的副翼偏角与发动机失效后直接消除滚转采用的副翼偏角在大小和特征上都有区别。

(2)在小表速情况下剩余发动机在最大状态工作(小油门进场着陆,接近升限飞行)的时候,方向舵必须有足够大的偏角,飞机只能做有限度的倾侧飞行。

(3)大偏度方向舵和侧滑飞行使得飞机的迎风阻力明显增大,也使得已经减小的推重比进一步减小,从而使燃油消耗率增大。

6.5.2　飞机向全发工作一侧侧滑和倾斜

飞机向全发工作一侧侧滑和倾斜的直线飞行如图 6‑50 所示。

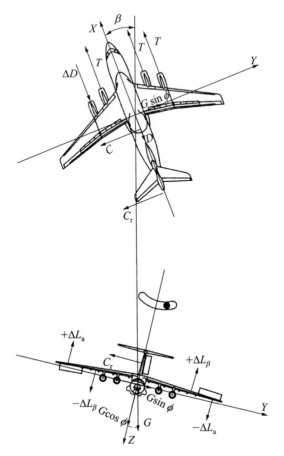

**图 6‑50 发动机失效时用向全发工作一侧侧滑
和倾斜飞行方法平衡飞机**

　　飞机向全发工作一侧侧滑,以小的方向舵偏度(甚至零偏度)使飞机直线飞行所产生的侧向气动力矩(或部分,如果方向舵有一定偏度)来平衡发动机非对称推力所引起的力矩;通过飞机向全发工作一侧倾斜来平衡侧向力;驾驶盘向全发工作一侧偏转,用副翼的大偏度偏转来平衡飞机倾斜和方向舵偏转所产生的气动力滚转力矩。

　　用上述方式平衡飞机的优点如下:飞机侧滑和舵面偏转的方向与发动机失效的瞬时,驾驶员为消除飞机扰动运动而采取的条件反射动作状态一致。但由于需要更大的滚转角来平衡飞机(缺少侧向加速度时),侧滑指示器"小球"会朝着飞机倾斜一侧偏到极限位置,这就使得检查飞机相对于气流的飞行状态变得困难,尤其在转弯的时候。

一台(或两台)发动机失效时,推力余量大大减小,使飞机的飞行高度和速度严重缩小,稳定爬升速度降低。

6.5.3 飞机无侧滑并向全发工作一侧倾斜

无侧滑、向全发工作一侧倾斜的稳定直线飞行如图 6‑51 所示。

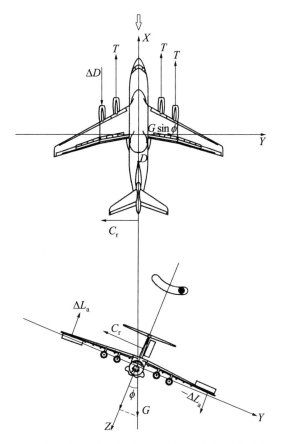

**图 6‑51 发动机失效时用无侧滑向全发工作一侧
倾斜的飞行方法平衡飞机**

为了使飞机既不向失效发动机一侧侧滑,又能平衡方向舵偏转所产生的侧向力,就需要飞机向全发工作一侧有一定角度的倾斜,用飞机重力在 Z 轴上的投影分量来平衡方向舵偏转所产生的侧向力。

$$C_\gamma = g\sin\phi$$

由于沿 Y 方向飞机没有运动加速度,而滚转角 $\phi \neq 0$,因此 $n_y = g\sin\phi$,侧滑指示器"小球"朝倾斜方向移动。从最小迎风阻力的角度来说,这种方法是最有利的。

如果倾斜角小于无侧滑飞行所需的角度,则会出现侧滑,使迎风阻力增大。这在许多情况下,可能起到决定命运的作用。如在没有推力余量或推力余量很小的情况下,必须增大飞行高度、保持飞行高度或减小垂直下降速度。除此之外,只减小几度倾斜角,就要求方向舵偏度显著增加,自然而然脚蹬上的力也就需要显著增加。

上面介绍了发动机失效时的三种驾驶方法,从这三种驾驶方法中得出结论:驾驶员应该准确了解在那些飞行高度和速度范围内飞机发动机失效(一台或两台)时可以稳定平飞,以便在该范围之外发动机失效时,使飞机加速或减速下降进入该可飞范围,并保证有继续飞行的可能性。

7 动力装置布局分析

现代运输机随着涡轮风扇发动机的推力不断增大、耗油率降低、噪声水平的提高,其系统、结构越来越复杂,发动机尺寸也越来越大。机翼和后机身与挂架及短舱一体化设计技术已变成飞机设计的关键技术之一,由于发动机尺寸的增大和系统的复杂性给现代飞机设计造成了极大的困难,为了满足航空公司的需求,飞机设计时一定要考虑经济性和降低运行成本。

发动机与飞机一体化设计技术是一项涉及气动力设计、结构、重量、噪声、颤振等多学科的综合设计技术,要成功进行机翼和后机身与挂架及短舱融合设计,使飞机设计在燃油效率、重量、噪声、维护、使用成本方面得到最佳平衡。本章主要对运输机的机翼、挂架与短舱和后机身、挂架与短舱的一体化设计做深入讨论并利用 CFD(计算流体动力学)方法达到发动机与飞机的一体化设计。

7.1 发动机数量的选择

7.1.1 选择发动机的依据

为了能选择合适型别的发动机,首先要知道所需要的总推力,而决定的因素是飞机性能的要求。发动机的推力主要依据巡航速度、起飞、降落及上升的要求决定。

在初步设计阶段,需要一份完整的发动机的技术要求和说明书,它包括下列内容:

(1) 有关发动机输出(功率状态)和使用备件(温度、高度、速度)的限制。

(2) 各种高度、空速和发动机功率状态的推力和燃油消耗。

(3) 引气功率的提取对发动机性能的影响。

（4）安装数据：重量尺寸和重心位置。

（5）噪声水平，特别是对于民用运输机。

7.1.2　发动机台数的选择

世界各国在发展大型运输机时，动力装置有采用 2 台发动机的，也有采用 3 台发动机的，还有采用 4 台和 6 台发动机的。至于采用几台发动机主要由飞机的吨位大小、载客和所装货物及航程的远近而定。

1）采用 2 台发动机的飞机

（1）翼吊发动机的飞机，主要有波音 737、波音 757、波音 767、波音 777 和波音 787 飞机；A300B、A300 - 600、A300 - 608ST、A310、A320（其派生型 A318、A319 和 A321）、A330 和 A350 飞机；俄罗斯的图- 204 等飞机。

（2）尾吊发动机的飞机，主要有"快帆"、DC - 9、MD - 82、MD - 90 飞机；俄罗斯的图- 334、日本的 MRJ - 100 和加拿大的 CRJ - 900 以及中国的 ARJ - 21 飞机等。

2）采用 3 台发动机的飞机

（1）翼吊 2 台和尾部安装 1 台发动机的飞机，主要有 DC - 10、L - 1011 和 MD - 11 飞机（见图 7 - 1）。

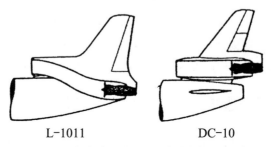

L-1011　　　　　　　　　　DC-10

图 7 - 1　3 台发动机的飞机尾部安装 1 台发动机

（2）尾吊 3 台发动机的飞机，主要有三叉戟、波音 727 和图- 154 等飞机（见图 7 - 2）。

3）采用 4 台发动机的飞机

（1）翼吊发动机的飞机，主要有康维尔 880、康维尔 990、波音 707、DC - 8、波音 747、运 10、A340、伊尔- 76、伊尔- 86、伊尔- 96、C - 5A、C - 17A、A380、C - 130、安- 12、A400M 和安- 124。

（2）尾吊发动机的飞机，主要有 VC - 10 和伊尔- 62 飞机（见图 7 - 3）。

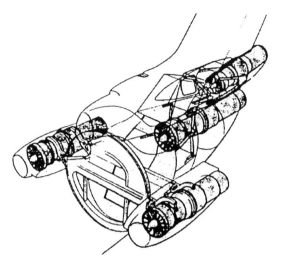

图 7 - 2　VC - 10 飞机尾部安装 3 台发动机

图 7 - 3　伊尔- 62 发动机布置位置

4）采用 6 台发动机的安- 225 军用战略运输机

7.2　尾吊和翼吊发动机短舱的气流流动特点分析

图 7 - 4 所示为尾吊和翼吊发动机短舱的气流流动特点。

由图 7 - 4 看出,对于尾吊发动机短舱[见图 7 - 4(a)]的进气道唇口,由于机翼下洗(ε)作用,有效进气迎角($\alpha_{эф}$)小于进气道迎角(α')。

因为

$$\alpha' = \alpha_{эф} = \varepsilon$$

所以

$$\alpha_{эф} = \alpha' - \varepsilon$$

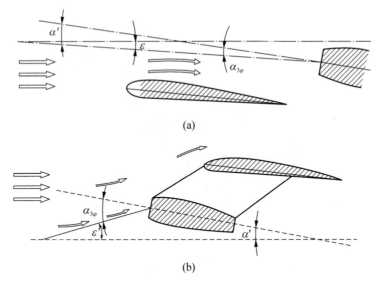

(a)

(b)

图 7 - 4 尾吊和翼吊发动机短舱的气流流动特点

对于翼吊发动机短舱[见图 7 - 4 (b)]的进气道唇口,由于机翼上洗(ε')作用,有效进气迎角($\alpha_{\mathfrak{H}}$)大于进气道迎角(α')。

因为

$$\alpha' = \alpha_{\mathfrak{H}} - \varepsilon'$$

所以

$$\alpha_{\mathfrak{H}} = \alpha' + \varepsilon'$$

从以上分析可以得出结论:尾吊和翼吊发动机短舱的气流流动特点对发动机短舱的安装角有大的影响。

7.3 动力装置布局的设计考虑

发动机与机体一体化设计是任何新型运输机设计中必不可少的手段,也是一个必须认真研究的有难度的课题。为了解决这一难题,早期主要靠风洞试验,发展到近代,首先采用 CFD 技术做选型研究,然后再由风洞试验来验证。

7.3.1 翼吊发动机短舱的布局

本节主要研究发动机短舱在机翼下的弦向和展向的最佳位置。首先研究发动机喷流对机翼的干扰影响。

1) 喷流对机翼的干扰影响

许多大型运输机的发动机短舱常常吊挂在机翼前下方。由于越来越多地使用高涵道比发动机,发动机的直径与机身或机翼相比相当大,使发动机本身对外流及发动机进口或出口流动与翼-身组合体或尾翼之间的干扰问题变得十分严重。为了降低发动机的燃料消耗,上述这些问题都必须仔细研究,这也是一体化设计的基本问题之一。一般来说,上述干扰现象是整个动力装置的问题。但是,喷流干扰可能是一系列干扰中影响最大的部分。

(1) 为了说明喷流与机翼的干扰情况,图7-5中给出了一些典型的试验结果。对发动机在机翼上部和下部两种情况,分别给出飞机的升阻特性。相对无喷流而言,喷流的干扰使飞机升阻特性发生了明显的变化。发动机安装在机翼上部时,产生有利干扰,升力曲线向上移动,C_{Lmax} 有相当大的增加,诱导阻力也得到一定程度的改善。而对于翼吊短舱的情况,则恰好相反,还会产生不利的零升阻力。上述干扰现象随速度比 V_j/V_∞ 的减小而下降。

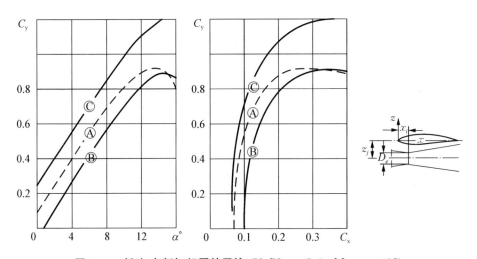

图 7-5　低速时喷流-机翼的干扰 $(V_j/V_\infty = 7.5,\ Ma_\infty = 0.17)$

发动机布局		喷口位置	
		x_j/D_e	z_j/D_e
Ⓐ	无	—	—
Ⓑ	翼下	-0.1	-1.2
Ⓒ	翼上	0.1	$+1.1$

图7-6说明了喷流在机翼上表面,对机翼上、下表面压力分布的影响。由图可见,喷流对机翼上表面压力分布的影响最大,而对机翼下表面的压力分布没有多大影响。

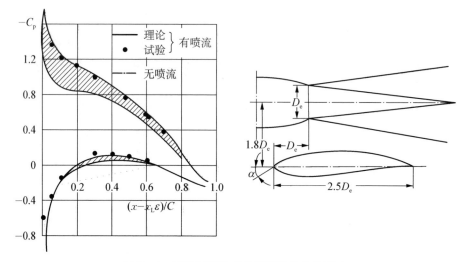

图 7-6　低速时喷流对机翼压强分布的影响

迎角 $\alpha = 4°$, $V_j/V_\infty = 7.5$, $Ma_\infty = 0.17$

（2）高速时喷流与机翼的干扰。

高速（特别是当 $Ma_\infty > 1$）时，喷流对附近翼面的干扰更加复杂。因为不仅绕流在喷口处产生出口激波，而且喷流波节之间也产生斜激波，如图 7-7 所示。这些激波若打在飞机的翼面或其他部件上，也会引起飞机气动特性的变化。

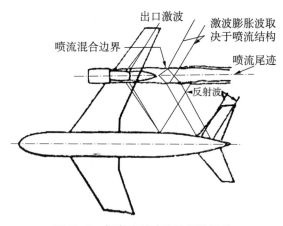

图 7-7　超声速时喷流的激波干扰

高速时喷流的干扰只是整个动力装置干扰的一部分，对于靠近机翼或机身的大尺寸动力装置，必须进行一体化的考虑。这时进气道的阻力，发动机和挂架引起气流流动之位移等，均认为与喷流的影响有同等的重要性。因此，高速试验时,希望模拟整个动力装置,而不希望只模拟喷流,最简单的试验装置就是通气短舱(TFN),而最有代表性的试验装置就是涡轮动力模拟器(TPS)。

图7-8给出了采用两种试验装置所得到的试验结果,这是挂架内、外两侧的机翼上、下表面所进行的压力分布测量。如果认为通气短舱试验方法足够准确地模拟了入口处的气流流动的位移,那么,两个试验的压力差可以近似表示喷流的影响。为了比较,把无喷流时的结果也示于图中。由图可见,喷流的引射作用减小了机翼上表面的负压力,而增加了下表面的负压力。

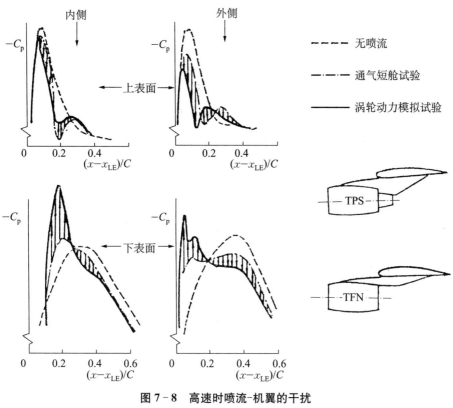

图7-8　高速时喷流-机翼的干扰

迎角口 $\alpha = 4°$, $C_L = 0.42$, 巡航马赫数

2)发动机短舱在机翼下的弦向位置和上下位置

几十年来,国外对民用运输机和军用运输机的发动机短舱在机翼下的弦向位置做了大量的研究工作。由于机翼下存在复杂的洗流场再加上翼吊短舱和挂架,从而使流场中的气流速度和均匀性变得更为复杂。短舱位于不同的弦向位置和上、下位置对干扰阻力的影响如图7-9所示。

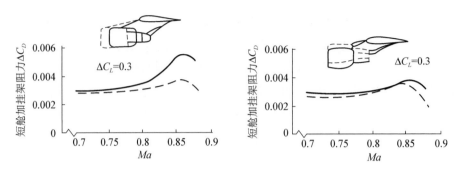

图 7 - 9 短舱相对机翼的不同位置对干扰阻力的影响

由于短舱在机翼下的不同位置,产生的干扰阻力也不同,这影响着飞机巡航时的升阻比。

翼下吊各种短舱和挂架时最大升阻比的变化量如图 7 - 10 所示。

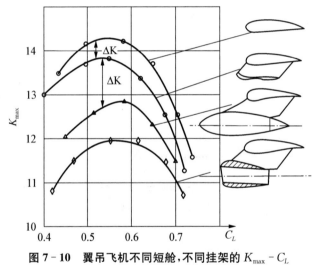

图 7 - 10 翼吊飞机不同短舱,不同挂架的 K_{max} - C_L

$$Ma = 0.78$$

下面列举各国的发动机短舱在机翼下弦向位置的研究中得到的一些有用数据,推荐给设计师们在飞机气动布局时做参考。

(1)发动机短舱前伸量和下沉量离地面最小间隙数据。

图 7 - 11 示出了翼吊发动机短舱的中心线与进气道下唇口至地平面的距离要求。

为了避免地面杂物被吸入进气道而打坏发动机涡轮叶片,也可采用发动机进气道外下部吹气而避免吸入机场杂物,如图 7 - 12 所示。

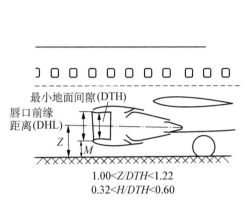

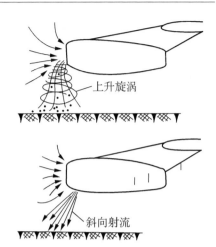

$1.00 < Z/DTH < 1.22$
$0.32 < H/DTH < 0.60$

图7-11 实际可用的最小地面间隙

图7-12 阻止机场表面水、灰尘和小碎片或石子吸入喷气发动机的工作装置示意图

(2) 美国洛克希德飞机公司推荐数据。

根据 L-1011 民用运输机的研制经验,在 L-1011 设计中详细研究了六种短舱与机翼联结形式,包括短舱的安装、前后位置、展向位置、垂直向位置、水平面和垂直面中的倾角以及涵道长短、排气涵道和附件机匣传动装置。其中有四种形式可作为设计中的参考(见图7-13)。

翼吊	联结形式	涵道长度
	挂架	长涵道(混合)气流
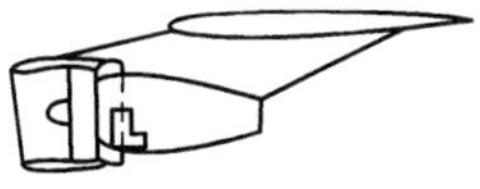	挂架	短涵道
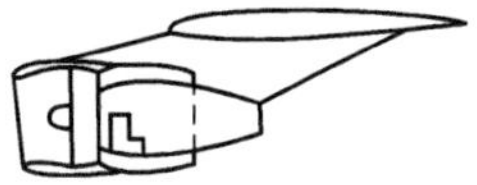	挂架	3/4 涵道
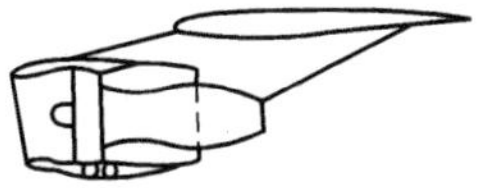	挂架	3/4 涵道

图7-13 短舱各种构型的分析图

L-1011 民用运输机的发动机短舱与机翼剖面弦线之间的距离为短舱直径的 0.95 倍,发动机短舱进气口的前缘前伸量为短舱直径的 1.85 倍。气动力的风洞试验结果确定了短舱干扰阻力最小的布局(见图 7-14)。

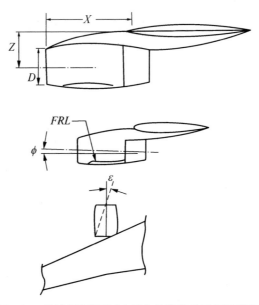

图 7-14　发动机短舱纵向、垂向位置和水平与垂直倾角

L-1011 民用运输机的发动机短舱与机翼之间的关系数据为

$X = 1.85D$

$Z = 0.95D$

$\varepsilon = 2°$

$\phi = 4°$

式中:D 为发动机短舱进气道的进口直径;ε 为短舱轴线内偏角;ϕ 为短舱轴线下倾角。

(3) 欧洲空客公司推荐数据。

欧洲空客公司发现,风扇出口截面在机翼前缘 2% 弦长左右可以得到最小的安装阻力。

(4) 俄罗斯(ЦАГИ)推荐数据。

短舱(包括挂架)沿翼弦方向的伸出量 $\bar{L}_k(\bar{L}_k = L_k/C)$ 是影响干扰阻力的关键因素。短舱安装高度 h_r 是影响机翼-挂架-短舱干扰阻力的重要因素;$\bar{h}_r$ 为短舱轴线到机翼弦平面的距离和短舱最大直径(D_{max})之比,即 $\bar{h}_r = h_r/D_{max}$,此参数不仅是影响机翼-挂架-短舱干扰阻力的重要因素，也是衡量发动机吸入地面杂物可能性的重要因素，按 ЦАГИ 经验，用 $\bar{L}_k \approx 0.8 \sim 1.0$、$\bar{h}_r \approx 0.65 \sim 1.0$ 的最佳值来布置发动机短舱就能得到最小阻力和高的飞机升阻比及吸进较小的砂粒，如图 7-15 所示。

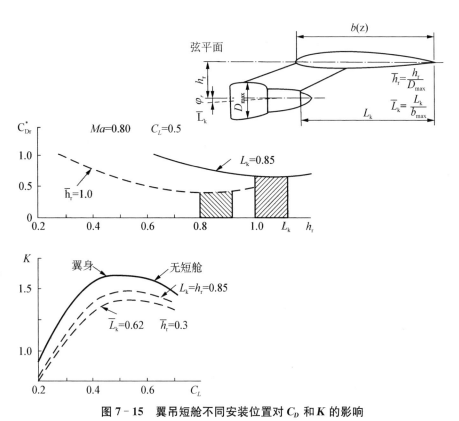

图 7-15　翼吊短舱不同安装位置对 C_D 和 K 的影响

从图中曲线可见，对翼吊短舱的飞机，可以通过选用沿弦向最佳伸出量（$\bar{L}_k \approx 0.85 \sim 0.90$ 的方法使 $h_r = $ 常数时的 C_{Dn}^*）下降 30%；或当 $\bar{L}_k = 0.85$ 时，通过选用最佳下沉量（$\bar{h}_r = 0.65 \sim 1.0$）使 C_{Dn}^* 下降 15%～20%。

$$C_{Dn}^* = \frac{S_W}{nS_{Mn}}(C_{D1} - C_{D2})$$

式中：C_{Dn}^* 为每个发动机短舱的"安装阻力系数"，即涡扇发动机短舱（含挂架）＋干扰阻力系数，它以短舱最大横截面积为参考值；C_{D1} 为（短舱＋机体）阻力系数；C_{D2} 为（无短舱）机体阻力系数；S_W 为机翼参考面积；S_{Mn} 为短舱最大横截面积；n

为短舱个数。

（5）波音公司的经验边界线。

　　早期的翼吊短舱位置被限制在经验边界线以外［见图7-16(a)］，后来随着CFD技术的发展，出现了机翼-挂架-短舱的融合式（近距耦合）设计，使干扰阻力减小甚至变为有利干扰。现代飞机设计的短舱位置已进入限制边界线以内［见图5-16(b)］而没有引起大的干扰阻力（波音737-300、波音757和波音767等飞机）。

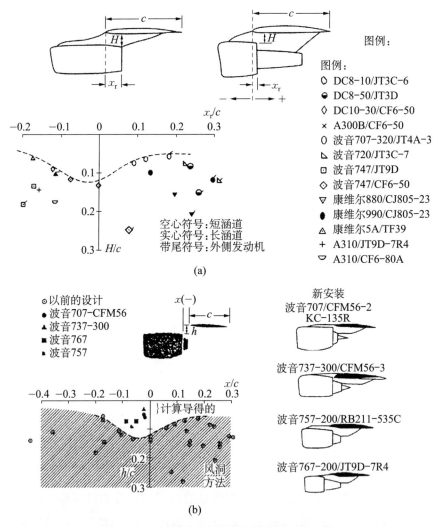

图例：

图例：
- ◐ DC8-10/JT3C-6
- ◑ DC8-50/JT3D
- ◇ DC10-30/CF6-50
- × A300B/CF6-50
- ○ 波音707-320/JT4A-3
- ◣ 波音720/JT3C-7
- □ 波音747/JT9D
- ◇ 波音747/CF6-50
- ▽ 康维尔880/CJ805-23
- ● 康维尔990/CJ805-23
- △ 康维尔5A/TF39
- + A310/JT9D-7R4
- ▽ A310/CF6-80A

空心符号：短涵道
实心符号：长涵道
带尾符号：外侧发动机

(a)

- ◉ 以前的设计
- ● 波音707-CFM56
- ▲ 波音737-300
- ◼ 波音767
- ◣ 波音757

新安装
波音707/CFM56-2
KC-135R

波音737-300/CFM56-3

波音757-200/RB211-535C

波音767-200/JT9D-7R4

(b)

图7-16　波音公司的翼吊短舱的历史性边界

(a) 借助风洞实验方法得到的基准数据　(b) 通过计算导得的近距耦合短舱位置

　　翼吊短舱主要考虑机翼-挂架-短舱之间的几何形状关系,使其要满足机翼与短舱之间的自然气流要求。在这方面波音公司和原麦道公司的气动布局专家做出了巨大的努力,通过大量的风洞试验和CFD(computation fluid dynamic)计算得到了像波音737-300和DC-8飞机的机翼-挂架-短舱之间干扰阻力最小的布局(在4和5小节中要做详细论述)。

　　(6)超级风扇发动机在飞机上的安装研究。

　　15年前就预计到,发动机会向超级风扇发展。当时德国空客公司已做完了A320飞机换装V2500发动机的低速风洞试验,在试验中发现要面对升力系数下降0.06,而高速阻力增加4%。而在A320飞机上安装超级风扇发动机,其风扇直径为116 in(V2500发动机的风扇直径为63 in(见图7-17),它对升、阻特性的影响会更大。

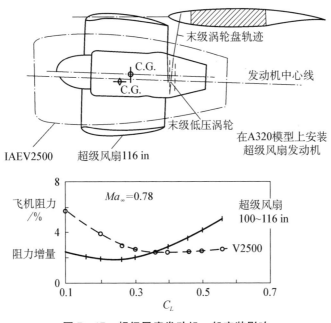

图7-17　超级风扇发动机一般安装影响

　　在发动机与机翼的近距耦合研究中,超级风扇出口位于机翼前缘之前,这就缓和了发动机与机翼下表面在低升力系数时的干扰(而长涵道短舱会产生强激波)。翼吊超级风扇发动机随着升力增加会导致机翼上表面激波加强并前移,即减小激波后掠角(见图7-18),总的代价是增加升致阻力(1~2)%。采用超级风扇发动机会带来短舱离地间隙问题。克服的办法是适当增加起落架高度,但要付出重量代价。还有一种办法是像波音737-300飞机那样,将进气道适当压扁一些。

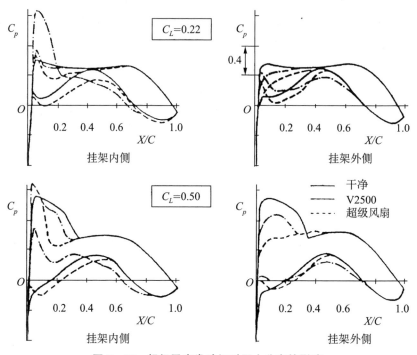

图7-18 超级风扇发动机对压力分布的影响

3)翼吊短舱的气动力问题

如图7-19所示,机翼-挂架-短舱组合体可归纳为下面8个问题。

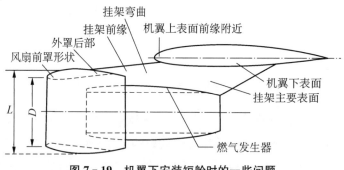

图7-19 机翼下安装短舱时的一些问题

(1)风扇前罩形状。其形状是根据 NACA 1 系翼型给出的。对于给定的

D/D_{max} 值来说,如果外罩太短,则会引起阻力增大的马赫数将太低,外罩太长,更确切地说,由于外罩上的气流分离将产生额外阻力。

(2)风扇外罩后部。其上气流受风扇喷流向前作用的不利影响,尤其受机翼流场引起的逆压梯度的影响。

(3)燃气发生器(内涵道短舱外表面)。其上的"冲刷阻力"是风扇喷流(外涵喷流)速度的函数。但是,似乎在上部,也就是更接近机翼的部分,其压力分布因受机翼和挂架的影响会有很大的改变。

(4)机翼下表面。该区是短舱和风扇喷流不利干扰的明显区域。在一定迎角时,还会导致机翼升力系数的减小。如机翼后掠,则特别在短舱内侧还会使激波过早出现。

(5)机翼上表面前缘附近。在这区域的压力分布受短舱引起的上洗流的不利影响,其结果可能改变吸力峰值的展向分布和前缘激波的发展。

(6)挂架前缘。挂架前缘及其位置多半是由实际考虑决定的,也可由选定的短舱相对机翼的位置来决定。从气动力的角度来看,如果挂架前缘延伸到机翼的上表面(见图 7 - 20),则特别是在大迎角时挂架对机翼上表面气流有大的影响。同时,形成的涡卷还会拖到后面影响平尾,使飞机焦点发生变化。如果挂架前缘位于机翼下表面驻点之后,则挂架的前缘后

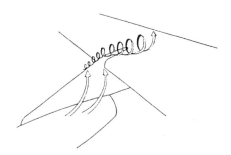

图 7 - 20　挂架-机翼交结处的涡流

掠角就会很大,这样挂架的前缘形状在很大程度上还必须与机翼侧洗气流流动一致。机翼-挂架-短舱之间的干扰阻力会对飞机的升阻比产生不利影响,这样对大升力系数时的起飞爬升状态,为满足适航条例要求的双发飞机单发停车时的爬升梯度也不利。当然该涡卷起到气动翼刀的作用,也能改善抖振边界。

(7)挂架弯曲。挂架外形常设计成与机翼下的流线方向一致,使阻力减小。但是,由于短舱和风扇喷流的干扰,会使流线方向有所改变。

(8)挂架主要表面。其上气流由于风扇喷流以及机翼与短舱之间的相互干扰而大大改变方向。

4)波音 737 - 300 飞机的机翼-挂架-短舱组合体的融合设计

虽然波音 737 飞机的飞行马赫数($Ma = 0.745$)没有波音 707 飞机得高,但是,空气压缩性对机翼-挂架-短舱组合体的影响还是需要仔细地考虑。在研制

波音707飞机所得到的经验指出,短舱吊在接近机翼下表面,会引起有害的干扰影响,即在高 Ma 数下产生激波并使阻力增大。图7-21示出了典型短舱和波音707飞机机翼剖面表面的压力分布情况。显然,如果短舱的前部或后部位置接近机翼,则压力峰值可能是叠加的。所以必须将波音707飞机的短舱安装在伸出机翼前面的挂架上,使机翼与短舱的压力场相互影响不大。图7-22示出波音737-200飞机的短舱比机翼剖面要长得多,机翼位于短舱前、后压力峰之间是合适的,所以使短舱靠近机翼是可行的。当然波音737-200飞机的巡航马赫数较低和机翼后掠角较小也有利于短舱可接近机翼安装。

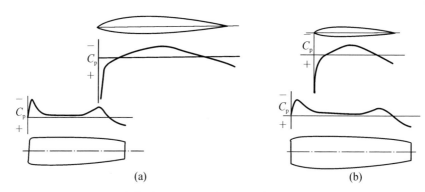

(a)　　　　　　　　　　　　　　　　　(b)

图7-21　波音707飞机和波音737-200飞机几何形状关系

(a) 波音707飞机几何形状的关系　　(b) 波音737飞机几何形状的关系

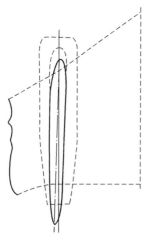

图7-22　发动机短舱挂架的外形

波音737-200飞机的这种机翼-短舱布局要求最佳的挂架设计,使挂架剖面形状顺着来流。也就是挂架中弧不是一个平面,而是一个曲面,使挂架与来流的干扰最小,如图7-22所示。

由图5-22的机翼与短舱之间的挂架剖面的平面图表明,为了使挂架剖面的中心线与流线方向一致,要求剖面前部向内弯和剖面后部向外弯。挂架头部是圆形的,以适应飞机在不同迎角时气流方向的变化。而短舱要向内偏4°,以适应流线的方向。

为了满足高速要求,挂架比较厚,这也满足机翼和短舱上部所形成的窄通道的需要,特别是外侧更需要这样。厚挂架的理想气动外形又给安装一些机构带来了方便。

通过改变靠近短舱处的机翼翼型,使在大马赫数时的阻力明显得到减小。短舱和机翼之间的干扰阻力是很小的,如图 7‑23 所示。

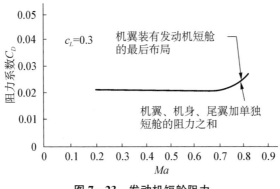

图 7‑23 发动机短舱阻力

在波音 737‑200 飞机上采用的一直延伸到机翼后缘以后的长喷管以及短舱与机翼之间的挂架外形的仔细设计同上面的空气动力考虑是非常接近的,如图 7‑24 所示。

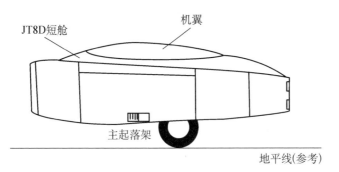

图 7‑24 737‑200 飞机上的 JT8D 发动机

后来波音公司研究准备在波音 737‑200 飞机上改换大风扇的 JT8D 发动机,在保证短舱离地间隙不变的情况下就要加长起落架,换装大风扇发动机后效率稍有提高的一点好处被起落架的加长引起的重量和费用增加抵消了。所以在波音 737‑200 飞机上改换大风扇的 JT8D 发动机并不经济,但是,从这项工作吸取的教训是,即对波音 737‑200 飞机换发时,要求保持原起落架的高度是非常重要的。

为了在波音 737‑200 飞机上改装效率高的高涵道比发动机 CFM53‑3,波音公司空气动力学研究部对发动机短舱紧靠机翼安装的空气动力特性做了一些基础研究。他们采用CFD技术,对怎样把短舱安装得与机翼靠得更近做了分析研究。

　　虽然CFD技术不能代替风洞,但是CFD技术允许人们通过真正地了解围绕物体的流场而设计出一种较好的飞机。CFD技术不仅能确定围绕着飞机的整个流场,而且与风洞不同的是CFD技术能确定全尺寸雷诺数下的流场。

　　安装在波音737-300飞机上的CFM56-3发动机短舱与机翼之间的相对位置如不用CFD技术将是不可能实现的。

　　原波音737飞机的发动机是采用低涵道比的JT8D发动机,该发动机安装在机翼-包容短舱里,短舱离地很近,提供了一种最小重量的起落架。

　　当波音公司决定把波音737-200飞机发展成为效率更高的飞机,决定选择CFM56-3发动机作为功力装置。但由于CFM56-3发动机的直径要比JT8D大20%,因此采用像装JT8D发动机的机翼-包容短舱里那样是不可能的。过去对翼吊短舱曾有一经验法则要求:进气口位置应大约在机翼前两倍进气口直径处,并位于机翼下一倍进气口直径处。按照这种规律要求,如图7-25所示的波音737飞机改装高涵道比发动机的几何形状是最能接受的短舱位置。显然,这种短舱安装位置提出了一个地面间隙问题,因为短舱下表面已经低于地面了。以上短舱布置的经验法则是基于多年的风洞试验的努力结果。

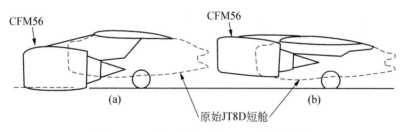

图7-25　CFD实例:波音737飞机的短舱

(a)"经验法则"短舱安装　　(b) CFD设计短舱安装

　　如果在20年前(即1984年)就采用融合式短舱布局则会增加巡航阻力,因为风洞研究显然不能确切地决定这种"干扰阻力"是由什么引起的。各种猜想如下:由超速度引起的蒙皮摩擦、增加分离、激波影响以及改变机翼展向升力分布而导致诱导阻力增加等。

　　通过使用非线性的位流面元程序,波音公司弄清了所谓"干扰阻力"的根源是由于装了挂架和短舱,使得机翼的展向载荷分布发生变化而引起的诱导阻力

（见图 7 - 26）。CFD 技术最后解决了这个 20 年来风洞中无法解决的短舱与机翼的近距干扰问题。

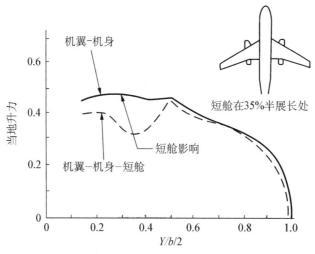

图 7 - 26　短舱对展向载荷的影响

　　根据这种信息，波音公司因而能够设计出融合式短舱以防止机翼展向升力分布的任何变化。该方法可允许设计师们根据不同的更改来研究流线和压力场。设计师寻求出一种短舱对干净机翼的流线影响最小。最后，波音公司决定修改挂架和短舱外形来消除对机翼展向载荷的不利影响，便得到了如图 7 - 16（b）左图所示的机翼-挂架-短舱组合体的融合式布局。

　　为了验证由 CFD 计算得到的融合式布局，波音公司先对波音 707 飞机换装一台 CFM56 - 2 发动机安装得非常靠近机翼进行飞行试验（见图 7 - 27）。

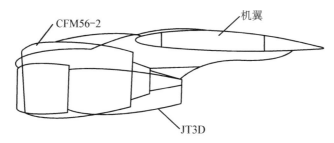

图 7 - 27　波音 707 飞机上 JT3D 和 CFM56 - 2 发动机的安装位置

　　试飞和风洞试验结果都非常令人满意。致使波音公司有信心决定在波音 737 - 300 飞机上改装 CFM56 - 3 发动机。由于该发动机直径大，即使短舱靠近机翼,而短舱离地高度仍旧太小,为了不加长起落架,后决定把发动机的附件机匣移向侧面,就使得短舱成为上小下大的"窝头形"(见图7-28)。

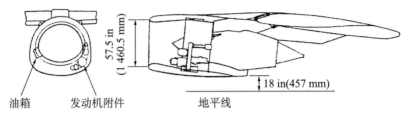

图7-28 "窝头形"短舱

在波音737-300飞机上换装CFM56-3的新短舱后,在气动力上带来的好处如图7-29所示。该图指出:阻力发散点的位置表明,短舱和挂架对波音737-300飞机的机翼是有利的,可使飞机飞得更快。同时,机翼的抖振边界也得到了改进。

新短舱和挂架设计成流线型允许机翼得到更大的升力系数。从空气动力学的角度来看,波音737-300飞机上的发动机短舱成功的安装方式如图7-30所示。

根据波音737-300飞机改装CFM56-3发动机的经验,后来在KC-135R空中加油机(即波音707飞机的前身)、波音757-200飞机和波音767-200飞机上都采用融合式的翼吊短舱。

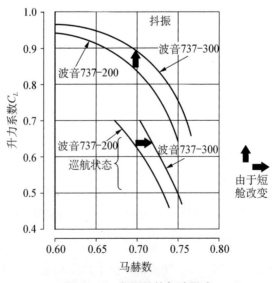

图7-29 新短舱的气动影响

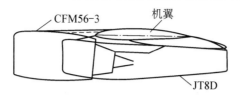

图 7 - 30　波音 737 飞机上 JT8D 和 CFM56 - 3 的安装

上面详细讨论了大直径的 CFM56 - 3 发动机装在波音 737 - 300 飞机上,没有遇到改装发动机的困难,并减小了很大的干扰阻力(约为飞机阻力的 3%~5%)。

在 CFD 技术进展的基础上发展起来的机翼-挂架-短舱融合式设计方法和风洞试验的协调都取得了极大的成功。

在巡航升力系数范围内,机翼-挂架-短舱融合式设计采用下列计算流体动力学(CFD)方法。

(1)用于复杂几何外形亚临界绕流分析的线化面元法,即为高阶面元(PAN AIR)法。

(2)分析机翼/机身/挂架/短舱跨声速绕流特性的全速势有限体积法。

(3)用于孤立发动机短舱和机翼/机身/挂架/桨扇布局的三元、时间相依的欧拉方程解法。

(4)用于排气系统分析和排气尾流锥修正的轴对称或显示纳维尔-斯托克斯(Navier-Stokes,N - S)方程解法。

由上面同时用几种方法来计算融合式翼吊短舱的干扰阻力就可说明,没有一种用单个程序可以满足发动机/机体一体化设计中全部计算要求,而是需要一个程序工具库,相互补充。

5) DC - 8 飞机的机翼-挂架-短舱组合体的气动力设计

DC - 8 飞机的机翼-挂架-短舱之间的相互干扰问题是用道格拉斯公司的赫斯和史密斯所发展的一种强有力的计算任意物体位流的方法来解决的,这是一种适用于三元问题的复杂的计算方法,需求解大量的联立方程组,以求得给定物体表面上分布奇异性的气动力影响系统。图 7 - 31 示出了用这种计算简化的DC - 8 布局的模型,其中忽略了机身和外翼,同时考虑了机翼的上、下表面和短舱的内、外表面,使几何形状很复杂。计算中考虑了包括压缩性影响的戈泰特变换,在 $Ma_\infty = 0.825$ 和 $C_L = 0$ 的条件下计算了压力分布,风洞试验数据是利用包括外翼和外侧短舱的 DC - 8 飞机的全模得到的。

图 7 - 32 描述了 DC - 8 飞机的风洞试验和计算结果,其一致性比较好。从图中曲线看出,挂架内侧的负压峰值比外侧要高,这一点在设计上是感兴趣的。

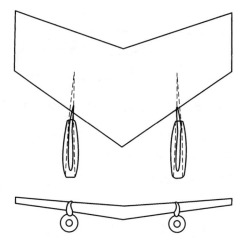

图 7 - 31　DC - 8 飞机局部机翼-挂架-短舱组合体

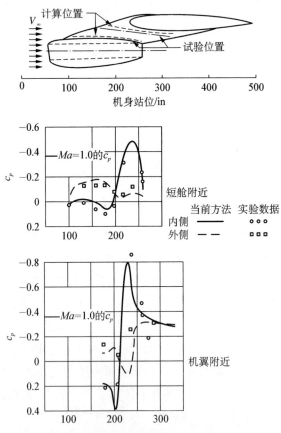

图 7 - 32　DC - 8 挂架在短舱和机翼附近的计算和试验
压强分布对比,在自由流中 $Ma = 0.825$,零
升力状态

最后得到靠近机翼的挂架上部为弯曲形状,挂架后缘向内弯曲,以顺着气流。而靠近短舱的挂架下部是对称的。

在阻力特性方面,机翼-挂架-短舱组合体的阻力比 3 个部件单独阻力之和还小,即在机翼、挂架和短舱之间是有利干扰,使挂架的阻力发散马赫数从 0.7 增加到 0 85。

挂架形状的影响:绕挂架的加速气流会使机翼下表面形成高速气流,对机翼流场有不利影响,所以需对挂架做修型,使速度降低。如图 7 - 33(a)所示,在机翼下表面,如挂架外形适合当地流线外形,则在挂架上会产生升力,该升力分量的投影会产生一个推力,从而抵消一部分阻力。为了这个目的,在风洞试验中做了几种挂架外形[见图 7 - 33(b)],对挂架外形做些修型,使之偏一个角度,可减小干扰阻力,在图上还给出了短舱偏转后的结果。将短舱安置得接近于对准来流的方向,阻力也会减小。需要指出,挂架修型可使机翼下表面的速度峰值大为

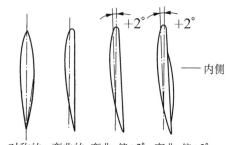

对称的　弯曲的　弯曲,偏+2°　弯曲,偏+2°

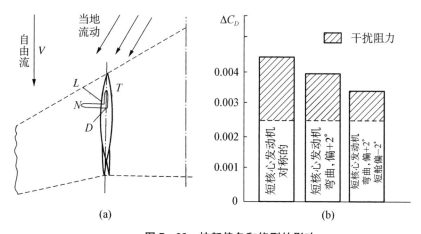

(a)　　　　　　　　　　　　(b)

图 7 - 33　挂架偏角和修型的影响

(a)当地流动对挂架的作用　(b)挂架修型对阻力的影响

降低,但是还不能完全解决这个问题。为了消除机翼下表面的超声速区,还需要对机翼进行修型。

在风洞试验流态分析的基础上,对挂架或短舱的局部外形做些修型,如采用弯曲挂架外形或采用反弯度的挂架弦线外形(见图 5 - 33)设计或像康维尔 990 飞机在机体布局机翼-挂架-短舱组合区域采用局部面积律以减小干扰阻力(见图7 - 34~图 7 - 38)。

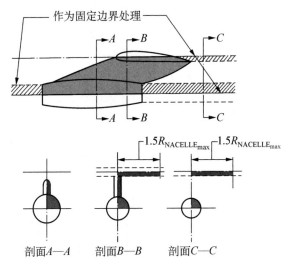

图 7 - 34　用于每一个短舱的每一侧的初始面积分布边界

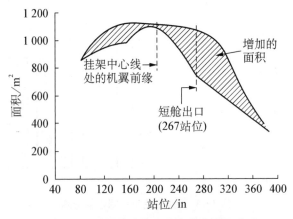

图 7 - 35　所需修改面积分布方案图解说明

初始面积分布边界

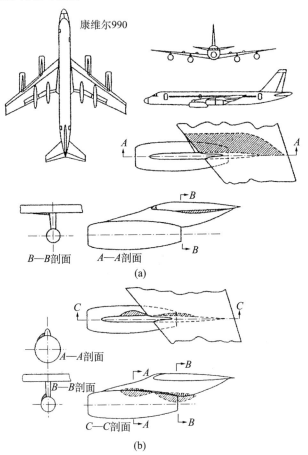

图 7-36 (a) 机翼前缘和下翼面整流罩方案 (b) 短舱整流罩方案

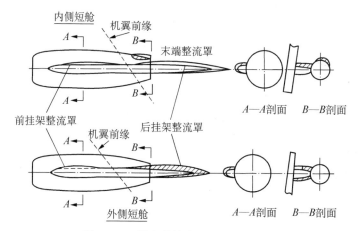

图 7-37 最有效的布局改进图解说明

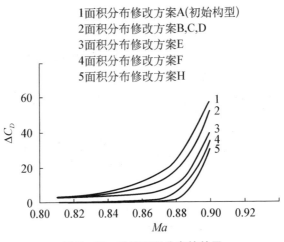

图7-38　改进面积分布的效果

6) ONERA:法国宇航研究院关于短舱位置对阻力增量的影响

研究结果示于图7-39。图中实线为前下位,短虚线为后下位,长虚线为后上位。由图可见,在 Ma 为0.75左右,不同短舱位置所增加的阻力都很小,而在偏离该马赫数时表现出完全不同的状态: $Ma<0.75$ 时更前、更下的位置(实线)阻力不仅没有减小反而比后上位置更大。 $Ma>0.75$ 时则和前面所述的结论一致——前下位置短舱阻力更小。由此可得出结论:短舱/机翼相对位置的选择与设计巡航马赫数有密切的关系。

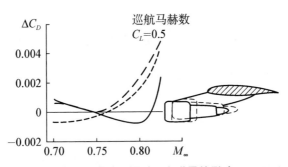

图7-39　翼吊发动机位置对阻力增量的影响(ONERA)

NASA:图7-40示出 NASA 对短舱干扰的风洞试验结果,其中包括对39%半翼展剖面压力分布和机翼展向升力分布的影响,以及短舱阻力增量和干扰阻力的大小。

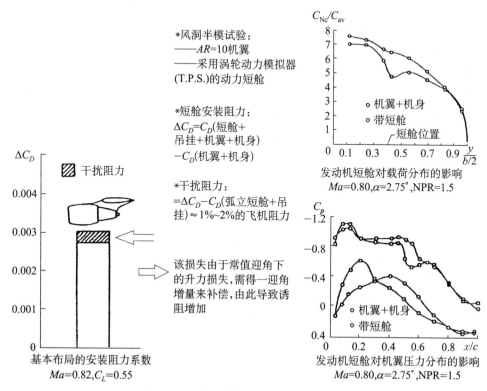

图 7-40 短舱/挂架机翼干扰阻力研究

7）发动机短舱在机翼下的展向位置

短舱在机翼下的展向位置应和机翼平面形状，特别是民用运输机机翼后缘和前缘有延伸的机翼平面形状转折处的位置以及前、后缘增升装置和副翼、扰流板布置要一起统筹考虑。

根据统计数据，对 4 发飞机，内侧发动机一般位于 30％～37％的半翼展处，外侧发动机一般位于 55％～67％的半翼展处。双发飞机的发动机位于 33％～38％的半翼展处。

（1）单发停车引起的偏航力矩。

单发停车引起的偏航力矩将随着发动机安装位置外移而增大，这样将使空中最小操纵速度 V_{MCA}、地面最小操纵速度 V_{MCG}、着陆进场最小操纵速度 V_{MCL} 增大，难以满足适航条例（如 FAR-25 部 149 条款）规定的要求而往往构成对垂直尾翼和方向舵设计的临界条件。

（2）短舱展向位置的确定要与襟翼、副翼布置统一考虑。

对于民用运输机避免喷流打襟翼的办法是在发动机位置（4 发飞机的内侧发动机位置和双发飞机的发动机位置）设计高速副翼。例如波音 707、A300B、DC - 10、波音 767 和波音 777 等飞机就是这样。

（3）发动机短舱展向位置对阻力的影响。

发动机短舱展向位置对阻力的影响与具体的机翼布局有密切的关系，要根据风洞的对比试验结果而定。下面举 C - 5A 军用运输机的例子。

由于 C - 5A 飞机的发动机短舱采用翼吊，对短舱的展向位置进行了一系列的风洞试验，取阻力最小为最佳位置，试验结果如图 7 - 41 所示。

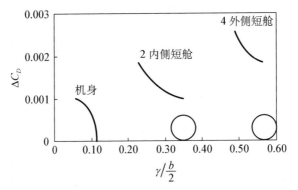

图 7 - 41 挂架-短舱展向位置的影响

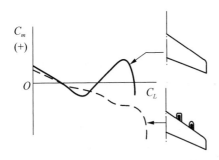

图 7 - 42 翼吊短舱对纵向稳定性的影响

（4）短舱展向位置对纵向稳定性的影响。

翼吊发动机短舱可能对大迎角下的气流起有利作用，并有消除后掠机翼"上仰"的作用（见图 7 - 42），在一定程度上，短舱的作用类似于"干净"机翼上经常使用的翼刀。

根据（1）中的说明，在满足最小限制速度下，以及在外侧发动机发生故障时，保证航向配平的条件下，发动机短舱尽量外移。这样做的优点如下：

a. 对机翼的卸载更有利，可以使内侧襟翼做得更大，这就可把外侧襟翼做得小些，也可克服大外侧襟翼带来的不良的上仰特性。可阻止气流沿展向流动，改善飞机的纵向力矩特性，如图 7 - 43 所示。

b. 对于低平尾飞机，大迎角时喷流将靠近平尾，由喷流抽吸作用引起的下

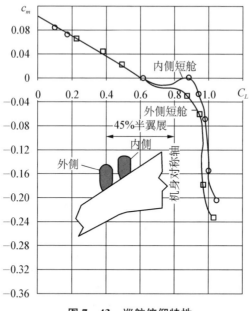

图 7 - 43 巡航俯仰特性

洗将降低平尾的效率,外移发动机可减小这种影响。

c. 对于后掠机翼,可用改变发动机短舱的展向位置来调整重心位置。

8) 翼吊发动机短舱的安装角和内偏角

(1) 为了减小短舱与机翼之间的干扰,在机翼平面内,发动机短舱轴线相对于顺气流机翼剖面的角度称为偏角。为了减小阻力,使发动机短舱的轴线与挂架对着当地流线的方向。分析在典型的巡航状态,阻力系数增量 ΔC_D 与发动机短舱轴线偏角的关系,发现有小的向内偏角时阻力最小,更大的向内偏角或较小的外偏角均使阻力增大,建议 $\varepsilon = -2°$(定义向内偏角为负)。ЦАГИ 推荐此角度为 $-0.5°\sim-2°$。(对于后掠角为 $25°\sim30°$ 的机翼)(见图 7 - 44)。一般都是短舱头部向内偏 $1°\sim-2°$。

(2) 短舱轴线与当地机翼剖面弦线之间的夹角称为安装角。该角度取决于气动力(减小安装阻力)、总体(保证进气唇口最低离地高度、飞机俯仰和姿态角组合中短舱不触地)等综合因素,一般认为在飞机巡航状态短舱轴线应与来流一致以减小阻力。

ЦАГИ 推荐的最小阻力迎角为 $+1°\sim+3°$,如图 7 - 44 所示。

图 7 - 45 表明最小附加阻力确实发生在小的正迎角。但短舱的存在使升力

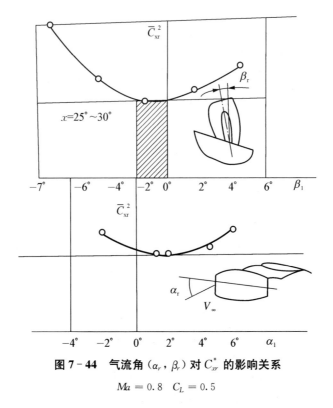

图 7 - 44　气流角（α_r，β_r）对 C_{xr}^* 的影响关系

$$Ma = 0.8 \quad C_L = 0.5$$

有所损失，其损失量随迎角变化不剧烈，而且升力损失最小的迎角与阻力最小的迎角基本上是一致的。

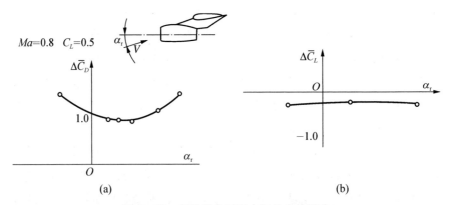

图 7 - 45　短舱迎角对阻力和外力的影响

C-5A 飞机的短舱倾角（即安装角）为＋2°（见图 7 - 46），这是风洞试验结果所得的最佳值。采用 2°的短舱正倾角，可减小在起飞爬升过程中喷流冲击到襟翼上的幅度,减小排气冲击阻力,并减小由此引起的损失,而起飞爬升则是 C -5A 这样的飞机机场性能要求的很重要的项目。短舱在其垂直平面内的倾角一般在0°～4°之间。

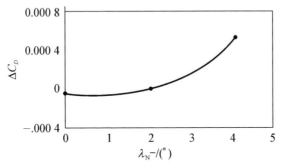

图 7 - 46 短舱安装角的影响

　　短舱相对于机翼的上、下位置还要考虑发动机喷流对襟翼的影响,不应该使喷流打到襟翼,因为喷流打襟翼会影响飞机的起飞着陆性能和操稳特性,并使襟翼处在极热和高噪声环境里,产生热、声疲劳问题。一般假定喷流半顶角度为10°～15°,襟翼后缘在这喷流边界以外就可以了,认为是安全的(见图 7 - 47)。下面给出喷流场的计算公式。

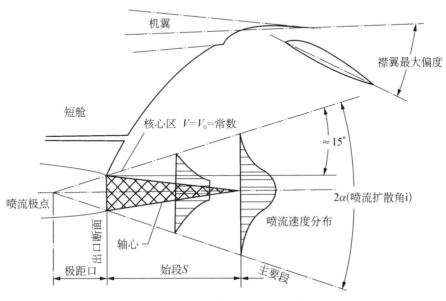

图 7 - 47 发动机尾喷流示意图

$$\alpha = \left(1 - \frac{V_H}{V_a}\right) \arctan(\alpha\varphi)$$

$$S = \frac{R_a}{a}\left(1 - \frac{1}{\varphi}\right)\frac{1}{1 - \dfrac{V_H}{V_a}}$$

$$(V_{mx} - V_n) = \frac{1}{a\dfrac{x}{R_a}}(V_a - V_H)\frac{1}{\sqrt{1 - \dfrac{V_H}{V_a}}}$$

$$(T_{mx} - T_H) = \frac{0.67}{a\dfrac{x}{R_a}}(T_a^* - T_H)\frac{1}{\sqrt{1 - \dfrac{V_H}{V_a}}}$$

$$V_{x\cdot r} = V_{mx}\left(\cos\frac{\pi}{2}\frac{r}{R_x}\right)^{3.5}$$

$$T_{x\cdot r} = T_{mx}\left(\cos\frac{\pi}{2}\frac{r}{R_x}\right)^{1.75}$$

式中:α 为燃气尾喷角;S 为起始段;R_a 为喷口断面的半径;a 为湍流系数。一般 $a = 0.1 \sim 0.15$;$\varphi = 3.4$;V_H 为飞行速度;V_a 为喷管出口速度;V_{mx} 为喷流主要段内距极点 x 处断面 F_x 喷流轴心速度;T_{mx} 为喷流主要段内距极点 x 处断面 F_x 喷流轴心温度;T_H 为当地的天气温度;T_a^* 为喷管出口温度;R_x 为 F_x 断面的半径;r 为 F_x 断面内确定流速 $V_{x\cdot r}$,或温度 $T_{x\cdot r}$ 所取的半径;$V_{x\cdot r}$ 为 F_x 断面上半径为 r 处的速度;$T_{x\cdot r}$ 为 F_x 断面上半径为 r 处的温度。

从上面的公式中我们知道,随着飞行速度的增加,尾喷角减小。

通常不允许喷流打到飞机的任何活动面上,因为这要引起活动面振动,并产生排气冲击阻力。如美国的 C-17 重型军用运输机利用发动机喷流实现襟翼外吹气(externally blown flaps,EBF)(见图 7-48),使飞机升力系数达到 5.6,大大缩短起飞和着陆滑跑距离,并可在 900 m 的前线简易机场起落,而地面滑跑距离 600 m 左右。但是,由于热喷流为高温,襟翼用铝合金制造,使飞机不能在全状态飞行。后来襟翼改用钛合金,这样,解决了飞机可在全状态飞行。

(3) 翼吊短舱的飞机避免喷流打襟翼的方法。

a. DC-8 飞机:

常规飞机的襟翼下偏时必须避开发动机的喷流,因为喷流打襟翼将引起结构振动,使结构产生振动疲劳。另外,襟翼为铝合金部件,处在喷流高温下是不利的。翼吊 4 发的 DC-8 飞机,其机翼后缘为双缝襟翼,在每个内侧发动机的

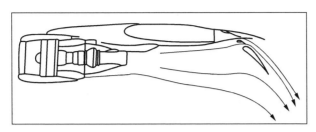

图 7 - 48　C - 17 飞机外吹气襟翼及排气路线

中心线后方装有一小块可转动的部分襟翼,当襟翼偏转超过 25°时,该小部分襟翼便偏转保持水平(见图 7 - 49),使喷流得以通过,并可避免在起飞着陆时最大升力系数的损失。

b. 波音 707 飞机(包括 A300B、DC - 10、波音 767 和波音 777 等飞机):

这些飞机为避开喷流打襟翼,在发动机位置的机翼后缘布置高速副翼(而波音 707 飞机只是在内侧发动机后部布置高速副翼)。

c. 波音 737 - 300 飞机:

翼吊 2 台发动机的波音 737 - 300 飞机的机翼后缘为 3 缝襟翼,在发动机位置的后部正好是襟翼滑轨整流罩,只是考虑到喷流边界在内襟翼外侧后部和外襟翼的内侧后部设计排气门,其偏度比襟翼要小(见图 7 - 50)。

d. 波音 757 飞机:

波音 757 飞机机翼后缘采用双缝襟翼,分主襟翼和后襟翼,但在发动机位置,为了避免喷流打

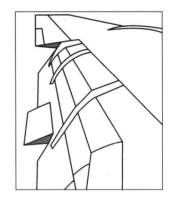

图 7 - 49　DC - 8 飞机的机翼后缘襟翼为减少发动机喷流打在襟翼上的载荷,局部襟翼向上偏转一个角度

翼,不设计后襟翼,只有主襟翼,也就变成单缝襟翼(见图 7 - 51),因为主襟翼的偏度比后襟翼的偏度小,这样做仍是为了避开喷流打襟翼。

7.3.2　发动机短舱的尾吊布局

1) 发动机短舱在机身的纵向位置

(1) 尾吊短舱的飞机,都采用 T 形尾翼布局,如果从改善 T 尾的大迎角俯仰力矩特性出发,尾吊发动机短舱相对机身的位置应前移,以避开大迎角时短舱

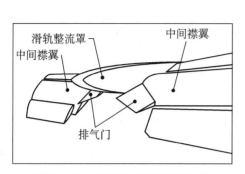

图 7 - 50　排气导向门的安装位置

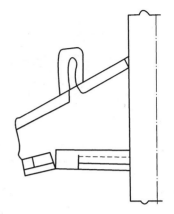

图 7 - 51　波音 757 飞机在喷流区域由双缝襟翼改为单缝襟翼

涡流对平尾的有害干扰。但是,从安全方面考虑,根据适航条例要求,当涡轮盘和叶片损坏后,一旦穿透短舱,决不能打到机身的密封客舱内。该项要求在总体布置上体现在首级涡轮转子叶片以向前 5°的角度摔出时不能碰到机身后气密舱球面承压框,由此决定尾吊短舱的最前位置。

（2）尾吊短舱布局在定位时要考虑深失速问题。

民用运输机后机身尾吊短舱的 T 尾布局（在短舱定位中）和军用运输机翼吊短舱的 T 尾布局要考虑大迎角飞行时的深失速问题。图 5 - 52 示出超过失速迎角后典型的分离尾流区现象。机翼失速后平尾依次被机身尾流、机翼尾流以及发动机短舱和挂架的尾流所掠过。随着平尾进入这些分离尾流区,平尾的功

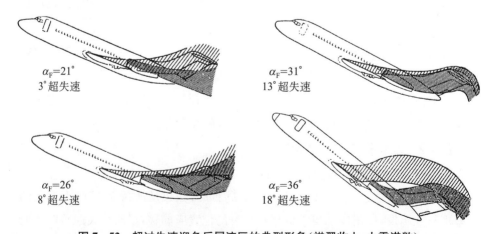

$\alpha_F=21°$
3°超失速

$\alpha_F=31°$
13°超失速

$\alpha_F=26°$
8°超失速

$\alpha_F=36°$
18°超失速

图 7 - 52　超过失速迎角后尾流区的典型形象（襟翼收上,小雷诺数）

能要受到下洗增大和动压大大降低的影响,而这些都是破坏平尾对稳定性贡献的不利因素并使飞机的操纵力矩比在不受扰动的自由流中要小得多。图 5 - 53 示出典型的俯仰力矩随迎角变化的曲线,失速发生在 $\alpha = 16° \sim 17°$,C_m 随 α 的变化曲线与重心位置、升降舵偏角、平尾偏角及其他活动面的位置有关。在大迎角下,动压已有很大降低,升降舵变得无效而飞机又处在配平点($\alpha = 46° \sim 49°$ 处),迎角增加产生低头力矩,迎角减小产生抬头力矩,而升降舵对俯仰力矩几乎不起作用,飞机宛如被锁定在该配平点,这就是"深失速"。

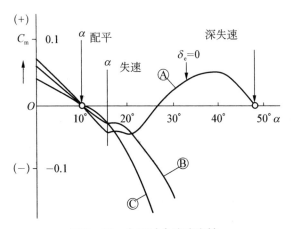

图 7 - 53 全机过失速稳定性

拉开短舱与机翼之间的距离,有利于大迎角时机翼洗流与短舱、挂架的尾流错开,从而改善了深失速状态下的力矩特性。例如,DC - 9 - 30 飞机的机翼与短舱之间的距离比 DC - 9 - 10 飞机加长了约 1.6 m,图 7 - 54 示出在小迎角下纵向稳定性没有多大差别,而在大角时力矩特性差别很大:DC - 9 - 10 飞机在迎

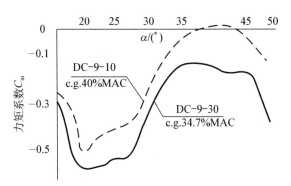

图 7 - 54 DC - 9 - 10 型和 - 30 型力矩特性

角 $\alpha = 43° \sim 44°$ 时出现了第二个平衡点,而 DC - 9 - 30 飞机的大迎角力矩特性有了明显改善,消除了深失速现象。

(3) 尾吊发动机短舱安装在机翼的后上方,产生了这种布局独特的气动力现象,即所谓的惠特科姆(Whitcomb)机身效应。这一效应主要是由于作用在进入发动机流管上的正压抑制了机翼上表面的流速所引起的现象,如图 7 - 55 所示。该效应在高速时对阻力的影响较明显,有降低短舱前方机翼上表面激波前吸力峰的作用,使激波位置前移,削弱了激波强度,减小激波阻力。这一效应对机翼内侧上表面的压力分布影响大致如图 7 - 56 所示。显然,这一效应的影响很大程度上取决于发动机短舱进气口与机翼之间的前后和上下距离以及流管的

图 7 - 55　短舱进气流管对机翼的影响

大小。原麦道公司曾在 DC - 9 - 30 飞机上换装了大推力发动机并由试验证明:在 $Ma = 0.7$ 和 $C_L = 0.35$ 时,阻力的降低约为该机巡航阻力的 2%($\Delta C_D = 0.0005$)。这一收益大致可抵消因增大发动机短舱而增加的摩阻和型阻。

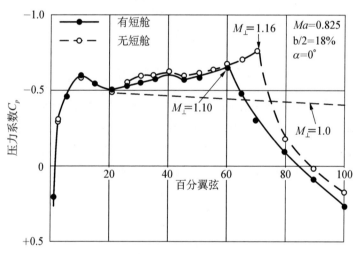

图 7 - 56　短舱对机翼上表面压力的影响

2) 发动机短舱在机身上的侧向位置

短舱-挂架-机身之间的干扰阻力主要产生在收缩扩散流道(见图 7 - 57 的斜线部分为下方流道)内。产生干扰阻力是由于附面层在扩散段分离而引起的阻力和高速时因流道内流速达到声速而产生的波阻以及激波诱导附面层分离所产生的波阻。这些干扰阻力与短舱、挂架和机身之间外形的协调和流道的收缩

扩散变化关系较大。为了防止或减少这些阻力的产生,采取的措施如下。

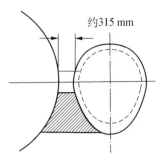

图 7‑57 挂架、短舱和机身收缩扩散流道

(1) 挂架采用后缘带前掠的平面形状,使挂架与机身之间的连接过度较长,如图 7‑58 所示,目的主要是使在机身附近的扩散更趋缓和,减少附面层在该区域的局部分离和扩大,这一措施在荷兰福克公司研制 F‑28 飞机的过程中,曾进行过试验研究,试验证明,延长挂架与机身连接的弦长,能有效地防止挂架与机身连接处的附面层分离,有明显降低阻力效果,如图 7‑59 所示。

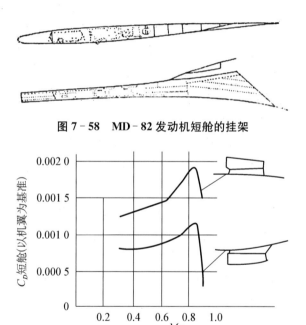

图 7‑58 MD‑82 发动机短舱的挂架

图 7‑59 F‑28 发动机短舱和挂架阻力特性(巡航状态)

(2) 短舱头罩的长度和弯度对阻力的影响(见图 7‑60)。从图中看出,头罩短又带弯度其阻力最小。

(3) 挂架展向切面后缘的修型基本上使切面后缘上表面保持同一压力分布(见图 5‑58 的挂架后缘前掠形状)。防止附面层展向流动,减少局部分离,降低阻力。另外,为了尽可能降低干扰阻力,挂架剖面采用对称翼型,并采用较小相对厚度的翼型(6%)。

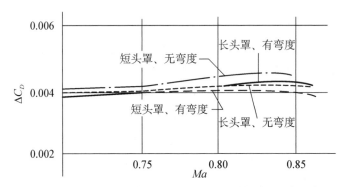

图 7 - 60　短舱头罩的长度和弯度对短舱挂架阻力的影响

（4）为了使气流收缩扩散的变化缓和，可通过试验得到挂架的最佳宽度。如果宽度增加，干扰阻力就降低，但大迎角时挂架尾流对平尾效率不利，降低改出深失速的能力，而且使挂架重量也增加。如果挂架宽度太小，使流道变化较剧烈，可能会出现局部超声速流，使扩散段正压增长，易于导致附面层分离及机身附面层进入进气道的可能，影响发动机工作。

为了防止机身附面层进入进气道，挂架宽度实际起到附面层隔道的作用。一般附面层厚度为每 1 m 机身约 1.1 cm，VC - 10 飞机是以每 1 m 机身约按 1.2 cm来设计，而 DC - 9 飞机是按 1.7 cm 来设计，MD - 82 飞机的隔道宽度为约31.5 cm，既满足气动力要求，又节约了重量。

3）侧滑状态机体涡流对发动机工作和进气流场的影响

DC - 9 飞机系列经过大量的高、低风洞试验，得到如下结论：

（1）侧滑时机身涡流不会进入进气道。

（2）除了高速时超过抖振边界较多的情况下，发动机吸入扰流板和增升装置产生的涡流和失速时机翼尾涡进入发动机对进气总压畸变都没有超过 5% 的容限要求。

（3）侧滑时不会出现发动机喘振，但在带动力失速状态或失速后有明显的发动机喘振或轰鸣出现。

在侧风着陆和地面扰流板全部打开情况下，一般发动机进气口总压分布和总压畸变随流量的增大而恶化。如 DC - 9 - 10 在侧风着陆条件（$Ma = 0.2$ 和侧风 18 m/s）下使用反推力，进气口总压分布和总压畸变与流量关系如图 7 - 61所示。

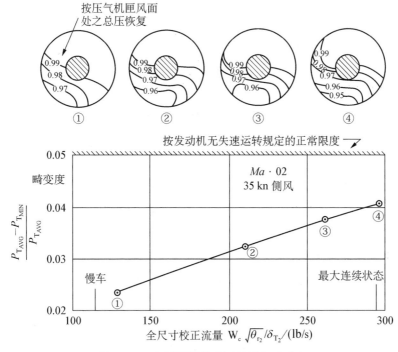

图 7-61 用地面扰流板时的进气道畸变

4) 尾吊发动机短舱的安装角和外偏角

(1) 短舱外偏角的确定。

根据 CFD 计算得到的流线看出(见图 7-62),在发动机安装平面内,要求进气道轴线外偏 1°~2°(见图 7-63),其作用有两个:

a. 加大推力的力臂,增大单发停车时的偏航力矩,以降低单发停车时方向舵在正常操纵时的操纵力。FAR-25 部要求,在最小操纵速度时方向舵的脚蹬力不可超过 667 N(150 lbf)。减小方向舵偏角,需向不停车发动机一侧进行侧

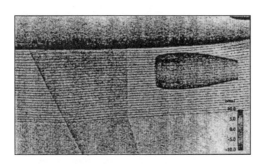

图 7-62 短舱进气面按流线向外偏

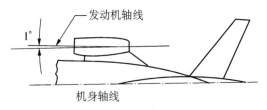

图 7-63   MD-82 发动机安装平面图

滑。这样,平衡侧滑所需方向舵偏角与平衡偏航力矩所需方向舵偏角正相反,为使不出现反常操纵现象,即右侧滑偏左舵,反之亦然,适当增大偏航力矩就可达到这一目的。

b. 为了减少机身尾部的死区,减小底部阻力。这一偏转相当于增加了喷管向内的扩散角,增加机身尾部表面附面层的压强来减小底部阻力。

(2)短舱安装角的确定。

发动机短舱安装角的选择主要考虑获得最大效率和减少不利影响。

从 CFD 计算的流谱图看出(见图 7-64),后机身侧面的流线在短舱前面由于机翼产生一个下洗场,使气流有一个向下偏角,为了提高巡航时的进气效率,减少进气损失,使发动机轴线与机身基准线间以一个 3.5° 角安装(见图 7-65),使进气道唇口基本对准来流方向,并尽量减小局部气流方向与进气道轴线的夹角。该安装角是根据高速巡航条件下,机翼在发动机短舱处所产生的下洗及机

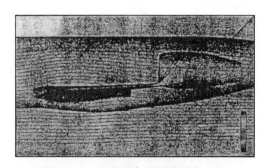

图 7-64   短舱进气面按流线向上仰

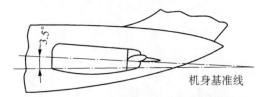

图 7-65   MD-82 发动机安装侧视图

身对该区域的下洗而确定的。

另外,正安装角的好处也可增大地面滑行时积水喷溅角,以减少起飞着陆时发动机工作中受泥水的影响。

7.3.3 翼吊发动机短舱的优缺点

1) 优点

(1) 在飞行中可使机翼结构卸载,并可降低机翼的弯矩,这可减轻飞机的结构重量;

(2) 可减轻湍流大气中的机翼振动,可作为防止机翼颤振的配重;

(3) 在挂架内安装防火墙,将机翼和发动机隔开,安全性较好;

(4) 容易换装更先进的发动机,此外发动机离地高度小,维护较方便;

(5) 短舱离机身远,可降低从发动机传到旅客舱内的噪声级;

(6) 安装反推力装置较方便,结构重量也相对较小;

(7) 短的进气道管道,使进气道和喷口可得到最有利的形状和尺寸,使推力损失小;

(8) 可能对大迎角下的气流起有利作用,并有消除后掠机翼上仰趋势(见图5-42)。

2) 缺点

(1) 对于4台发动机飞机,当外侧发动机发生故障停车时,飞机的偏航力矩相对较大;

(2) 因为发动机短舱离地面较近,起飞开车滑行时,外来物易吸入进气道,从而打伤发动机;

(3) 由于发动机喷流使后缘襟翼布局困难性增加;

(4) 由于要保证进气道唇口有足够的离地高度,起落架支柱高度要增加,使起落架重量增加;

(5) 当发动机短舱的下沉量和前伸量选择不当时,会引起较大的干扰阻力,就会降低干净机翼气动力性能;

(6) 若机翼一侧有多台发动机,在反推力装置工作时,发动机排出的燃气易造成再吸入,影响发动机性能。

7.3.4 尾吊发动机短舱的优缺点

1) 优点

(1) 机翼的气动外形相对干净。消除了机翼、挂架和发动机短舱之间的干扰阻力,从而改善了飞机的升阻特性,特别是消除了飞机爬升状态大升力系数情况下挂架和机翼交接处所产生的涡流阻力(见图 7 - 20)。这对满足适航条例对双发飞机单发停车时的爬升梯度要求具有特别重要的意义。当然尾吊发动机布局也存在干扰阻力。

(2) 不存在发动机短舱、挂架和发动机尾喷流的分割影响,可以在机翼上最大限度地布置后缘襟翼和前缘缝翼等活动面,以改善飞机的起落性能及操纵特性。

(3) 可以按优化的纵向和横向的操纵性与稳定性要求来确定机翼的上反角。

(4) 尾吊短舱使机身客舱的前部、中部的噪声相对较低,旅客的舒适性相对较好。

(5) 发动机进气道位置较高,可减少起飞和着陆滑行过程中外来物打伤发动机的可能性。

(6) 相对来说,换装大尺寸发动机的约束条件比翼吊发动机短舱少一些,如起落架的高度就不必考虑,反推力装置工作时互吸和自吸现象减小。

(7)飞机应急着陆时发动机擦地的可能性小。

2) 缺点

(1) 输油管路长,而且管路通过客舱,要求密封性好。

(2) 侧滑飞行时机身两边发动机的进气可能不均匀,会使发动机的性能受到影响。

(3) 大迎角时喷流将靠近水平安定面,喷流的抽吸作用会诱导出下洗,这将降低平尾的有效性。为了使水平尾翼避开发动机喷流的影响,把平尾上抬变成 T 尾,由于平尾起到端板作用,使垂尾效率增加,但 T 尾也会增加垂尾的结构重量。由于是尾吊发动机短舱,大迎角时短舱尾流打到平尾上,可能会造成大迎角深失速问题。

(4) 因为发动机布置在后机身,为了满足重心变化范围要求,机翼就要向后移,就使机翼前的机身加长,使结构重量增加,也增加前机身弯矩。发动机的重力和惯性载荷明显增加后机身的弯矩,据统计,尾吊发动机短舱布局的机身结构重量比翼吊布局的约大 10%~15%。机翼因为没有发动机的卸载作用,其结构重量也大。由于前机身加长,必须把垂尾面积加大,以保证飞机的方向稳定性。

(5) 发动机离地较高,维护工作带来一定的困难。

(6) 空机重心靠后,满载重心靠前,重心移动范围大,因此平尾配平阻力也大。

7.4　短舱和进气道设计

发动机短舱和进气道是飞机设计制造公司和发动机设计制造公司共同关心的部件。

发动机设计师主要关心进气道要给发动机提供所需的空气流量,要求空气在进气道内的总压损失小和均匀度高,使发动机发出尽可能大的推力。

飞机设计师主要关心短舱不要产生很大的阻力,对飞机性能影响较小。亚声速涡扇发动机短舱如图7-66所示。对于短外涵涡扇发动机短舱[见图7-66(a)]是由进气道、短舱外罩和排气系统组成。而全外涵涡扇发动机短舱[见图7-66(b)]是由进气道和短舱外罩组成,由于风扇排气和核心发动机排气是在短舱内混合并从短舱后部排出,所以可认为只有进气道和短舱外罩两部分组成。

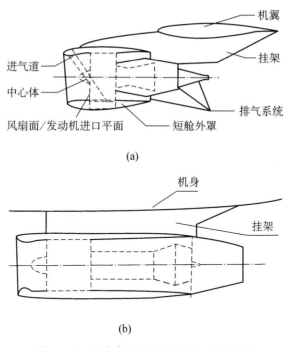

(a)

(b)

图7-66　涡扇发动机短舱的主要气动部件

（a）短外函发动机短舱(翼吊式)　（b）全外函涡扇发动机短舱(尾吊式)

7.4.1　短舱和进气道的气动设计要求

对发动机短舱和进气道的要求是应保证提供发动机在各种工作状态下需要

的进气量,外部阻力要小,进气道内总压恢复要高,在发动机进口处要保证合适的流速和均匀的流场,能否满足这些要求与进气口面积、短舱头罩外形、进气道道内布置以及尾部外形设计关系较大。

1) 低速设计要求

(1) 正常起飞时进气道总压损失小和流场畸变小,以保证发动机推力损失小,并且在飞机的飞行包线范围内不发生发动机喘振。

进气道总压损失用总压恢复系数 σ 度量,其定义是

$$\sigma = P_f/P_\infty$$

式中:P_f 是进气道出口(风扇/发动机进气口平面)处的气流平均总压;P_∞ 是自由流总压。一般要求起飞滑跑时 $\sigma \geqslant 97\%$。

进气道出口或发动机进口处的流场畸变指标是总压畸变系数 IDC,其定义是[12]

$$IDC = (P_{AVG} - P_{MIN})/P_{AVG}$$

式中:P_{AVG} 和 P_{MIN} 分别是风扇处的平均总压和最小总压。一般要求 $IDC \leqslant 5\%$。

英国发动机公司常用的指标是畸变系数 DC(60),其定义是[12]

$$DC(60) = (P_{AVG} - P_{60})/q_{AVC}$$

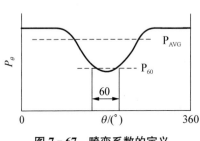

图 7 - 67 畸变系数的定义

式中:P_{60} 是风扇面处总压损失最大的 60° 幅角内的平均总压(见图 7 - 67);q_{AVG} 是风扇面处的平均速压。

图 7 - 68 给出涡扇发动机短舱典型的低速工作边界要求,即进气道自由流迎角 α(进气道轴线与自由流之间的夹角见图 7 - 69)与飞行速度的关系。进气道的设计能够通过倾斜发动机短舱前部可改变进气道的形状来补偿飞机迎角的这种变化(见图 5 - 69)。注意进气道内部和底部轮廓形状的不同是大迎角和巡航状态时所需要的。发动机短舱的倾角可用下式估计:

低速飞机 $\alpha_{nac} = 0.5° + 1.4\alpha_{A/C}$

高亚声速飞机 $\alpha_{nac} = 0.5° + 1.1\alpha_{A/C}$

式中,$\alpha_{A/C}$ 是飞机巡航迎角。

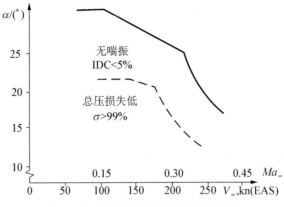

图 7‐68 涡扇发动机短舱的工作边界

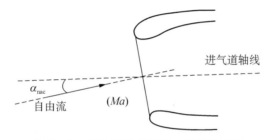

图 7‐69 进气道轴线与自由流夹角示意

（2）起飞爬升第二阶段停车（风车状态）时，风车发动机短舱外罩不能产生严重的气流分离而引起阻力的急剧增加，影响飞机达到规定的爬升梯度。

（3）在规定的最大侧风速度（$V_N = 35\,\mathrm{kn} = 65\,\mathrm{km/h}$）和最大起飞推力状态下，进气道内的气流分离只能在飞机静止时存在，随着飞机在跑道上加速应很快消失，以满足飞机侧风起飞要求。侧风主要影响进气道内部的气流分离，导致流动畸变和风扇可能失速。通过加厚进气道侧面的前缘厚度减小由侧风引起的气流分离来减小这种影响。

2）高速设计要求

（1）高速巡航时进气道总压恢复系数 $\alpha = 99\%$，流场畸变指数 $IDC < 1\%$。

（2）发动机最大巡航推力和风车状态时的溢流阻力低。

（3）短舱外罩的阻力发散马赫数高于飞机的阻力发散马赫数。

为了能有效防止发动机喘振，更好计及发动机进口截面处的动态畸变。

ЦАГИ 采用综合畸变指标 W 来防止发动机喘振，设计要求是 $W \leqslant 75\%$，W 的定义是

$$W = \Delta \bar{P}_{60} + \varepsilon$$

式中：静态畸变系数 $\Delta P_{60} = (P_{\mathrm{AVG}} - P_{60})/P_{\mathrm{AVG}}$，动态畸变系数 ε 的定义是

$$\varepsilon = \sqrt{\sum_{i=1}^{n} \left(\frac{p_i - P_{60}}{P_{\mathrm{AVG}}}\right)^2 / n}$$

式中：n 是时间间隔 $\Delta t = 1 \sim 2\,\mathrm{s}$ 内的总压脉动次数；P_i 是低压典型位置的总压峰值。

　　进气道气流畸变是进气道在大的气流迎角下工作容易从进气道内壁面产生气流分离。这种气流分离引起了大范围的低总压区，如图 7 - 70 所示。偏离理想均匀流的这种畸变可通过称为"进气道畸变"的术语来度量其量值的大小，并根据下式进行计算：

$$\text{进气道畸变} = (P_{t\max} - P_{t\min})/P_{t\mathrm{AVG}}$$

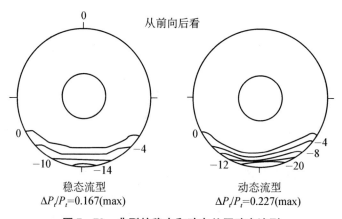

图 7 - 70　典型的稳态和动态总压畸变流型

　　使用瞬时（动态）和时间平均（稳态）畸变水平来衡量进气道流动的品质。当使用上述方程计算动态进气道畸变时，分母平均总压就是某一瞬间的空间平均值，并且最大和最小总压也是该瞬间的。稳态进气道畸变的确定需要对进气道总压进行时间平均。上述方程中的平均总压（$P_{t\mathrm{AVG}}$）是时间平均总压后的空间平均。

　　进气道畸变的大小是进气道几何形状、质量流量、飞行马赫数及气流迎角的函数。这些变量中每一个对进气道畸变影响的重要性见图 7 - 71 和图 7 - 72。大畸变的影响使风扇或压气机的喘振线移到更低总压比和更大的质量流量值上（见图 5 - 73）。

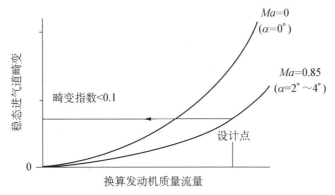

图 7 - 71　进气道畸变随马赫数的典型变化

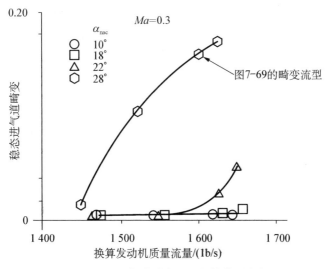

图 7 - 72　进气道畸变随迎角的典型变化

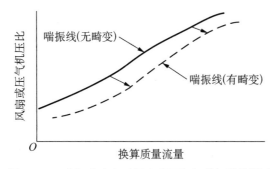

图 7 - 73　进气道畸变对风扇或压气机喘振线的影响

7.4.2　发动机短舱的气动设计准则

发动机短舱的气动设计准则可按总体几何特征参数、上唇口、下唇口、侧唇口以及短舱后段外形参数确定等方面来加以说明。

1) 短外涵舱的进气道设计要求

图 7‑74(a) 表示亚声速发动机进气道的各种特性和进气道流动，图 7‑74(b) 为亚声速进气道符号。特别要指出的是进入压气机的流管的三个主要横截面面积:前方无穷远处的面积 A_∞、喉道面积 A_{TH} 和进口面积 A_{HL}。

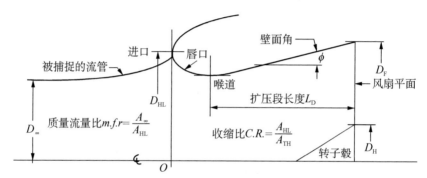

图 7‑74(a)　亚声速发动机进气道特性和进气道流动

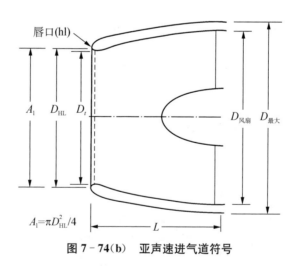

图 7‑74(b)　亚声速进气道符号

(1) 起飞和初始爬升状态的设计要求。

低速飞行时,质量流量比要大得多 $(m.f.r. > 1.0)$。这将使最大表面流速发生在进气道内部接近喉道的区域,如图 7‑75 所示。

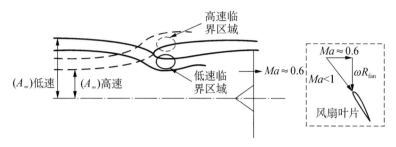

图 7-75　进气道高速和低速气流的临界区域

图 7-76 示出 Fokker/NLR 在 1982 年研究的一个进气道模型的进气道下壁面的压强分布。当自由流马赫数为 0.20,喉道马赫数 $Ma_{TH}=0.76$,迎角 $\alpha=0°$ 和 $\alpha=25°$ 之间时,峰值马赫数在 $Ma_{当地}=1.12\sim1.44$ 之间变化。

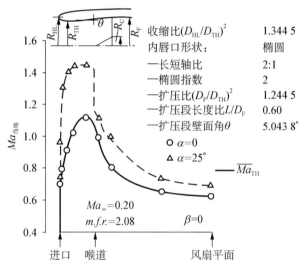

收缩比$(D_{HL}/D_{TH})^2$	1.344 5
内唇口形状:	椭圆
—长短轴比	2:1
—椭圆指数	2
—扩压比$(D_F/D_{TH})^2$	1.244 5
—扩压段长度比L/D_F	0.60
—扩压段壁面角θ	5.043 8°

$\bigcirc\ \alpha=0$
$\triangle\ \alpha=25°$
—— $\overline{Ma}_{TH}$

$Ma_\infty=0.20$
$m.f.r.=2.08$　　$\beta=0$

图 7-76　进气道下壁面的当地马赫数 $Ma_{当地}$ 分布

如果突破了对喉道平均马赫数的这一限制,进气总压恢复以及与此相关的发动机效率大大下降,从图 7-77 中可以看出这种现象。

该最大喉道马赫数是低速情况的临界参数,因为在起飞和初始爬升阶段所需的发动机质量流量大。因此,限制喉道马赫数是确定进气道面积的主要设计要求。

对亚声速进气道假定进气道总压比(π_d)是常数,并且等于 $\pi_{d\,max}$。由于流动的复杂性,没有给出一种计算进气道总压比的方法。但是图 7-78 给出了可达

到的 π_d 及其随飞行马赫数和发动机换算质量流量的变化。如果要求的话,可利用这个图与非设计循环程序及任务剖面一起来估算变化的 π_d 对发动机性能的影响。

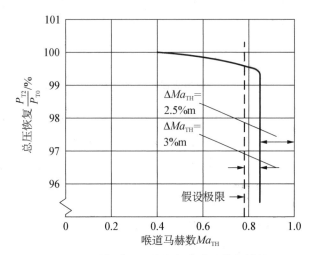

图 7 - 77　进气道总压恢复与喉道马赫数的关系

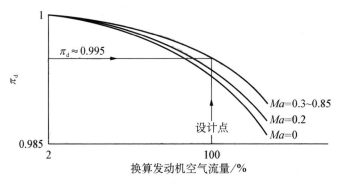

图 7 - 78　典型的亚声速进气道总压比

　　图 7 - 79 给出发动机非设计状态的性能部分的典型数据,它表示一个大涵道比涡扇发动机换算质量流量并叠加上发动机的巡航包线。像这样的图可用来选择确定喉部直径(D_{TH})的最大换算质量流量点。

　　图 7 - 80 给出了一个典型亚声速客机的迎角变化。注意在正常工作状态下,主要的迎角变化发生在 $1.2V_{失速}$ 和 $1.6V_{失速}$ 之间。

　　图 7 - 81 显示图 7 - 76 所述进气道模型的进气总压恢复随平均喉道马赫数的变化。此处 $(A_\infty/A_{HL})_{crit}$ 是 $Ma_{TH} = 1.0$ 时的质量流量比。

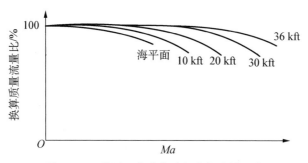

图 7 - 79　典型亚声速发动机空气流量要求

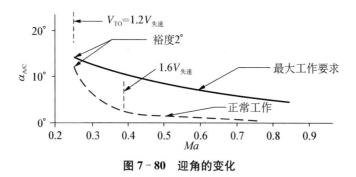

图 7 - 80　迎角的变化

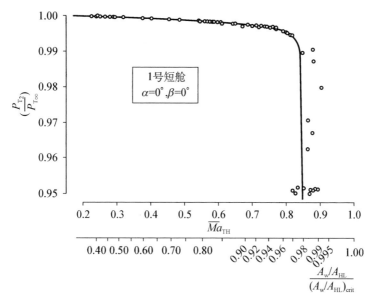

图 7 - 81　进气总压恢复与喉道马赫数及相对质量流量比的关系

P_{T_2}—压气机端面处的总压；P_{T_∞}—自由流总压

起飞和低速飞行状态引起总压损失的第二个原因是进气道唇口内部附面层增厚与气流分离,如图 7‑82 所示。

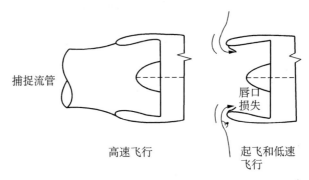

捕捉流管

高速飞行

唇口
损失

起飞和低速
飞行

图 7‑82 捕捉流管的对比,唇口损失成为低速飞行时要考虑的一个因素

图 7‑83 示出在静止自由流状态,进气道收缩比即进气道进口面积与喉道面积比(A_{HL}/A_{TH})对进气总压恢复的影响。随着收缩比的下降,损失急剧上升。进气道的顶部、侧面及底部的 D_{HL}/D_{TH} 比值受到起飞性能、迎角和侧风承受能力的影响。对于常规起降的亚声速飞机来说,D_{HL}/D_{TH} 的设计值在 $1.10\sim1.16$ 之间。

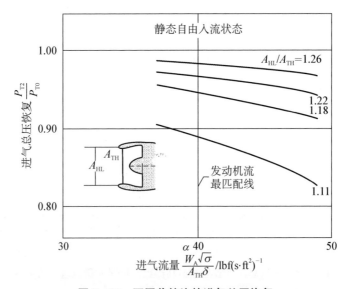

静态自由入流状态

$A_{HL}/A_{TH}=1.26$

1.22
1.18

进气总压恢复 $\dfrac{P_{T2}}{P_{T0}}$

A_{TH}
A_{HL}

发动机流
最匹配线

1.11

进气流量 $\dfrac{W_A\sqrt{\sigma}}{A_{TH}\delta}$/lbf(s·ft^2)$^{-1}$

图 7‑83 不同收缩比的进气总压恢复

　　这些损失与高喉道马赫数引起的损失原因不同。由于喉道壁面的高曲率,收缩比越大,后一种损失越大。图 7-82 和图 7-83 涉及的现象是由于减小了前缘半径并降低前缘向外的弯度引起的。这可以看作为翼剖面随着前缘半径和弯度减小发生失速。

　　正如前面所指出的,选择进气道面积时应该为最大流量方面的变化留有余地。无论是新研制的发动机,还是改进的发动机,对质量流量的要求都应该如此。

　　图 7-84 示出普惠公司为波音 747 飞机设计的 JT9D 发动机在某研究阶段的爬升状态校正质量流量。在正常质量流量时,一个安全的喉道马赫数 $Ma_{TH} = 0.85$。

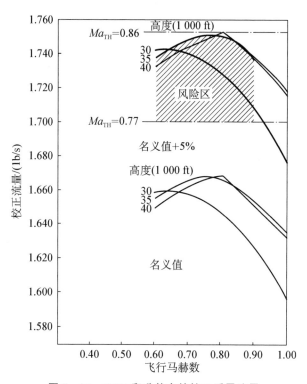

图 7-84　JT9D 爬升状态的校正质量流量

　　为防止某些这样的损失,一些进气道有如图 7-85 所示的特点,即所谓的辅助通道。空气可以通过这种通道进入进气道并改善气流流动。图 7-86 表明,这样做尽管会付出增加机械复杂性的代价,但效果颇为显著。

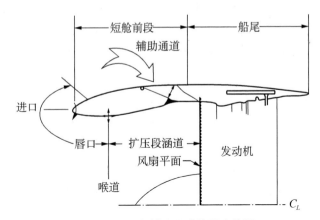

图 7 - 85　具有辅助通道的风扇外罩

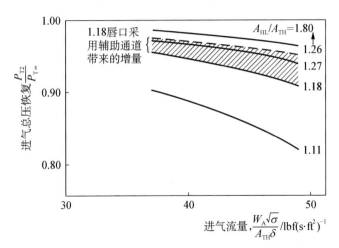

图 7 - 86　唇口面积比对静止自由流状态进气总压恢复的影响

图 7 - 75 指出,压气机叶片的气流速度不应高于 $Ma = 0.6$。为了使气流从在喉道处的速度减速到该马赫数,喉道以后进气道扩张,形成扩压段。总压损失最小的最佳扩散角 θ,在图 7 - 74 定义为 Φ,可以利用下式的喉道面积以及图 7 - 87 和图 7 - 88 提供的系数 K_1 和 K_2 计算。

$$A_{TH} = \frac{\dot{m}\sqrt{T_T}}{P_T}\left[Ma_{TH}\left(1 + \frac{\gamma-1}{2}Ma_{TH}\right)^{\frac{\gamma+1}{2(1-\gamma)}}\sqrt{\frac{\gamma}{R}}\right]^{-1} \qquad (7-1)$$

式中:R 为普适气体常数;γ 为比热容比。

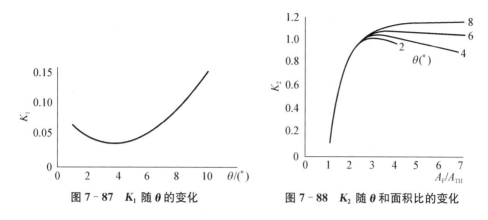

图 7 - 87 K_1 随 θ 的变化   图 7 - 88 K_2 随 θ 和面积比的变化

综合图 7 - 87 和图 7 - 88 求得 θ 的最佳值为 5°,任何更大的数值都会引起气流分离,即扩压段损失 $K_1 K_2 Ma_{TH}^2$。

图 7 - 89 示出某构型的总压损失随迎角和喉道马赫数的增大而增加。由于在进气道内侧下壁形成的强激波,高喉道马赫数和大迎角下总压损失最大。图 7 - 76也表明了这一点。

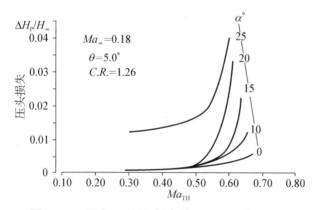

图 7 - 89 压头(=总压)损失随 Ma_{TH} 和迎角 α 变化

(2) 爬升和巡航高速状态的设计要求。

在巡航状态,设计工作的重点是减小阻力,为达到最小阻力,发动机短舱表面流速应尽可能地小,这就要求质量流量比(A_∞ / A_{HL})在其他设计要求允许时尽可能接近 1,以便使驻点接近进口前缘,在这种飞行状态,进气道外部的表面流速是临界参数,如图 7 - 75 所示。这是确定进气道面积的设计要求之一。

但是也要关注进气道内部的几何形状,因为最大速度出现在喉道区域附近。由于流向壁面的曲率,喉道区域的速度分布并不均匀。为防止在进气道壁面出现强激波,甚至在该点发生气流分离,经验表明平均喉道马赫数应为 $Ma_{TH} <$ 0.8。喉道平均马赫数可通过进气道质量流量的一元等熵流动关系计算。

图 7 - 90 表示喉道马赫数与相对质量流量比($\dot{m}/\dot{m}^*$)之间的理论关系。式中 $\dot{m}^*$ 为 $Ma_{TH} = 1$ 时的质量流量。注意在喉道马赫数,质量流量的微小变化也对喉道马赫数有大的影响。

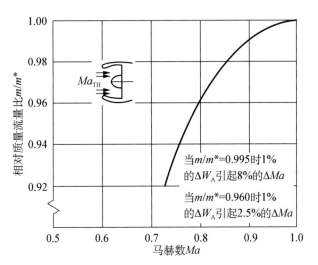

图 7 - 90 相对质量流量比与喉道马赫数的关系

ΔW_A—质量流量比的增量

现代运输飞机的巡航速度接近 $Ma = 0.8$。当 $Ma_{TH} = 0.8$ 时,根据质量守恒定律 $(\delta V A_\infty) = (\delta V A_{TH})^2$,质量流量比 A_∞/A_{HL} 等于收缩比 $C.R.$ 的倒数 $1/(A_{HL}/A_{TH})^2$,而驻点正如所希望落在前缘。

图 7 - 91 给出沿图 7 - 76 所述进气道上剖面的外部压强分布。取 $1/(A_{HL}/A_{TH}) = 0.743$,质量流量比$(A_\infty/A_{HL}) = 0.774$ 和自由流马赫数 $Ma = 0.75$,针对所需的质量流量正确地确定了进气道的尺寸。不过在前缘还是有很小的超声速区。

(3) 以近声速飞行。

图 7 - 92 对比分析了 $Ma = 0.85$ 和 $Ma = 0.98$ 设计的发动机短舱,显示出两种短舱有很大的不同。为以 $Ma = 0.98$ 巡航设计的短舱进气道唇口非常薄,尽管如此,在进气道前缘后的上表面仍然存在一个超声速流动区。这种情况只要当地马赫数不超过 $Ma_{当地} = 1.15 \sim 1.20$ 尚可接受,但没有为由于壁面曲率引起的表面流速留下任何余地。

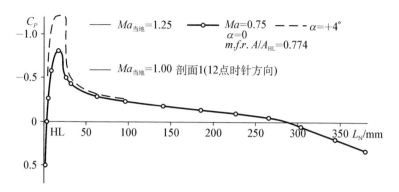

图 7 - 91 巡航状态沿发动机短舱上剖面的压强分布

$m.\,f.\,r.$—质量流量比;L_N—短舱上剖面的站位

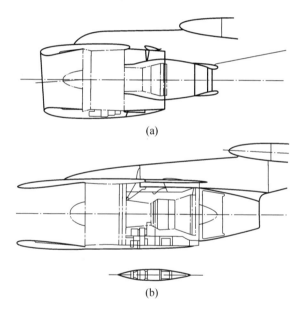

图 7 - 92 按不同马赫数设计的发动机短舱

（a）典型 0.85 马赫的发动机装置 （b）典型 0.98 马赫的
发动机装置

在起飞状态,这么薄的进气道唇口会在内侧发生导致重大推力损失的气流
分离。

图 7 - 93 示出该种高速短舱在非常低的速度,且进气道具有不同收缩比时
的进气性能。进气道唇口几何形状如图中右下角所示。显然,进气道效率损失
相当大,特别是当收缩比 $A_{HL}/A_{TH} = 1.1$ 时。

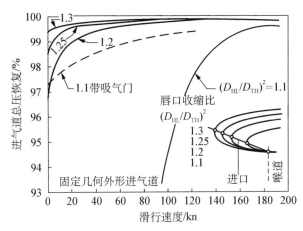

图 7 - 93　近声速进气道的低速进气性能

收缩比对短舱外部阻力的影响如图 7 - 94 所示。采用收缩比 $C.R. = 1.25$（低速飞行特性良好），获得以 $Ma = 0.85$ 巡航的良好性能。但是，当 $Ma = 0.98$ 时与收缩比 $C.R. = 1.1$ 的进气道相比，阻力差不多增加了 10 个阻力单位。不过前面已经指出，后者不怎么适用于最有利的低速使用状态。

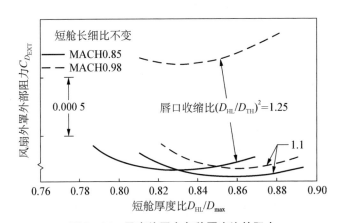

图 7 - 94　风扇外罩在各种厚度比的阻力

一种可能的解决方案是采用吸气门（在图 7 - 85 中称为辅助通道）。图 7 - 93 说明如何利用吸气门来改善收缩比 $C.R. = 1.1$ 的进气道的低速性能。

（4）单发停车飞行。

为了使运输飞机在单发失效后最大限度地保持载重能力，应尽一切努力使这种飞行条件造成的附加阻力降至最低。

1 台发动机在起飞时失效，飞机在接近 $1.2V_s$ 或 $1.13V_s$ 的速度开始初始爬升。此时飞机以高升力系数和大迎角飞行。

对翼吊发动机此时有两种附加阻力并再加一种可能的阻力：

a. 为平衡所产生的偏航力矩需要大方向舵偏度而产生的附加阻力。

b. 失效发动机会产生风车阻力或锁定转子阻力。

c. 失效发动机低质量流量比会在进气道外表面产生更高的表面流速和更大的磨阻，并有可能产生一些波阻。与大迎角联系在一起，这种情况可能导致在发动机短舱下部内侧或上部外侧有气流分离而产生附加阻力。将这些阻力的总和称为前体阻力。若加上质量流量比接近1时的基本外部阻力有时称为发动机外罩阻力。

前两项阻力不可避免，但对前体阻力也要给予一些关注。前体阻力由两部分构成：溢流阻力和气流分离阻力。主要归于外部阻力一类的溢流阻力，分为附加阻力或进口前阻力以及前缘吸力损失两部分，并且与质量流量比密切相关。不存在激波或分离时，也产生溢流阻力。

为了减小巡航状态激波的强度，并阻止发动机进气道在起飞时发生气流分离，人们尽可能使进气道与当地气流的流动方向保持一致。由于翼吊发动机进气道处于机翼前方的上洗中，进气道可能在大迎角下工作。这种状况在带有功能强大的前缘和后缘增升装置的飞机上尤为突出。图7-95列举了波音747发

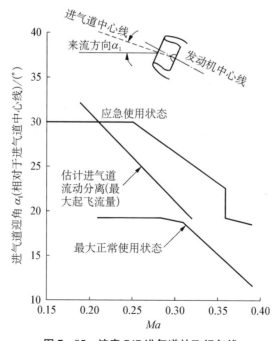

图7-95 波音747进气道的飞行包线

动机进气道的设计使用包线。飞机的大迎角和强上洗的结合需要进气道在高达 $\alpha = 30°$ 的当地迎角高效工作。

风车状态和转子锁定状态的发动机有代表性的质量流量比分别为 $m.f.r. = 0.30$ 和 0.15。图 7-96 介绍某发动机当 $m.f.r. = 0.34$，在 $\alpha = 0°$ 和 $\alpha = 20.6°$ 时的流管形状和驻点位置。在大迎角上方的驻点移到了相当内侧的位置，这就产生了可与机翼吸力峰相比的前缘吸力峰。

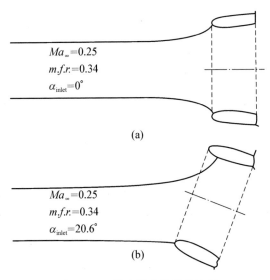

图 7-96　风车状态的进气流场

（a）零迎角　（b）接近分离的迎角

另一方面，最大推力状态的工作发动机在低速以大流量比（$m.f.r. = 2.0$ 左右）运行。这将使短舱下部外侧的驻点随着迎角的增加进一步后移，导致短舱下部外侧的驻点随着迎角的增加进一步后移，导致短舱下部内侧产生很大的局部速度，如图 7-76 所示。

图 7-97 表示在进气道上唇口或下唇口可能产生的流动分离。为了使发动机进气道在巡航状态对准当地气流流动方向，在最大推力状态效率最高，大迎角低速飞行单发失效状态附加阻力最小，发动机进气道通常相对发动机中心线下垂 3°~5°，如图 7-98 所示。

图 7-99 为某进气道模型当 $Ma = 0.25$，$m.f.r. = 0.34$ 时，在 4 个迎角的上部内外侧马赫数分布。在最大迎角 $\alpha = 20.6°$，特定雷诺数下当地峰值马赫数 $Ma_{当地} = 1.05$。

图 7 - 97　大迎角进气道上唇口或下唇口的流动分离

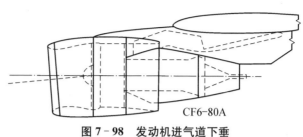

图 7 - 98　发动机进气道下垂

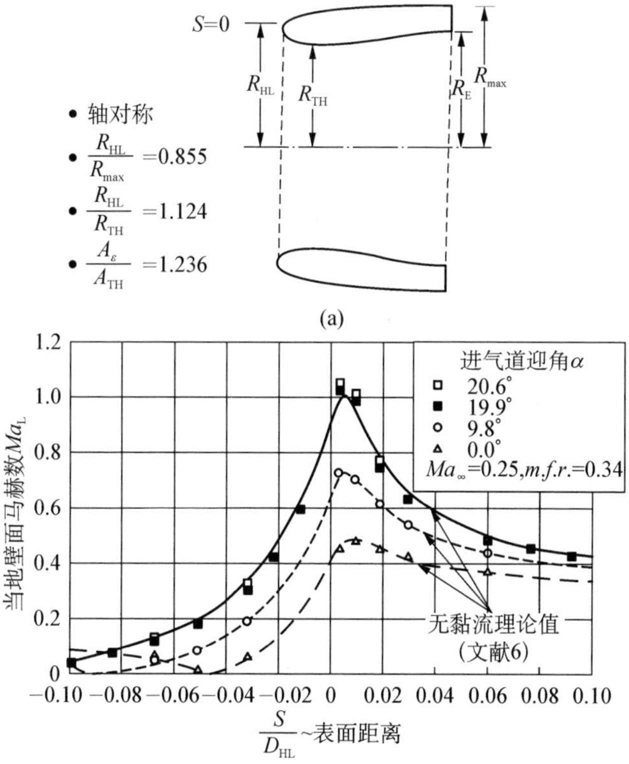

- 轴对称
- $\dfrac{R_{HL}}{R_{max}} = 0.855$
- $\dfrac{R_{HL}}{R_{TH}} = 1.124$
- $\dfrac{A_{\varepsilon}}{A_{TH}} = 1.236$

(a)

(b)

图 7 - 99　在各迎角下接近壁面处的当地马赫数

(a) 模型几何形状　(b) 无粘流理论值与壁面马赫数数据的对比

图 7 - 100 表明,在上唇口外侧发生气流分离的最大进气迎角与雷诺数和马赫数密切相关。为得到大型飞机比较可靠的风洞实验数据,试验最好在接近 $Re = 10^7$(以短舱最大直径为参考长度)的雷诺数进行。

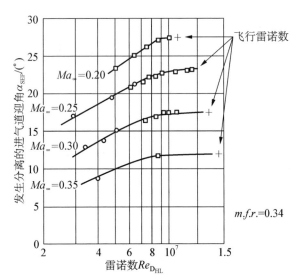

图 7 - 100 马赫数、雷诺数和迎角的关系

发动机进气道不仅要承受大迎角，而且还要能承受大侧滑角，使得在强侧风状态能够工作而不发生发动机喘振。这也要求精心设计进气道唇口在进气道侧面的形状。

在上文的讨论中，关注的重点始终放在提供给发动机的内流和内、外流两方面的气流流动分离。

如上所述，质量流量比的变化在小迎角，尤其是高马赫数也影响发动机外罩的阻力，图 7 - 101 中介绍了带有如图 7 - 76 所述进气道的某发动机阻力数据。数据来自在短舱出口位置沿圆周方向的总压测量（见本章图 7 - 179）。图 7 - 101 表明马赫数的质量流量比对阻力影响极小。在这些状态，进气道唇口吸力损失最小。在高马赫数时阻力显著增长。如果该短舱在 $Ma = 0.85$ 时工作，单发失效，质量流量降到 $m.f.r. = 0.40$，由于进气道唇口附近产生强激波，会使短舱阻力倍增（短舱按 $Ma = 0.75 \sim 0.77$ 设计）。

在涉及延程双发飞行（ETOPS）的日常使用飞行规划中，也必须考虑这种较高马赫数下的阻力增长。

（5）发动机短舱和干扰阻力。

在发动机短舱的设计和一体化中必须包括发动机短舱后体阻力、干扰阻力和飞机配平阻力的影响。典型发动机短舱的进气道和后体阻力作为前体直径 D_{HL}/D_{max} 和飞行马赫数的函数示于图 7 - 102。注意对应最小进气道阻力的 D_{HL}/D_{max} 的设计值并不对应于进气道加后体阻力最小。还要注意对应于最小进

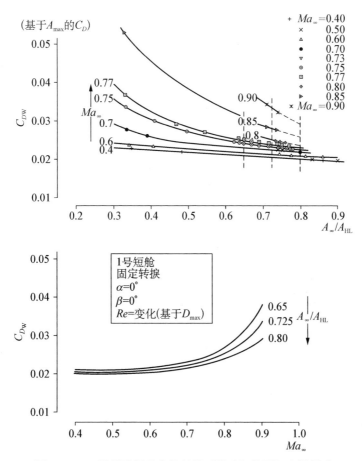

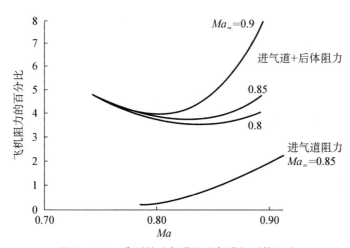

图 7-101 质量流量比和马赫数对发动机外罩阻力的影响

图 7-102 典型的进气道和进气道加后体阻力

气道加后体阻力的 D_{HL}/D_{max} 的设计值随飞行马赫数的变化而变化。因此，对于进气道来说，D_{HL}/D_{max} 的选择将取决于设计飞行马赫数，并且可能需要对各个部件设计目标进行折中以便获得最佳的总体系统性能。

提供发动机与飞机机体最佳一体化的发动机在机翼上的位置取决于发动机短舱设计、机翼设计和最终的干扰阻力。在每个安装位置的设计中需要大量的分析和试验工作。在三种飞机上最佳发动机位置的最终差别如图 7 - 103 所示。

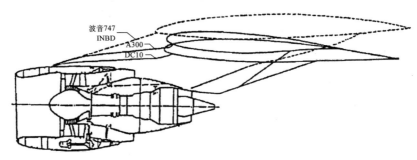

图 7 - 103　CF6 - 50 发动机在三种飞机上的安装位置

上面分析了发动机进气道必须针对发动机和飞机对其不同的要求进行仔细的设计。

2）确定长外涵短舱总体几何特征参数

发动机短舱分为进气道和短舱外罩两部分。短舱的主要总体特征参数如图 7 - 104 所示。

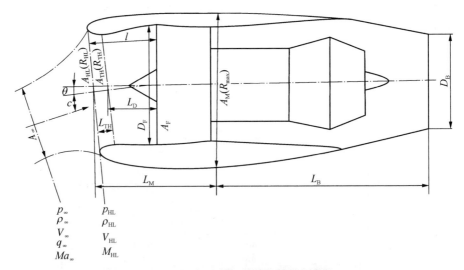

图 7 - 104　长外涵短舱的总体特征参数

(1) 进气口面积 A_{HL}；

(2) 收缩比(进气/喉道面积比) $CR = A_{HL}/A_{TH}$；

(3) 扩散段长度直径比 L_D/D_f；

(4) 扩散段面积比 A_f/A_{TH} 或直径比 D_f/D_{TH}；

(5) 进气 / 外罩最大截面积比 A_{HL}/A_M 或半径比 R_{HL}/R_{max}；

(6) 外罩前段长度 / 最大截面半径比 L_M/R_{max}；

(7) 外罩后段长细比 L_B/D_B；

(8) 外罩后段收缩比 D_B/D_{max}；

(9) 外罩后段船底角 θ_{BT}。

3) 短舱气动设计准则

(1) 进气道参数选择。

a. 进气口面积 A_{HL}：进气口面积直接影响进气道效率，民用运输机的短舱进气口面积一般按巡航条件确定。为了兼顾高低速时发动机不同的流量要求，一般取高速巡航状态的流量比为 $\varphi = 0.65 \sim 0.70$ 之间，也可放宽到 $\varphi = 0.50 \sim 0.80$。流量系数与进气口面积的关系可由下式得到：

$$A_{HL} = \frac{\sqrt{\dfrac{RT_\infty}{\gamma}} \left(\dfrac{A}{A^*}\right)_\infty \left[\dfrac{2}{(\gamma+1)}\right]^{\frac{\gamma+1}{-2(\gamma-1)}}}{\rho p_\infty} \tag{7-2}$$

式中：T_∞ 和 p_∞ 表示无穷远前方自由流总温与总压；$(A/A^*)_\infty$ 是自由流声速面积比：

$$\left(\frac{A}{A^*}\right)_\infty = \frac{1}{M_\infty}\left[\frac{2\left(\dfrac{1}{2(\gamma-1)M_\infty^2}\right)}{\gamma+1}\right]^{\frac{\gamma+1}{2(\gamma-1)}} \tag{7-3}$$

低速起飞时流量比大于1，唇口附近的总压损失较大，一般选择起飞最大推力条件下的 $\varphi \leqslant 1.5$。

b. 喉道面积 A_{TH} 见式(7-1)。

c. 收缩比 $CR = A_{HL}/A_{TH}$：增加收缩比，可降低唇口附近的总压损失。在相同的流量条件下，增加收缩比使进气道外部阻力稍有增加。**ЦАГИ** 的推荐值是 $CR = 1.08 \sim 1.12$。

d. 扩散段面积比 A_f/A_{TH} 和扩散段长度直径比 L_D/D_f：由于扩散段内的马

赫数递降梯度随 A_f/A_{TH} 增加而增加,随 L_D/D_f 的增加而减小。因此,保守的扩散段是面积比较小的长管。然而,设计目标却是无气流分离短扩散段,以减轻结构重量和降低摩擦损失。

常用的扩散段型面属三次曲线,为使扩散段内不发生气流分离,三次曲线的拐点应位于扩散段中点之前(25%和50%)。

(2) 短舱唇口设计。

a. 上唇口:

设计准则是要求飞机在单发停车的起飞爬升阶段,风转状态的低速大迎角小流量比条件下,上唇口不出现气流分离。图 7 - 105 为典型的相应状态短舱外部表面压力分布。由图可见上唇口($\theta = 0°$)处有很大的逆压梯度,容易出现气流分离。利用附面层计算可得到上唇口外部的气流分离迎角,此分离迎角应大于飞机单发停车爬升时的迎角要求。通常要求上唇口的收缩比 $\geqslant 1.25$。

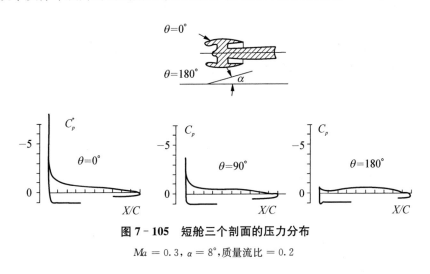

图 7 - 105　短舱三个剖面的压力分布

$Ma = 0.3$, $\alpha = 8°$, 质量流比 $= 0.2$

b. 下唇口:

下唇口的设计准则是飞机正常起飞阶段的低速大迎角大流量比条件下,下唇口无气流分离。图 7 - 106 示出下唇口($\theta = 180°$)内部有很大的反压梯度。同样能得到唇口内部的气流分离迎角,此迎角应大于飞机正常起飞时的迎角要求。通常要求下唇口收缩比$\geqslant 1.31$。

c. 侧唇口:

设计准则是要求飞机在侧风起飞的大迎角、大侧滑角、大流量比条件下,侧唇口不出现气流分离。图 7 - 107 示出该条件下短舱侧唇口内部型面的局部马

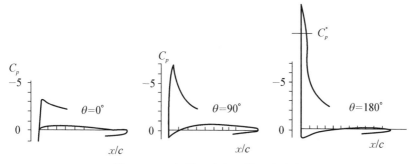

图 7 - 106　短舱三个剖面的压力分布

$Ma_\infty = 0.25$，$\alpha = 18°$，质量流比 $= 1.4$

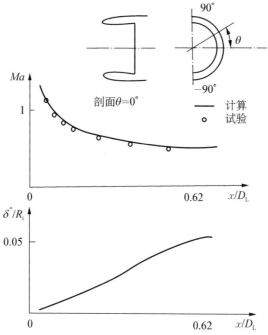

图 7 - 107　侧唇口内型的 Ma 数和位移厚度分布

δ^*—附面层位移厚度；x—由进气口算起的纵向距离

赫数分布和附面层位移厚度分布。通过计算也可以得到侧唇口内部的气流分离迎角，它也应满足飞机侧风起飞的要求。

d. **短舱唇口的厚度设计**：

设计参数为 t/L，其定义为

$$t/L = \frac{\sqrt{1-(R_{\mathrm{HL}}/R_{\max})^2}}{L_{\mathrm{M}}/R_{\max}}$$

式中：t 为唇口厚度；L 为进气道长度；R_{HL} 为进气道唇口半径；$R_{\max}$ 为短舱最大剖面半径；L_{M} 为短舱最大剖面距进气道唇口的距离。

当进气口处气流迎角为零以及流量比 $\varphi < 1$ 时，短舱前段的阻力发散马赫数与前段唇口厚度比 t/L 有下列经验关系：

$$Ma_{\mathrm{dd}} = 1 - 0.25(t/L)$$

此式与流量无关。由此可见，若取短舱前段的 $Ma_{\mathrm{dd}} > 0.8$，则 $t/L < 0.8$。涡扇发动机短舱典型的 $R_{\mathrm{HL}}/R_{\max} = 0.8 \sim 0.9$，因而 $L_{\mathrm{M}}/R_{\max}$ 应大于 $0.55 \sim 0.75$。Ma_{dd} 随迎角 α 的增加而减小，当 $\alpha \leqslant 6°$ 时，每增加 $1°$ 迎角，Ma_{dd} 就降低 0.003。

（3）短舱后段外形参数确定。

主要指短舱后段的收缩比 $D_{\mathrm{B}}/D_{\max}$、长径比 $L_{\mathrm{B}}/D_{\mathrm{B}}$ 及收缩角（或船底角）θ_{BT}。

短舱后段的设计以得到最小阻力为前提，这就要求短舱后段不能出现气流分离。收缩比和长径比这两个参数是矛盾的，设计时应当全面考虑，相互权衡，以得到最佳的效果。

实际上，许多飞机公司常常用控制后体收缩角来确定短舱后体的外形。一般要求 θ_{BT} 不大于 $13°$，空客公司建议该角度在 $11° \sim 15°$ 之间。MD‐82 飞机的短舱后体外形和反射器位置如图 7‐108 所示。

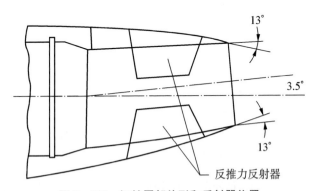

图 7‐108　短舱尾部外形和反射器位置

7.4.3　涡扇发动机短舱的气动设计流程

根据发动机的工作情况和安装发动机的结构约束，可以拟订出短舱的气动设计流程(见图7-109),图示整个设计为逐步逼近的过程。首先应确定短舱总体几何参数的合理范围,在此范围内进行唇口、外罩和扩散段的型面细节设计。然后利用计算流体动力学方法分析短舱的气动性能是否满足设计要求。随着CFD软件向高级化的程度发展,可以得到不同层次的气动性能信息。

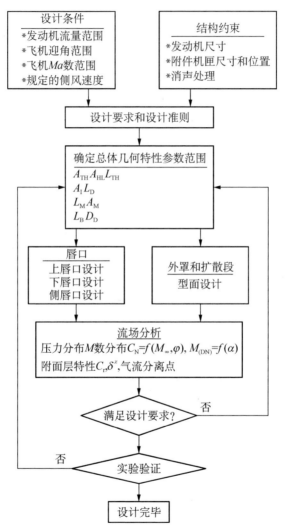

图7-109 涡扇发动机短舱的气动设计流程图

若CFD软件属于全速势方程/附面层方法,则只能得到压力分布、速度分布或不考虑总压损失的马赫数分布、附面层位移厚度和气流分离点位置等。

若CFD软件属于欧拉方程/附面层方法,则可增加总压损失、流场畸变等信息。若CFD软件属于N-S方程法,则信息更为准确和全面可给出动态畸变特征等。最后,通过风洞验证,证实气动设计是否成功。

7.4.4 进气道设计实例

1) 进气道设计点

(1) 进气道设计点的选取与飞机的种类及其用途有密切关系。对民用运输机来说,巡航飞行状态就是进气道的设计点,也就是飞行高度 H 为 11 km, $Ma = 0.78 \sim 0.85$ 的巡航状态。

(2) 亚声速进气道的进气面形状。

不同进气面的形状对进气道的性能有较大的影响。对民用运输机来说,通常以头部进气的形式较多,因此,从流场特性和工艺特性考虑,进气道一般采用圆形形状。

由于机翼的安装角、发动机的安装角、机翼前的上洗和机翼后的下洗气流影响等因素,为改善进气道的进气特性,往往使进气道有一个前罩角(见图 7-110),使进气道上零纵唇口前伸,这样可使来流在飞机巡航飞行状态尽可能垂直于进气道的进口面,这可保证总压恢复系数高,进气畸变相对较小。对民用运输机来说,前罩角一般在 3°～7° 之间。

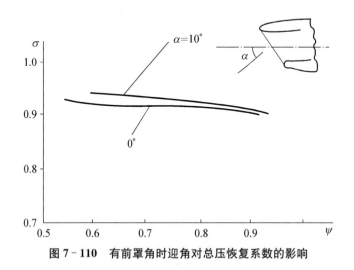

图 7-110 有前罩角时迎角对总压恢复系数的影响

(3) 亚声速进气道的进气口面积。

进口速度比和流量系数的确定与进口面积密切相关,它直接影响进气道的效率。进口速度比大,进气面积就大,进气管道内气流速度就较低,总压损失较小,总压恢复系数就较大。在强调进气道的效率时,进口速度比要选得适当大一些。进口速度比 $V_1/V_\infty < 1$,一般来说,V_1/V_∞ 在 $0.5 \sim 0.7$ 之间。流量系数 $\varphi < 1$(其中 $\varphi = P_1 V_1 / P_\infty V_\infty$)。

民用运输机的进气口面积一向是按巡航条件确定。但如果不采用起飞辅助进气门,则进气口面积还需同时满足起飞的条件。MD-82 飞机的进气口面积较大,约为 $1.37\ \mathrm{m^2}$,是以巡航条件($Ma = 0.8,H = 9\ 144\ \mathrm{m}$)下不出现附加阻力作为设计条件确定的。大的进气口面积也满足了起飞时的进气要求,按照该面积计算出进气口的马赫数:巡航时为 0.46,起飞时为 0.43,这样低的马赫数为满足发动机进口处对马赫数的要求和为进气道道内设计提供了良好的有利条件。

对高亚声速进气道进口面积的设计可采用唇口载荷参数作为选择和检验进气口面积的准则。对民用运输机来说,在起飞流量下的唇口载荷一般应在 $160 \sim 180\ \mathrm{kg/m^2}$ 范围内。

对高亚声速民用运输机,进气道唇口外形均采用 $1/4$ 椭圆形或对其修型。

$1/4$ 椭圆形截面圆筒形进气道唇口:圆筒形进气道即皮托管进气道是民用运输机的进气道所采用的外形(见图 $7-111$)。

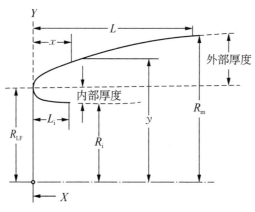

图 7-111　进气道几何参数

图中:R_i 为进气道的喉道半径;L_i 为相应于喉道半径处的进气道长度;R_m 为进气道外形的最大半径;L 为相应于进气道外形最大半径的进气道长度;R_{LE} 为进气道唇口的半径;x,y 为进气道唇口外形上的几何坐标、进气道唇口内形坐标。原点在唇口中心,进气道外形线可为 $1/4$ 椭圆的形线。坐标计算为

$$y/R_{\mathrm{m}} = R_{\mathrm{LE}}/R_{\mathrm{m}} + (1 - R_{\mathrm{LE}}/R_{\mathrm{m}})\sqrt{1 - \left(1 - \frac{R_{\mathrm{m}}}{L} - \frac{x}{R_{\mathrm{m}}}\right)^2} \qquad (7-4)$$

唇口至进气道喉道的内形段,也可为 1/4 椭圆外形。内形的坐标计算为

$$y/R_{\mathrm{m}} = R_{\mathrm{LE}}/R_{\mathrm{m}}\left(\frac{R_{\mathrm{i}}}{R_{\mathrm{m}}} - 1\right)\frac{R_{\mathrm{i}}}{R_{\mathrm{m}}}\sqrt{1 - \left(1 - \frac{R_{\mathrm{i}}}{L}\frac{x}{R_{\mathrm{m}}}\right)^2} \qquad (7-5)$$

2) NACA - 1 系外形圆形进气道

(1) 进气道头部尺寸和外形坐标。

目前民用运输机常取的亚声速进气道外形为 NACA - 1 系外形,它是在 1/4 椭圆形状上进行适当修正,图 7 - 112 为圆形进气道头部尺寸。

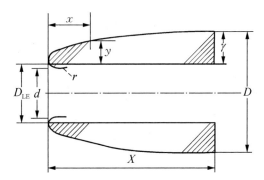

图 7 - 112 NACA - 1 系圆形进气道头部尺寸

表 7 - 1 为 NACA - 1 系的进气道外形坐标。

表 7 - 1 NACA - 1 系的外形坐标

x/X	y/Y	x/X	y/Y	x/X	y/Y	x/X	y/Y
0	0	0.130	0.419 4	0.34	0.690 8	0.60	0.891 1
0.002	0.048 0	0.140	0.436 6	0.35	0.700 8	0.62	0.902 0
0.004	0.066 3	0.150	0.453 0	0.36	0.710 5	0.64	0.912 3
0.006	0.081 2	0.160	0.468 8	0.37	0.720 0	0.66	0.922 0
0.008	0.093 3	0.17	0.484 0	0.38	0.729 4	0.68	0.931 1
0.010	0.103 8	0.180	0.498 8	0.39	0.738 5	0.70	0.939 5
0.015	0.127 2	0.190	0.513 1	0.40	0.747 5	0.72	0.947 5
0.020	0.147 2	0.20	0.527 0	0.41	0.756 3	0.74	0.954 8
0.025	0.165 7	0.21	0.540 5	0.42	0.764 8	0.76	0.961 6
0.030	0.183 1	0.22	0.553 7	0.43	0.773 2	0.78	0.967 9

（续表）

x/X	y/Y	x/X	y/Y	x/X	y/Y	x/X	y/Y
0.035	0.199 4	0.23	0.566 6	0.44	0.781 5	0.80	0.973 5
0.040	0.214 8	0.24	0.579 2	0.45	0.789 5	0.82	0.978 7
0.045	0.229 6	0.25	0.591 5	0.46	0.797 4	0.84	0.983 3
0.050	0.243 6	0.26	0.603 5	0.47	0.805 0	0.86	0.987 4
0.060	0.270 1	0.27	0.615 2	0.48	0.812 5	0.88	0.990 9
0.070	0.294 7	0.28	0.626 7	0.49	0.819 9	0.90	0.994 0
0.080	0.318 1	0.29	0.637 9	0.50	0.826 9	0.92	0.996 5
0.090	0.340 3	0.30	0.648 9	0.52	0.841 0	0.94	0.998 5
0.100	0.361 3	0.31	0.659 7	0.54	0.854 5	0.96	0.999 3
0.110	0.381 5	0.32	0.670 3	0.56	0.867 3	0.98	0.999 8
0.120	0.400 9	0.33	0.680 7	0.58	0.879 5	1.00	1.000

说明：x——进气道外形相对于进气道轴线任意点的横坐标(原点在平行于进气道轴线的唇口前缘上)；

y——进气道外形相对于进气道轴线任意点的纵坐标(原点在平行于进气道轴线的唇口前缘上)；

X——对应于进气道外形最大直径 D 的沿进气道轴线向的最大距离；

Y——亚声速进气道的最大厚度。

（2）有关 NACA‑1 系外形的进气道阻力的讨论。

短舱前体的尺寸（D_{HL}/D_{max} 和 L/D_{max}）是低巡航阻力要求和一台或多台发动机熄火时避免发生灾难之间的设计折中。巡航阻力最小的短舱前体并不能给出满意的发动机熄火阻力。式(7‑4)和式(7‑5)给出的附加阻力是确定发动机尺寸时使用的保守的进气道阻力估算。如果气流不分离，那么沿发动机舱前体就可以恢复部分附加阻力。图 7‑113 中发动机舱唇口附近的负压表明了这一点。发动机短舱前体的外面作用的压力的合力称为前体阻力。附加阻力和前体阻力之和称为进气道阻力。

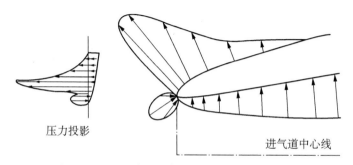

压力投影

进气道中心线

图 7‑113 亚声速进气道唇口周围的压力分布

自由流马赫数达到一定值,由于短舱局部区域的超声速流动引起短舱阻力显著增加,这个自由流马赫数受短舱前体长度比 L/D_{max}、直径比 D_{HL}/D_{max} 和外形的影响。图 7 - 114 中的曲线表明这些影响。对于固定的发动机质量流量自由流面积 A_∞ 与短舱最大面积 A_{max} 之比来说,短舱前体长度 L/D_{max} 的增加将会增大阻力发散马赫数,并且会减少短舱必需的唇口最前缘直径 D_{HL}。一般说 D_{HL}/D_{max} 比值的选择是要获得短舱前体特定的阻力发散马赫数,同时还要保持合理的发动机熄火(风车)阻力(对于双发飞机,这是非常关键的)。

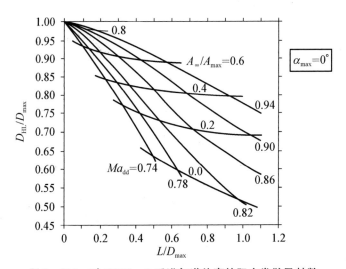

图 5 - 114 对 NACA - 1 系进气道外廓的阻力发散马赫数

飞行马赫数为 0.4 时,进气道溢流阻力对进气道质量流量比的变化如图 7 - 115 所示。对于典型的发动机熄火状态,该图表示出 D_{HL}/D_{max} 对于溢流阻力系数 $C_{Dsp} = D_{sp}/q_0 A_1$ 的影响。对于发动机熄火状态(风车),进气道质量流量比 A_∞/A_1 的恰当估算值是 0.3。

作为一个例子,现在研究一种巡航马赫数为 0.85 的发动机,它采用 NACA - 1 系进气道外廓短舱,其中 $L/D_{max} = 1.0$。如果选择 $D_{HL}/D_{max} = 0.80$,则进气道在巡航时 $Ma_{dd} > 0.94$ 和 $A_\infty/A_{max} \approx 0.4$(见图 7 - 114),以及在 $Ma_\infty = 0.4$ 时 $C_{Dsp} = 0.08$(见图 7 - 115)。

发动机质量流量、飞行马赫数和发动机短舱尺寸 D_{HL}/D_{max} 对巡航时进气道阻力的影响表示在图 7 - 116 上。这些曲线是典型的大涵道比涡扇发动机的,并根据分析解和试验结果相关联得出。

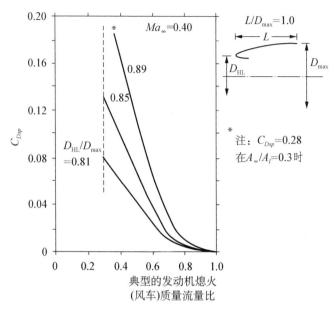

图 7－115　NACA－1 系外廓

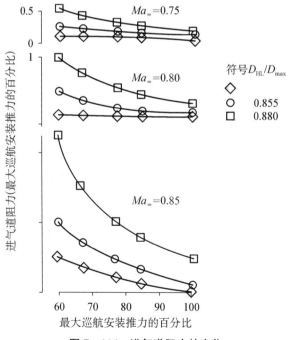

图 7－116　进气道阻力的变化

(3) 进气道临界马赫数的选定。

影响短舱头罩外形和外部阻力的主要因素是头罩切面的翼型和两个几何参数，即头罩长径比 L/D（进气口至最大直径的距离与最大直径之比）和头罩直径比 d/D（进气口直径与最大直径之比）。虽然选择这些参数和翼型要考虑的因素很多，如气动力、结构和工艺性等，而从 MD-82 飞机的头罩来看，是从提高经济性、降低巡航外形阻力出发，从提高头罩的临界马赫数，使其接近巡航马赫数来选择头罩的参数和翼型。对头罩低速外部工作特性则通过唇口切面的修形等措施来加以改善。

因为 MD-82 飞机的短舱头罩切面翼型为 NACA-1 系，其优点是层流范围较宽，最小压力点靠后，具有良好的高速特性，是高亚声速飞机进气道广泛采用的翼型。但其缺点是唇口半径小，容易过早产生气流分离，所以唇口要经修型。

MD-82 飞机的短舱头罩参数 L/D 和 d/D 如图 7-117 所示并见表 7-2。短舱顶部和两侧切面的参数差别甚微，其特点是以大的 d/D 和小的 L/D 的组合来使临界马赫数接近巡航马赫数。按照图 7-117 的曲线估算的短舱顶部、两侧和底部切面的临界马赫数大约分别为 0.785、0.8 和 0.795，基本上与 MD-82 飞机的设计巡航马赫数为 0.76 相符。

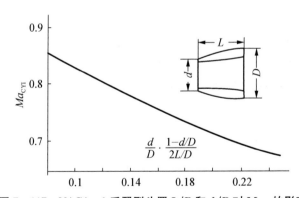

图 7-117　NACA-1 系翼型头罩 L/D 和 d/D 对 Ma_{cri} 的影响

表 7-2　MD-82 飞机的短舱头罩参数

几何参数	顶部	两侧	底部	几何参数	顶部	两侧	底部
L/D	0.595	0.603	0.881	d/D	0.814	0.822	0.683

为了保证大迎角和小进口速度时不出现气流分离，并有利于降低巡航状态

下的附加阻力,对 MD‑82 飞机的短舱头罩切面外唇口按设计要求范围经修型加大了唇口半径(见图 7‑118)。

(4) 进气道道内外形设计。

MD‑82 飞机的进气道较短,仅为进气口直径的 80%。但进气道仍然按常规布置即进气收缩段、喉道段、扩散段和收缩段。设计中要求尽量减少损失,提高总压恢复。道内面积分布大致如图 7‑119 所示。

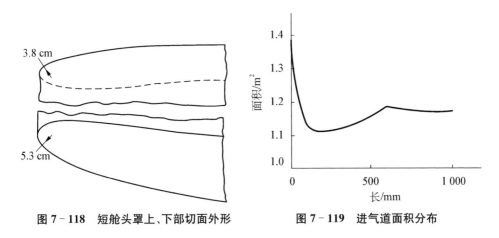

图 7‑118　短舱头罩上、下部切面外形　　图 7‑119　进气道面积分布

选择喉道面积除要保证各飞行状态下喉道不发生气流堵塞外,主要是控制喉道马赫数。喉道马赫数不能太高,一般不超过 0.8,也不能太低,否则容易引起扩散分离。MD‑82 飞机由于进气口马赫数较低,所以选择了较小的喉道比约为 0.8,以提高喉道马赫数。这使巡航和起飞时的喉道马赫数分别提高到约 0.61 和 0.58。喉道比较小的另一方面是增加了进口收缩比,这对提高进气均匀和内流性能是有利的。

从面积分布图可以看出,在喉道后面有一段不短的约占进气道总长 20% 的喉道段,其前后面面积几乎相等,但后段有极小的扩散角。目的是使喉道马赫数一致和流动的均匀。经验表明,这对抑制气流在扩散段内的分离,减小扩散损失和扩散出口流场的畸变有重要意义。

内唇口几何形状和厚度对防止各飞行状态和条件(包括起飞状态和侧风条件)下唇口气流和道内附面层出现分离以及对扩压器的进口流动条件有较大影响。MD‑82 飞机的进气道内唇口形状基本呈 1/4 椭圆修型,并采用了相当厚的内唇口厚度,达到的进口半径的 11%。这种内唇口修型基于适用于高亚声速各种形式的进气道。

总结 MD-82 飞机的进气道道内设计,围绕使损失降至最小、提高总压恢复和使发动机进口气流速度均匀稳定的目的,主要采取了较低的喉道马赫数,等截面喉道段,小的扩散角,适合高、低速和不同进口速度比的内唇口形状以及较厚的内唇口厚度。

7.5　发动机排气装置

7.5.1　排气系统的设计要求

排气系统是飞机动力装置又一个十分重要的部件,它直接影响发动机推力和燃油消耗率的大小,如在亚声速巡航状态下,若排气喷管的效率按 1‰下降,则使发动机净推力下降约 1.7%,燃油消耗率相对增加。由于喷气客机的排气系统比涡轮螺旋桨飞机的要复杂得多,重要得多,所以这里仅讨论亚声速客机的排气系统,并提出如下要求:

(1)排气喷管的设计如同进气道设计一样,要进行总体、气动、结构和声学的一体化设计。

(2)排气喷管的形状和类型是极为重要的,要加以研究和对比。排气喷管的设计要满足飞机和发动机的性能与安全。

(3)排气喷管的设计与反推力装置密切相关,因为反推力装置亦属于排气系统的一部分,所以设计排气喷管时要与反推力装置放在一起进行共同研究。

(4)民用飞机对噪声控制有严格的要求,排气噪声又是飞机噪声的主要声源之一,因此在设计排气喷管时要考虑噪声控制的声处理措施。

(5)排气喷管在飞机上的布局对飞机的外阻和发动机的推力有很大的影响。因为喷流与机体外流之间存在着相互干扰,为了减小这种干扰阻力,对排气喷管必须选择合理的布局。

(6)由于排气喷管处于飞机的高速、高温、振动和高声强等恶劣的环境中,因此对排气喷管的部件设计必须满足这些环境要求。

(7)排气喷管的各零部件设计必须满足规范要求。对于同一型号的发动机、同一机型和同一安装形式的排气喷管应可互换。

7.5.2　排气系统的设计考虑

正如发动机进气道的几何形状一样,发动机排气系统的最佳构型也是根据针对内流和外流的许多要求确定的。

对照最基本的一元喷气发动机理论,真实气体穿过或绕经发动机排气装置的流动表现出许多差别:

(1)内流和外流都有附面层。

(2)由于附面层和流向壁面曲率,内流不是一元流动。轴向速度沿每个横截面变化。

(3)尽管采用了喷管导向叶片或静子来减少涡旋,排气还是有一定程度的旋转。这也导致内流不再是一元流动。

(4)由于外流与发动机喷流,或者对涵道发动机而言,风扇气流与核心气流之间在流动界面上发生气流混合。这导致外流和内流,风扇气流和核心气流之间发生能量交换。

排气系统的设计考虑如下。

(1)排气喷管设计中的性能参数:排气喷管设计是较复杂的,它常用下列的术语,如排气喷管的推力 T、喷管的质量流量 m、排气出口气流的静压 P_e、喷管外界的环境压力 P_∞,排气喷管端面的面积 A_e、喷管出口截面的流速 V_e、喷管出口的速度系数 C_V、喉道截面积 A_{TH}、喷管的落压比 $NPR = P_{tj}/P_\infty$、临界落压比 $NPR = (P_{tj}/P_\infty)_{cr}$、速度修正系数 Ψ、喷管的总压恢复系数 σ_p、喷管出口截面气流的总压 P_{et}、喷管的动能效率 η_n、流量系数 φ_d、喷管的总效率 η_t、喷管的推力系数 C_T 等。

(2)目前可选用的排气喷管的类型有几何形状固定的喷管和几何形状可调的喷管。几何形状固定的喷管中有简单的收敛喷管即单喷管、同轴环型喷管、同轴不同截面双排气喷管和收敛-扩散型喷管。而几何形状可调的喷管有收敛-扩散型喷管、非轴对称喷管、塞式喷管和矩形喷管。飞机选用何种类型的喷管取决于发动机和飞机的性能要求。对于以涡扇发动机为动力的民用客机绝大部分是同轴环形喷管和同轴不同截面双排气喷管,对于超声速客机采用的是收敛-扩散型喷管。

(3)由于排气喷管同发动机密切相关,因此排气喷管设计必须与发动机厂商密切协调共同设计,以保证发动机的性能和安全。即使飞机由于布局的需要,改动排气系统的相对布局,也要与发动机厂商密切协调共同解决。

(4)大涵道比涡扇发动机在民用飞机上已广泛使用,尤其在翼吊布局上大都安装了分流式同轴不同截面的双排气喷管,如 CF6、JT9D、PW400 等系列的发动机喷管,即中长涵道排气喷管,对于尾吊布局的涡扇发动机,大都采用同轴环形喷管。

(5) 对于以涡扇发动机为动力的飞机,为了改善压力性能、降低噪声、降低耗油率、提高经济性、减少短舱的外阻,近年来,往往采用排气混合器装置,使风扇外涵道排气流同内喷流混合后发生能量交换并以较低的速度排出。这样对反推力装置的选用和设计提供了方便和提高了效率,如 MD‐80 系列飞机上的 JT8D‐200 系列发动机,A320、A340 飞机上的 V2500 系列的发动机。

(6) 排气噪声的预估和控制,对于以涡扇发动机为动力的飞机来说,排气噪声占有相当重要的地位,尤其对于高涵道比涡扇发动机短舱而言,风扇排气噪声是重要的噪声源之一,所以必须对排气噪声进行预估而确保飞机的噪声级满足适航性噪声限制要求,在风扇排气和主喷流排气喷管的周围敷设具有吸声和隔声作用的声衬层以及采取其他的声处理措施,尽量降低它的排气噪声级。

7.5.3 排气效率系数

为了将上述的效应综合起来,在标准的推进系统分析方法中采用速度系数 C_V 和质量流量系数或排放系数 C_D。这些系数可看成是对喷流膨胀到周围环境压强时的理想速度的修正以及对给定落压比下通过给定排气面积的理想质量流量的修正。C_V 和 C_D 的定义见式(7‐6)和式(7‐7)。

$$C_V = \frac{V_{真实}}{V_{理想}} \qquad (7-6)$$

式中:

$$V_{真实} = \frac{F_{真实}}{\dot{m}_{真实} V_{理想}}$$

$$C_D = \frac{\dot{m}_{真实}}{\dot{m}_{理想}} \qquad (7-7)$$

真实总推力与理想总推力比是推力系数,如式(7‐8)所示,等于 C_V 和 C_D 的乘积。

$$C_T = \frac{F_{真实}}{\dot{m}_{理想} V_{理想}} = \frac{F_{真实}}{F_{理想}} = C_V C_D \qquad (7-8)$$

对涡扇发动机:

$$C_T = \frac{(F_{真实})_{风扇+核心发动机}}{(F_{理想})_{风扇} + (F_{理想})_{核心发动机}} \qquad (7-9)$$

理想的质量流量和速度可以根据气体动力学理论计算。对于无壅塞喷管(喉道为亚声速流动,因此 $\gamma = 1.4$ 的冷气流 $p_0/p_T > 0.528$,$\gamma = 1.33$ 的热气流 $p_0/p_T > 0.479\,6$):

$$V_{理想} = \sqrt{\frac{2\gamma R T_T}{\gamma - 1}\left[1 - \left(\frac{p_T}{p_0}\right)^{\frac{1-\gamma}{\gamma}}\right]} \tag{7-10}$$

$$\dot{m}_{理想} = A_e p_T \sqrt{\frac{2\gamma}{\gamma - 1}\frac{1}{R T_T}\left[\left(\frac{p_0}{p_T}\right)^{\frac{2}{\gamma}} - \left(\frac{p_0}{p_T}\right)^{\frac{\gamma+1}{\gamma}}\right]} \tag{7-11}$$

对于壅塞喷管(喉道 $Ma = 1$,因此 $p_0/p_T < 0.528$ 或 $p_0/p_T > 1.89$):

$$V_{理想} = \sqrt{\frac{2\gamma}{\gamma - 1} R T_T} \tag{7-12}$$

$$\dot{m}_{理想} = \left(\frac{2}{\gamma + 1}\right)^{\frac{\gamma+1}{2(\gamma-1)}} A_e p_T \sqrt{\frac{\gamma}{R T_T}} \tag{7-13}$$

式中,A_e 为排气口面积。

可在试验台用文氏管测量真实质量流量,理想推力可通过计算获得,而真实推力可测得或由壁面测压孔测量数据和总压耙测量结果导出。唯一不可能测量的量是真实速度,但可利用其他量算得。

随着高涵道比发动机(涵道比为 5 及其以上)的应用,推力系数的重要性显著增加。

净推力为总推力与进气道动量阻力之差:

$$T = \dot{m} V_e - \dot{m} V_\infty \tag{7-14}$$

质量流量越来越大,与较小的平均排气速度两者结合在一起,使得净推力变成相对于两个大量越来越小的差值。

因此,在各种使用状态:起飞、爬升和巡航,都必须非常注意使排气效率系数尽可能接近 1。

7.5.4 环境压强效应

在壅塞流方程(7-12)和式(7-13)中并不存在压强 p_o。这意味着周围环境的压强对排气的流动状态根本没有任何影响。

不过只要流动无壅塞,周围环境压强确实会影响排气状态[见式(7-10)和式(7-11)]。飞机影响着邻近排气区域的当地压强,因此掌握飞机流场的影响十分重要。通常进行大比例风洞模型试验对其加以研究。

图 7-120 显示收敛喷管壅塞流和无壅塞流的差异。如增加喷管落压比,有效面积增大。注意,就是在落压比小于 1.89,喷管流动无壅塞时,损失也可能非常大,对多数发动机,喷管落压比的量级为起飞状态 $1.5 \sim 2.0$;$Ma = 0.80$ 巡航状态 $2.5 \sim 3.0$。收敛-扩散喷管可以在无壅塞状态增加推力,如图 7-121 所示。

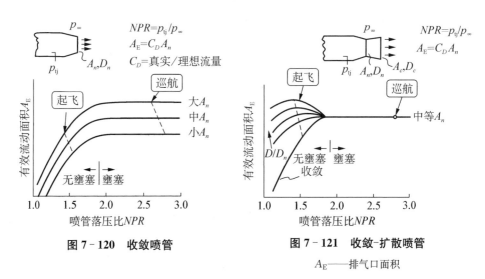

图 7-120 收敛喷管

图 7-121 收敛-扩散喷管
A_E——排气口面积

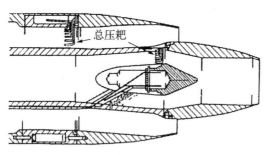

图 7-122 飞行马赫数和风扇喷管落压比对全发总推力的影响:模型示意图

图 7-122 是典型发动机喷流模拟器的剖面图。该模拟器有短外涵和核心发动机喷管,用于确定发动机喷管系数。图 7-123 表明总推力与理想推力的差异随飞行马赫数和风扇喷管落压比的变化。在这种试验中,核心机落压比与风扇落压比有固定不变的关系,随所模拟的发动机而定,量级是风扇落压比的 80%。随着落压比的增加,主要由于排放系数加大,损失减小。注意,排气落压比发生变化的主要原因在于环境压强随高度下降。因此,如前所述,该喷管

落压比的量级在起飞状态较小，为 $NPR = 1.5 \sim 1.7$，而在巡航状态为 $NPR = 2.4 \sim 2.6$。

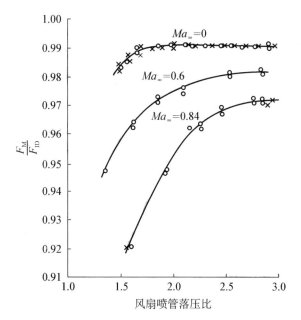

图 7-123 飞行马赫数和风扇喷管落压比对全发总推力的影响：典型试验结果

7.5.5 通用电气 CF6-50 的试验数据

通用电气公司的 CF6-50 发动机原来设计为风扇和核心机都装有反推力装置。因使用经验表明核心发动机的反推力可以省去，重新设计了核心机外罩，如图 7-124 所示。缩短核心机外罩降低了核心机喷管的压降，也减小了核心机外罩的摩阻。两个风洞模型上两种喷管的全发总推力系数 C_T 在 $Ma = 0$，$Ma = 0.25$ 起飞状态、$Ma = 0.6$ 等待状态和 $Ma = 0.82$ 巡航状态之间的差异如图 7-125 和图 7-126 所示。在图 7-127 中，就采用真实发动机对两种喷管构型在海平面静态试验台上进行试验得到的总推力进行了对比。数据表明，全机推力系数在整个使用包线范围内改善 $\Delta C_T = 0.0035 \sim 0.0050$。乍看这一改进似乎不大，但正如图 7-126 所指出，它相当于在巡航状态净推力增量 $\Delta F_N = 1\%$。

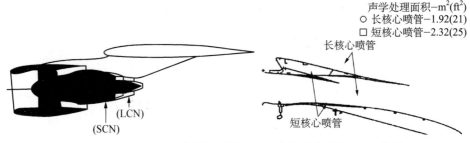

声学处理面积-m²(ft²)
○ 长核心喷管-1.92(21)
□ 短核心喷管-2.32(25)

长核心喷管

短核心喷管

(LCN)

(SCN)

图 7‐124 CF6‐50 长核心喷管(LCN)和短核心喷管(SCN)装置

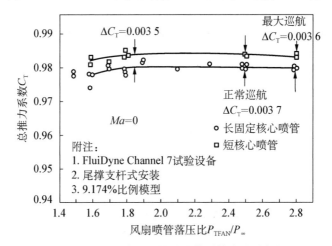

图 7‐125 短外涵短舱缩比模型静态实验数据

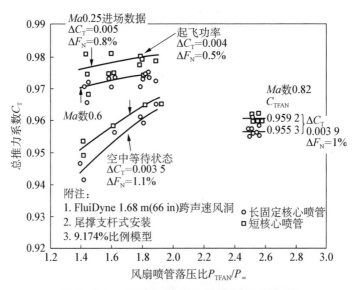

图 7‐126 短外涵短舱缩比模型风洞实验数据

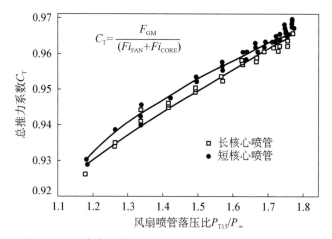

图 7 - 127　全发总推力系数，取自真实发动机试验台数据

1) 风扇与核心机的流动干扰

以下各图介绍：图 7 - 128 所示为短舱在静止状态其风扇和核心机之间的流动干扰。包括或不包括核心机气流的速度系数分别如图 7 - 129 所示。图 7 - 130

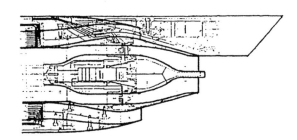

图 7 - 128　短舱在静止状态其风扇和核心机之间的流动干扰

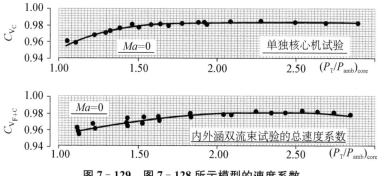

图 7 - 129　图 7 - 128 所示模型的速度系数

外涵：收敛喷管；核心机：收敛-扩散喷管（扩散比 1.5%）

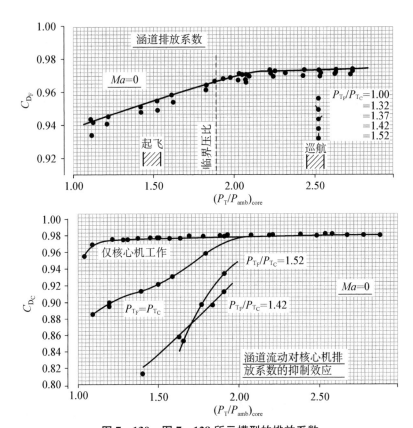

图 7‑130 图 7‑128 所示模型的排放系数

C_{D_F}—风扇排放系数;C_{D_C}—核心机排放系数;P_{T_F}—风扇总压;P_{T_C}—核心机总压

表明,如果核心机气流为亚临界状态$\left(\dfrac{P_{tj}}{P_\infty} < 1.89\right)$,风扇落压比高于核心机落压比,核心机的排放系数随风扇落压比的增加而迅速恶化。

风扇落压比高表示风扇速度大。如图 7‑131 所示,风扇气流偏向核心机喷流并且核心机气流出现流动抑制现象。这就减小了核心机的质量流量,继而排放系数恶化。特别在起飞和初始爬升阶段会出现这种情况。

2) 波音 767 飞机的试验数据

图 7‑129～图 7‑131 介绍为安装在波音 767 飞机上的通用电气公司的 CF6 发动机确定最合适的排气构型进行研究

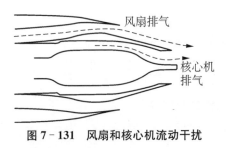

图 7‑131 风扇和核心机流动干扰

取得的试验结果。

图 7-132 示出所研究的四种不同的核心机喷管,两种为收敛型;两种为收敛-扩散型。风扇和核心机喷管两者的速度系数和排放系数如图 7-133～图 7-136 所示。这些试验数据清楚地表明,有些喷管在较低喷管落压比而其他的喷管则在较高落压比分别有较佳表现。这就是说,喷管性能何为最佳取决于场域性能与巡航性能哪个更重要。短程飞机一般强调场域性能,因此在喷管低落压比下性能良好者可取。远程飞机则应选用在高落压比有优异性能的喷管。

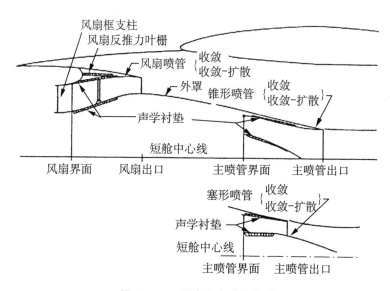

图 7-132 风扇和主喷管构型

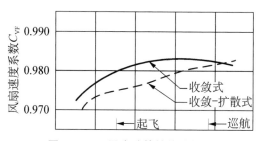

图 7-133 风扇喷管性能特征 I

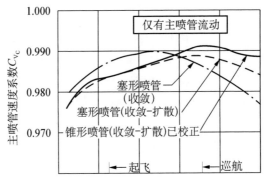

图 7-134 主喷管性能特征 Ⅰ

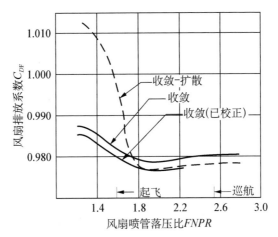

图 7-135 风扇喷管性能特征 Ⅱ

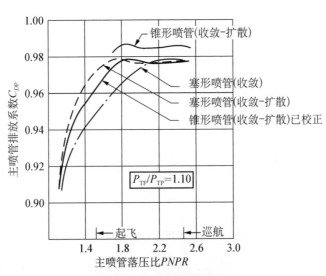

图 7-136 主喷管性能特征 Ⅱ

3）船尾阻力

图 7-137 表示一种高涵道比发动机短舱,其风扇外罩和核心机外罩均向排气喷口方向收敛。如果喷管落压比超临界,也就是喷口平面静压高于环境压强,喷流会膨胀。这就可能在风扇外罩,特别还有核心机外罩上产生导致如图 7-138 所示气流流动分离的严重逆压梯度。不同喷管落压比下的这种压强梯度如图 7-139 所示。图 7-140 介绍该阻力随当地壁面曲率的变化,并表明当曲率半径非常小时,可能出现过大的阻力。这种阻力称为船尾阻力,因为发动机喷管的侧视图或俯视图很像动力游艇的船尾。高速飞行时风扇壅塞,产生压缩波。压缩波反射成为膨胀波,反之亦然,导致如图 7-141 中绘出的钻石状激波。由于激波造成焓损失,阻力增加。

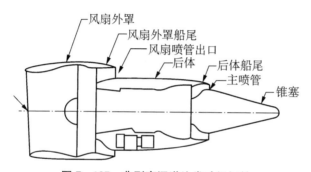

图 7-137 典型高涵道比发动机短舱

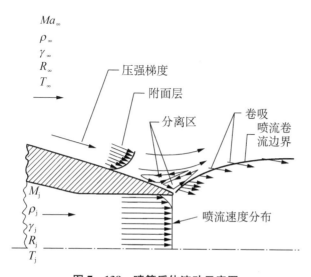

图 7-138 喷管后体流动示意图

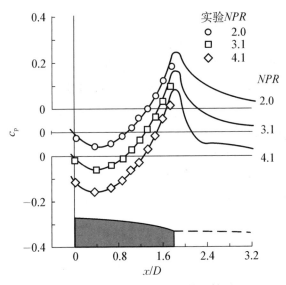

图 7 - 139　预测与实验的比较

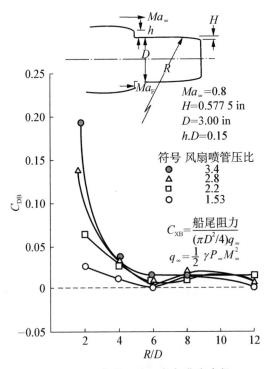

图 7 - 140　船尾阻力系数与曲率半径

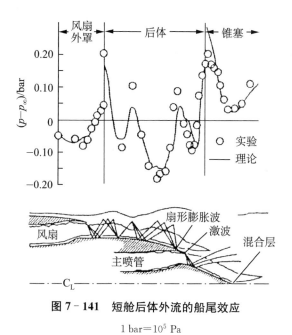

图 7 - 141　短舱后体外流的船尾效应

1 bar＝10^5 Pa

7.6　反推力装置

反推力装置的主要功能是缩短着陆后或中断起飞过程中的地面滑跑距离。在多数民用飞机上,反推力装置仅在地面使用。

7.6.1　反推力装置的设计要求

1) 性能要求

(1) 保证发动机进气道能正常工作。

(2) 进气道和短舱阻力最小,喷管具有良好的巡航特性。安装反推力装置以后一般喷管推力损失不超过 1%,燃油消耗率的增加不超过 2.5%。

(3) 空中一般不打开反推力装置。

(4) 满足 FAA 在型号设计时飞机起飞着陆场长的要求。

(5) 地面扬起的碎石不能吸入发动机和空调系统。

(6) 反推力喷管系统的反向气流不允许被重新吸入进气道或空调系统,因为反推力的排气吸入进气道后会引起进气道的压力畸变。

2) 操纵性要求

(1) 操纵系统安全可靠,采用余度设计,保证系统在局部或全部损坏时不危及飞机的安全。

(2) 反推力装置的推力转换时要短,由驾驶员发出反推力选择信号后到指定的反推力状态的时间应在 1~2 s 之间,这样才能收到良好的制动效果。反过来收上时间一般要求为 4~5 s。反推力的工作时间一般为 10 s,小于 30 s。这要根据允许飞机的最小运动速度而定,低于这个速度,反推力装置排出的燃气可能会被重新吸入进气道。

(3) 反推力装置上各叶栅系统的动作应该同步、协调、对称。

(4) 保证油门杆不到空中慢车状态时,反推力手柄不能打开,这点十分重要。

3) 系统维修性要求

(1) 反推力装置各系统应采用组件设计,易于拆装和更换。拆装时不影响发动机。

(2) 能进行外场视情检查,反推力装置的维修时间与发动机大修时间一致。

(3) 外场能用普通焊接的方法修理叶片。

(4) 成品设备的检查点、测试点、润滑点的布局位置应提供适当的可达性。维修口盖的尺寸、方向和位置要便于工作人员有合适的工作姿态。尽量做到检查或拆卸任一故障件时不必拆卸其他成品,避免维修交叉作业。

(5) 提高成品零件的互换性,尽可能地采用标准件。

(6) 所需维修工具和维修设备的种类要少。

(7) 保障系统、成品和维修设施能相互配套使用。

(8) 重要的系统和成品应尽可能有故障显示,如机上自检装置和故障诊断等手段。故障诊断手段不应复杂。

(9) 尽可能缩短准备和维修时间,尽量使系统或成品能保持在原位检修。

(10) 在设计时应充分考虑采取措施防止在维修操作中发生差错。发生差错时应能立即发现,不致导致成品损坏或发生事故。

(11) 维修的标志、符号和技术数据应清晰正确。

(12) 成品设备设计应力求构造简单、整体化以减少零件、元件的数量。

4) 反推力装置的安装要求

(1) 安装保持对称,保证气流方向无偏差。

(2) 反推力装置中的任意一个叶栅系统可以安装互换。

(3) 叶栅设计可以调节、用于平衡力矩。

(4) 严格控制叶栅的外形和安装公差,防止容差积累。

5）噪声控制

叶栅的设计要进行声压分析和试验。

6）材料要求

（1）风扇排气温度一般为 250～400℉。风扇反推力叶栅多采用镁合金制造，因它的强度/刚度比优于其他轻合金。

（2）涡轮排气温度一般为 850～1 000℉。涡轮反推力叶栅的材料多选用不锈钢或耐热合金。

7）系统重量要求

各系统进行设计时，系统重量轻也是一项考核指标。

8）成本要求

各系统进行设计时，要以低成本为目标。

9）有关机型反推力装置的设计参数

波音 707、波音 747、DC-10 飞机发动机反推力装置的某些设计参数数据如图7-3 所示。

表 7-3 各类反推力装置性能比较

类别 性能 型号	波音 707，波音 737JT3D	波音 747 JT9D	JT9D	DC-10(CF6)
	实际性能	设计目标	试验结果	实际
转换至反推力时间/s	1.7	1.2	1.0	2
转换至前推力时间/s		4	5	
反推力燃气再吸入时飞机的速度/kn	70	40	45～60	
反推力比(安装后)/%	43	74	51	40
反推力工作时间/s	10		16～20	

说明：其中中央发动机推力损失 100%，风扇推力用去 48.5%，这种选择对飞机总的制动系统提供了反推力组合的排气优化结果。

7.6.2 反推力装置的应用

1）反推力装置的效果

反推力装置可以得到下列效果，以不用反推力时地面滑跑长度为 100%，使用反推力后缩短滑跑距离的百分数表示，如表 7-4 所示。

表 7 - 4　利用反推力装置的效果

跑道状态 使用情况　　缩短/%	干跑道	湿跑道	带冰跑道
着　　陆	56	35	18
中止起飞	66	45	33

　　从表中数字可见,尤其在湿跑道或带冰跑道上使用反推力装置时滑跑长度缩短的效果最为显著。从图 7 - 142 还可看出反推力和刹车联合使用时对飞机的制动效果最佳。

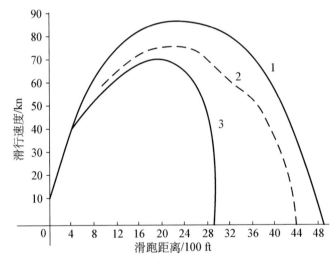

图 7 - 142　不同状态的刹车情况

1—刹车;2—反推力;3—反推力加刹车。

2) 飞机地面减速和滑跑距离计算公式

(1) 地面减速。

$$(a/g)_\mathrm{r} = \frac{C'_D q}{\dfrac{W}{S}} + \mu\left(1 - \frac{C'_L}{\dfrac{W}{S}}\right) \tag{7-15}$$

式中:$(a/g)_r$ 为飞机在反推力状态的加速化;C'_D 为反推力状态时飞机的阻力系数;C'_L 为反推力状态时飞机的升力系数;q 为动压;μ 为摩擦系数;W/S 为

翼载。

（2）地面滑跑距离。

$$L = \frac{1}{g}\int_{V_{td}}^{V} \frac{V_d V}{\left(\dfrac{a}{g}\right)_r} + \frac{1}{g}\int_{V_t}^{0} \frac{V_d V}{\left(\dfrac{a}{g}\right)_{nr}} \tag{7-16}$$

式中：r 为反推力状态；nr 为不用反推力状态；V_{td} 为飞机主轮触地时的速度；V_t 为反推力终止使用时飞机的速度；g 为重力加速度；a 为飞机的加速度。

7.6.3 反推力装置的类型

目前设计的反推力装置有两种基本类型：

（1）靶式反推力装置。

（2）叶栅式反推力装置。

图 7-143 为波音 737 飞机用的靶式反推力装置，波音 767 飞机用的叶栅式反推力装置在图 7-144 中清晰可见。

图 7-143　靶式反推力装置

图 7-144　叶栅式反推力装置

FAA 不允许使用反推力装置来缩短被审定的在干跑道上加速-停止或着陆距离，不过在某些条件下确实允许打开反推力装置来确定被审定的在湿跑道上所需的滑跑距离。原则上反推力装置的主要作用还是缩短日常使用中在湿跑道和有冰雪覆盖跑道的地面滑跑距离，减缓刹车磨损，提供更多的安全因素。

1）反推力装置的三种设计目标

（1）反推力最大（通常能实现的反推力不超过 50%）。

（2）吸入灼热排气和外来物的风险最小。

（3）对稳定性和操纵性的不利影响最小。

要求(2)和(3)与要求(1)冲突。越将排气气流导向前方,发生再吸入的可能性就越大。如图7-145所示,所谓再吸入就是排气被吸进发动机进气道干扰发动机的正常工作。再一个就是石块和垃圾被吸入进气道,称为外来物吸入(FOI),造成外来物损失(FOD)。

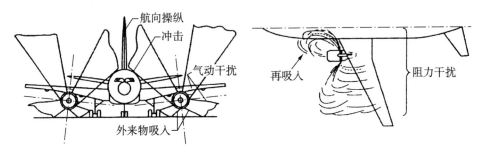

图 7-145　反推力卷流的设计考虑

2) 靶式反推力装置

靶式反推力装置的简图如图7-146。靶壳张开时,发动机燃气偏转向前排出,产生反推力,它是反推力装置中最简单的一种,效率比较低,约为55%～65%。目前涡轮喷气动机动和中、低涵道比的涡扇发动机都使用这种反推力装置。如MD-82飞机所使用的JT8D发动机即采用了这种类型的反推力装置。

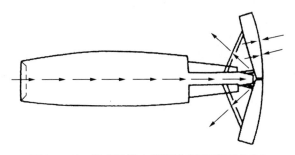

图 7-146　靶式反推力装置示意图(张开状态)

(1) 靶式反推力装置的几何外形。

靶式反推力装置喷流方向的能力小得多。特别是尾吊发动机的靶式反推力装置,既可能给方向舵带来舵面效率减小的问题,又因减小了前轮载荷可能给前轮转弯造成麻烦。靶式反推力装置的例子如图7-147、图7-148和图7-149所示。

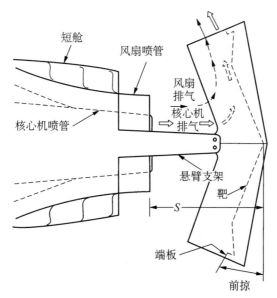

图7-147 靶式反推力装置的几何外形

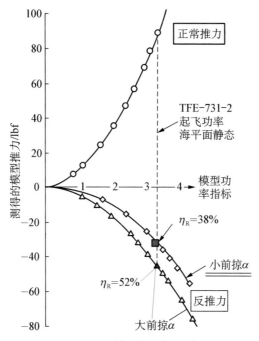

图7-148 模型的反推力效率

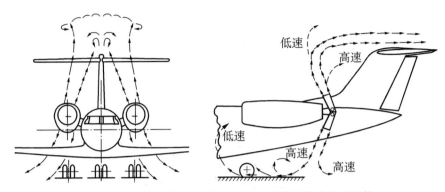

图 7‑149 尾吊发动机的靶式反推力装置反推力卷流形状

（2）靶式反推力装置的反推力门布局对航向稳定性和操纵性的影响。

在福克 100 飞机上，装在喷管内侧的一块小折流板，当反推力装置打开时显著改善了航向稳定性和操纵性，如图 7‑150 和图 7‑151 所示。

3）叶栅式反推力装置

叶栅式反推力装置如图 7‑152 和图 7‑153 所示。

（1）波音 727 飞机的叶栅式反推力装置。

图 7‑154 为波音 727 飞机的叶栅式反推力装置。

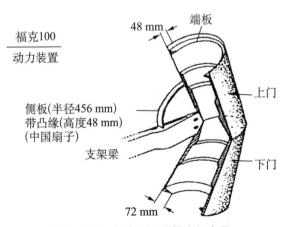

图 7‑150 福克 100 反推力门布局

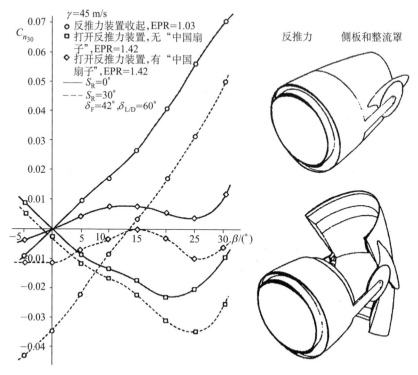

图7‑151　福克100反推力装置打开时"中国扇子"对航向稳定性和操纵性的影响

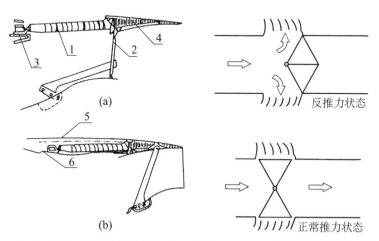

图7‑152　叶栅式反推力装置　图7‑153　叶栅式反推力装置示意图

（a）反推力状态　（b）巡航状态

1—叶栅叶片；2—可移动的套环；3—传动环；4—堵塞门；5—壳；6—发动机机匣

图 7 - 154　波音 727 的叶栅式反推力装置

（2）叶栅式反推力装置的叶栅作用。

图 7 - 155、图 7 - 156(a)、图 7 - 156(b)表示，叶栅式反推力装置的叶栅导向叶片的形状和朝向都可以变化，为分配反气流的流量和方向提供了很大的自由。

（3）风扇叶栅反推力装置和叶栅型扰流器联用。

如图 7 - 157 所示，用于波音 767 和 DC - 10 等机体上的 CF6 型发动机的反推力装置。

对风扇和核心机独立排气（短外涵）的涵道风扇发动机而言，同时将风扇和核心机的气流反向成了问题。图 7 - 158 的图线说明仅使用风扇气流反向时涵道比对总反推力效率的影响。尽管上述做法总效率不高（在该例中当 $BPR=6$ 时，反推力装置效率＝18％），几乎没有人将反推力装置用于核心机喷流，因为这样做增加重量、复杂性、磨损和维护成本。

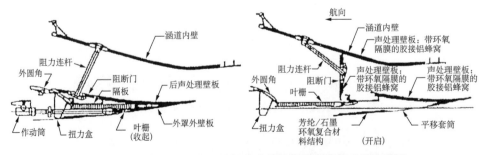

图 7 - 155　波音 767 GE CF6 涡扇发动机的风扇涵道反推力装置

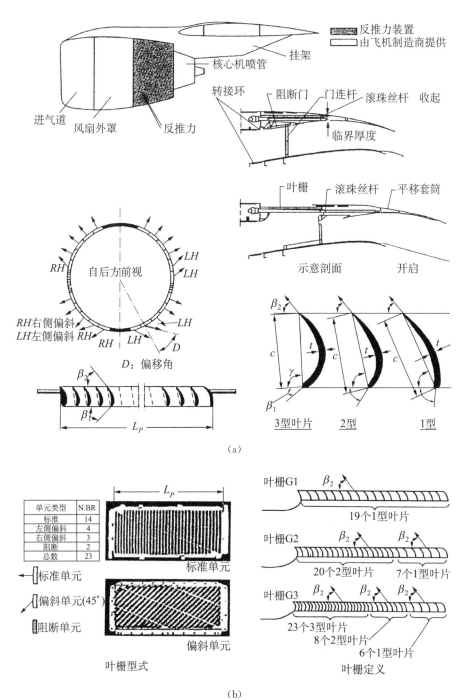

（a）

（b）

图 7-156　CFM56 的反推力装置

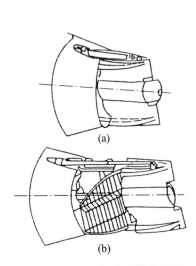

图 7 - 157 CF6 涡扇反推力装置

（a）前推力　（b）反推力

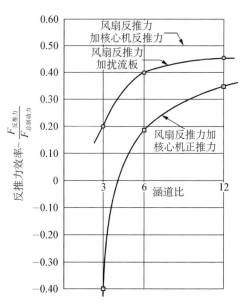

图 7 - 158 主反推力模式对反推力效率的影响，$(\eta_R)_{基本} = 50\%$

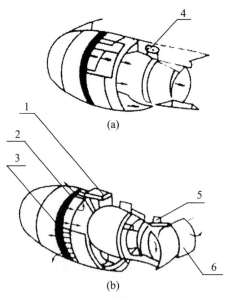

图 7 - 159 RB211 反推力装置

（a）前推力　（b）反推力

1—移动壳；2—风扇反推力软轴；3—齿轮盒和作动筒；4—气动马达（操纵反推力和扰流器）；5—扰流器门

（4）风扇叶栅反推力装置和靶式扰流器联用。

如图 7 - 159 所示，用于波音 747 和 L - 1011 等机种上的 RB211 发动机反推力装置。

（5）堵塞转向型反推力装置。

图 7 - 160 所示为用于波音 707 和波音 727 等机种上的 JT3D 型发动机反推力装置。

7.6.4　反推力装置的静态特性

1）反推力装置的定义及其计算公式

（1）效率 η_r 的定义。

$$\eta_r = （反向气流所产生总推力的$$
$$轴向分力 / 总推力）\times 100\%$$

（2）计算公式。

反推力 R_{ft} 的计算公式为

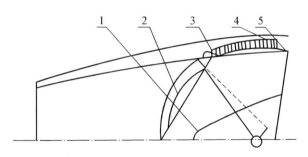

图 7 - 160 JT3D 反推力装置

1—发动机锥体；2—靶式门（反推位置）；3—靶式门（前推位置）；4—叶栅叶片；5—传动式套筒。

$$R_{ft} = \frac{G_{zt}}{g}(C_5 - V) - \frac{G_{ft}}{g}(C_5 + C_{ft}\cos\alpha) \tag{7-17}$$

式中：G_{ft} 为反推力装置打开时，通过反推力装置的燃气流量；C_5 为燃气流出口速度；C_{ft} 为反推力装置出口燃气速度；V 为飞机着陆滑行速度；a 为气流折转角；G_{zt} 为发动机喷管燃气流量；g 为重力加速度。

反推力比 $\overline{R_{ft}}$ 的计算公式为

$$\overline{R_{ft}} = R_{ft}/R_{zt} = \frac{\dfrac{G_{zt}}{g}(C_5 - V) - \dfrac{G_{ft}}{g}(C_5 + C_{ft}\cos\alpha)}{\dfrac{G_{zt}}{g}C_5 - V} = 1 - \frac{G_{ft}}{G_{zt}}\frac{(C_5 + C_{ft}\cos\alpha)}{C_5 - V}$$

设 $\varphi = C_{ft}/C$

则

$$\overline{R_{ft}} = \frac{1 - \cdot G_{ft}(1 + \varphi\cos\alpha)}{G_{zt}\left(1 - \dfrac{V}{C_5}\right)} \tag{7-18}$$

可见反推力比是反推力燃气流量比、反推力装置出口燃气流速比以及燃气折转角等的函数。

叶栅式反推力装置的反推力比在理论上可高达 $75\% \sim 90\%$，靶式反推力装置的反推力比可达 $55\% \sim 60\%$，但考虑到反向气流是不能被吸入进气道等的因素，对叶栅式反推力装置而言，其反推力比一般定为 $40\% \sim 50\%$。如 RB211 发动机反推力装置的反推力比为 45%，斯贝发动机为 40%，CF - 6 发动机为 40%。

2）靶式反推力装置的静态特性

（1）靶式反推力装置的几何参数（见图 7 - 161）主要有如下几个：靶（门）的

投影面积 A_T，喷管投影面积 A_N，门的包角 α_1，门的后掠角 α_2，喷管直径 D_N，端板高度 h。

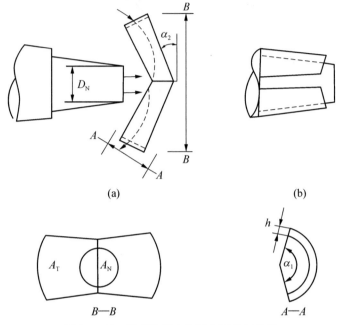

图 7 - 161　靶式反推力装置主要几何参数

(a) 张开　(b) 收拢

　　(2) 门的包角 α_1 为 120°～150°时将产生较大的反推力，且能紧凑地收拢在发动机喷管的周围。

　　(3) 门的后掠角 α_2 在 10°～15°时将产生较高的反推力性能，且不会产生推力的不稳定，后掠角太大，可能使气流从靶的最高点以不规则的方式流过，从而使装置有产生振动的危险。

　　(4) 门的投影面积与喷管的出口面积之比 A_T/A_N 在 3～4 时将产生较大的反推力。面积比增大时反推力装置的底阻增加。

　　(5) 门打开后，靶顶点与喷管出口距离和喷口直径之比存在一个最佳值，在此值时反推力装置的效率最高。最佳值通常由试验确定。

　　(6) 门端厚度与喷管出口截面直径之比 H/D_N 在 0.1～0.15 之间时反推力性能好。

　　3) 叶栅式反推力装置的静态特性

　　(1) 叶型。

叶型有 4 种形式,如图 7 - 162 所示。

(2) 叶栅的设计参数如图 7 - 163 所示。

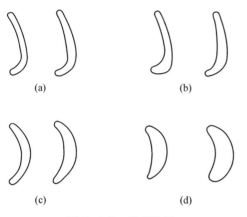

图 7 - 162   叶栅叶型

(a) 反作用式单曲面不对称型   (b) 反作用式双曲面不对称型   (c) 冲击式单曲面对称型   (d) 冲击式双曲面对称型

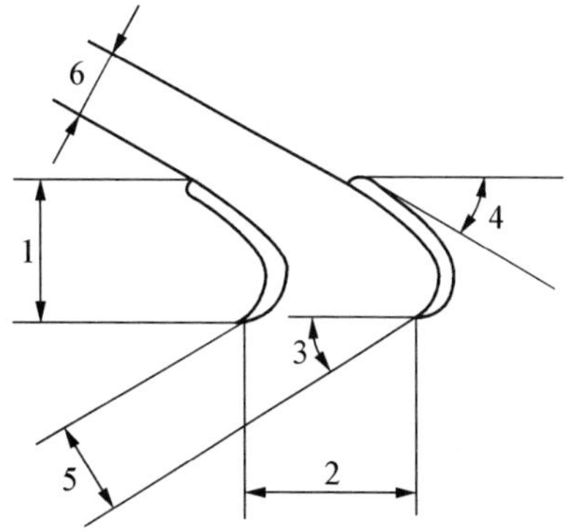

图 7 - 163   叶栅的设计参数

1—叶片弦长;2—相邻两叶片间距;3—燃气入口角 θ_{in};4—燃气出口角 θ_{ex};5—燃气入口面积 A_{in};6—燃气出口面积 A_{ex}

(3) 叶栅的排列。

(4) 叶栅沿发动机周边应对称排列以保持飞机的稳定,如图 7 - 164 所示。叶栅的数目由设计要求决定。排列的状态对噪声影响很大,由试验确定。

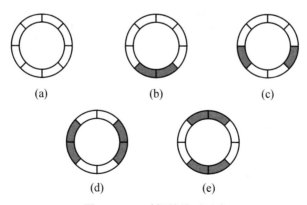

图 7 - 164   叶栅的排列形式

(a) 8 个叶栅,排气角度为 340°   (b) 6 个叶栅,排气角度为 255°   (c) 6 个叶栅,排气角度为 255°   (d) 4 个叶栅,排气角度为 170°   (e) 4 个叶栅,排气角度为 170°

（5）静态特性。

叶栅式反推力装置的静态特性由叶栅出口角 θ_{ex}、叶栅稠度 c/S、叶型、出口面积与进口面积比 A_{ex}/A_{in}、排气喷管的落压比 P_{tj}/P_{∞} 以及出口速度比 u_j/C_o 决定。它们之间关系如下：

a. $\eta_r - S/D_N$：S/D_N 在 $0.1 \sim 0.14$ 之间较好；

b. 排气喷管落压比增加时 η_r 增加，P_{tj}/P_{∞} 在 $1.4 \sim 2.2$ 之间为好，$1.8 \sim 2.0$ 之间出现峰值；

c. $\eta_r - l/D_N$：l/D_N 在 $0.55 \sim 1.5$ 之间较好；

　　$\eta_r - X/D_N$：X/D_N 在 $0.2 \sim 0.9$ 之间较好；

d. $\eta_r - A_d/A_N$：A_d/A_N 增加，η_r 增加；

e. $\eta_r - N$：N 增加，η_r 增加；

f. $\eta_r - \theta_{ex}$：出口角不宜大于 $45°$，一般为 $25° \sim 30°$；

g. $\eta_r - u_j/C_o$：u_j/C_o 加大，η_r 增加；

h. $\eta_r - c/S$：c/S 一般在 $0.4 \sim 1.4$ 之间，对应的 η_r 在 $5\% \sim 55\%$ 之间。

其中：l 为叶栅长度；X 为堵塞门入口至喷管出口的距离；D_N 为喷管直径；A_N 为喷管面积；A_d 为堵塞门的投影面积；u_j 为排气速度；C_o 为迎面速度；N 为叶栅数。

（6）影响反推力装置噪声的主要因素。

a. P_{tj}/P_{∞} 增加，噪声等级加大；

b. A_{ex}/A_{in} 增加，噪声等级加大；

c. 叶栅排列的方式不同，影响噪声等级，最大可相差 $10\ dB$。

7.6.5　反推力装置的操纵系统

1）反推力装置的操纵系统和指示系统主要部件的组成

（1）液压蓄压器（或气动马达）；

（2）反推力门（或堵塞装置门）的作动筒；

（3）反推力门锁作动筒；

（4）反推力靶壳门或叶栅系统的门；

（5）操纵阀；

（6）联锁机构和钢索；

（7）反推力门驱动连杆；

（8）操纵阀扇形件；

（9）低压警告灯；

（10）蓄压器低压警告灯；

（11）位置指示器开关和门锁指示器开关；

（12）反推力手柄、钢索和连杆系统；

（13）反推力开锁指示灯和反推力打开指示灯。

2）反推力油门杆的控制程序

反推力装置操纵系统是在机械、液压（或气压）和电气系统共同作用下完成。由前推力到反推力时的操作过程如下：

（1）将油门杆从前推力状态移动至慢车状态，此时间内反推力手柄应与油门杆联锁。

（2）只有当油门杆处于慢车位置时，反推力手柄才能拉起。设计时一定要保证这一点。

（3）反推力手柄向上提拉时，通过钢索、拉杆传动系统打开反推力操纵阀。

（4）来自液压系统的高压油或来自增压系统的高压气体通过操纵阀作动筒将锁打开，然后由反推力门锁作动筒（或经传动机构）将反推力靶壳门或喷管堵塞装置完全打开。

（5）在空中飞行时，液压系统或冷气系统要处于断开状态，保证反推力系统在空中不会因错误动作而工作。

发动机反推力装置的门锁打开后，发动机反推力开锁指示灯亮，反推力靶壳门完全打开或叶栅堵塞时，反推力打开指示信号灯亮，反过来关闭时指示灯熄灭。

7.6.6 反推力装置的试验

在 20 世纪 80 年代之前，有关反推力装置性能的确定都是通过试验测得，未见有性能估算的方法。但可采用一元流理论，根据正常喷管落压比求得出口速度场，由反推力装置效率的定义可以估算出反推力装置的性能，然后再经过各种试验加以修正。下面介绍反推力装置的几种试验。

1）冷气流模型试验

该种试验提供反向排气图谱的初始资料，可得到基本的静反推力和负加载数据以及研究反推力装置在正常工作时尾喷管是否可能反压。这种试验台要求能够测量正、反的两个方向的推力，模型的缩比一般为 1/8～1/3。

2) 风洞模型试验

通过这种试验主要研究喷流特性,喷流和机体的相互作用、喘振以及稳定特性等。另外通过测量可以得到反向喷流被重新吸入进气道时飞机的前进速度。对装有风扇/反推力装置模型的飞机还可测试其安装特性。图 7 - 165 和图 7 - 166 所示为靶式反推力装置及其试验结果。

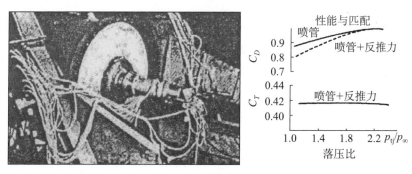

图 7 - 165　靶式反推力装置

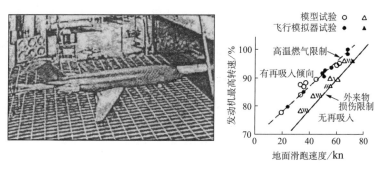

图 7 - 166　后机身吊挂发动机模型

图 7 - 167 和图 7 - 168 所示为叶栅式反推力装置及其试验结果。

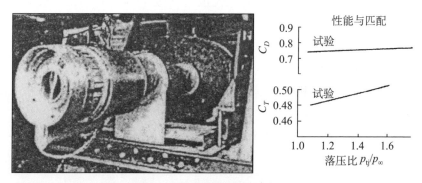

图 7 - 167　叶栅式反推力装置

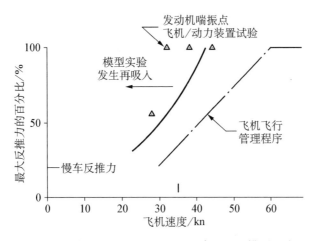

图 7 - 168　波音 767/GE CF 6 吸入/喘振风洞模型和全尺寸飞机实验结果的对比

3）地面台架试验

全尺寸发动机和该发动机所用的反推力装置的地面台架试验,用以测定气动负荷、噪声、局部加热,发动机性能联试(包括进气道、反推力装置和发动机)以及反推力装置的功能附件、操纵系统、信号指示器系统的可靠性和工作寿命等。

图 7 - 169 给出了 CF6 发动机反推力装置的工作循环模拟过程可供参考。

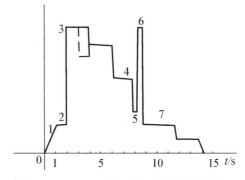

图 7 - 169　CF6 发动机反推力装置的工作循环模拟过程

0—关闭;1—驱动;2—慢车;3—起飞,爬升;4—进场;5—空中慢车;6—反推;7—慢车

4）试飞试验

测定反推力装置的减速制动性能及其操作完成和工作时间等。

7.7　涡轮动力模拟器(TPS)的风洞试验研究

7.7.1　研究目的

为了减小大型运输机在巡航状态时动力装置与机体的干扰阻力,必须进行发动机与机体的一体化设计。对于翼吊发动机短舱可改变机翼的绕流(同样,尾吊发动机短舱对机翼的绕流也有影响(见图 7 - 4)。

这种影响的一部分是由发动机短舱和挂架的外形以及它们与机翼的相互作用所引起的。在机翼下表面，它们使流速局部增大，这至少会导致升力损失，情况严重的会使气流发生分离。最后会产生必须克服的干扰阻力。飞机设计人员应围绕一些关键参数如发动机位置、短舱外形、挂架形状以及机翼/机身来流进行优化设计。

绕流变化的另一个重要部分是由发动机喷流引起的。大量的质量流以高速（在喷口通常达到声速）从排气喷管射出。当然高速喷流可产生飞机需要的推力，但它也会产生阻力，原因来自两种效应：一种是位移效应，发动机喷流在喷管出口外以确定的方向膨胀，它与气流局部流动的流线不一致，这就导致改变机翼绕流的方向。另一种是驱动效应，喷流与它所穿过的空气相混合。因为喷流速度与能量要比周围气流更高。驱动效应是由每个分子的粘性和相对运动所引起的。这两种效应都可能是产生阻力的源，必须通过带动力的模拟器在风洞试验条件中进行研究并予以解决。

做带动力模拟器的调整风洞试验是需要的，因为它是通过布局选择、评估和优化发动机与机体一体化所必须采用的手段。

20世纪70年代以前风洞试验中的动力模拟主要是研究发动机排气对机翼洗流和平尾效率的影响（见图7-170）。扩散的尾喷流带动它周围的空气，因为产生趋向尾喷流轴线的诱导流动，如果水平尾翼安装在诱导流场之内，则由于这一流动将使迎角发生变化，水平尾翼处的这一诱导流将显著降低飞机的稳定性。此后，民用飞机公司为了减少向客户在飞机飞行性能（如高速巡航效率和单发停车时起飞爬升第二阶段的性能）的进排气效应方面所做承诺而承担的风险，要求在风洞试验中正确模拟发动机的进排气效应，测准发动机短舱的安装阻力和进排气的干扰阻力，从而精确确定飞机的总阻力。因此，从20世纪70年代起，国外风洞试验中进行动力模拟已成为常规试验手段。

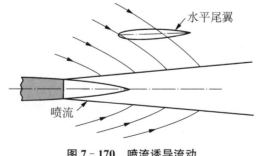

图7-170　喷流诱导流动

7.7.2 动力模拟的几种形式

从简单到复杂,风洞试验中动力模拟的形式主要有通气短舱、喷流模拟器、引射模拟器和涡轮动力模拟器(简称 TPS)四种,如图 7-171 所示。

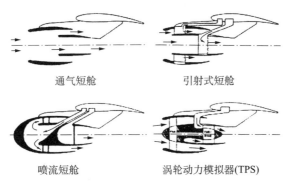

通气短舱　　　　　　引射式短舱

喷流短舱　　　　　涡轮动力模拟器(TPS)

图 7-171　飞机短舱动力模拟形式

表 7-5 和表 7-6 分别列出了几种模拟涡流喷气发动机的进排气方法所能达到的模拟能力和四种模拟方法的优缺点比较。

表 7-5　几种模拟涡轮喷气发动机进排气方法的比较

序号	模拟方式	模拟能力	进气道几何外形	排气口几何外形	进气道入口流动	排气流动	进气与排气之间的相互干扰
1		通气模型	能	不能	能	不能	部分能
2		喷流影响模型	不能	能	不能	能	不能
3		引射器型模拟器模型	能	能	部分能	能	部分能
4		TPS模型	能	能	能	能	能

表 7 - 6　四种模拟方法的优缺点比较

序号	模拟方法	优点	缺点
1	通气短舱	简单、便宜	模拟器无法模拟出口流动
2	喷流模拟器 (a) 喷出压缩的冷空气 (b) 喷出压缩的热空气	简单、模拟器价廉 试验状态可以改变	风洞能耗大,对管道气流扰动大,风速或动量的模拟不准确,进气道进口流场无法模拟 模型内部天平存在着热问题
3	引射模拟器	能模拟空气流量、出口压力及进口总压的近似实际条件	在没有补充进气的情况下模拟器可模拟不同的进出口空气流量
4	涡轮动力模拟器	能模拟空气流量、出口压力及进口总压的近似实际条件	模拟器价格高,有技术维修问题。在没有补充进气情况下,模拟器可模拟不同的进出口空气流量

1) 通气短舱

为了研究在飞机全机流场中发动机进气道的特性,可能需要进行具有不同质量流量比的通气短舱试验。

需正确模拟进气道进气口与前段的外形、内形、需要装可变流量的装置及可测内阻的总静压排管装置。

一般可模拟巡航时的进气质量流量比。但不能模拟起飞最大推力状态的进气流。该形式一般用于不需精确模拟动力效应的飞机初步设计阶段,因为这种模拟方法最为简单,但无法模拟出口气流(发动机喷流),为了保证进气道进口必需的空气流量,需要将短舱模型喷口加大。

由于通气短舱不向气流添加或从中吸取能量(附面层效应除外),流经短舱流管的横截面积在短舱前方无穷远和后方无穷远处完全一样。因为短舱后缘尖锐,排出的气流既没有膨胀也没有收缩,排气平面的静压与未受扰流相等。因此,进气道的质量流量比取决于唇口截面与排气截面的面积比。图 7 - 172 是对此的图解。短舱后端与真实短舱的轮廓并不一致,因此对飞机全机的总试验数据要仔细分析。所以,通气短舱是对进气道进行部分设计和分析设计工作很经济的办法。

2) 喷流模拟器

由于没有进气口,不能模拟进气效应。如模拟喷气效应,供气量约为 TPS 的 3 倍,模型结构设计不易实现。由于喷气模拟器产生很大的推力,提高了推力测量的精度要求。该试验只测量气动力的影响量。

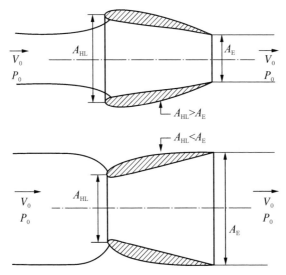

图 7 - 172   通气短舱质量流量比的变化——收缩和扩张环形体

A_{HL}—进口面积(Hilite);A_E—排气口面积

3）引射模拟器

理论上能模拟进气质量流量比和排气喷管压力比;这种模拟器利用高压空气在一定程度上可模拟通过进气道所需的空气流量,保证喷流所需的参数,但当引射模拟器进行模拟时,通过进气道的空气流量小于设计值,这自然会影响模型实验结果。实际上,由于供气量约为 TPS 的 1.5 倍,使模型结构设计会产生一定的困难,导致模拟能力的下降。

4）涡轮动力模拟器(TPS)

涡轮动力模拟器基本上是真实涡扇发动机的缩小的模型,不同之处是 TPS 是利用外部高压气源,驱动涡轮和风扇,一般是冷排气。控制涡轮转速能调节风扇/涡轮的喷管压力比。它能准确模拟进排气效应,但 TPS 本身的结构复杂。

7.7.3   动力模拟试验的模拟条件

做模型带动力试验时要进行完整的模拟必须满足的条件:

(1) 模拟来流速度(Ma数);

(2) 模拟几何参数;

(3) 保证所需的进气流量系数;

(4) 模拟尾喷管中排气落压比;

(5) 模拟喷管出口的压力场。

模拟发动机进排气效应的主要动力相似参数有进气质量流量比、喷管落压比(即喷管出口总压和自由流静压之比)等。

1) 排气模拟参数

(1) 推力系数　　$C_T = F/qS$

(2) 落压比　　P_{tj}/P_∞

(3) 速度比　　V_j/V_∞

(4) 动量系数　　$C_\mu = m_j V_j/qS$

2) 进气模拟参数

进气质量流量比　　$C_\varphi = m_i/\xi_\infty V_\infty A$

3) 模拟参数中各种条款号的物理意义

(1) F——发动机推力　　　　　　(7) P_{tj}——喷流总压

(2) V_j——喷流速度　　　　　　(8) m_j——出口流量

(3) m_i——进气流量　　　　　　(9) V_∞——来流速度

(4) ξ_∞——大气密度　　　　　　(10) P_∞——来流静压

(5) q——试验速压　　　　　　(11) S——机翼面积

(6) A——进气道入口处面积

表 7-7 列出真实飞机起飞状态($Ma_\infty = 0.15$, $V_\infty = 51\ \text{m/s}$)和风洞试验风速($V_\infty = 45\ \text{m/s}$)时模拟参数比较。

表 7-7　模拟参数比较

		排气模拟			进气模拟
参数	推力系数	落压比	速度比	动量系数	进气流量系数
公式	$C_T = F/qS$	P_{tj}/P_∞	V_j/V_∞	$C_\mu = m_j V_j/qS$	$C_\varphi = m_i/\xi_\infty V_\infty A$
飞机	0.468	1.86	8.2	0.53	2.63
TPS	0.468	1.72	6.8	0.52	2.18
模拟程度	100%	91%	83%	98%	83%

7.7.4　TPS 的试验功能

流经真实发动机短舱的气流在燃气发生器中添加能量。因此,与通气短舱相反,在短舱前后的流动状态完全不同(见图 7-173)。不过经验告诉我们,除非短舱非常短,进气道和排气装置互相之间通过外部流动的干扰非常有限,对进气道和排气装置可以分别加以研究。

鉴于 TPS 的模拟能力最接近真实发动机,下面讨论风洞试验中出现的测量

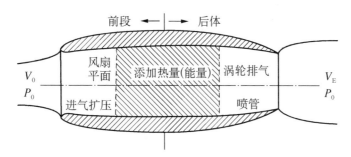

图 7 - 173 通气短舱与真实发动机或涡轮动力模拟器(TPS)的差别——带有运转中发动机的短舱

数据修正和 TPS 推力校正问题。

风洞试验中使用 TPS 的益处可概述如下:

1) 准确估算飞机飞行性能

在估算飞机低速性能时,使用通气短舱的风洞试验不能证实发动机外罩和喷管形状修形所引起的起飞第二阶段爬升阻力的增加,但装有 TPS 的半模或全模风洞试验可尽早得到装发动机后的干扰阻力。

帮助建立 CFD 计算模型,为建立准确的发动机进排气模型,除需知道单独发动机进排气流场外,还需了解内流和外流之间的干扰和混合。因此,机翼和发动机下游的尾流测量非常重要(见图 7 - 174),这样可发展准确的尾流模型,这对于翼吊发动机短舱的机翼设计尤为重要(见图 7 - 175)。对于尾吊发动机,尾流模型的正确与否会直接影响平尾效率的估计。

2) 改进飞机设计

由于 TPS 试验能精确区分发动机的安装阻力与干扰阻力,因此可用来优化单独动力短舱以及机翼/挂架/短舱或机身/挂架/短舱的综合设计。

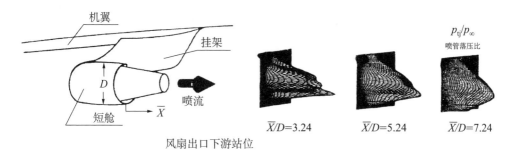

图 7 - 174 TPS 的尾流测量

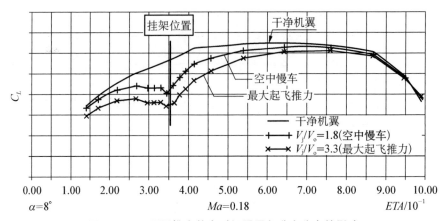

图 7 – 175　不同推力状态对机翼展向升力分布的影响

3）TPS 的校测装置及校测

对 TPS 进行质量流量及推力关系的精确测定，技术关键如下：

（1）校测箱的设计。需要在 TPS 短舱进口与出口之间设置一个适当的压差，从而形成一个模拟的 Ma 数，要求是 TPS 短舱上游气压形成条件应与风洞总压、动压相一致，而喷口处的压力应与风洞静压一致，典型的布置图如图 7 – 176 所示。

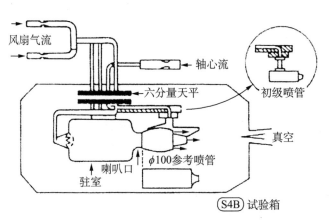

图 7 – 176　ONERA4 TPS 校测设备

（2）高精度的六分量天平。要求推力校准的重复性或不稳定度水平达到 0.1%～0.2%范围，该天平与 TPS 短舱相连，天平支架能通过高压气流，而对天平无干扰。

（3）测控系统。包括控制风扇上游的压力（通过控制风扇流量来实现）、转速及排气压力。

7.7.5　TPS 风洞试验的阻力修正

TPS 能产生推力,因此必须修正飞机模型风洞试验中天平作用力的测量数据。图 7-177 表示短外函风扇发动机 TPS 的原理图及其各个典型站位;对于全外涵发动机,则可以简化。与 TPS 试验有关的推力和阻力定义如下。

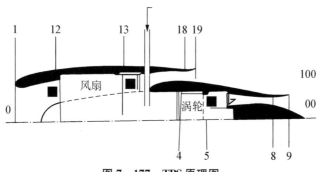

图 7-177　TPS 原理图

0 或 ∞——自由流;1——唇口平面;12——风扇进口平面(下标第 1 位数字表示风扇);13——风扇出口平面;19——风扇喷管出口平面;18——风扇喷管喉道;4——涡轮进口平面;100——风扇气流无限远下游平面;8——涡轮喷管喉道;5——涡轮出口平面;00——涡轮气流无限远下游平面;9——涡轮喷管出口平面

简单地说,凡是通过发动机的内流沿飞行方向作用于发动机内部的力称为推力;凡是绕过发动机外罩的外流相对于飞行方向作用于飞机的力称为阻力。经发动机上游无限远处到下游无限远处的动量增量的时间变化率称为理想静推力 $X_{N,理想}$。

$$X_{N,理想} = (\dot{m}_9 \cdot V_{00,理想} + \dot{m}_{19} \cdot V_{100,理想}) - \dot{m}_0 \cdot V_0 \qquad (7-19)$$

式中:$\dot{m}_9$ 为涡轮喷管出口平面的质量流量;$\dot{m}_{19}$ 为风扇喷管出口平面的质量流量;$\dot{m}_0$ 为上游无限远平面的质量流量;V_0 为自由流速度;$V_{00,理想}$ 为涡轮排气在下游无限远处压力膨胀至自由大气压 P_∞ 时所达到的理想速度;$V_{100,理想}$ 为风扇排气在下游无限远处压力膨胀至自由大气压 P_∞ 时所达到的理想速度;$V_{00,理想}$ 和 $V_{100,理想}$ 可根据喷管出口平面上游某参考站位处总压和总温的测量值利用一维等熵流公式计算得到。式(7-18)中括号内两项之和又称为**理想总推力** $X_{G,理想}$。

$$X_{G,理想} = \dot{m}_9 V_{00,理想} + \dot{m}_{19} V_{100,理想} \qquad (7-20)$$

$\dot{m}_0 V_0$ 又称为冲压阻力。

由于参考站位下游还有动量损失,实际的总推力 X_G 低于其理想的 $X_{G,理想}$,两者之比称为**速度系数** C_V,即

$$X_G = C_V X_{G,理想} = C_V(\dot{m}_0 \cdot V_{00,理想} + \dot{m}_{19} \cdot V_{100,理想}) \qquad (7-21)$$

X_G 可从天平测量中得到,于是,**实际静推力** X_N 为

$$X_N = X_G - \dot{m}_0 \cdot V_0 \qquad (7-22)$$

另一个重要的喷管参数是**流量系数** C_φ,其定义是实际流量与理想流量之比,即

$$C_\varphi = \dot{m}_{实际} / \dot{m}_{理想} \qquad (7-23)$$

式中 $\dot{m}_{理想}$ 根据总压 P_{tj} 和总温 T_t 的测量值以及喷管横截面积利用一维等熵流理论计算得到。对于收缩型喷管,其横截面积是出口面积;对于收敛-扩散型喷管,若气流壅塞则是喉道面积,若气流不壅塞则仍是出口面积。

图 7-178 给出发动机外流阻力的组成。外流阻力包括:

作用于风扇罩上的压差阻力和摩擦阻力;

作用于进气流管上的压力(称为附加阻力,additive/pre-entry drag);

和作用于排气流管上的压力;

进气道的内流摩阻(称为冲刷阻力,scrubbing drag)则包括在推力之中。

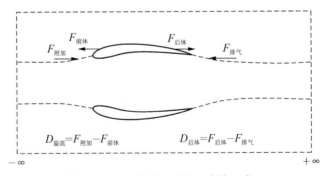

图 7-178　发动机外流阻力的组成

(1) 无粘性等熵位流中外流阻力的合力为零;当排气和进气没有相互干扰时,附加阻力与进气道前缘吸力相抵消;后体压力与排气流管压力相抵消。

(2) 真实气流中由于粘性的影响,进气道前部产生**溢流阻力**,整流罩后部产生**后体阻力**。

今天,涡轮动力模拟器,由外部气源供给的压缩空气驱动的微型喷气发动

机,在世界上各飞机制造公司作为常规手段得到应用。它们模拟了接近真实动力装置进排气系统的流动状态。尽管如此,单独进行进气道试验的装置依然可用,例如图 7-179 所示由 NLR 在荷兰研制的试验台。它们的运动零件不多,校准简单,因此便于对不同进气道布局一个接一个地快速进行试验,取得很高的成本效益。

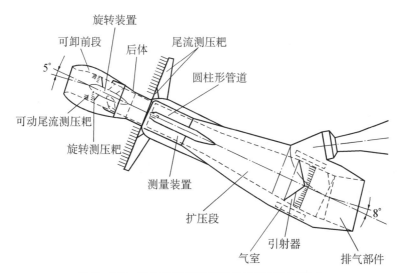

图 7-179 进行发动机进气道研究的风洞实验台

虽然基于一元流动和喉道平均马赫数对喷气发动机进气道进行分析和设计的手段看起来似乎过时,它仍然是进行初始定尺寸研究可靠的出发点。

采用现代 CFD 方法使人们能够对发动机进气道的内流和外流、壁面压强分布以及相关附面层状况进行细致的研究。不过由于这样做通常需要进行大量的准备工作而且灵活性有限,在可行性研究和初步设计阶段,简单的方法还是得到应用。

7.7.6 发动机短舱的安装阻力和进排气的干扰阻力

安装阻力——是飞机模型(无尾)的阻力与机翼/机身阻力之差,如图 7-180 所示。

飞机模型(无尾)阻力 D_1 由天平测

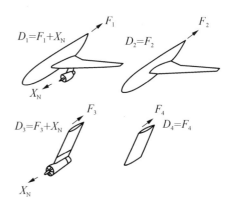

图 7-180 装有 TPS 的飞机模型阻力测量

量力 F_1 和 TPS 的净推力 X_N 组成：

$$D_1 = F_1 + X_N$$

X_N 通过 TPS 的地面校准装置确定。

安装阻力　　　　$D_{安装} = D_1 - D_2 = F_1 + X_N - F_2$

干扰阻力是安装阻力与单独短舱/挂架阻力之差。

单独短舱/挂架的阻力为

$$D_{单独} = D_3 - D_4 = F_3 + X_N - F_4$$

干扰阻力　　　　$D_{干扰} = D_{安装} - D_{单独} = F_1 - F_2 - F_3 + F_4$

因此，测定干扰阻力不需知道 TPS 的净推力，但必须保持飞机模型试验和单独短舱模型试验具有相同的推力状态（即相同的风扇喷管压力比）。干扰阻力包括由发动机位置引起的气动力干扰和发动机工作引起的动力干扰效应。从无推力状态（慢车状态）到有推力状态所引起的干扰阻力增量称为**动力干扰阻力**。慢车状态的条件是 $V_{100} = V_0$。由于 F_2 和 F_4 为无动力干扰效应，动力干扰阻力可确定如下：

$$D_{动力干扰} = (F_{1推力状态} - F_{1慢车状态}) - (F_{3推力状态} - F_{3慢车状态})$$

7.7.7　通气短舱和喷流模拟器的飞机模型阻力测量

通气短舱和喷流模拟器都是 20 世纪 70 年代以前飞机模型风洞试验中考虑动力效应的主要手段。通气短舱用来模拟进气条件，而喷流模拟器用来模拟喷气效应。当用这两种短舱测定飞机模型阻力时，需进行下列三种试验。

（1）通气短舱模型：具有按实际缩小的进气道和一个选用喷管。

（2）过渡性喷流模拟器：具有上述选用喷管，以反映通气短舱的喷流流动。

（3）喷流模拟器：具有按实际缩小的喷管，以模拟真实的喷流流动。

通气短舱（模型 1）的要求是要实现准确的进气流量，若出口截面太小可换用模型 1A（见图 7-181）。模型 2/2A 是模型 1/1A——模拟真实的进气流与喷流模拟器（模型 3）（模拟真实的喷气流）之间的过渡。对这三种模型都需要测量短舱、挂架和机体的压力分布。

通气短舱和喷流模拟器的阻力修正方法如下：

阻力 D_1 等于天平测量值 $F_{天平}$ 扣去内部摩擦阻力，此内部摩擦阻力可通过附面层测量估算或直接由静校装置测定。

阻力 D_2 和 D_3 等于天平测量值加上实际总推力，此推力由式（7-21）求得，

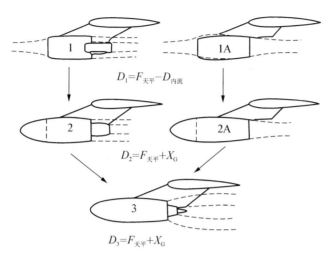

图 7 - 181　通气短舱和喷流模拟器的飞机模型阻力测量

其中质量流量为测量值,排气速度为理想值。速度系数由单独喷流模拟器的静校试验确定(保持喷管落压比 P_{tj}/P_∞ 与风洞试验值一致)。这时假定外流可改变喷管的有效横截面积,即改变质量流量,但不改变速度系数 C_V。

于是,飞机模型的阻力为

$$D = D_1 - (D_2 - D_3)$$

式中 $\Delta D_{喷气} = D_2 - D_3$ 是真实喷流引起的阻力增量,它又可分解成由改变喷管引起的阻力增量 $\Delta D_{喷管}$ 和由推力效应引起的动力干扰阻力 $\Delta D_{喷气}$,这时需增加一个喷流模拟器(模型 3)的慢车状态的喷气试验。与 TPS 试验相类似可进一步确定安装阻力和干扰阻力。

国外曾对翼吊短舱(涡轮动力模拟)做过试验研究(见图 7 - 40),安装阻力 ΔC_D 的含义是短舱—挂架—机翼的阻力之差,干扰阻力定义为安装阻力和单独的短舱-挂架阻力之差,弄清干扰阻力产生的原因。短舱对机翼展向载荷分布的影响如图 7 - 40 所示。产生干扰阻力的主要原因可做如下分析:在图 7 - 40 上比较了有无短舱时机翼展向载荷的分布情况。在给定的迎角下,翼-身组合体装上短舱和挂架后,升力系数减小了,为了达到原来的升力系数,飞机的迎角需要增加 $0.35°$,这样就会引起阻力的增加。

图 7 - 40 表示机翼压力分布说明了为什么装上短舱和挂架后会有升力损失。由于机翼上表面的激波前移引起升力损失,而在机翼下表面,短舱-挂架的

内侧形成一个明显的吸力峰,当地气流加速变成超声速流,然后通过激波变成亚声速流,从而引起波阻损失。虽然机翼上表面激波前移和前缘压力减小有利于降低阻力,但是升力的损失和机翼下表面的不利影响更大,这是产生干扰阻力的主要原因。

短舱几何形状对阻力的影响:

涡扇发动机短舱有两种形式,一种是短风扇管道,风扇气流和核心发动机气流分开排出;另一种是风扇气流与核心发动机气流混合后排出的长管道短舱。混合排气的长管道短舱,其油耗率比短外涵低 $2\%\sim3\%$,但是它和飞机其他部件的配合更困难。图 7-182 表示了各种形式短舱的阻力情况。随着风扇外罩的增长,干扰阻力明显增大。这是因为装上长外罩短舱后,在机翼-挂架-短舱之间形成比较窄小的通道,该处气流加速并达到超声速,然后产生激波,激波又引起气流分离,所以使阻力增大。

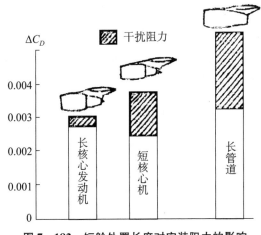

图 7-182 短舱外罩长度对安装阻力的影响

安装后的短舱与挂架的阻力系数情况如下。

(1) 机翼/短舱的干扰阻力系数。

对于喷气发动机,安装于机翼的短舱,其干扰阻力系数可由下式得到:

$$C_{Dn,\ int} = F_{con1}(\Delta C_{Dn}/C_{Dn})C_{Dnac}$$

式中:F_{con1} 为折算因子,当 $Ma \leqslant 0.5$ 时,F_{con1} 取 1.0,当 $Ma > 0.5$ 时,按面积律处理的机翼+挂架+短舱连接,F_{con1} 取 0.5,不按面积律处理的机翼+挂架+短舱连接,F_{con1} 取 1.0;$\Delta C_{Dn}/C_{Dn}$ 为有、无机翼干扰的短舱阻力系数之比,对平直机翼按

图 7 - 183(a)取值,对后掠机翼按图 7 - 183(b)取值;C_{Dnac} 为单独短舱的阻力系数。

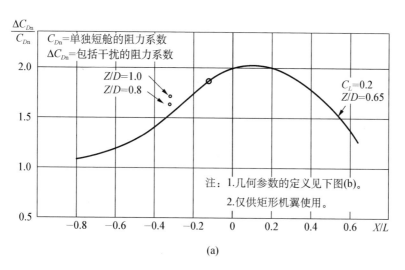

(a)

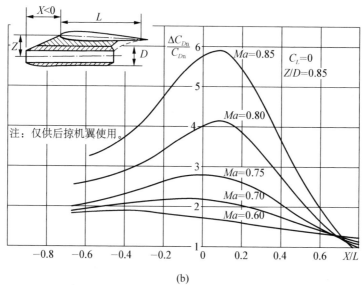

(b)

图 7 - 183　机翼＋短舱的阻力干扰因子

（2）机身＋短舱干扰阻力系数。

对于喷气发动机,安装在机身上的短舱,其干扰阻力系数可由下式得到:

$$C_{Dn,\,int} = F_{con2}\big[(C_{Dn})' - 0.05\big](S_n/S)$$

式中：F_{con2}为折算因子，当地按面积律处理的机身＋短舱连接，取 0.5，当地不按面积律处理的机身＋短舱连接，取 1.0；$(C_{Dn})'$为机身＋短舱总阻力系数，取决于短舱离机身距离(t)，可由图 7-184 查得，该图是以单独短舱的阻力系数为 $C_{Dnac}=0.05$ 给出的，即$(C_{Dn})'$代表了有机身干扰的短舱总阻力系数；S_n为短舱最大迎风面积。

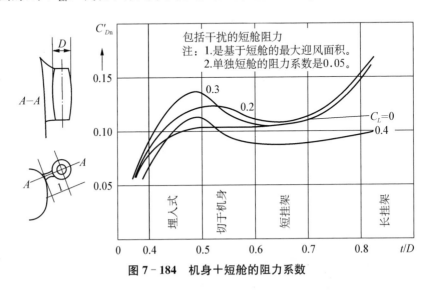

图 7-184　机身＋短舱的阻力系数

7.8　翼吊短舱上的涡流控制装置对飞机空气动力特性的影响

在现代民用运输机和军用运输机的气动布局设计中，流过发动机短舱的气流对全机或部件的空气动力特性有很大影响。本节将对这种影响做出分析。

发动机短舱上的涡流控制装置（vortex control device，VDC；又称 nacelle strake 或称 nacelle chine）的主要作用就是在低速大迎角时推迟机翼翼面上的气流分离，从而提高飞机在起飞时的升阻比和着陆时的最大升力系数，并且可改善飞机的低速失速特性。

当代大型运输机采用的先进涡扇发动机的涵道比和尺寸不断增大，例如，早期的波音 747 飞机采用的发动机涵道比为 4～6，风扇直径约 230 cm，而波音 747-8 的 GE-2B 发动机的涵道比达到 8.6，风扇直径也增大到 267 cm，再考虑到起落架设计和发动机离地高度的限制，发动机与机翼之间的距离进一步减小，前缘缝翼在发动机挂架处的切口也进一步增大。

早期尺寸较小的发动机，相对机翼前伸和下沉的距离较大，在低速大迎角时，发动机短舱脱出的尾涡一般从机翼下方通过，对机翼上表面的气流影响不大。但对于较大尺寸的发动机,与机翼的流场的耦合作用增强,短舱的尾涡会直接掠过上翼面,对上翼面的气流流动产生严重干扰,随着迎角增大,短舱尾涡破裂后必将诱发机翼上翼面的气流分离,加之此时增升装置的打开,缝翼切口脱出的尾涡可能会使气流更加恶化,导致飞机最大升力系数下降,如果气流分离区域的范围迅速扩大,并向外翼方向扩展,则可能会引发严重的安全问题。

而短舱上的涡流控制装置在大迎角时向后拖出的集中涡带,一方面阻止机翼上表面的气流向外翼方向的横向流动,另一方面通过与当地附面层的相互作用,为附面层注入能量,从而达到改善和控制流场品质,抑制或延缓气流分离的目的。

7.8.1 DC - 10 和 MD - 11 的翼吊短舱两侧装有三角形涡流控制装置

DC - 10 是最早应用短舱涡流控制装置的民用运输机,当时麦道公司的设计人员因为风洞试验得到的最大升力系数远低于设计值,而通过流场观察发现,在大迎角下由于发动机短舱产生的尾涡和前缘缝翼在发动机挂架处切口所脱出的涡流共同诱发了机翼上翼面气流的提前分离,从而导致机翼过早失速,于是在翼吊短舱两侧各安装一个与水平面呈 45°夹角的三角形涡流控制装置。原来,短舱上没有装涡流控制装置时,由油流试验发现,着陆时襟翼偏转,由于短舱的影响,在机翼前缘有一局部死区,涂油未被吹开,而加装了涡流控制装置后,它所拖出的涡扰动了附近的死区气流,延迟附面层分离的发生提高了最大升力系数(见图 7 - 185)。

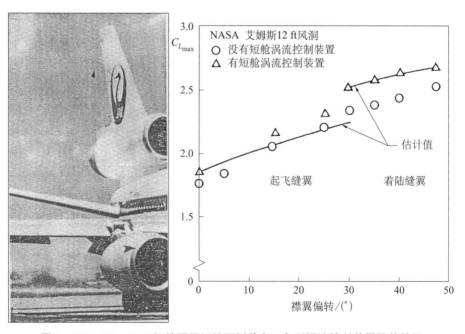

图 7 - 185　DC - 10 飞机的翼吊短舱两侧装有三角形涡流控制装置及其效果

7.8.2 波音 737-300 飞机的翼吊短舱的内侧装涡流控制装置

由波音 737-200 飞机改成波音 737-300 飞机时，选用大直径的涡扇发动机 CFM56-3C 做动力装置，在不增加起落架高度的情况下，使发动机短舱与机翼之间形成近距耦合，这就使得在低速大迎角时，由于短舱与机翼前缘之间的气流相互干扰，使后缘襟翼上表面的气流发生分离[见图 7-186(a)]，这就降低了

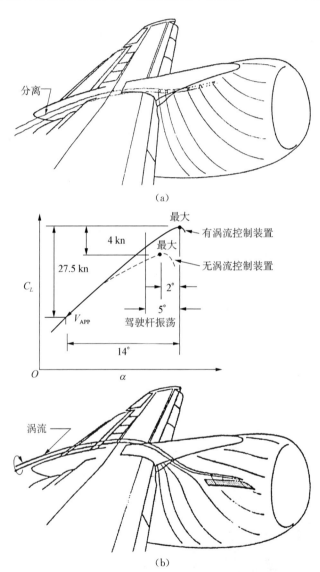

图 7-186 波音 737-300 飞机短舱上的涡流控制装置

(a) 无涡流控制装置   (b) 有涡流控制装置

失速迎角并提高了失速速度。

当波音 707 飞机改装大直径的涡扇发动机 CFM56 - 2 时,在飞行试验中发现最大升力意外地损失了 10%,也就是使进场速度增加了 7 kn(见图 7 - 187),这个现象在事前的风洞试验中并未暴露出来。

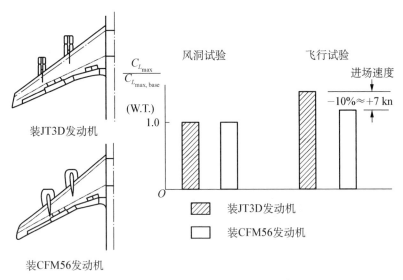

图 7 - 187 短舱对最大升力的影响

以后做了流谱观察,发现在风洞试验中与飞行试验中由于雷诺数不同,最大升力受不同机理的限制。在风洞试验中最大升力受外侧机翼的限制,而在飞行试验中受内侧的附面层和短舱涡的相互作用的限制,这只使问题得到解释,却没有解决。

后来用计算机设计一个临时的、非标准的前缘装置,使在风洞试验雷诺数下产生实际飞行雷诺数下内侧前缘气流分离特性,这很容易做到。然后把这个装置装在风洞模型上(注意:这仅仅是为了在风洞试验中模拟飞行中的气流特性,并不是要在真实飞机上实际安装这个装置)。这样就可以在风洞试验中复现飞行中的内侧先失速的现象,并寻求克服这种现象的措施。波音 707 飞机的这种研究结果延伸到波音 737 - 300 飞机上,最后仅仅在左右短舱的内侧加装涡流控制装置,就可改善飞机大迎角时机翼前缘和短舱之间的流场,使低速大迎角时在后缘襟翼表面上的气流分离减弱[见图 7 - 186(b)],结果提高了失速迎角和最大升力系数,并使波音 737 - 300 飞机的失速速度减小 4 kn。

7.8.3 波音 767 飞机在短舱内侧安装涡流控制装置

在波音 767 初期设计阶段,设计人员要求具有更优良的大迎角状态下的稳定性,在过载条件下俯仰姿态调整的操纵杆力要保持在可接受水平。但如图 7 - 188 所示,短舱的安装非常靠近机翼,使得在低速大迎角时增加了短舱与机翼之间的流场干扰,飞机在起降时的大迎角和低速时,加上下偏状态的前缘缝翼和后缘襟翼,导致流经发动机短舱的气流发生分离,分离气流对机翼后部上表面施加大的不利压力,使机翼最大升力下降,特别在靠近机身一侧,气流分离更为严重,导致飞机性能下降。为解决这一问题,设计人员在发动机短舱上安装了涡流控制装置(见图 7 - 188),使升力增加,有效地改善了飞机的起落性能。涡流控制

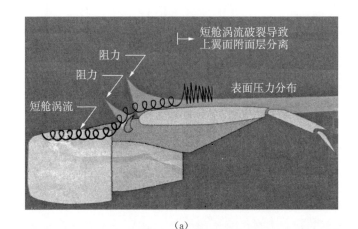

(a)

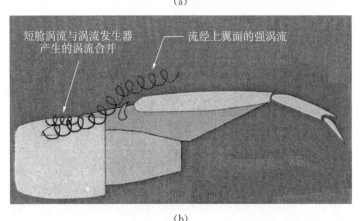

(b)

图 7 - 188 近距耦合短舱引起的机翼涡系和短舱涡流控制装置对短舱涡的影响

(a) 没有安装涡流控制装置状态下,发动机短舱涡流在大迎角时会流经上翼面破裂形成湍流,增加阻力并降低升力 (b) 安装员流控制装置后,其产生的强涡能为短舱涡流补充能量,延缓其在上翼面的分离、降低阻力、提高升力

装置对波音 767 - 200 的性能影响是使进场速度减小 5 kn,并使着陆场长缩短 250 ft。当然,在设计过程中,对发动机短舱上的涡流控制装置的形状、尺寸、位置和角度都做了详细研究,并在风洞中经反复试验才最后确定,这样才能最大限度地挖掘发动机短舱上的涡流控制装置效率,有效地改善飞机的大迎角飞行品质。

图 7 - 189 为美国三角航空公司的波音 767 - 332ER 客机,其 2 台发动机短舱靠近机身一侧各有一片状装置,这就是短舱的涡流控制装置。

图 7 - 189 美国三角航空公司的波音 767 - 332ER 客机

7.8.4 MD - 82 飞机的发动机短舱侧面导流片

对于 MD - 82 这类 T 尾布局的飞机,在大迎角时其平尾总是要浸于机翼尾流中,使平尾和升降舵效率陡降,甚至完全失效,导致飞机进入难以改出的深失速状态。加之该系列飞机机身加长,短舱加粗,其影响就更严重。在短舱外侧加装导流片(见图 7 - 190)在大迎角下产生人为的涡流,改善了平尾处的流动特性,提高了平尾与升降舵的效率,从而改善了深失速情况下的气动恢复能力。当 $\beta = 0°$, $\alpha = 20°$ 以后,短舱侧面导流片对低头力矩的贡献可达 0.05 以上。当

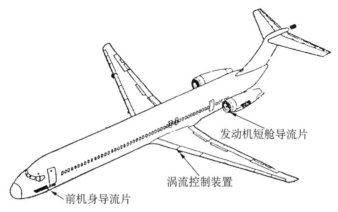

图 7 - 190 MD - 82 飞机附加气动力装置

$\beta = 10°$，$\alpha = 40°$ 以后，ΔC_m 可达 0.25 以上，这正是失速后改善气动特性所需要的。

7.8.5　A320、A319 和 A321 客机在短舱上安装涡流控制装置

A320 飞机的短舱内侧装涡流控制装置(见图 7 - 191 的上图)，而其发展型 A319 和 A321 在短舱两侧安装涡流控制装置(见图 7 - 191 的下图)，其中 A321 的设计就是因为起飞重量增加(载客量增加 24%，而载货量增加 40%)约 13%，为了保证 A321 的起降性能与 A320 的大致相当，因此修改了 A321 的机翼平面形状和增升装置，即把机翼后缘内侧向后延伸，再把富勒襟翼改为双缝襟翼，为了改善着陆时机翼上表面的气流品质，就在短舱两侧加装涡流控制装置。这可使低速大迎角延缓机翼上表面的气流分离，在不增加阻力的情况下提高升力，并能改善低速失速特性。也就是合理设置涡流控制装置，就可利用涡流进行调整，使得相邻的各部件之间气流相互影响减弱，减少了阻力，提高气动面的效率。

美国西方航空公司空客A319客机，该机两台发动机短舱内外两侧均安装了涡流发生器(红圈处)。

图 7 - 191　A319(左)和 A321(右)飞机短舱两侧的涡流控制装置

A320 飞机的短舱上的涡流控制装置如图 7 - 192 所示。

图 7 - 192　A320 只在发动机短舱内侧安装有涡流发生器

7.8.6　A380 飞机在每个短舱的内侧安装一个涡流控制装置

A380 飞机在低速大迎角飞行时,在短舱位置附近的机翼上表面发生气流分离,后来在每个短舱内侧安装一个涡流控制装置(见图 7 - 193)。每个短舱上的涡流控制装置在低速大迎角时产生的涡流流经机翼上表面,给机翼后部上表面的气流增加能量,延迟机翼上表面的气流分离,推迟机翼失速,并改善大迎角时机翼前缘与短舱之间的流场,使后缘襟翼上表面的气流分离减弱(见图 7 - 193、图 7 - 194)。

图 7 - 193　A380 只在发动机短舱内侧安装了涡流控制装置,图中能看到这架正在降落的新加坡航空 A380 短舱涡流控制装置产生的强涡

7.8.7　波音 747 - 8 客机在每个短舱的内侧安装一个涡流控制装置

波音 747 - 8 于 2011 年 3 月 20 日实现首飞,它比目前世界上最大的商用飞机 A380 的机身还长,采用了重新设计的超临界机翼,装备了通用电气公司的

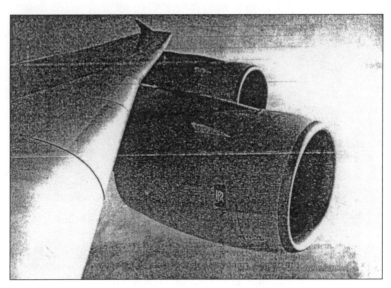

图 7‑194　A380 飞机短舱上的涡流控制装置

GE_{nx}‑ 2B 型发动机,并宣称将更安全、更高效和更环保。

特别值得一提的是,与以往波音 747 系列不同,波音 747‑8 在发动机短舱内侧的前上方增加了一个片状物,这就是一般所说的涡流控制装置(见图 7‑195),这也是波音 747 系列飞机首次采用短舱涡流控制装置。

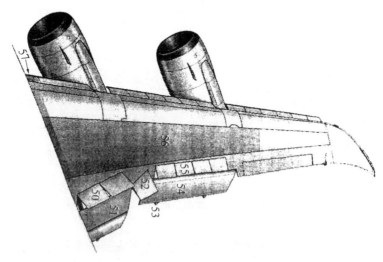

图 7‑195　波音 747‑8 飞机短舱上的涡流控制装置

7.8.8　英国 Flybe 航空公司 E195‑200LR 客机的发动机短舱内外均有涡流控制装置

图 7‑196 为 E195‑200LR 客机发动机短舱外的涡流控制装置(圈处)。

图 7‑196　E195‑200LR 客机

7.8.9　C‑17 军用运输机(翼吊 4 台发动机)在每个短舱的两侧各安装 1 个涡流控制装置

在低速大迎角飞行时,在短舱位置附近的机翼上表面会发生气流分离,后来在每个短舱两侧安装涡流控制装置(见图 7‑197)。每个短舱上的 2 个涡流控制

图 7‑197　C‑17 飞机短舱上的涡流控制装置

装置在低速大迎角时产生一对强涡,打在机翼上表面,给机翼后部上表面的分离气流增加能量,延迟机翼上表面的气流分离,推迟机翼失速,并改善大迎角时机翼前缘与短舱之间的流场,使后缘襟翼上表面的气流分离减弱。C-17 军用运输机在每个翼吊短舱两侧安装涡流控制装置后,使该机的最大升力系数提高约6%,但阻力没有增加。

8 主动控制技术在大型运输机上的应用

8.1 电传操纵系统

自从喷气运输机投入航线使用的 50 多年,航空交通领域取得了突飞猛进的发展。与此同时,飞机在安全性、经济性、舒适性和环保性,特别是在噪声方面得到了不断改进。在航空交通运输中节约能源的必要性迫使人们采取各种措施改进未来大型运输机的经济性。20 世纪 80 年代,在机翼气动设计方案中,超临界机翼的应用对此做出重要贡献。以主动控制技术(active control technology,ACT)或随控布局(control configured vehicle,CCV)技术著称的设计概念是飞机设计技术的一次突破。

ACT 已成为现代飞机设计的一种主要方法,最大限度提高飞机的性能,扩大飞行包线(颤振边界)范围,摆脱经典法设计所必须满足的约束条件,通过新的运动形式改进飞机的机动性和飞行品质。ACT 利用控制技术参与飞机总体设计、气动设计、结构设计、推进系统设计和飞行控制系统(FCS)设计,实现型号飞机设计目标的综合优化设计。CCV 概念充分发掘飞机结构、气动布局、推进系统和电子飞行系统的潜力,获得传统飞机构型设计得不到的收益。系统概念指对飞机的反馈信息、控制信息和控制量实时处理决策和控制,满足 FCS/ACS 要求的特性指标。综合概念指对多输入多指出的多回路系统进行分析与综合,实现解耦与协调管理。

ACT 的应用,建立了崭新的飞机设计程序。电传操纵(fly-by-wire,FBW)技术是 ACT 实现的基础和主要技术途径。控制增稳功能是 FBW 的基本特性,也是 ACT 的最基本功能。飞机工程上,电传操纵系统(FBWS)通常指 100% 控制权限的控制增稳系统(CAS)。FBW采用电信号运动操纵面实行闭环控制飞机,替代机械操纵面实行开环控制飞机。

近40年来,由于电子计算机的发展,电子元件的小型化、可靠性和余度技术的发展,在一些高机动性飞机和运输机上出现了电传操纵的主操纵系统,它是纯粹靠电信号控制的电气-液压或纯电气飞行控制系统。图8-1示出纵向电传操纵系统的原理图。由图看到,这时驾驶员操纵飞机的指令经转换为电信号后与转换为电信号的飞机运动参数(俯仰角速度q,法向载荷系数n_z)相结合,输入电子计算机,而由存放于计算机的软件所解算出的控制规律来操纵升降舵。

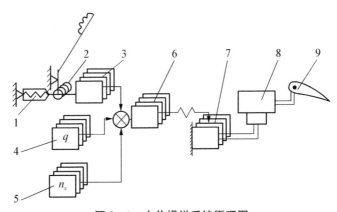

图 8-1　电传操纵系统原理图

1—载荷机构;2—驾驶杆指令传感器;3—前置放大器;
4—俯仰速率陀螺仪;5—法向过载传感器;6—计算机与伺服放大器;
7—副舵机;8—助力器;9—升降舵

电传操纵系统是取代机械操纵系统的电飞行控制系统。它实质上是一种全权限的控制增稳系统。驾驶员通过操纵装置(驾驶盘、驾驶杆或侧杆、脚蹬)发出控制指令,由指令传感器将驾驶员的机械指令转换成电信指令,并由电缆传输到飞控计算机,通过作动器驱动舵面偏转,控制飞机飞行。电传操纵系统主要由指令装置、传感器、飞控计算机和作动器等组成。一般电传操纵系统都采用余度备份系统。余度设计是为完成规定功能而设置的重复架构、备件等,以备局部发生失效时,整机或系统仍然不会发生丧失规定功能的设计。

先期成熟的军机 ACT/FBW 技术曾经是大型运输机开发和应用 ACT/FBW 的基础,但是在经济性、安全性、可靠性、维修性、舒适性和环保性方面民机比军机更苛求。20 世纪 80 年代后期 A320 飞机投入航线营运和波音 757 飞机完成预发展,标志民机 ACT/FBW 时代的真正开始。90 年代前中期 A340、

A330、波音 777 和 21 世纪初 A380 飞机相继投入航线和营运,标志民机应用 ACT/FBW 和局部光传操纵(FBL)已经进入成熟阶段。面向 21 世纪,ACT 与飞控/推进控制综合(IFPC)、飞行管理(FMS)、模块式综合航空电子(IMAE)、推力矢量控制(TVC)等先进技术一起,正在向飞机规模化综合控制技术方向发展。迄今为止,我国对 ACT/FBW 技术在民机上的开发和应用已经起步,但仍缺乏全面技术验证和型号设计的实践经验。

主动控制技术包括实现其概念的手段和方法所设计的系统称为主动控制系统(ACS),民用运输机多按下述概念来定义:驾驶员的指令通过计算机处理,运动操纵面并提供指令的最终的飞机响应,ACS 由计算机指令全权控制。

目前,主动控制技术已成为大型运输机设计的一种主要方法,其目的是最大限度地提高飞机的性能,例如减小配平阻力、提高最大配平升力和降低结构重量、扩大飞行限制。通过采用适当的中调节规律可使飞机的动态特性在一定程度上发生变化,这是以前不可能做到的。除了采用常规操纵面(舵面)以外,还采用新式的操纵面,这样以对气动力和力矩产生更大的影响,从而改变刚体飞机的运动规律,使飞机的结构以及与之有关的外载荷发生大的变化,以致改变了飞机的气动布局,因此国外把主动控制技术又称为随控布局(CCV)技术。采用这种技术,开辟了按飞行性能要求制订飞机最佳布局的途径,即使这种飞机布局不稳定,也可通过主动控制系统仍可使飞机达到具有足够稳定的水平。

国外大型运输机电传操纵系统分析如下。

1) 波音 777 飞机的电传操纵系统分析

波音 777 飞机是波音客机系列中首次采用电传操纵系统的机型,波音 777 飞机的电传操纵系统的结构是在早期波音 757 飞机设计的基础上发展起来的,其电传系统具有极高的功能完整性和可靠性。波音 777 飞机的电传操纵系统是由主飞机控制计算机和作动器电子控制装置通过 ARINC629 总线连接实现飞机的电传操纵。飞行控制系统接收驾驶员或自动驾驶仪发出的信号,并控制升降舵、方向舵、副翼、襟翼、缝翼与水平安定面等 31 个作动器,完成飞机操纵控制。

主飞行控制计算机根据控制律及飞行包线的限制来计算控制指令(纵、航向增稳及三轴的飞行包线保护),主飞行控制计算机以广播方式传送控制指令到 ARINC629 总线上,作动器电子控制装置接受这些指令,并转换成模拟信号馈送至作动器,如图 8－2 所示。除电传操纵外,还对水平安定面及 4 号与 11 号扰流板提供了机械操纵。

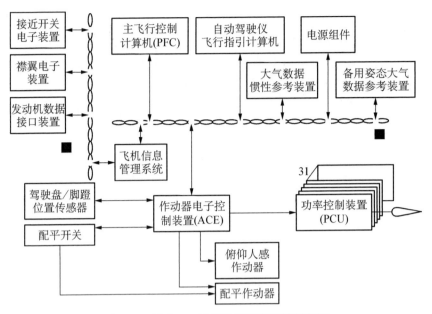

图 8 - 2　波音 777 飞机飞行控制系统的架构

　　来自驾驶指令传感器、飞机控制计算机（FCC）或自动驾驶仪计算机（AFDC）的俯仰指令进入相应的作动器电子控制装置单元，并转换成模拟指令控制 4 个升降舵作动器，完成俯仰控制，如图 8 - 3 所示。

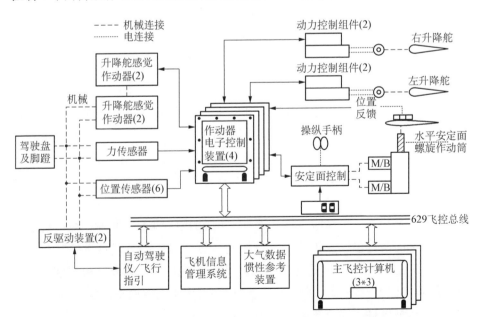

图 8 - 3　波音 777 飞机电传操纵系统俯仰控制轴控制架构

总的来说,滚转控制通道的输入提供给以下作动器:左、右副翼作动器(4个);左、右襟副翼作动器(执行副翼功能),如图8-4所示。

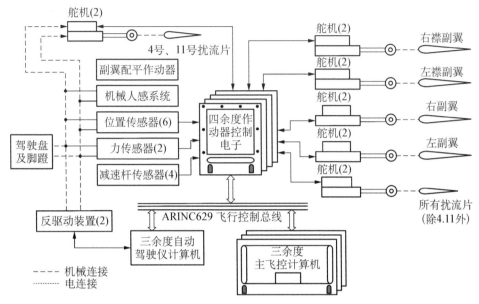

图 8-4　波音 777 飞机电传操纵系统滚转轴控制架构

脚蹬被机械地连接到方向舵杆力系统,以提供机械操纵感觉。脚蹬位置传感器把航向指令输入到作动器电子控制装置,并经飞控计算机处理后传输到(或直接传输到)方向舵的 3 个作动器,方向舵配平选择器允许机组人员通过作动器电子控制装置单元使用方向舵配平。方向舵配平指示通过在驾驶舱里的飞机信息管理系统(AIMS)在方向舵配平指示器上显示,如图8-5所示。

2) A380 飞机电传操纵系统分析

A380 飞机电传操纵系统采用了双架构体系,其特色在于采用两种不同构型的 4 个独立主飞行控制系统。其中包括两个常规液压作动系统使其在动力资源上具有更大的灵活性,增加了冗余性,提高了安全性。除控制指令信号由电信号传送外,部分功率也由电信号传送。

A380 增加了滚转操纵面的数量,以保证飞机的优良操纵品质。其飞行控制计算结构类似于 A330 及 A340 系列的计算机,具有较高性能和可靠性。

A380 飞机的电传操纵系统除具备常规电传操纵系统的特性外还有以下特点:飞机主飞行操纵面由不同类型作动器驱动,有常规液压作动器、电静液作动器和备份电静液作动器。用于应急备份的直接机械链系被直接电气连接所代

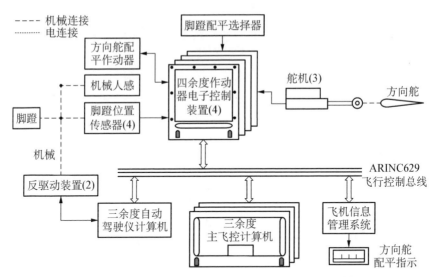

图 8-5　波音 777 飞机电传操纵系统偏航轴控制架构

替,电信号直接控制备份电静液作动器。尽管没有以前客机上的直接机械链,动力结构与以前相比也有了很大的变化,但 A380 仍提供了相当程度的非相似余度,保证达到飞行的苛刻要求,如图 8-6 所示。

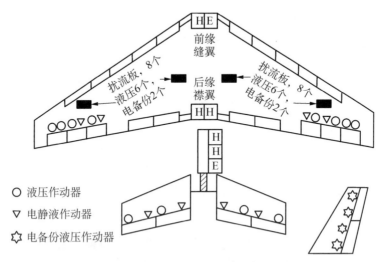

图 8-6　A380 飞机电传操纵系统布局

3) 波音/空客飞机电传操纵计算机系统架构分析

目前,在民用飞机的电传操纵领域,波音公司和空客公司处于领先地位,它们在飞行控制计算机系统结构上都有自己的特点。

波音777飞机的电传操纵系统中包括主飞行控制计算机,每台计算机又包括3条通路,这3条通路的硬件非相似但软件相同。每条通路在运行周期中具有不同的功能(指令、监控、备份),而且这些功能在上电后是循环确定的。表决技术用来检测各通路差异或不一致,而且对于不同类型的数据,比较技术有所变化。主飞行控制计算机与4个作动器电子控制装置单元之间的通信通过多路ARINC629飞行控制数据总线来实现,作动器电子控制装置单元直接驱动飞行控制作动器。一个独立的飞行控制直流电系统为飞行控制系统供电。

在空客飞行控制计算机系统结构中的5台主计算机中,3台是主飞行控制计算机,2台是辅飞行控制计算机,每台计算机包括命令和监控两部分,分别加载了不同的软件。主/辅计算机具有不同的体系结构,非相似的硬件与非相似的软件。飞行控制计算机输出到副翼、升降舵和方向舵的指令仅作备份使用(见图8-7)。电源与信号之间是隔离的。

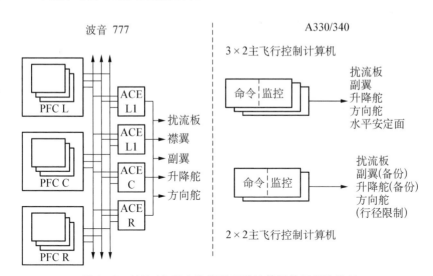

图8-7 波音/空客电传操纵系统计算机体系架构比较

参考文献[114]详细提供了从民机总体设计和飞行控制系统总体设计角度对ACT/RFBW的功能效益、研制程序、空气动力操纵面设计、系统设计、适航验证等方面,提供国际上较为实用的工程设计准则、设计要求、设计方法和设计经验。

主动控制技术/电传操纵应用的主要内容包括如下:

放宽静稳定性(RSS)、直接力控制(DFC)、机动载荷控制(MLC)、突风载荷缓和(GLA)、乘坐品质控制(RQC)、主动颤振抑制(AFMS)、机翼可变弯度控制(WVC)和飞行包线防护(FEP)等。

8.2　放宽纵向静稳定性

8.2.1　放宽静稳定性与稳定性增强的优缺点

(1) 放宽静稳定性(RSS)功能允许放宽民用飞机机体固有(自然)的纵向和横向静稳定性,使尾翼(垂直安定面和水平安定面)面积减少、降低结构重量、减小配平阻力及改善飞行性能。

(2) 迄今为止,对于民用运输机应用 RSS 功能持有两种不同的认识。一种观点认为权衡成本、安全性、鉴定工作量与取得的收益采用负的静稳定度是不合适的,但是重心相对气动焦点后移有肯定的优点;另一种观点认为由于应用超临界机翼技术则必须通过负静稳定性降低配平阻力来获得最佳升阻比才是有意义的,但代价为将飞行划归关键类型。

(3) 目前型号飞机的构型设计,通常采用有限的放宽静稳定性,尤其是纵向静稳定性至多减到中性稳定点。通过在重心范围内重心的后移和减小尾翼面积来实现结构和性能方面的收益,但这种收益总是受到控制功率和地面稳定及维护条件的约束。在平尾小型化条件下,后重心位置往往受失速恢复(不考虑增稳裕度)需用的最大功率限制、地面稳定性操作要求的限制。对于机翼下安装起落架的构型,地面维护要求将严格限制后重心位置的后移。对于机身下安装起落架的构型,扩大后重心位置将受到恢复所需控制功率的限制。由于垂直安定面尺寸主要由低速不对称动力控制来确定,因此通常少许减小或不减小 ACT 要求的飞机垂尾尺寸。

(4) 稳定性增强功能通常包括俯仰增稳(PAS)和横航向增稳。PAS 分为短周期模态(PAS_S)和长周期模态或速度稳定性模态(PAS_V)。PAS_S 是最关键的模态,丧失此功能将导致损失飞机。丧失 PAS_V 模态可能导致飞行安全的危险事件,但是通过合适的飞行机组操纵可以避免损失飞机。完成有限 RSS 布局的,通常由 CAS 功能和自动配平功能来折中解决飞机的稳定性和操纵性之间的矛盾。

8.2.2　放宽纵向静稳定性

放宽纵向静稳定性就是把飞机的重心放到气动力作用点之后,这样在纵向配平时,后面的平尾给出的是正升力,其不稳定的发散力矩是由一个人工增稳系统通过计算机给出指令到尾部俯仰作动筒,驱动安定面或升降舵,使飞机恢复平衡。因此,从某种意义上来说,放宽纵向静稳定性系统也是一种纵向控制增稳系统(见图 8-8)。

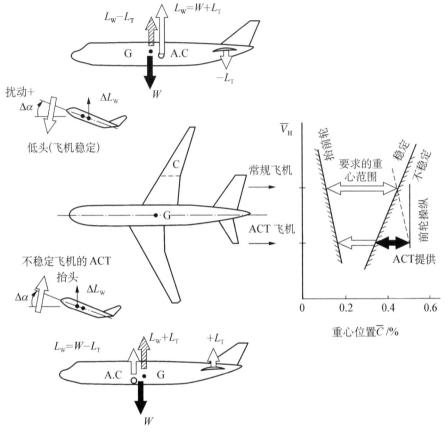

图 8-8　主动控制技术——放宽纵向静稳定性

　　常规的高亚声速大型运输机的水平尾翼很大,将重心设计得非常靠前,这样使飞机的重量和配平阻力增加,降低了燃油效率,从而使飞机的性能降低。采用放宽纵向静稳定性后,可使飞机的性能得到改善。由于重心后移,气动配平阻力减小;由于水平尾翼面积减小,使废阻减小,结构重量也小,提高民用飞机的经济性。

　　对于具有控制增稳或电传操纵系统的人工稳定性飞机,其重心后限不是由中性点决定,由于具有过载和俯仰角速度的信号反馈,其纵向静安定性 C_{mC_L} 和俯仰阻尼 C_{mq} 大大增加,因此,其稳定性余量可以留得很小,甚至可以稍有不稳定,此时即为放宽纵向静稳定性。对于高亚声速民用运输机,可以接受的纵向静稳定性的放宽量是使得俯冲模态的倍幅时间不小于 6 s,设计经验表明,满足上述要求的准则是重心后限相对机动点留 $5\%\bar{c}$ 余量或满足 $\delta_e/n_z \geqslant 1°$,取两者中的较大值。根据上述设计准则所限定的重心后极限将比由中性点边界所限定的重心后极限更靠后,因此满足同样重心变化范围要求所需要的尾容量可小些,如图 8-9 所示。

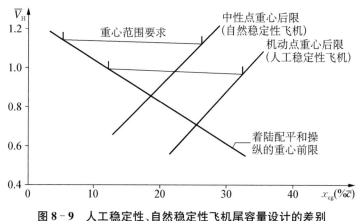

图 8-9　人工稳定性、自然稳定性飞机尾容量设计的差别

从上述可知,人工稳定性飞机尾容量设计的重心后限是由机动点留一定余量决定的。

人工稳定性飞机的重心前限也由操纵要求决定。它与自然稳定性飞机没有本质的差别。因此建立重心前限的方法与自然稳定性飞机相同。

通过剪刀图,已知前、后重心范围的使用要求后,即可得尾容量,如果尾力臂已由客舱长度布置等因素决定,则可直接求得平尾面积。

放宽纵向静稳定性的效益是很明显的,一般来说,气动效率(即燃油消耗率)可提高(3～5)%。波音公司对航程为 3 200 km、200 座的双发运输机研究表明,放宽纵向静稳定性后,水平尾翼的面积比常规飞机小 45%,机翼前移 108 cm,巡航配平阻力降低。洛克希德公司的 L-1011 民用运输机也表明了这个趋势,放宽纵向静稳定性后可使飞机阻力减小 2%,这就意味着巡航燃油消耗下降 2%。空客公司的 A300 飞机也表明,放宽纵向静稳定性后,可节约燃油 2.5%。这种效率对民用运输机的经济性是十分可观的。又如 B-52 轰炸机采用纵向静稳定性后补偿系统,把飞机焦点移到飞机重心前面 $5.5\%\bar{c}$,平尾面积由 84 m² 减小到 46 m²,如不改变发动机和起飞总重情况下,B-52 轰炸机的结构重量可减小

6.4%,阻力减小 2%,航程也增加 4.3%。又如波音公司设计的空中加油机,在设计时采用常规布局和放宽纵向静稳定性布局的两种方案,在同样的有效载荷和完成相同任务的条件下后者比前者起飞重量轻 16%,空载轻 25%,成本降低 20%,耗油量减少 25%。

8.2.3　大型运输机放宽纵向静稳定性的研究

从 20 世纪 80 年代起,民用运输机燃油价格由每加仑 12 美分猛增到 1 美元以上。因而,在飞机直接使用费用中燃油费用由 25% 增加到接近 60%。燃油价格的上涨促使人们研制空气动力性能有重大改进的运输机。

传统的高亚声速运输机设计成具有很大的安定面,将重心安排得很靠前,从而降低了飞机的性能。应用放宽静稳定性原理,将使飞机性能得到改善。放宽静稳定和主动控制增稳系统可使飞机:①由于重心后移,具有较小的气动配平阻力;②由于水平尾翼较小,具有较小的气动废阻力及较轻的结构重量。

图 8-10 给出的 L-1011 飞机的数据表明,放宽静稳定性的飞机可使阻力下降 2%。2% 的阻力下降意味着巡航燃油消耗下降 2%,这对现代民航机的经济性来说是很可观的。

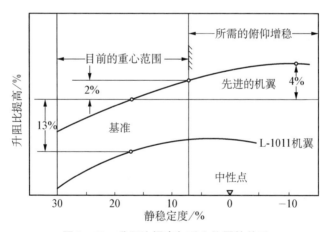

图 8-10　升阻比提高与重心位置的关系

由于大型运输机采用大展弦比超临界机翼,这种机翼的巡航升阻比有很大的提高。由图 8-10 可见,在常规静稳定性下,超临界机翼的巡航升阻比大约提高 13%。如果去掉配平阻力,巡航升阻比的提高就可达到 17%。具有常规静稳定性的超临界机翼,由于有较大的负俯仰力矩特性,其配平阻力是常规机翼的 2 倍。为了消除这一配平阻力,获取最佳性能,对运输机将不得不采用 10% ～

15%负静稳定性,从而需要配备全时高权限的增稳和控制增稳系统。

在NASA的资助下,美国洛克希德公司对放宽静稳定性的应用进行了研究,以改进运输机的能量效率。为此,研制近期的俯仰主动控制系统(PACS)和下一代运输机先进的PACS。近期的PACS适合重心后限对应3%负静稳定性的飞机,而先进的PACS适合重心后限对于20%负静稳定性的下一代飞机。

1) 近期PACS

为了验证放宽静稳定性原理在提高现代运输机能量效率方面的作用,洛克希德公司用一架L-1011原型机作为试验机。为了使放宽静稳定性的飞机具有良好的操纵品质,设计了一个对水平尾翼进行主动控制的增稳和控制增稳系统。设计中采用了美国联邦航空条例第25部(即FAR-25)、美国军用规范MIL-F-8785C和SAE ARP842B民用运输机飞行品质的设计指标。

近期PACS是一种使用简单、可靠的低权限增稳系统,不采用余度技术。这种系统具有前进馈回路(可带或不带洗出网络)和俯仰速率阻尼器。阻尼器用来提供所需的短周期频率及阻尼特性,同时抑制大气扰动的影响,并通过滞后环节减小对俯仰控制输入的干扰。前馈回路用来在不影响系统稳定性的情况下“加速”俯仰速率响应并减小杆力梯度,同时进一步补偿驾驶员感觉到的阻尼器对俯仰控制的干扰。

L-1011飞机的重心范围是(12%~35%)MAC(平均气动力弦长),而装备有近期PACS的放宽静稳定性L-1011飞机的重心范围是(20%~43%)MAC(43%MAC的重心位置与3%的负静稳定性对应)。

对装有近期PACS的L-1011飞机在进行飞行试验之前进行了有驾驶员参与的目视飞行模拟。模拟试验共进行了104 h,其中60 h在洛克希德公司的四自由度运动系统上进行,另外44 h在NASA兰利研究中心的六自由度目视运动模拟器上进行。

近期PACS最终在实际飞行试验中进行了鉴定。L-1011试验机(见图8-11)没有安装机动直接力控制(MDLC)系统,该系统是为了使飞机的调整/大迎角特性满足美国联邦航空局的标准。由该机的带有机械联动升降舵的全动水平安全面进行纵向操纵,对实现用于放宽静稳定性试验的PACS非常理想。此PACS的主要部件包括俯仰串联伺服器;PACS计算机和电源;俯仰速率陀螺;主动控制系统试验设备;输入/输出接口系统;PACS驾驶舱接通开关。

L-1011飞机的特点是具有延长的翼尖及主动副翼控制系统。主动副翼的功能是减轻机动及阵风载荷,使机翼能在不增加结构重量的情况下得到加长。

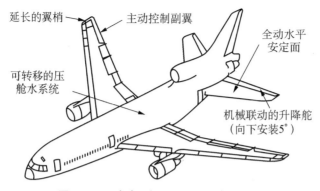

图 8-11 试验飞机(L-1011 S/N 1001)

展弦比的增加及随之而来的诱导阻力的减小使它的巡航飞行的油耗下降了 3%。

L-1011 试验机重心后移是通过添加压舱物实现的。为此而增加的压舱物分为可转移的压舱水及固定压舱物两种。压舱水分装在 16 个各可盛 2 000 lb(907 kg)水的水箱里,共有 8 个水箱置于后货舱内,另外 8 个水箱放在前货舱内。图 8-12 是压舱物系统示意图。通过水泵和连接管路系统,这些压舱水可以在前后货舱里的水箱间流动转移。固定压舱物由高密度材料(如铅)制成并固定在客舱地板和后货舱地板上。

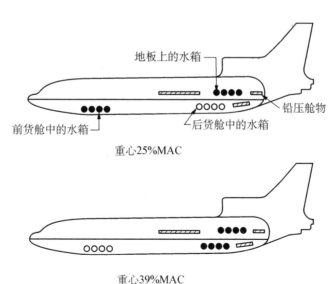

图 8-12 L-1011 试验机中的压舱物系统

这架试验机的另一个特点是,为了在重心后移模拟放宽静稳定性条件下对下俯控制能力的丧失进行补偿,将升降舵向下安装 5°。这样做的目的是使飞机在临界大迎角条件下具有 0.1 rad/s² 的下俯角加速度裕度。

飞行试验以 25%MAC 参考重心位置开始,一直做到 43%MAC 的重心后限。试验表明,俯仰阻尼加前馈的 PACS 方案比只有俯仰阻尼的方案或俯仰阻尼加前馈洗出的方案优越。PACS 的俯仰速率增益、驾驶杆负配平增益和时间延迟都必须是飞机当量空速的函数。

2) 先进 PACS

下一代运输机要使气动性能有很大提高,必须采用具有超临界翼型的大展弦比机翼。如前所述,如果能进一步消除配平阻力,则性能可得到进一步提高。而为了消除配平阻力,飞机就不得不在 10%~15% 负静稳定性状态下飞行,从而需要配备全时高效的增稳和控制增稳系统,即先进的 PACS。

先进 PACS 开始时采用现代控制论,在控制律综合过程中采用了现代控制论的模态控制法来确定在全部飞行条件范围内满足稳定准则的反馈增益,并通过对状态空间方程应用矩阵代数的方法求出相应的一组前馈增益。

先进 PACS 的纵向控制系统如图 8-13(a)所示。这个系统的主要组成部分是自驾驶杆至作动器的俯仰控制通道、反馈增益系统回路和前馈控制增益系统通路。

图 8-13(b)说明了洛克希德 L-1011 飞机大致的静裕度和机动点。该图说明了 L-1011 飞机的驾驶员评定随飞机重心后移而恶化。图上分俯仰增益控制系统接通与断开两种情况。

符号	信号	类型	用途
F_C	杆力	前馈	杆力梯度
N_Z	法向加速度	反馈	短周期模态
$\dot{\theta}$	俯仰速率		
θ	俯仰姿态		长周期模态
q	动压	主增益调整	飞行条件变化的补偿
δ_{HT}	水平安定面配平		
α	迎角	辅助增益调整	上仰和主动外侧副翼工作的补偿
ϕ	倾斜角		
Ma	Ma 数		

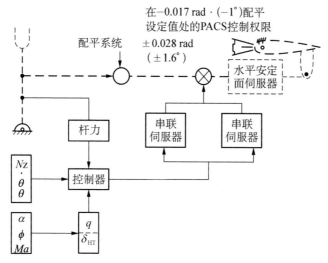

图 8‐13(a)　具有先进 PACS 的纵向控制系统

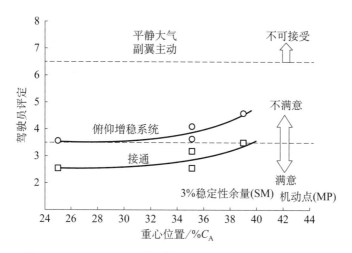

图 8‐13(b)　L‐1011 放宽静稳定性的飞行试验结果(巡航)

驾驶杆位移和驾驶杆配平串联伺服器输出综合。J 曲线(水平安定面偏转与驾驶杆位置的关系曲线)的非线性包含在水平安定面伺服器的输入杆系中。它将线位移变为与配平条件有关的水平安定面的偏转。杆力配平由并联配平和串联配平组成,前者用于杆力卸载,后者使驾驶杆处于所需的位置。

俯仰速率和法向加速度反馈信号用于控制短周期模态。这些信号经一阶低通滤波器后由增益调整装置调整增益。

俯仰角反馈信号用于控制长周期运动模态。此信号由俯仰同步装置、滞后‐

超前电路和增益放大器处理。

前馈通路用来提供适当的驾驶杆力梯度。配平系统中的感觉弹簧将驾驶杆位移转换成力,力传感器将力信号转换成电信号。襟翼收放偏置信号切换与飞机短周期模态有关的前馈低通滤波器的时间常数,这是前馈传递函数随频率改变的部分。然后,前馈信号通过增益放大器并与反馈信号综合成为串联伺服器输入信号。

先进 PACS 的各种输入信号如图 8-13 中的上表所列。

先进 PACS 已在 NASA 兰利研究中心的六自由度目视运动模拟器上做了有驾驶员参与的飞行模拟,在 25%～60%MAC 的重心范围内做了研究。

8.3　机翼可变弯度控制

机翼可变弯度控制(MVC)的好处:

(1) 减少气动阻力对于节油有明显的直接的和重要的效果。机翼变弯度作为气动布局的有力手段,填补了飞行速度在低速高升力状态和高速巡航状态之间的飞机构型不连续性。机翼可变弯度技术使飞机构型于特定的飞行状态,所展示的模式在原理和效果方面十分类似于增升系统,而且在较宽的 Ma/C_L 比范围内改善升阻比和扩大颤振边界。机翼可变弯度控制实质使飞机极曲线形状有很大改变,在增加升阻比的同时放宽可用升力范围。

(2) 目前通常采用弯度连续变化的后缘襟翼来实现机翼变弯度控制功能,并且故意地不提供机动增强功能,以便于增升系统共用操纵面的支撑及其驱动系统。例如,机翼可变弯度控制已在 A340/A330/A350 飞机上实现。A320 预定起飞爬升和着陆飞行阶段使用由后缘襟翼和前缘缝翼组成的增升系统(副翼下垂辅助),预定在爬升 6 096 m(20 000 ft)后经由巡航再下降到 6 096 m 高度的飞行阶段使用主动的襟翼变弯度控制功能。弯度安排不依赖于飞机的过载,而是建立在实际的飞机重量的基础上,这是机翼可变弯度控制的主要特征。航迹变化或风切变引起的过载将不会激活变弯度系统,在遇到风切变要求满升力时,俯仰轴飞行包线保护功能必须适应实际机翼弯度的颤振特性和失速特性。机翼可变弯度原理非常有前景,将有力地支持高技术的机翼自然层流技术的工程实现。

变弯度机翼不仅从起飞到着陆整个飞行过程中可调整到最佳机翼几何外形,同时能大大改善飞机在不同任务中的使用灵活性。变弯度机翼将不同弯度状态的升阻比包线成为有效飞行范围。比起固定弯度机翼来其升阻比特性变得更加平坦,升力系数可用范围也更大。图 8-14 指出,变弯度机翼使升阻比提高 3%～9%,允许飞机在更大的翼载和更高的高度上飞行而不用付出低翼载机翼的设计代价。变弯度使机翼能在更宽广的 Ma 数和升力系数范围内有效地工作,并可降低油耗 3%。

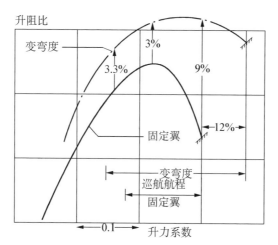

图 8‑14　机翼变弯度技术对升阻比的影响

图 8‑15 示出机翼采用变弯度对抖振边界的影响,在不同飞行速度下分别使抖振边界提高 $10\%\sim15\%$ 之多。

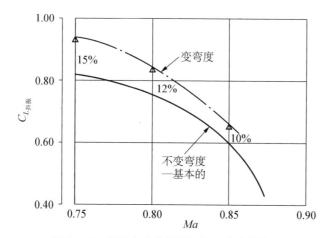

图 8‑15　机翼变弯度使抖振极限增大的情况

机翼变弯度使阻力增大,马赫数也增加(见图 8‑16)。

沿翼展方向控制弯度,除了会影响升阻比的特性外,机动飞行过程中对载荷分布也有影响,图 8‑17 指出,在升力系数范围内,如果升力不变,翼根弯矩可以减小 12.8%,内翼比气动效率较好的外翼弯曲得更厉害。

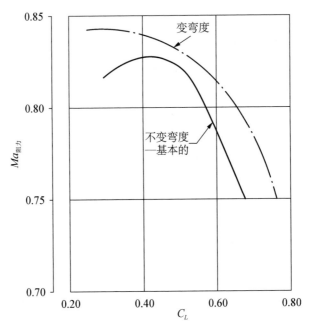

图 8-16 机翼变弯度使阻力临界马赫数增大的情况

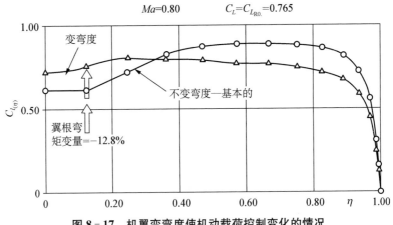

图 8-17 机翼变弯度使机动载荷控制变化的情况

A340 飞机的机翼采用变弯度技术,这是该机重要的新特点。采用变弯度技术对远程的 A340 飞机来说更有意义,因为它的航程大,飞行中随着燃油的消耗,飞机的重量下降,所需的升力也明显减小。A340 飞机开始巡航时重 226 t,飞行 11 000 km 后飞机开始以 158 t 重量结束巡航,在整个巡航过程中飞机重量减少 68 t,所需升力减小 30%,采用变弯度机翼将使机身在整个飞行中始终保持水平,并处于最小阻力位置。

在长达 70 年的时间里,飞机设计师们一直试图将多型现象——改变形状(如机翼可变弯度)的引进到飞机设计中去。近年来,已看到"自适应机翼"是可取的目标,这种尝试以一种天然的方式,模拟在整个飞行过程中,都使自己保持与不断变化的空气动力要求相适应的鸟的翅膀的灵活性。变弯度技术引进到大翼展的机翼上以后,许诺至少有 2% 的空气动力效益增益,在颤振开始方面大约有 1% 的改进,它以巡航马赫数为 0.82 左右时的升力系数表示如图 8-18 所示。

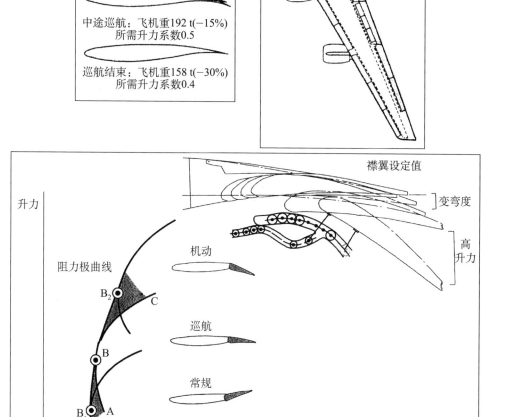

图 8-18 原先的飞机阻力极曲线如曲线 *ABC*。A330/A340 用如 B_1BB_2 的极曲线开创了更高效的时代。插图示出了襟翼如何运动

A340 飞机仅通过后缘襟翼和副翼的偏转来改变机翼的弯度和面积。为了使襟翼在变弯度范围内移动量小，起飞着陆时又有较大的偏度，空客公司研制了一种特殊的襟翼导轨结构（见图 8 - 18），这样在整个飞行中机翼弯度可不连续地变化。

图 8 - 18 进一步表明，原先的机翼必须在一个特定的条件下（如 B 点）按最佳升阻比设计。在任何其他情况下，阻力急剧增大，使得阻力极曲线可能会沿着如 ABC 这样的曲线。而欧洲空客公司使 A340 飞机的机翼弯度从起飞到着陆都在变化，同时，阻力始终都非常接近理想的最小值（沿曲线 B_1BB_2）。阴影部分表示为偏离设计状态，如在某次飞行开始时重量重，而在接近目标时重量轻了差不多 70 t 时的最小阻力。

图 8 - 18 表示了变弯度的工作原理。在每一个襟翼滑轨的导轨内，会发现不是一根而是两根滑轨，它们的外形截然不同。一根滑轨导向襟翼的头部，而另一根滑轨导向襟翼后面的一个点，这样，这两根滑轨就确定了襟翼的位置和偏角。襟翼开始时的运动是直接向后，襟翼的下表面仍然与机翼下表面对准，因此，除了增大有效弦长和机翼面积外，没有任何其他影响。但继续运动导致襟翼稍有转动，增大了弯度，襟翼的头部仍然在机翼的翼型之内。然后襟翼再运动就带来了突然的变化：襟翼停止了向后移动，但猛然向下运动，偏离主机翼，以给出低阻高升力状态。襟翼行程的最后一部分将主滑轨向下推，使头部滑轮向上，以迅速转动到大偏度，准备进行最终的着陆。

近年来，空客公司研制的新型客机 A350 的机翼也像 A340 飞机那样采用了变弯度技术（利用襟翼的不同偏度），图 8 - 19 示出 A350 飞机的机翼采用的变弯度技术及其给气动特性（如升阻比）带来的好处。图 8 - 19(a) 表示不同襟翼偏度所形成的变弯度技术，图 8 - 19(b) 为对应襟翼偏三个角度时极曲线优化所带来的性能改善。图 8 - 19(c) 为内、外襟翼自动地偏转以适应起飞和巡航构形，在巡航时偏转很小的角度。图 8 - 19(d) 为偏襟翼达到临界载荷控制，可使飞机重量减小。

8.4　直接力控制

直接力控制（DFC）的特点：

(1) 控制飞机航迹的常规方法建立在力和力矩影响的耦合基础上。而直接力控制功能可以消除力和力矩影响的耦合，不需要改变飞机姿态就能够直接产生力的平衡影响，从而消除航迹和姿态运动的耦合控制，并且产生的力使要求的

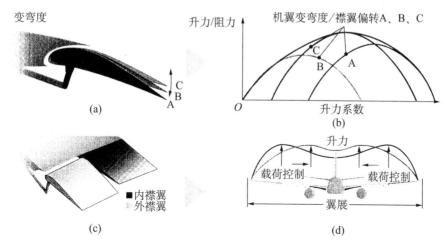

图 8-19 A350 飞机的机翼变弯度和不同的襟翼偏度

(a) 机翼变弯度 (b) 阻力极曲线优化使性能改善 (c) 起飞和巡航时内、外襟翼自动偏转不同角度,而在巡航时偏转很小角度 (d) 降低临界载荷,使飞机重量减小

航迹避免时间滞后。通过操纵某些操纵面直接提供附加的升力和侧力,使飞机做垂直方向的和侧向平移运动来改变飞机的航迹。

(2) 直接力控制分为直接升力控制(DLC)、直接侧力控制(DSC)、直接阻力控制(DDC)或直接推力控制(DTC)。直接升力控制的主要目标是控制垂直航迹即控制预定航迹的高度偏差(保持迎角不变时改变航迹),也包括在俯仰角不变时改变航迹和在航迹倾角不变时改变俯仰角。直接侧力控制的主要目标是控制侧向航迹(航迹改变但无侧滑和滚转),也包括侧向有位移但飞机姿态不变,航迹姿态变化但航迹不变及侧风着陆。直接阻力控制或直接推力控制的主要目标是进行大的负加速度飞行或者保持足够推力时进行陡峭的进场着陆飞行,也包括控制下滑航迹时控制速度。

(3) 常规的航迹控制技术通常使用升降舵、副翼、方向舵、水平安定面及油门等,但是直接力控制必须使用适宜的专用控制面。直接升力控制操纵面必须引起正的和负的升力变化,以便能在两个方向上修正航迹偏差,合成的直接升力变化的作用点必须在重心附近,操纵面必须是快速可调的。可能的产生直接升力控制途径是前缘和后缘襟翼、扰流板、吹气、推力矢量转向、机头鸭翼。可能的产生直接侧力控制途径是使用气动侧力操纵面例如机翼操纵面、机身中段操纵面、机头鸭翼或 V 形翼,使用非对称的阻力操纵面与方向舵配合操作,使用推力矢量转向产生侧力。

　　产生直接升力变化的途径如图 8 - 20 所示。

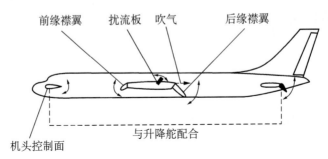

图 8 - 20　直接升力控制的途径

　　襟翼的作用与着陆襟翼类似,是通过增大襟翼偏角来提高升力,或者相反。着陆襟翼所需的调整速度较慢,而用于直接升力控制的襟翼要求能快速调节,因此在保持高的气动效率时对结构设计要求也提高了。

　　图 8 - 21 表示偏襟翼所能达到的效率。图中所表示的襟翼系统是由主襟翼和后襟翼组成的。此襟翼系统已在直接升力控制研究范围内的飞行试验中应用过。若主襟翼的偏度保持不变,可通过快速调节的后襟翼来改变升力。把发动机的喷流引入流场能提高襟翼的气动效率。

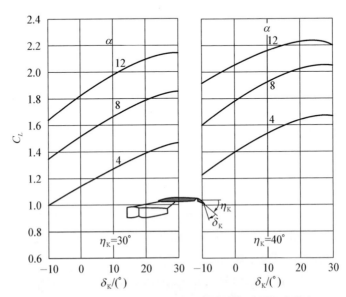

图 8 - 21　用作升力控制面的快速可调襟翼的气动效率

装在机头上的控制面有它特殊的地位。因为它相对于重心的力臂大,所以它对俯仰力矩的影响就大。这种效应对于产生升力特别有利,因为为了达到力矩平衡,升降舵必须与它配合偏转,这样就加强了机头控制面(鸭翼)的功能。也就是说,耦合的升降舵偏转所产生的升力变化补充了鸭翼的升力。

与常规飞机相比,采用直接升力控制的飞机其襟翼使用速度将大大提高,机动到正限制载荷系数也从 2.0 提高到 2.5,垂直正、负阵风速度也从 7.60 m/s 提高到最大可达 20.1 m/s,再加上直接升力控制后要求襟翼偏转的快速调节,这些将大大提高襟翼部件的载荷和机翼的扭矩,对机翼和襟翼的结构设计将会提出新的更高的要求。

直接升力控制的任务是尽快地产生所希望的升力变化,以便能够消除对预定标准航迹的偏差。对于初始的时间范围尤其是这样,因为在这段时间内,由于飞机的旋转惯性,常规的升降舵控制在航迹响应上表现出时间滞后,另外,单独的直接升力控制也不能使飞机产生较大的过载。因此提出直接升力控制和常规升降舵控制配合的工作方案。其中直接力控制的任务是在飞机对升降舵的响应不够快的初始时间范围内使飞机快速反应,以抵消飞机的旋转惯性以及升降舵升力相反方向起作用的弊病。在以后的时间范围内,单独升降舵控制的时间特性和效率就足够了,这时就可以取消直接升力的变化。图 8-22 表示直接升力控制和常规升降舵控制配合工作的过载系数变化。

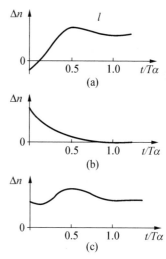

图 8-22 直接升力控制的瞬变过程时间特性中的过载系数的变化(T_0:迎角运动振荡时间)

(a) 单独升降舵控制 (b) 单独直接升力控制 (c) 由(a)和(b)合成的总响应

8.5 机动载荷控制

(1) 机动载荷控制(MLC)响应大气湍流中低频的机动飞行。通过合适的操纵面(一般不特意设置专用操纵面)偏转在机动飞行中改变机翼展向的载荷分布,从而减少设计状态的静载荷,尤其是减小翼根处的弯曲力矩和结构重量。

(2) 副翼和机翼内侧的襟翼都适于作为机动载荷控制的操纵面,但对于宽机身飞机,副翼比内侧襟翼的控制效率大。由于控制机动载荷的操纵面可能增加机动飞行中的阻力,因此很不利于高机动性飞机,但是特别适用于大航程大翼载的运输机。大翼载的主要特征是要求具有小颤振或小疲劳负担的临界机动载荷。

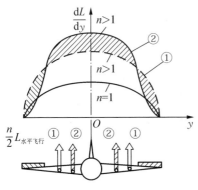

图 8－23 副翼的对称偏转对升力分布的影响

$n = 1$：水平飞行

$n > 1$：机动飞行 $\begin{cases} ① 无副翼偏转 \\ ② 有副翼偏转 \end{cases}$

机动载荷控制的目标是一种通过改变机动飞行中出现的载荷分布，达到自动降低某些机动中机翼根部弯矩超过预定的安全限制的载荷。在机动飞行时，总升力保持不变，只改变升力分布，使升力分布向机翼中段集中，从而使翼根弯曲力矩减小，如图 8－23 所示，图中①表示通常情况下机动飞行的升力分布；②表示机动飞行时升力分布向中部范围集中，这时只要在机动飞行中增加攻角的同时随着过载系数的改变相应地对称偏转两个副翼就能达到。此时副翼就具有减轻载荷的意义。改变机动飞行时的升力分布除了对称地偏转副翼外，还可以使用机翼内侧襟翼达到同样的效果。根据对宽机身飞机的研究，在进行机动载荷控制时，使用机翼内侧襟翼所导致的结构重量降低 4.4%，而采用副翼使结构重量降低 8.2%。

改变机动飞行的升力分布除了对称地偏转副翼以外还有其他一些方法。图 8－24 介绍了这些方法的概况。从此图可以得知，用机翼内侧的襟翼也可使升力分布集中到接近机翼中段。

在这里，襟翼是向着提高升力的方向偏转的，在这个意义上它的作用与副翼不同。根据对宽机身的研究，为进行机动载荷控制在机翼内侧使用所导致的结构重量的降低要比采用副翼时为小。如果机翼的外段都是可动的话，已证明其效率特别高（见图 8－24）。然而，由于它需要新的和附加的调节措施，而且又不能利用原有的用于别的目的的副翼或者襟翼，因而增加了机翼结构的复杂性。

图 8－25 是通过飞行试验结果说明能够减小结构载荷的另外一个例子。图中所示的结构是从为了研究主动控制系统而改装了的 B－52 飞机上取得的。

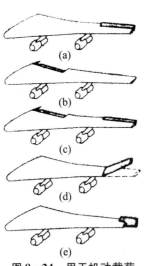

图 8－24 用于机动载荷控制的控制面

机翼结构重量的改变：
(a) 8.2%　(b) 4.4%
(c) 12.2%　(d) 14.8%
(e) 16.8%

图(a)部分定性地表示了在机动载荷控制中沿翼展方向的升力分布和载荷分布（此时，同时使用了襟翼和外副翼）。图(b)表示在机动飞行开始时在峰值载荷和定常载荷方面所取得的改进。

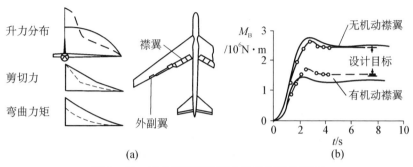

(a)　　　　　　　　　(b)

图 8－25　用机动载荷控制方法降低结构载荷

(a) 沿翼展方向的升力分布和载荷分布，——常规情况；――有机动襟翼　(b) 翼根弯曲力矩 M_B：峰值载荷和定常载荷($\Delta n=1$)的数值，——计算值；—○—○—飞行试验数值

机动载荷控制对大型运输机特别有利。为了估算放大效应可以下述原则为依据：即在飞机放大时，机翼面积 S 和飞机质量 m 的安排可以按翼载不变（$m/S=$ const），或者飞机的质量密度（$\mu=2m/\rho s l_\mu=$ const）来进行。飞机的放大对翼盒载荷的影响是按照保持翼载不变和几何相似性来考虑的。由此得出了如图 8－26 所表示的关系。从图中可以看出，翼盒的载荷强度（每单位长度的力）大约是与飞机质量放大倍数的平方根成比例地增加的。考虑到适合于目前宽机身飞机的材料的充分利用，翼盒重量的增加率约小于总重量增加率的 1.5 次幂。这表明机翼结构重量的增加是超比例关系的，因此，每一个旨在降低机翼结构重量的措施对大飞机是特别有利的。

	原始飞机	放大倍数 $m/S=$ const
飞机质量	1	2
翼盒宽度 l_K	1	$\sqrt{2}$
翼盒高度 h_K	1	$\sqrt{2}$
弯曲力矩 M_B	1	$2\sqrt{2}$
载荷强度 $p\approx\dfrac{M_B}{l_K h_K}$	1	$\sqrt{2}$

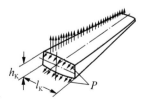

图 8－26　由于质量加倍所引起的载荷强度增加放大的条件：翼载不变、几何相似

8.6　突风载荷缓和

（1）突风载荷缓和（GLA）与机动载荷缓和（MLA）功能相似，两者的主要作用是减小机翼结构上的载荷，而且能够改善乘坐品质。在主动控制技术功能设计时，一般需要统一考虑这两个功能对减轻机翼结构重量的分配，重量的减轻依赖于实际飞机的设计特点、系统可靠性、处理系统故障与结构之间的关系等。

（2）突风载荷缓和功能主要是缓和大气湍流中高频飞行所产生的结构静载荷和机动载荷，而且比机动载荷缓和功能更多地考虑气动力随时间的变化、结构振动及其引起的载荷变化特性。突风载荷缓和功能主要针对低空飞行时小翼载飞机的整个机身摆脱突风影响而提出，对于支线飞机有决定性意义。可能的载荷缓和程度依赖于机翼突风载荷与机翼机动载荷的量级关系及机翼疲劳载荷的大小。突风载荷控制功能系统的配置依赖于机翼、机身设计状态，针对离散突风还是针对连续湍流，针对垂直突风还是针对侧向突风，通常设计主要针对垂直突风载荷。A320系列飞机、波音757飞机及许多支线飞机都采用了针对垂直突风的突风载荷缓和主动控制系统。例如，A320飞机采用副翼和两块扰流板实现的载荷缓和功能（LAF），在严重的大气湍流中沿翼展减小对称突风向上弯矩15%（翼根处），节约机翼结构重量180 kg。

根据上面的分析，突风载荷缓和的主要目的如下：

- 减轻结构疲劳，改变机翼载荷分布，减小结构载荷；
- 减少驾驶员的疲劳，减轻驾驶员的负担；
- 减少乘客的疲劳，改善乘坐的舒适性。

1）减少结构疲劳和降低结构载荷

采用突风缓和系统可减弱突风对飞机的影响。在受到突风影响时，飞机出现一个附加的升力分布，这时操纵面向着起相反作用的方向偏转而引起卸载，减小结构载荷。这和机动载荷控制相类似。但它要比机动载荷控制更多地考虑气动力的时间变化、结构振动以及由此引起的载荷变化。这些都要求控制面反应快，既要求控制动载荷，也要求控制静载荷。

C-5A的"主动升力分布系统"就是一个实例。这个系统是为了缓和阵风影响和进行机动载荷控制而研制的，以降低出现最大载荷和材料疲劳时的机翼载荷。图8-27画出了在研制这个系统时所得到的关于降低阵风影响的结果。在这里，副翼是作为影响升力的控制面用的。

大型运输机若把法向过载控制在2.5，负的副翼偏转将由连到机翼上的加

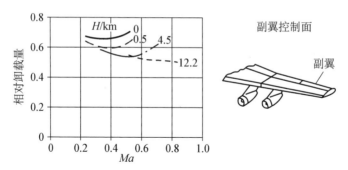

图 8‑27 通过阵风减弱系统来降低翼根弯曲力矩（均方值）

速度计监控，这个概念有两个用途：

- 当机翼平面形状给定时，能降低机翼结构载荷（即减少机翼重量）；
- 对给定结构重量，可增加翼展，也即增加空气动力效率。L‑1011‑500 飞机由此翼展增加 6%，燃油节约 3%。

2）减轻驾驶员的负担

突风缓和系统的第二个作用是减小驾驶员座位处的加速度。降低驾驶员座位处出现的结构振动和加速度对于大速度低空飞行特别重要，这是因为低空空气层的湍流度大，密度大，因而加速度也可能大，驾驶员可能承受不了很大的加速度。装在座舱区内的特殊控制面可以降低驾驶员座位处的加速度，这个控制面可直接抵消阵风的影响。

3）提高乘客的舒适性

提高乘客的舒适性，特别是针对布局上对突风很敏感，而且在低空范围飞行的小翼载飞机提出来的。在低空的空气湍流度比民用运输机飞行的高空处要大。为了简化起见，假设飞机穿越突风时没有平移和旋转的固有动态。当出现垂直速度为 W 的突风时，升力的变化为

$$\Delta L = C_{La} \Delta \alpha q S$$

式中的附加攻角 $\Delta \alpha = W/V$。

当突风引起的过载增量为

$$\Delta n = \frac{\Delta L}{mg}$$

可通过动压 $q = \frac{1}{2}\rho V^2$ 求出

$$\frac{\Delta n}{W} = \frac{\rho}{2} V \frac{C_{L\alpha}}{mg/S}$$

若将无量纲质量 $\mu = \dfrac{2m}{\rho SC}$ 代入上式，则该式也可写成

$$\frac{\Delta n}{W} = \frac{V}{cg} \frac{C_{L\alpha}}{\mu}$$

采用沿垂直方向做回避运动和通过俯仰运动可以相当可观地减小将出现的最大加速度并相应地减小过载的变化量，从而改善乘坐舒适性。

4）突风载荷缓和系统

突风载荷缓和系统主要由下面各部分组成（见图 8-28）。

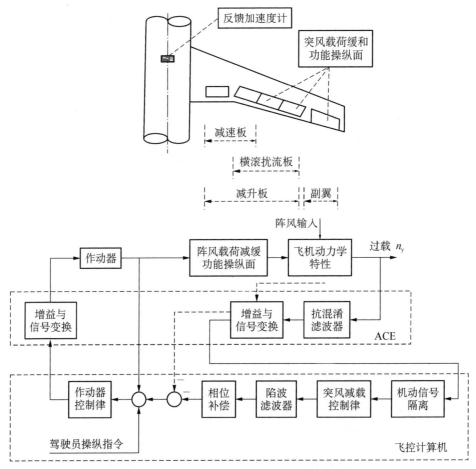

图 8-28　突风载荷缓和系统组成与工作原理方块图

(1) 利用现有的安装于机身重心处的法向加速度实现闭环反馈控制；

(2) 利用已有的舵机电子控制装置(ACE)控制电液伺服舵的运动；

(3) 利用飞控系统计算机实现突风载荷缓和控制律的计算；

(4) 利用一对副翼和两对外侧扰流板作为突风载荷缓和功能操纵面；

(5) 利用飞控系统舵回路驱动上述各操纵面的偏转。

5) 控制律描述(见表 8-1)

表 8-1　控制律描述

控制律功能	传递函数	伯德图或方块图	说　明
(1) 抗混淆滤波器	$\dfrac{(T_1S+1)}{(T_2S+1)(T_3S+1)}$	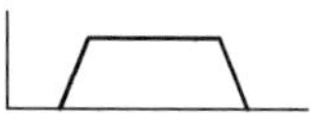	• 去掉低频输入，减小对飞行品质的影响，减小对其他输入(例如驾驶员诱发机动)的响应 • 滤掉高频噪声，减小机体弹性模态的影响
(2) 叠加		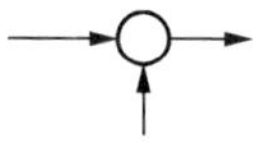	• GLA 信号与驾驶员操纵指令信号叠加 • 判断逻辑
(3) 机动信号隔离			• 设定过载信号门限值(约为 0.3g)，防止经常以低幅度驱动操纵面，当过载大于该门限值时，GLA 接通(工作)
(4) GLA 控制律		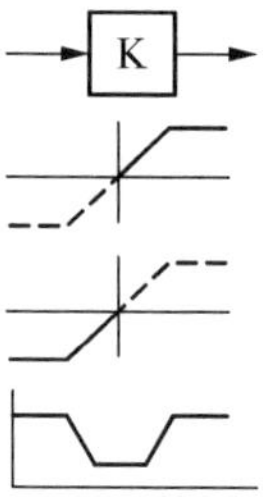	• 常值线性增益 • 限幅 • 操纵面收回速率限制 • 陷波滤波器避免结构耦合影响
(5) 舵回路控制	K_1+K_2/S	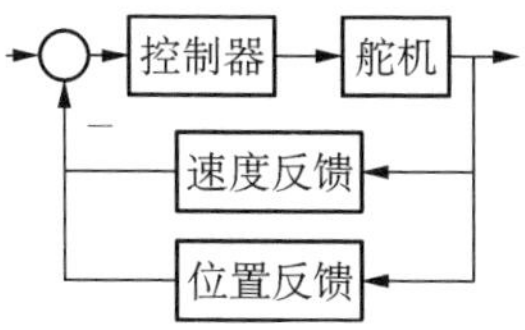	• 舵机动态特性 • 两台副翼舵机同时工作 • 液压系统供油管路装蓄压器 • 液压系统回油直径加大

6) 突风载荷缓和系统对改变机翼载荷分布的效果(见图 8-29)

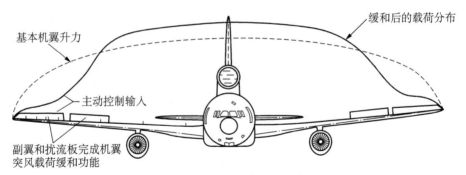

基本机翼升力

缓和后的载荷分布

主动控制输入

副翼和扰流板完成机翼
突风载荷缓和功能

图 8‑29　改变机翼载荷分布示意图

8.7　乘坐品质控制(RQC)

作用于机组和旅客身上的过载是决定舒适的重要因素之一。过载允许程度取决于其频谱、方向及持续时间。为了评定舒适性和气流对这种特性的影响,建议使用不舒适性指数 D,其表达式如下:

$$D = \left[\int_{f_0}^{f_1} \widetilde{W}^2(f) \left| \frac{n_y}{W}(f) \right|^2 \phi_w(f) \mathrm{d}f \right]^{\frac{1}{2}}$$

式中: $\widetilde{W}(f)$ 为加权函数; $\dfrac{n_y}{W}(f)$ 为突风作用下飞机过载的传递函数; $\phi_w(f)$ 为突风谱密度; f 为频率(Hz)。

表示人的器官承受垂直过载和侧向过载的加权函数如图 8‑30 所示。从关

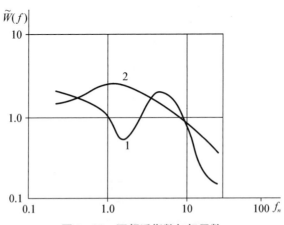

图 8‑30　不舒适指数加权函数

1—垂直过载;2—侧向过载

系曲线上可以看出,人的器官承受频率0.3~3 Hz侧向过载的能力比承受垂直过载的要差。

机身各个剖面的过载水平和频率普取决于飞机的总体布局。因此,对标准构型亚声速非机动飞行的飞机来说,均方根垂直载荷沿机身长度 x_ϕ 的分布大致是均等的,其频率谱基本上包括了与短周期运动频率相近的频率。过载可用俯仰阻尼器降低一些。必须指出,在舒适性方面有飞机短周期运动相对阻尼的某一最佳值。为了操纵升降舵,在使用俯仰速度信号的同时,还要使用法向过载信号,这样可减小机身前段的过载,增大机身尾段的过载(见图8-27)。为了显著地减小机身所有各点的过载,必须使用直接升力操纵面。研究结果表明,借助直接升力操纵面,大气湍流作用产生的过载约减小一半(见图8-31)。

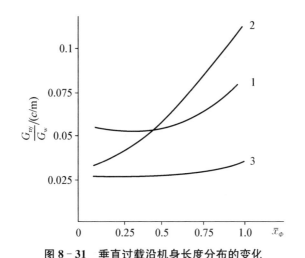

图8-31 垂直过载沿机身长度分布的变化

1—原始的;2—只与升降舵连接的系统;3—与直接升力
操纵面和升降舵连接的系统

图8-32为乘坐品质改善系统的方块图。

正常布局飞机在大气湍流中飞行时产生的侧向过载与垂直过载相比,沿机身长度的分布是不均匀的。宽体客机的过载分布如图8-33所示。均方根过载中低频部分在机身尾段剖面约占60%,在机身前段剖面约占40%。

在机身前段剖面中机组和旅客舒适性的明显改善,可使用飞机短周期运动频率和结构弹性振动较低振幅固有频率范围内工作的系统来实现。这种系统的方块图如图8-34所示。综合侧滑角传感器信号与侧向过载传感器ДП₁(位于

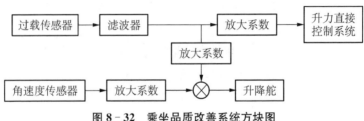

图 8－32　乘坐品质改善系统方块图

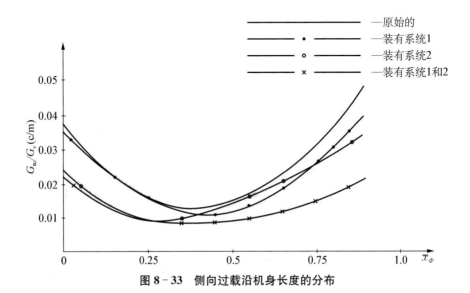

图 8－33　侧向过载沿机身长度的分布

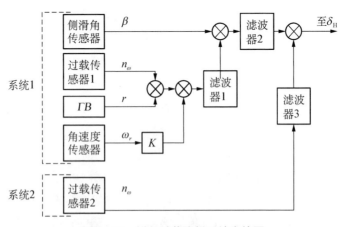

图 8－34　侧向过载降低系统方块图

侧滑角传感器、垂直陀螺仪（ГВ）及偏航角速度传感器（ДУС）附近）通过滤波器
ϕ_1 的信号之和，可以分别与侧向突风速度成正比的信号（系统 1）。在系统中使
用该信号受滤波器 ϕ_2 频率的限制。位于机身尾段的侧向过载传感器的信号用
来阻尼弹性振动。为此需要的弹性振动阻尼回路相位特性（系统 2）由滤波器 ϕ_3
形成。使用这两个系统可降低机身尾段侧向过载一半以上，而机身前段 30%
（见图 8‑33），不会明显改变飞机的稳定性和操纵性。与系统 2 相似的系统已在
波音 747 飞机上应用。

8.8   主动颤振抑制

颤振是一个气动弹性的动态不稳定问题，它是由非常弹性变形和由这种变
形所引起的气动载荷耦合而引起的。如果不采取措施制止，那么飞机相应的结
构将断裂、损毁，甚至造成飞机损失。目前从结构和控制两方面采取抑制颤振的
措施。从结构上改变结构质量分布和刚度分布例如加配重，这明显地会使飞机
重量增加，其结果会对飞行性能有消极的影响。抑制颤振也可利用复合材料各
向异性的特点控制辅层的层数和方向。从控制上采用主动控制颤振抑制系统
（AFMS），提高颤振临界速度，从而扩大飞行包线。

颤振模态的出现是多种多样的，它们可能是基于复杂的物理关系。为了能
阐明这个基本问题，下面对矩形机翼讨论它的弯曲振动和扭转振动的耦合，
图 8‑35 为这种弯曲振动和扭转振动的示意图。图（a）表示弯曲和扭转振动的
模态，图（b）表示这两种振动模态的频率、阻尼随飞行速度变化的定性关系曲线。
从图中看出两种振动模态的频率在一开始是明显分开的，然而随着速度的增加

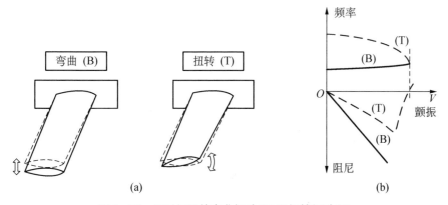

图 8‑35   矩形机翼的弯曲振动（B）和扭转振动（T）

（a）运动模态的表示   （b）两种运动模态的频率和阻尼与飞行速度的关系

逐渐接近,这就是两种振动的耦合。图 8 - 36(a)较详细地表明了运动状态随时间的变化。此图表示,弯曲和扭转以相同的频率进行,但它们之间有 90°的相位差。就是由于这个相位差,由扭转运动引起的气动力对弯曲运动有反作用的效应。从图 8 - 36 可清楚地看出,这种效应有增强扭转的作用,由此产生的不稳定性称为弯曲-扭转颤振。图 8 - 36(b)中直观地表示出的方法是一种主动抑制颤振的可能办法。这就是通过一个主动控制面协调偏转角 δ,产生一种气动力,以抵消由扭转运动引起的气动力。通过这种办法能够对引起不稳定性的气动力进行补偿,从而避免出现颤振。

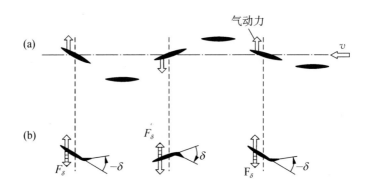

图 8 - 36　矩形机翼主动颤振抑制的一个实例

(a) 无颤振阻尼时弯曲运动和扭转运动的耦合　(b) 用控制面偏转 δ 进行主动颤振抑制

下面讨论在实际抑制颤振运动中起重要作用的因素。

由于颤振模态的频率等级高,因此对控制面和伺服马达的调节速度的要求也很高。调节速度高又要求对非定常气动力有准确的了解。也要求对振幅和相位都要有准确的了解。

对测量结构运动的传感器(加速度计)要求它的测量精度高,并且为了便于使用,要求有一个合适的安装位置,但不得损害飞机的飞行安全。这一方面是指整个系统本身应工作得很好,对此,特别是正确的相位排列是起决定性作用的。另一方面,就是当系统发生故障或事故时也要求保证飞行安全,为此就需要采取多裕度设计和故障识别等措施。

要控制伺服马达,必须采用一个合适的调节器或者计算器的控制律,这样就能使颤振抑制系统和飞机的不同构型进行最佳匹配。这些构型变化就是诸如不同的外推物或者变后掠机翼的不同后掠位置。它们会对飞机颤振特性有很大的影响。主动颤振抑制系统可以在所有范围内对特性有很大的影响。主动颤振抑制系统可以在所有范围内取得最佳效果；而通过改变质量分布和刚度分布对颤振施加被动影响的办法只能笼统地考虑不同要求，因此很少有灵活性。

主动颤振抑制的实际可行性已通过试飞得到证明。图 8‑37 所示就是一个实例。从这图中可以清楚地看出主动颤振抑制系统对于提高阻尼的效果。

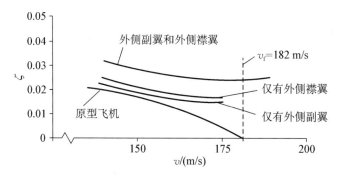

图 8‑37　有主动颤振抑制系统的试飞结果（ζ：阻尼系数；飞机质量 120 t；飞行高度：6 400 m）

8.9　飞行包线保护

民用运输机很少故意地接近性能极限飞行，通常有很宽的姿态范围可以安全地机动飞行，但是丧失稳定性的机动或飞机某些非常的保持姿态可能造成设计超限的出现。飞行包线保护功能可以避免超限，例如约束下俯的速度/过载包线，约束爬升和滚动机动。自动的飞行包线保护恢复了人机任务分配的有效平衡，使驾驶员有时间评估发生的情况或自如地完成适当的操作。飞行包线保护加强了驾驶员的作用，而不是取代驾驶员的作用，而且主动设计的飞行包线保护功能会节省相当可观的结构重量，甚至比机动载荷控制功能效益更大。

飞行包线保护（FEP）一般包括攻角保护、法向过载限制、俯仰滚转姿态及侧滑角限制、滚转速率限制、空速超欠保护、风切变保护等子功能。

A320 系列、A340/A330、波音 777 等飞机都结合其主电传操纵控制律设计了飞行包线保护控制律。

A320 飞机采用飞行包线保护，当驾驶员将机头下俯 15° 使飞机增速，飞机速度超过该高度的最大飞行限制速度 V_{mo} 时超速警告响。此时系统自动改变姿态来防止飞机超过 $(V_{mo}+15)\mathrm{kn}$。无论怎样向前推杆都不会使飞机超过此速度。松杆后机头自动抬起维持 V_{mo}。电脑程序使拉起过载为 $1.75g$。如果需要更激烈的拉起,系统允许用人工操纵拉至最大 $2.5g$。

当飞机低头俯冲时滚转机翼 $45°$,速度超过 $(V_{mo}+6)\mathrm{kn}$ 时,机翼突然自动改平。对低速特性,飞机在 $3\,000\,\mathrm{m}$ 上空减至进场速度,将起落架与襟翼全部放下,这时同样不需做任何配平,飞机仍然维持平飞。其防失速和遭遇风切变能力主要通过攻角控制来实现,不论驾驶员对操纵输入什么信号,飞机都不会超过规定的攻角限制。

8.10 飞行操纵系统的应用

主动控制技术在大型运输机设计中越来越得到广泛的应用,在操纵系统(见表 8-2)中取消了传统的钢索和滑轮,驾驶杆操纵器也从常规的驾驶盘变成小巧灵活的"侧杆",使驾驶员第一次不必小心翼翼地对飞机操纵。即使驾驶员输入不恰当或无输入,飞机也能通过主动控制系统来保持合适的航迹、速度和高度,大大提高大型运输机的生存能力。

表 8-2 主飞行操纵系统的应用

主操纵系统形式	适用飞机类别	应用飞机实例
直接机械连接	9 座以下的轻小型低速飞机	农五、运五
直接机械连接卸载	亚声速中小型飞机	运七、运八、运十二等
不可逆液压助力操纵及助力增稳系统	高亚声速大型运输机	三叉戟、波音 727/737/747/757/767、A300B、A310 系列、DC-10、MD-11
调整片气动助力操纵及助力增稳系统	高亚声速大型运输机	运 10、DC-9、MD-82、MD-90-30、波音 707 系列、DC-8
电传操纵	高亚声速大型运输机	A320、A330、A340、波音 777、Ty-204
主动控制	高亚声大型运输机	A320、A330、A340、波音 777
光传操纵	高亚声大型运输机	

所以,主动控制技术的引进是飞机设计的一次突破。在飞机方案设计阶段就必须考虑是否采用主动控制技术和选用相应的操纵方案,据此才能进行气动布局,动力装置选择,结构布置,设备安排以及重量、重心的估算等工作。

对不同类型的飞机,应采用不同的操纵系统的形式,其选用的原则如下:

（1）飞机的类别（如轻型小飞机、大中型运输机等）；

（2）飞行速度（低亚声速、亚声速和高亚声速等）；

（3）技术成熟程度，风险率的大小；

（4）投资/效益比；

（5）研制周期。

9 大型运输机大迎角失速、深失速特性分析及其改善措施

9.1 大型运输机安全问题及对失速特性的要求

9.1.1 对大型运输机的失速特性要求

目前世界各国大型运输机的大量事故发生在"起飞—爬升"和"进场—着陆—复飞"阶段。所以,为了保证飞机的安全,关键是要保证飞机具有良好的大迎角失速特性,特别是在"进场—着陆"阶段更要具有良好的失速特性。

有关对运输类飞机失速特性的要求可见 FAR 25.201~25.207。这些条款规定,必须在各种襟翼使用偏度、各种重心位置、起落架收起或放下,以及指定的功率状态下,在直线飞行或协调转弯中验证可接受的失速特性。此外,必须在一台发动机不工作的有动力飞行中,表明有满意的失速特性。

在 FAR 25.201 中规定典型的失速现象为"不能立刻阻止机头的下沉,……"在 FAR 25.203 中规定可接受的失速特性为"直到飞机失速时为止,……,不得出现以上的机头上仰,……"这些都是对飞机飞行的动态要求,应该通过飞机的飞行试验进行检查,在初步设计阶段数据不全的情况下判断是否合乎要求则有一定的困难。参考文献[39]指出,波音公司对失速的检查给出一个简单的、经过大量飞行验证的工程准则来衡量。根据图 9-1 可对条文作如下理解:

（1）"可接受的失速特性"是在重心后限和最小迎角情况下,俯仰力矩曲线仍是稳定的。

（2）"上仰开始"和"不能即刻阻止"的指标是最小警告迎角附近的俯仰值（ΔC_m）超过了 0.1。

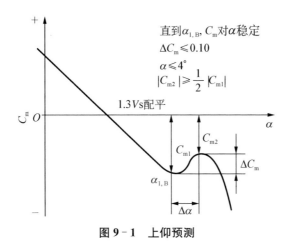

图 9-1 上仰预测

上仰发生的迎角漂移($\Delta\alpha$)超过 4°;恢复失速时的俯仰力矩系数(C_{m2})大于开始失速时俯仰力矩系数(C_{m1})的一半。只要对应后重心的 C_m-α 曲线上,满足 $\Delta C_m \leqslant 0.1$;$\Delta\alpha \leqslant 4°$;$|C_{m2}| \geqslant \frac{1}{2}|C_{m1}|$ 时,就认为飞机达到了 FAR 25.201 和 FAR 25.203 的要求。

9.1.2 平尾的垂直位置对飞机失速特性的影响

选择合适的平尾相对机翼弦线的垂直位置,减小机翼在失速时的尾流对平尾效率的影响。平尾可接受的位置边界及其俯仰力矩如图 6-14 和图 6-15 所示。

平尾相对机翼的位置对飞机的失速特性是很关键的。机翼失速时,如果平尾进入机翼尾流区,平尾将失去操纵能力,并进一步加剧上仰。一些"T"型尾翼的飞机会进入深失速,并不能从中改出。

9.1.3 深失速问题

大型运输机后机身尾吊短舱的"T"尾布局要考虑大迎角飞行时的深失速(deep stall)问题。超过失速迎角后典型的分离尾流区现象如图 7-52 所示。机翼失速后平尾依次被机身尾流、机翼尾流以及发动机短舱和挂架的尾流所掠过。随着平尾进入这些分离尾流区,平尾的功能要受到下洗增大和动压大大降低的影响,而这些都是破坏平尾对稳定性贡献的不利因素并使飞机的操纵力矩比在不受扰动的自由流中要小得多。图 7-53 示出典型的俯仰力矩随迎角变化的曲线,失速发生在 $\alpha = 16° \sim 17°$,C_m 随 α 的变化曲线与重心位置、升降舵偏角、平尾偏角及其他活动面的位置有关。在大迎角下,动压已有很大降低,升降舵变得无效而飞机又处在配平点($\alpha = 46° \sim 49°$)，迎角增加产生低头力矩，迎角减小产生抬头力矩，而升降舵对俯仰力矩几乎不起作用，飞机宛如被锁定在该配平点，这就是"深失速"。

拉开短舱与机翼之间的距离，有利于大迎角时机翼洗流与短舱、挂架的尾流错开，从而改善了深失速状态下的力矩特性。例如，DC-9-30 飞机的机翼与短舱之间的距离比 DC-9-10 飞机加长了约 1.6 m，图 7-54 示出在小迎角下纵向稳定性没有多大差别，而在大迎角时力矩特性差别很大；DC-9-10 飞机在迎角 $\alpha = 41° \sim 44°$ 时出现了第二个平衡点，而 DC-9-30 飞机的大迎角力矩特性有了明显改善，消除了深失速现象。

9.2 飞机在大迎角飞行时失速偏离特性的判据及深失速恢复

飞机的"偏离"是指超过失速迎角以后突然发生的急剧改变姿态的现象。为防止大迎角飞行时，由失速进入尾旋，一般采用抗尾旋偏离参数 $C_{n_{\beta_{dyn}}}$ 和横向操纵偏离判据 LCDP，以及它们的组合判据——Weissman 判据。

9.2.1 动航向稳定判据 $C_{n_{\beta_{dyn}}}$

$$C_{n_{\beta_{dyn}}} = C_{n_{\beta}} \cos \alpha - \frac{I_z}{I_x} C_{l\beta} \sin \alpha$$

若 $C_{n_{\beta_{dyn}}} > 0$，表明当副翼、方向舵中立时，飞机对于侧滑角的瞬时反应具有恢复的趋势。

若 $C_{n_{\beta_{dyn}}} < 0$，表明当副翼、方向舵中立时，飞机对于侧滑角的瞬时反应将使飞机增大侧滑，发生偏离。

9.2.2 横向操纵偏离判据 LCDP

$$LCDP = C_{n_{\beta}} - C_{l_{\beta}} \frac{C_{n_{\delta_a}}}{C_{l_{\delta_a}}}$$

若 $LCDP > 0$，表示进行横向操纵时，操纵面产生的偏航力矩将减小侧滑，使飞机稳定。

若 $LCDP < 0$，表示操纵面产生的偏航力矩将增大侧滑使飞机发生偏离。

在方案阶段，可取 $C_{n_{\delta_a}} / C_{l_{\delta_a}} = -0.2 C_L$，$C_L$ 为机翼升力系数。

9.2.3　Weissman 偏离判据

Weissman 判据是将 $C_{n_{\beta_{dyn}}}$ 和 LCDP 判据结合起来构成一种新的判据图,如图9-2所示。

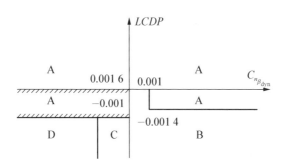

图 9-2　Weissman 偏离判据

A—无偏离区;B—轻度偏航发散,同时反向滚转(轻度滚转偏离),低尾旋灵敏度;C—中度偏航发散,紧接着反向滚转(中度滚转偏离),中等尾旋灵敏度;D—强烈偏航发散及反向滚转,高尾旋灵敏度

有关大型运输机的深失速及其恢复见第 6 章和第 7 章的相关内容以及图 6-11、图 7-53 和图 7-54。

军用运输机采用上单翼 4 台翼吊发动机、T 型尾翼布局,如 C-17 军用运输机,与许多采用尾吊短舱的、T 型尾翼的民用运输机一样,存在稳定深失速的可能(见图 9-3)。飞机技术规范中明确提出的要求是:"飞机应该容易地从所有

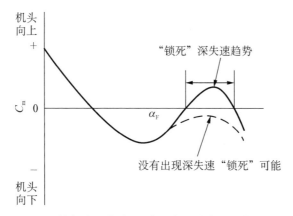

图 9-3　俯仰力矩曲线,图中示出可能出现深失速区域

注:飞机低头力矩达到最大。

可能出现的姿态和运动中恢复"。图 9 - 4 示出,如果没有特殊的姿态恢复设计,仅凭俯仰操纵机构的作用,很难从稳定深失速恢复到安全姿态。在 C - 17 飞机的布局中一种保持姿态恢复的方法是飞机始终保持如图 9 - 4"俯仰力矩静裕度"所示的最小静裕度(见图 6 - 11)。除了保持最小俯仰力矩静裕度外,还选择了非常可靠的迎角限制系统(ALS),以满足避免进入深失速。

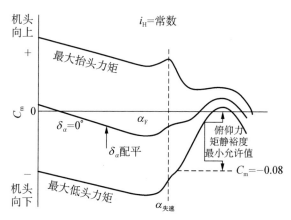

图 9 - 4　飞机最大俯仰操纵力矩

应该承认,无论是 T 尾的 C - 17 军用运输机还是尾吊 T 尾的 MD - 82 民用运输机,原麦道飞机公司在防止这两种飞机的失速和深失速特性方面下了很大的功夫,采取各种措施,而且非常成功,这些成功的经验值得我们借鉴。

大迎角飞行特性的适航要求和操纵对照见表 9 - 1 和表 9 - 2。作者在这里推荐文献[6]中的第四章——民用飞机大迎角气动特性研究。

9.3　常用的防失速措施

在后掠机翼上,由于展向压力梯度的作用,翼根处的附面层向翼尖处流动,从而使翼尖处的附面层加厚,在大迎角时就会在翼尖处发生气流分离,使升力下降,严重时会使飞机产生抖振,同时飞机会发生失速而出现上仰。为了提高飞机的飞行性能,扩大安全使用范围,应尽量使失速推迟。下面介绍改善大型运输机后掠机翼大迎角失速特性的措施。

9.3.1　机翼采用气动扭转

为了防止外翼或翼尖过早失速,一般从翼根到翼尖配置不同的翼型,如翼根配置升力较小的翼型,而在外翼配置升力较大的翼型,当机翼达到失速迎角时,

表 9-1 俄罗斯民用运输机大攻角特性适航要求与美国 FAR-25 的比较

条例	HJIITC-2	HJIITC-3	AΠ-25	FAR-25
要求	**3.8.1** 任意形态的飞机,在接近失速时,必须自然地或人为地产生的(对驾驶员或警告信号)明显的(对驾驶员鉴别需要,为了足够的速度下产生)这些现象(3.8.1.7),这些现象,为了足够的速度下产生,而在飞机减速时,必须相当于不小于 $C_y \leqslant C_{y\text{поп}}$ 的速度下,必须相当于不小于 $1.05V_{c0}$ 巡航飞行时,必须在飞机减速时(3.2.5.4),此速度(3.2.5.1)的过载时发出警告信号。当机翼增升装置处于收起位置时,飞行中若不出现警告信号,则完全后拉驾驶杆时,飞机必须出现失速。 **3.8.1.2** 推荐这样的飞机,在所有高度上飞行时(攻角增加到(3.2.50))或 $\alpha_{\text{поп}}$ 后(3.2.5.4),前余量不小于 α_c(3.2.50)对于驾驶杆前推到底的俯冲,其中有对于驾驶杆前推必须大于由上迎风所产生的 α_c 或有效的力矩(向上迎风攻角增加到 $\alpha_{\text{поп}}$),以保证飞机足够快地回到初始飞行状态。 **3.8.1.3** 当在巡航以及爬升、下滑飞行状态下,速度对应 10 m/s 的有效垂直上升突风对飞机的作用,不得使飞机	**3.8.1** 大攻角飞行特性 本节要求适用于在飞行手册规定的各种状态、重量、重心、飞行高度、马赫数和发动机工作状态下,在攻角(3.2.4.4)到 $\alpha_{\text{поп}}$ (3.2.4.5)范围内的飞机稳定性和操纵性要求,此时认为影响这些特性的飞机功能系统工作是正常的(如在本节各有关条条中对此未作特别规定的话)。 **3.8.1.1** 在允许的攻角范围内,应保证下几点:($C_{y\text{поп}}$)下,按驾驶员的评定 $\alpha_{\text{поп}}$ 是可以接受的——按驾驶员的操纵性是可以接受的和偏航的——导数 dp_a/dn_y 和 dn_y 和 dn_B 为负值; —如果 $\alpha_{\text{поп}}$ 前余量不小于 3°; —攻角达到 $\alpha_{\text{поп}}$ 前的余量不小于 3° 的条件是在攻角由 $\alpha_{\text{поп}}$ 到 $\alpha_{\text{поп}}$ 的范围内能保持纵向稳定性,在后或出现局部的不稳定性的不稳定,一情况下,攻角 $\alpha_{\text{поп}}$ 偏转(驾驶盘偏转)对值不小于 $\alpha_{\text{поп}}$ 时的作用力(驾驶盘偏转);攻角达到 $\alpha_{\text{поп}}$ 前的余量不小于	**§ 25.201** (a) 必须在下列状态的直线飞行和 30°坡度的转弯中演示失速: (1) 无动力; (2) 维持 $1.6V_{c1}$ 平飞所需的功率(推力)(在此位置 V_{c1} 为相应的失速速度,起落架在收起位置,襟翼在进场着陆重量的失速速度; (3) 发动机以额定状态工作(仅用于装涡轮螺旋桨发动机的飞机)。 (4) 一台临界发动机不工作,其余发动机以飞行手册对一发停车的飞行高度规定的工作状态,仅用于朝工作发动机一侧倾侧角不大于 5°的直线飞行; (b) 本条(a)规定能在下均应在下列条件下满足 § 25.203 适用的要求: (1) 襟翼位置和起落架位置每一种可能的组合; (2) 申请合格审定范围内各种有代表性的重量; (3) 最不利于改出的重心位置。	**§ 25.201** (a) 必须在下列状态的直线飞行和 30°坡度的转弯中演示失速: (1) 无动力; (2) 维持 $1.5V_{\text{sl}}$ 平飞所需的功率(推力)(在此位置 V_{sl} 为相应的失速速度,起落架在收起位置,襟翼在进场着陆最大重量的失速速度; (b) 本条(a)规定的两种状态,均必须在下列条件下满足 § 25.203 适用的要求: (1) 襟翼位置和起落架位置每一种可能的组合; (2) 申请合格审定范围内各种有代表性的重量; (3) 最不利于改出的重心位置。 (c) 必须用下列程序表明符合 § 25.203 的要求:

（续表）

条例	HJITC-2	HJITC-3	AΠ-25	FAR-25
要 求	的攻角（升力系数）超过允许值时的范（3.2.5.1）。 飞机稳定性和操纵性必须使驾驶员有可能在完成机动所必需的期间内（但不小于5 s），保持飞机允许的攻角（升力系数）。在巡航飞行、爬升和下滑状态时，飞机关于达到允许攻角的指示的信号装置：人工抖杆器，触觉的信号或逐级增大驾驶盘力觉信号，必须不相应于处于前的位置，以及当垂直上升突风作用（突风作用用前的位置）时，飞机应能回到初始状态。 ——在这种情况下，发动机工作的危险征兆（喘振等）是不允许的，这需要发动机立即停车。 3.8.1.4 当使用飞行手册中建立的驾驶方法时，处在失速和从失速改出过程中的飞机，必须不进入危险状态。飞行试验时，必须确定由于失速确定由于失速改出的高度损失。 3.8.1.5 由于临界发动机失效，而根据飞行手册所推荐的方法驾驶飞机，飞机从原来巡航状态的减速（3.8.2.5）过程中失速时，驾驶员必须有能力使飞机从失速中改出，而不超过飞行手册中所规定的限制。在此情况下，在失速和改出的过程中，平	于5°；条件是在攻角由α_пред增大和改出时驾驶盘上的作用力（驾驶盘偏转时的作用力）在绝对值小于攻角α_доп时的作用力（驾驶盘偏转），以及在飞机上没有关于达到攻角α_доп的下述形式的信号装置：人工抖杆器，触觉的信号或逐级增大驾驶盘力觉信号或逐级增大驾驶盘力（3.8.1.2）； ——余量不小于攻角最大升力系数的10%； ——飞机相对任何轴没有按驾驶员所求得的最大升力系数的振荡； ——没有引起操纵困难或在结构强度方面产生危险的抖振。 ——为保持动力装置和其他系统的功能，无须机组人员进行补充的操作。 3.8.1.2 在航线飞行的巡航状态以及爬高和下降状态下工作机动飞行时，为使飞机进入允许的改角α_доп，所要求的驾驶盘操纵力，其绝对值应不小于250 N（飞机配平在直线飞行的初始状态）。 上述操纵力在下述情况下允许降到150 N：	(c) 必须用下列程序来表明符合§25.203的要求： (1) 飞机按§25.103(b)(1)规定的速度配平，做直线飞行，操纵升降舵减小空速，直到空速稳定在略高于失速速度，再操纵升降舵，使速度降低不超过每秒1节，直到： 　(i) 出现失速，或 　(ii) 操纵达到止动点。 (2) 飞机一旦失速，即用正常的改出方法来改出。 (d) 出现失速的定义如下： (1) 当攻角明显大于最大升力所对应的攻角，固有的飞行特性向驾驶员显示清晰可辨的飞机失速现象时，可认为该已失速。典型的失速现象可单独出现，也可以这些现象既可单独出现，也可以组合出现： 　(i) 不能即刻阻止的机头下沉； 　(ii) 不能即刻阻止的滚转； 　(iii) 操纵效率的丧失，操纵力或操纵运动的变化，或驾驶员	(1) 飞机按§25.103(b)规定的速度配平，操纵升降舵，做直线飞行，直到空速稳定减小空速，直到空速稳定在略高于失速速度，再操纵升降舵，使速度降低不超过每秒1节，直到： 　(i) 飞机失速，或 　(ii) 操纵达到止动点。 (2) 飞机一旦失速，即用正常的改出方法来改出。 (d) 出现失速的定义又如下： (1) 当迎角明显大于最大升力所对应的迎角，固有的飞行特性向驾驶员显示清晰可辨的飞机失速现象时，可认为该飞机已失速。典型的失速现象如下，这些现象可单独出现，也可以组合出现： 　(i) 不能即刻阻止的机头下沉；

（续表）

条例	HJJC-2	HJJC-3	ATT-25	FAR-25
要求	均倾斜角的绝对值必须不大于70°。 3.8.1.6　失速的改出必须用常用的驾驶实施，不能超出速度和过载的限制。此时，工作状态不需要改变。为了改出失速和发动机工作状态发生改变，飞机必须具备从倾斜和下降中易于恢复的能力。 3.8.1.7　作为接近失速时对驾驶员没有错误的、容易辨认的，而且仅对该种状态是相当强烈的自然的警告。必须设计没有这种警告的自然失速时对驾驶员是…… 这种信号可以是： —结构或驾驶杆的振动。 —飞机对倾斜、航向和俯仰方向的摇动，以及其他可识别信号。 —自然信号作为预警信号，如果在减速时产生，则速度余量不小于失速速度 V_c（3.3.22）的5%并且当进一步减速时如果自然失速时出现，相应的过载余量不小于10%。如果自然失速开始同时出现，则它不能作为预警信号。 3.8.1.8　在没有自然预警信号时，产生人为的信号是必需的。作为预警信号的为信号方式是可以接受的：	—在攻角由 $\alpha_{доп}$ 到 $\alpha_{пред}$ 的范围内，平衡曲线 $P_B = f_1(\alpha)$ 和 $X_B = f_2(\alpha)$ 的斜率保持为负值； —在飞机上具有关于达到改变攻角的信号装置：人工抖杆器、触觉信号或逐级增大驾驶盘力。 3.8.1.3　在对应于 $\alpha_{доп}$ 的攻角，应按驾驶员的评定，及时出现足够强烈的和独立的、自然的或人工的预警征兆。这种征兆应是正确地到的，并在攻角继续增大到 $\alpha_{пред}$ 时不会消失。可以接受的预警征兆如下： —结构抖动或操纵杆的抖动。 —与飞机上其他声响信号有区别的、辅以闪光信号的声响信号；此时应保证指示当时的攻角、直到 $\alpha_{пред}$。预警征兆示（3.2.45）。预警征兆不妨碍飞机转到正常的攻角。 3.8.1.4　在航线飞行的巡航、爬高和下降状态下，应保证达到该攻角余量相当于突风造成的攻角瞬时增量，当 $H \leqslant 7$ km 时，$W_1 = 9$ m/s；	操纵器件明显的抖动（如果这些现象足够清楚）。 (2) 凡在任一形态中，飞机显示出不致误解的固有气动力警告，其幅度和剧烈程度能强烈而明显地制止减速现象表现出上述现象的速度时，可认为飞机已失速。 §25.203　失速特性 (a) 直到飞机失速时为止必须能够操纵副翼和方向舵，不得出现异常反应滚转现象及偏航，不得出现异常的机头上仰，直到失速以及在整个失速过程中纵向操纵力必须是正的。此外，必须能以正常的操纵技巧防止或从失速中改出。 (b) 对于机翼水平失速，失速和完成改出之间发生的滚转度大约不得超过20°左右。 (c) 对于转弯飞行失速，飞机失速后的运动不得过于剧烈或幅度过大，以至难以用正常的驾驶技巧迅速改出并恢复对飞	(ii) 不能即刻阻止的滚转； (iii) 操纵效率的丧失，或操纵力或操纵运动的突变，或驾驶员操纵器件（如果这些现象足够清楚）。 (2) 凡在任一形态中，飞机显示出不致误解的固有气动力警告，其幅度和剧烈程度能强烈而明显地制止进一步减速，则表现出上述减速现象的速度时，可认为飞机已失速。 §25.203　失速特性 (a) 直到飞机失速时为止，必须能够操纵副翼和方向舵，和反方向、反操纵以及在整个异常的机头上仰，不得出现异常滚转现象，不得出现机头上仰，直到失速以及在整个失速过程中

（续表）

条例	НЛГС-2	НЛГС-3	АП-25	FAR-25
要求	—人工激振驾驶杆； —驾驶杆向前的脉动急撞； —声音信号或振铃之类的信号，但要不同于信标台信号。 注：指示灯只允许用作为辅助信号。信号作用的滞后，从它作用时起，必须不大于0.5 s。信号作用的进行和仪表的观察，在实际上无滞后，信号的强度或信号足够的要求，为使机务人员的知觉无误无，通信、通信的进行和仪表的强度必须足够的。 **3.8.2 要求的验证** **3.8.2.1** 实施飞行试验时，为确定飞机是否满足第三章大攻角飞行和失速的要求，飞机必须把攻角拉到开始失速(3.2.50)或者把驾驶杆完全拉到底的改出 $\alpha_{доп}$(3.2.5.1)3°的攻角。 **3.8.2.2** 飞机失速的飞行试验必须在下列条件下进行： —重心位置接近于最前和最后的实用平均气动力弦位置加上1%。 —飞机按飞行手册所规定的正常飞行时的机翼增升装置、减速板、起落架等所有使用位置和状态的组合。 注1：若表明起落架放下不会明显地改变失速特性，则允许收起落架进行	而当 $H > 7$ km 时，$W_i = 9 - 0.5(H-7)$，但在所有情况下，$W_i \geq 6.5$ m/s，即 $\alpha_{доп} \geq \alpha_{т.п} + \dfrac{W_i}{V_i} \times 57.3$，$W_i \geq 6.5$ m/s，$\alpha_{т.п}$ 是指水平直线飞行时的攻角，当进入 $\alpha_{доп}$ 时，过载增量不应小于 $\Delta n_y = 0.5$。 **3.8.1.5** 在攻角不能满足3.8.2.1中要求的各种攻角下不允许出现其特性不能满足3.8.2.1前的各种攻角下不允许有损害发动机工作能力的，从而要求关闭即使是一台发动机的情况(喘振等)。 **3.8.1.6** 在航线飞行的巡航、爬高、下降以及在等待、盘旋、着陆进场、复飞、起飞和着陆状态下(在相应于直线飞行的形状、发动机工作状态和配平下)，在攻角超过 $\alpha_{доп}$ 直到 $\alpha_{доп}$ 之后： —允许减小驾驶杆上的配平操纵力，减小量不大于最大值的50%，此时，最小操纵力应不小于150 N。 —当以不大于600 N的操纵力移动驾驶盘"推杆"时，飞机应当	机的操纵。 (A) 在推力不对称的直线飞行产生的失速时，飞机从失速后的运动不得到剧烈到剧烈迅速到剧烈不得到剧烈迅速到使中等技术水平的驾驶员难以将飞机迅速改出失速和将对飞机的操纵。 (B) 在直线 $\alpha_{доп}$ 的迎角为止。不允许动力装置工作有要求的破坏(喘振等)。 **§25.207 失速警告** (a) 在直线的转弯飞行中，为防止襟翼和起落架在任一正常位置时无意中造成失速，必须给驾驶员以有效的清晰可辨的失速警告。 (b) 失速警告气动品质可以通过来实现。但是，仅用要求发生失速的清晰的目视失速警告装置是不可接受的。如果要求使用警告装置，则该警告装置必须在本条(c)中规定的速度，在本条(a)中	程中纵向操纵力必须是正的。此外，必须能以正常的操纵迅速地防止失速和从失速中改出。 (b) 对于机翼水平失速、在失速和完成改出这之间发生的滚转的运动不得超过20°左右。 (c) 对于转弯飞行失速，飞机失速后的运动幅度过大、过于剧烈或幅度过大、以至难以用正常的驾驶技巧迅速改出并恢复对飞机的操纵。 **§25.207 失速警告** (a) 在直线的转弯飞行中，为防止襟翼和起落架在任一正常位置时无意中造成失速，必须给驾驶员以有效的清晰可辨的失速警告。 (b) 警告可以通过飞机固有的气动品质来实现。

（续表）

条例	HJITC-2	HJITC-3	AII-25	FAR-25
要求	试验。 2. 机翼增升装置处于中间位置，或在飞行状态下可以实现的作为最复杂的试验形式的位置，或在因用户要求而对增升装置和飞行状态组合特性进行研究所需的位置，以及在规定飞行情况下所可能的位置。 ——进气道和动力装置冷却系统的鱼鳞片处于相应于该飞行状态下所需的位置，并且在最不利的位置。如果这需要影响失速特性的话。 开始失速之前的发动机工作状态必须如下： ——相应于水平飞行； ——相应于1.6V_c 或者在该状态增升装置打开时，最大允许飞行速度低于1.6V_c，则用相应于该允许最大飞行速度的功率； ——在测定速度超过V_cl 的失速特性时，采用相应于该状态下、水平飞行时的发动机工作状态。 注：对于发动机为涡轮螺旋桨的飞机，螺旋桨的工作状态按照发动机工作状态选择。	按照驾驶员的评定，足够快地不采用特殊的驾驶方法，即恢复到飞行状态。此时，负的俯仰角加速度建议不小于3°/s²。 3.8.1.7 在航线飞行的巡航、爬升和下降状态下，应保证攻角达到 α_{mpax} 的余量。该余量相应于指示速度不大于18 m/s 的垂直上升风的作用。在此情况下，应保证飞机恢复到驾驶盘处于相应于配平位置时的初始状态。 3.8.1.8 攻角超过 $\alpha_{доп}$（3.2.4.4）时的飞机特性，应在列过程中加以验证，直到失速或者 $\alpha_{доп}$ 达到： ——所有发动机在小油门工作状态，在直线飞行中以每秒不大于1.1 kn 的速率减速，以及以最大可能速率（对应于水平飞行）减速； ——当所有发动机对应于速度 $V=1.3\sim1.4V_c$，稳定水平飞行的工作状态，在直线飞行和30°倾侧情况下，以每秒不大于1.1 kn 的速率减速； ——一台临界界发动机停车，其余	规定的每一种飞机形态都提供警告。 注：如果仅使用音响（或音响与目视的组合）信号作为警告，则在巡航飞行中使飞机达到 $\alpha_{信号}$ 所需的杆力，在飞机按原始状态杆力配平时不得小于15 kgf（即150 N）。 (c) 必须在大于失速速度（即按§25.201(d)规定的速度或所演示的最小速度，取其速度高者）7%的速度开始，失速警告或失速警告余量。 注：实行 $n_{yd}>1$ 的机动时，失速警告应至少比失速速度开始小3°的攻角下开始。 出警告，如失速警告具有足够的清晰度，持续时间，可辨程度或具有类似特性，也可采用较小的失速警告速度余量。	也可以借助于预期要发生失速的飞行状态下能做出清晰可辨的警告的装置（如振杆器）来实现。但是，仅用目视的装置是不可接受的。如果使用目视失速警告装置，则该警告装置必须在本条(c)中规定的速度、在本条(a)中规定的每一种形态供警告。 (c) 必须在大于失速速度（即按§25.201(d)规定在大于失速速度或所演示的最小速度，取其合适者）7%的速度开始发出警告，如失速警告具有足够的清晰度，可辨程度和持续时间，也可采用较小的失速警告速度余量。

（续表）

条例	НЛГС-2	НЛГС-3	АП-25	FAR-25
要求	平调整片（配平机构）的位置，处于相应于该飞行状态速度为 1.4V_{c1} 的平衡位置，在测定速度超过 1.4V_{c1} 的失速特性时，配平调整片（配平机构）的位置，相应于该状态下初始水平飞行速度的平衡位置。 3.8.2.3 进行大攻角试验是必要的： ——在各巡航高度具有（3.2.4.4a，b，d，e）的飞行状态； ——在最小允许安全高度，具有（3.2.4.4a，b，d，e）的起飞，着陆形态，该高度是由失速中飞机运动特性决定的，期望不超过 6 000 m。 当接近最小安全高度时，失速特性也可以化的影响已产生时，失速特性确定（机翼增升装置预先在较高的高度放下）。 3.8.2.4 对于每一形态，在失速法向过载（n_{ysmax}）的各高度上，接近失速时得失速特性和失速警告必须从相应于 V_{c1} 到 $V_{ма}$（或相应于马赫数）必须从 V_{c1} 到 $V_{ма}$ 的速度。 相应于爬升和巡航的形态，接近失速的失速特性和失速警告必须从相应于 $M_{ма}$ 的速度。 的失速特性和失速警告（3.5.1.7）到最小安全高度使用升限	发动机在飞行中从规定的一发停车飞行高度上的工作状态；在工作发动机倾斜不大于 5° 的直线飞行中，以不大于 2 km/h 的直线（1.1 km）每秒的速率减速； ——发动机在额定工作状态。在直线飞行中从初始速度 $V=1.3$~1.4V_c 开始，以不大于 2 km/h（1.1 km）每秒的速率减速； ——发动机在对应于水平飞行的工作状态，飞机配平在直线飞行的初始状态，在由 $V=(1.3$~1.4$)V_c$ 到 V_{max}（4.1.3.1）的速度范围内，形态为航线飞行状态，以法向过载大于 1 作机动飞行。 注：1. 在进入 α_{mpat}（3.2.4.5）的试验开始前，按照风洞试验资料，应表明飞机能够从超过 α_{mpat}（3.2.4.5）5°~15° 的攻角中改出。 2. 应在不超过 6 km 的高度上进行增升装置放下状态的飞机减速验证。 3.8.2 对失速特性的要求 3.8.2.1 如果以失速来确定攻角 α_{mpat}（3.2.4.5），则在飞机失速		

（续表）

条例 / 要求	HJITC-2	HJITC-3	AII-25	FAR-25
	范围内加以确定。 **3.8.2.5** 必须确定到达最大改出角（3.2.5.4）时的失速特性和飞行特性，其主要态如下： ——直线减速飞行和30°倾侧转弯，所有发动机工作； ——升降舵偏转的直线飞行； ——临界发动机停车的直线减速飞行。 **3.8.2.6** 对称推力的飞机减速必须以预计的失速速度 V_{cl} 的1.3～1.4倍的速度进行，此时配平调整片（配平机构）处于同该初始速度相对应的恒定的平衡位置。在接近预计开始失速的速度时，平均减速率必须不大于2 km/h（1.1 kn）每秒，有时也必须以较高的速率进行减速，这改变于发动机工作状态的可能性。在失速开始到底之前，或用纵向操纵杆完全后拉到底的过程中，必须保持飞机做无倾转来减速和无侧滑的直线飞行。 减速时，法向过载（载荷系数）必须保持接近于1。失速开始前产生的小的振荡（相对于任一轴），如果不妨碍该状态完成的话，可以不必处理。	和恢复水平飞行的过程中不允许有如下现象： ——妨碍用一般驾驶方法使飞机进入使用改出角现象； ——倾斜角增量在发动机对称推力（功率）下大于40°，在不对称推力（功率）下大于70°； ——超过速度和过载的使用限制； ——改变飞机的形态。		

（续表）

条例	HJITC - 2	HJITC - 3	AII - 25	FAR - 25
要　求	失速时,驾驶员必须把操纵杆固定在相应于此飞行状态的位置上不小于2 s,然后使飞机改出失速。 注:如果由于固定操纵杆,飞机停止低头或滚转,或产生小振幅的振荡(对任一轴),则必须继续使飞机减速。 若操纵杆完全拉到底时,飞机也不失速,则必须在此速度上,保持飞机状态8～10 s。 **3.8.2.7**　为了确定开始预告振动,开始失速或操纵杆往后完全推到底时的升力系数和飞行马赫数的关系,同时也为了得到在一些马赫数值上,升降舵偏转对升力系数和攻角的平衡曲线,必须用急剧的、然而是平稳的方式偏转升降舵,使飞机达到给定的攻角值。升降舵的偏转相应于(3.8.2.2)中指出的飞机各形态和各力平衡状态。 为了减少俯仰角和改变这种状态下的速度,必须调整升降舵偏度(操纵杆前推5～7 s,维持法向过载(载荷系数)于 $n_y=0.2～0.6$ 之间,然后拉杆4～5 s,以达到给定的攻角。驾驶员识别出失速开始后,立即用飞行试验得出的方法进行改出。			

（续表）

条例	HJITC-2	HJITC-3	AII-25	FAR-25
要求	**3.8.2.8** 失速开始之前的减速转弯，必须用（3.8.2.2）和（3.8.2.3）中规定的飞机形态和发动机工作状态来进行。飞机必须用配平调整片配平在直线飞行时大约为（1.3～1.4）V_{cl}。当减速飞行时，不改变飞机纵向配平。转弯时的减速，必须用机纵向向机倾斜30°，无侧滑的飞行来实现——在失速发生之前，或在纵向操纵杆完全后拉到底之前。 **3.8.2.9** 在巡航高度上、非对称推力时的减速，必须用临界发动机停车来实现。此时，起落架和襟翼收起，以及飞机重心处于最不利位置。 在这种情况下，动力装置冷却系统的鱼鳞片位置必须与飞行状态相对应。飞机配平在（1.3～1.4）V_{cl}的无倾侧飞行。 在配平速度上和减速时，发动机必须用75%的额定推力（功率）工作，如果减速时（无倾侧）方向舵偏转到它可能的偏度，或者脚蹬力差的绝对值达到70 kg，从而在此状态下飞机才开始失速，那么在此减小对称于临界发动机的那个发动机的推力（功率）是允许的。 **3.8.2.10** 进行飞机大攻角试验的同			

（续表）

条例	НЛС-2	НЛС-3	АП-25	FAR-25
要求	时必须进行信号装置的试验。它们必须包括如下几个方面： ——确定出现自然警告信号的边界和根据驾驶员的感觉以及记录这些状态的仪表读数（关于角速度、过载等）估计信号的强度。 ——攻角仪在其使用中的侧滑影响鉴定（直到侧滑角 β 不小于 5° 的校正与飞机大攻角试验同时进行；在这种情况下，可确定相应于失速特征现象的局部攻角值。 ——飞机缓慢地或能快速地（根据飞机的实际可能）接近极限时，进行信号指示器的精确性试验，以鉴定信号指示器产生的信号的正确性和精度，鉴定警告信号部件信号可作动元件功能、协调警告信号的功能和配置。鉴定和修正预顶告信号发出的下边界（考虑到达到攻角和过载的极限，完成机动的可能速率）			

表 9 - 2　AⅡ - 25 和 FAR - 25 操纵比较

要求 条款 \ 条例	AⅡ - 25	FAR - 25
§25.143 总则	(a) 在下述过程中,飞机可以安全地操纵,并可以安全地进行机动: (1) 起飞; (2) 爬升; (3) 平飞; (4) 下降; (5) 着陆。 (b) 必须能从一种飞行状态平稳地过渡到任何其他飞行状态,而不需要特殊的驾驶技巧、机敏或体力,并且在任何可能的使用条件下没有超过飞机限制载荷系数的危险,这些使用条件包括如下几方面: (1) 临界发动机突然失效; (2) 对于三发或三发以上的飞机,当飞机处于航路、进场或着陆形态,临界发动机停车并已配平时,第二台临界发动机突然失效; (3) 形态改变,包括打开或收起减速装置。 (c) 如果在本条(a)和(b)所需的试验中,存在与所需的驾驶员体力有关的临界情况,则"所需的驾驶员体力"不得超过下表中规定的限度: 施加在驾驶盘或方向舵脚蹬上的力,以 N(kgf,lbf)计 — 俯仰 / 滚转 / 偏航 短暂作用 — 33(34;75) / 267(27;60) / 667(68;150) 持续作用 — 44(5;10) / 22(2;6) / 89(9;20) (d) 在表明符合本条(c)对短暂操纵力的限制时,必须遵循经批准的操作程序或常规的操作方法(包括在前一个定常飞行状态尽可能地接近配平,但起飞时飞行必须按经批准的操作程序配平)。 (e) 为了符合本条(c)对持续操作力的限制,飞机必须尽可能接近配平。	
	(A)在所有的飞机形态下,在实施机动的使用速度、重心和过载(或攻角)范围内,操纵力应处于可接近的界限之内,而法向过载的操纵力梯度应为负值。操纵力不得过大,以致难以实施机动,也不得过小,以致难以达到所需的机动(过载的操纵力梯度变化不得引起操纵的复杂性,而局部梯度不得过小,以求避免偶然进入危险状态的危险性)。	

要 \ 条 \ 例 \ 求 \ 条款	AΠ-25	FAR-25
§25.145 纵向操纵	(a) 在§25.103(b)(1)中规定的配平速度和 V_s 之间的任一速度下,必须有可能使机头下沉,以便很快速到这一所选定的配平速度,飞机状态如下: (1) 在§25.103(b)(1)规定的配平速度配平; (2) 起落架在放下位置; (3) 襟翼分别在: (i) 收起位置; (ii) 放下位置。 (4) 发动机分别处于: (i) 无动力; (ii) 最大连续功率(推力)状态。 (b) 起落架在放下位置,在下述机动中不需要改变配平操纵,并且不需要施加超过 222 N(23 kgf;50 lbf)的操纵力(即用一只手易于施加的最大短暂作用力): (1) 发动机无动力、襟翼在收起位置,飞机在 $1.4V_s$ 配平,尽快放下襟翼,同时,在整个机动过程中维持空速比每一瞬间具有的失速速度高 40%左右; (2) 重复(b)(1),但先放下襟翼,然后尽快收起; (3) 重复(b)(2),但发动机处于起飞功率(推力)状态; (4) 发动机无动力,襟翼在收起位置,飞机在 $1.4V_s$ 配平,迅速施加起飞功率(推力),同时维持空速不变。 (5) 重复(b)(4),但襟翼在放下位置; (6) 发动机无动力,襟翼在放下位置,飞机在 $1.4V_{s1}$ 配平,获得并维持在 $1.4V_{s1}$ 至 $1.7V_{s1}$ 或 V_{FE}(取小者)之间的空速。 (c) 在空速为 $1.1V_{s1}$(对于螺旋桨飞机)或 $1.2V_{s1}$(对于涡轮喷气飞机)的定常直线水平飞行中,当增升装置从任一位置开始完全收起时,必须在下列条件下无须特殊的驾驶技巧就可能防止掉高度: (1) 在开始收起增升装置的同时,施加不大于起飞功率(推力)的动力,并考虑临界发动机的运转情况; (2) 起落架在放下位置; (3) 着陆重量和高度的临界组合。 如果增升装置的操纵手柄位置是分档限定的,则必须从下列区间的任何位置验证收起增升装置:从最大着陆位置到第一限定位置,各限定位置之间以及从最后限定位置到完全收起位置。此外,从着陆位置算起的第一限定操纵手柄位置,必须对应于用以制订从着陆形态开始复飞程序的增升装置形态。操纵手柄的每一限定位置必须要用另外的明显动作才能通过,并且必须具有防止无意中移动操纵手柄通过限定位置的特性。	

（续表）

要求条款 \ 条例	AΠ-25	FAR-25
§25.145 纵向操纵	（a）在飞行手册推荐的飞行状态和飞机形态下,在飞行手册规定的过载范围 $n_y = 0.7$ 到 n_{ymax} 内,以及在操纵力配平为定常直线飞行时,导数 dP_B/dn_y 建议不小于 100 N, dx_B/dn_y 建议不小于 0.05 m。造成最大使用过载 $n_{ymax(\alpha)}^a$ 所需的杆力,在失速警告信号装置动作之前,在飞行手册推荐的航线飞行形态下,飞机操纵力配平在直线飞行原始状态时,其绝对值建议不小于 250 N。 （b）在飞行手册推荐的飞行状态和飞机形态下,飞机操纵力配平在直线飞行原始状态时,导数 dP_B/dn_y 和 dx_B/dn_y 应为负值,直到过载 $n_y = 0.5$ 为止。过载进一步减小到 $n_y = 0$ 或达到飞行手册规定的 n_{ymin} (如果 $n_{ymin} < 0$),或达到对应于驾驶杆前推到底的过载时,允许导数 dP_B/dn_y 和 dx_B/dn_y 的符号变化,此种情况下杆力的减小量不得超过最大杆力值的 30%。在所达到的最小过载下,纵向操纵力应比纵向操纵系统的摩擦力至少大 3 倍。 （c）操纵系统的交连不得造成难以驾驶的特点(按驾驶员评价)。 （d）纵向操纵率余量,在飞机抬前轮离地时,以及在着陆(包括 $n_y = 1$ 接地瞬间)时,不得小于 10%。	

（续表）

要求 条款	AΠ-25	FAR-25
§25.147 航 向 和 横 向 操 纵	(a) 航向操纵：总则　必须能在保持机翼大致水平的同时，安全地往左右两个方向合理地突然改变航向。还必须在下列条件下于 $1.4V_{s1}$ 以高达 $15°$ 的航向偏转量（但不必超过方向舵脚蹬力达 667 N（68 kgf；150 lbf）时的航向偏转量）来证实： (1) 临界发动机停车，其螺旋桨在最小阻力位置； (2) 发动机具有以 $1.4V_{s1}$ 平飞所需的功率（推力），但不超过最大连续功率（推力）； (3) 重心在最不利的位置； (4) 起落架在收起位置； (5) 襟翼在进场位置； (6) 最大着陆重量。 (b) 四发或四发以上飞机的航向操纵：四发或四发以上的飞机必须满足本条 (a) 的要求，不同之处如下： (1) 两台临界发动机停车，其螺旋桨（如果装有）处于最小阻力位置； (2) 重心必须在最前位置； (3) 襟翼必须在最有利的爬升位置。 (c) 横向操纵：总则　必须在下列条件下能从速度等于 $1.4V_{s1}$ 的定常飞行中，分别向停车发动机一侧和相反方向做 $20°$ 坡度的转弯： (1) 临界发动机停车，其螺旋桨（如果装有）处于最小阻力位置； (2) 其余发动机处于最大连续功率（推力）状态； (3) 重心在最不利的位置； (4) 起落架分别在： (i) 收起位置； (ii) 放下位置。 (5) 襟翼在最有利的爬升位置； (6) 最大起飞重量。 (d) 四发或四发以上飞机的横向操纵： 四发或四发以上的飞机必须能以最大连续功率（推力）以及本条 (b) 规定的飞机形态，从速度等于 $1.4V_{s1}$ 的定常飞行中，分别向停车发动机一侧和相反方向做 $20°$ 坡度的转弯。 (e) 全发工作的横向操纵：全发工作时滚转响应必须使飞机能做正常机动（如从突风造成的颠倾中恢复和开始做规避机动）。在侧滑（直到正常运行中有可能需要的侧滑角为止）中，必须有足够的横向操纵余量，以能做有限的机动和突风修正。在直到 V_{FC}/Ma_{FC} 的任一速度下，必须有足够的横向操纵，以提供安全所需的滚转率峰值，而不需要过度的操纵力或操纵行程。	

要求\条例\条款	AП-25	FAR-25
§25.147 航向和横向操纵	(a) 横向操纵效率应保证在下述状态下,在不超过 7 s 的时间内,能将飞机从 30°坡度的稳定转弯中退出并以 30°坡度朝相反一侧转弯(仅使用操纵杆倾侧,坡度不大于 90°): (1) 起飞(速度 V_2); (2) 着陆进场(速度 V_{REF}); (3) 巡航状态和爬高与下降状态,在($V_{MO}\sim V_D$)($Ma_{MO}\sim Ma_D$)速度范围内允许横向操纵效率降低。 (b) 在(f)所述的状态下,操纵杆位置不变时,飞机倾侧过程中倾侧角速度的减小不得过大(按驾驶员评价),而且侧滑角不得过分增大。 (c) 在临界发动机失效和发动机失效后的 5 s 内,驾驶员不干涉操纵的情况下,过渡过程的特性应当使飞机不会超过攻角(过载)和侧滑角的使用限制;建议此时的倾侧角不大于 30°。 上述要求在下述状态下应得到满足(飞机操纵力原始配平在全发工作的飞行状态): (1) 稳定爬升、起飞状态,发动机为起飞工作状态,飞行手册推荐的飞行速度,全发工作; (2) 稳定爬升、航路飞行状态,发动机为工作状态,速度为飞行手册推荐的速度范围; (3) 着陆进场、着陆形态,发动机为 5% 梯度下降所需的工作状态,着陆进场速度 V_{REF} 为飞行手册推荐的速度; (4) 复飞、复飞规定形态,发动机为工作状态,速度为飞行手册推荐的速度。	

翼尖也不会出现失速。

9.3.2　机翼采用几何扭转

如果当机翼采用气动扭转后还不能达到防失速的效果,就再对机翼采用几何扭转,使翼尖的来流迎角要比翼根的来流迎角小,这可避免大迎角时翼尖先出现气流分离而失速。

现代高亚声速运输机在巡航状态由结构变形在翼尖导致的弹性扭转角可达 $1°\sim4°$[2]。图9-5示出MD-82飞机在巡航飞行状态(速压 $1\,000\times10\,N/m^2$)弹性转角沿翼展的变化,而图9-6则示出运10飞机翼尖弹性扭转角随速压的变化,速压为 $1\,000\times10\,N/m^2$ 时高达 $-3.8°$,其绝对值比MD-82飞机($\approx-1.4°$)要大得多,之所以有这样大的差异是因为这两种飞机的机翼设计思想不同,原麦道公司为了减少机翼变形,使机翼的设计刚度较大,与此同时采用了相当大的几何扭转(见图9-5),使从低速到高速的范围都能发挥良好的效能;而运10飞机的机翼借鉴波音公司"柔性机翼"的经验,外翼不采用几何扭转,利用飞机在飞行中所受到的气动载荷和后掠机翼的特性,使机翼自然地扭转,从而获得良好的高

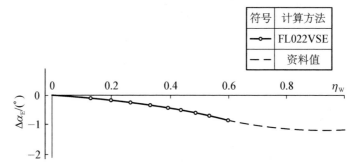

符号	计算方法
—○—	FL022VSE
- - -	资料值

图9-5　MD-82机翼弹性扭转角展向分布($Ma=0.76$, $C_L=0.55$, $Re=24\times10^6$, $q=1\,000\times N/m^2$)

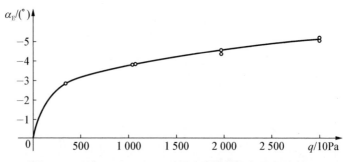

图9-6　运10飞机 $n=1$ 时翼尖弹性扭角与速压的关系

速特性,在低速时也防止了翼尖失速的倾向。

9.3.3 机翼上安装翼刀

一般在每边机翼上安装两把翼刀,翼刀高度为机翼当地弦长的 2%~4%,第一把翼尖位于机翼半翼展的 41% 处,第二把翼刀位于机翼半翼展的 66% 处(或副翼根部处)。翼刀可阻止附面层的展向流动,减少附面层在翼尖的堆积厚度,推迟外翼附面层分离,同时改变了机翼升力沿展向的分布,改善翼尖处的气流流动特性(见图 9-7)。

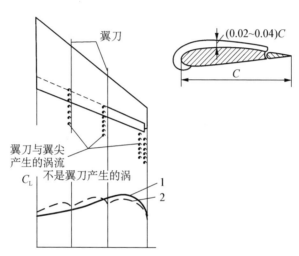

图 9-7 翼刀尺寸、位置及对展向升力分布的影响

1—无翼刀;2—有翼刀

翼刀对纵向力矩特性和最大升阻比的影响如图 9-8 所示。

图 9-9 示出波音 727 飞机的机翼前缘翼刀。从图上可以看出,在巡航状态,翼刀与机翼上表面的流线重合,也就是翼刀的弯曲形状与上表面的局部流线形状完全一致。在低速大迎角时,前缘翼刀拖出的旋涡阻止机翼后部区域的横流改变了平尾区的气流流动。

9.3.4 采用前缘锯齿

大型民用运输机伊尔-62 飞机的机翼前缘就采用锯齿(见图 9-10),在锯齿位置相邻的翼型前、后有"错位",锯齿拖出的一股涡束可阻止附面层内的气流向外翼流动,提高外翼的失速迎角。锯齿的作用原理解释可见图 9-10(b),在锯齿位置内、外两个翼剖面,内侧剖面的迎角大于外侧剖面,其值为 $\Delta\alpha(°)$,在锯齿位置后面同一点上,内侧剖面由于迎角大,来流速度就大,其上的压力低于外侧面

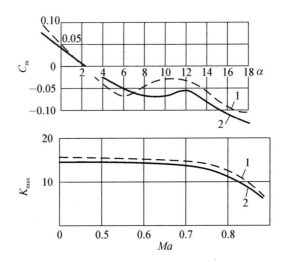

图9-8　有、无翼刀对纵向力矩特性和最大升阻比的影响

1—无翼刀；2—有翼刀，机翼后掠角 $x = 35°$，翼刀长 $= 0.04c$，翼刀展向位置 $z_1 = 0.41b/2$，$z_2 = 0.66b/2$

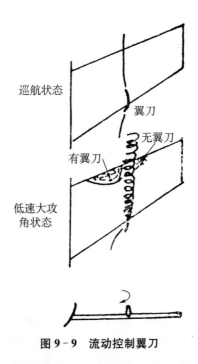

图9-9　流动控制翼刀

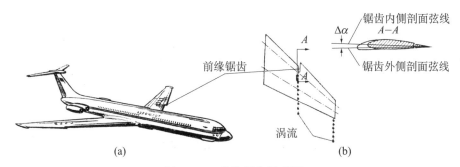

图 9 - 10　前缘锯齿原理图

同一点上的压力,这样可阻止附面层内的气流向翼尖流动,就可减小外翼的诱导迎角,并使外翼失速迎角增大。由于锯齿存在,它是一个强有力的扰动源,来流经锯齿的扰动,增加下游及展向气流中的附面层的动能,同时也推迟外翼表面产生气流分离并防止翼尖提前失速和压力中心前移,克服飞机上仰。

9.3.5　采用自动缝翼伸出装置

这里举 MD - 82 的例子说明。该机在起飞状态,前缘缝翼处于中等偏度位置,当飞机在失速警告的同时,缝翼会自动伸出到最大偏度位置而避免飞机失速。

9.3.6　采用涡流发生器

1）涡流发生器的类型及在飞机上的位置

在飞机设计的前期阶段,由于设计中采用了一些简化假设,再加上风洞试验模型不能完全模拟飞机真实外形,以及各部件之间还存在着气动力干扰,这就给飞机研制的后期阶段,尤其是在试飞和取证阶段,要采取各种措施来解决试飞中出现的气动力问题,而涡流发生器(vor tex generators)就是解决出现的气动力问题的措施之一。

典型的涡流发生器如图 9 - 11 所示,它们用在不同的方面,其中(a)、(b)、(c)三种形式用在飞机上,其高度超过附面层;而(d)形式通常作为风洞中的扩散器;(e)形式可作为辅助动力装置的门。

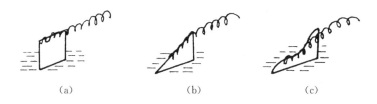

(a)　　　　　　　　(b)　　　　　　　　(c)

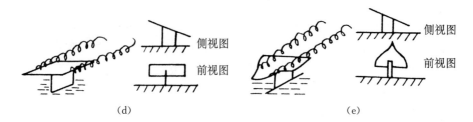

图 9‑11　典型的涡流发生器形状

(a) 长方形　(b) 三角形　(c) 尖头卵形　(d) 铲形　(e) 竖立的尖头卵形

涡流发生器已应用在波音公司的大多数民用运输机上，几乎成了波音公司的一种商标。涡流发生器安装在波音公司的民用运输机上的位置如表 9‑3 所示。

表 9‑3　涡流发生器安装在波音飞机上的位置和作用

涡流发生器的位置	机型	作　用
机翼上表面和垂尾上	波音 707	增强内副翼效应，防止上翼面气流展向流动，延缓翼尖失速
垂尾，中心发动机 S 形进气道和在机翼前缘	波音 727	推迟、控制或防止附面层从表面分离；阻止机翼上表面气流展向流动，改善平尾处的流动
机翼上表面和沿平尾附近的机身后体	波音 737‑200	推迟、控制或防止附面层从表面分离
机翼上表面和发动机短舱	波音 737‑300 波音 767	推迟、控制或防止附面层从表面分离，改善机翼前缘和短舱之间在大迎角时的流动，从而减弱后缘襟翼表面的气流分离，提高失速迎角和最大升力系数
机翼上表面	波音 757‑200	推迟、控制或防止附面层从表面分离

在一些军用运输机上，也应用涡流发生器控制局部的气流分离，因为它是一种简便而且容易改装的措施。特别适用于已制成的但发现有局部气流分离的飞机上。

2) 涡流发生器的气动力效果

(1) 涡流发生器的作用原理。

a. 各种涡流发生器的共同特点是类似于小型机翼都产生升力，由此沿着涡流发生器的每边向下游拖出涡带。

  b. 在飞机上表面,涡流发生器拖出的涡带与附面层气流相交,使来流从高能量附面层再进入低能量附面层,机翼表面的气流重新得到能量,这时涡流发生器作为气流交换器。提高涡流发生器的效率可通过适当改变其外形来达到。此时,涡流发生器的作用是推迟、控制或防止附面层从表面分离(见图 9-12)。

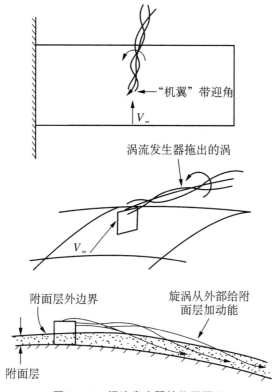

图 9-12 涡流发生器的作用原理

  c. 通过涡流发生器的气流的较高能量混合并取代一部分其后的附面层内低能量的气流,延缓逆压梯度,延迟气流分离,此时,涡流发生器即使在较陡的逆压梯度或较强的附面层中也有效(见图 9-13)。

  d. 成对相反偏转的涡流发生器是给接近分离的附面层再加能量,增加效果。波音 707/727/737/757/767 等飞机均有采用(见图 9-14)。

  e. 机翼上布置同向涡流发生器,以防止横向气流向翼尖流动,推迟机翼失速,此时涡流发生器作为气流偏转器使用(见图 9-15)。

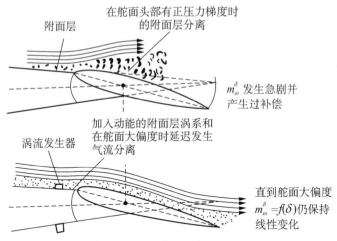

图 9‒13　涡流发生器对大偏度舵面上气流流动的作用示意图

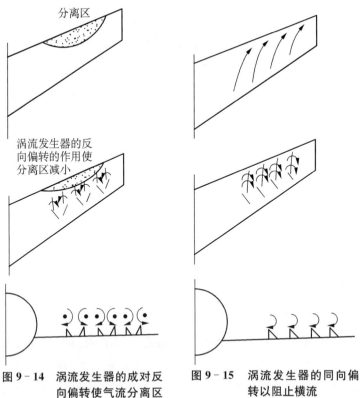

图 9‒14　涡流发生器的成对反向偏转使气流分离区减小

图 9‒15　涡流发生器的同向偏转以阻止横流

（2）涡流发生器的尺寸和方向位置。

图9-16示出涡流发生器的尺寸和位置，它们取决于飞行雷诺数。

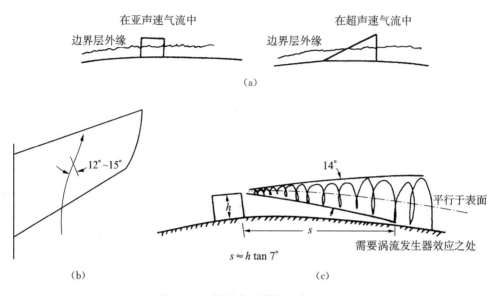

图9-16 涡流发生器的尺寸和位置

（a）高度足以在边界层外产生旋涡 （b）用于相对局部气流12°～15°时 （c）置于需要涡流发生器效应处之前

涡流发生器作为减弱激波-诱导附面层分离的手段早在波音公司的B-47轰炸机上首次使用，在第一代喷气民用运输机波音707飞机的机翼上也得到成功的应用。波音707飞机为了保证内副翼在高速时有充分的效能，在机翼上表面内副翼所占有的翼展区间内装有涡流发生器。涡流发生器产生整片的涡系，使附面层与自由气流激烈地交换能量。同时处于翼展中部的整片涡系可在一定程上阻止翼面气流向外流动，避免附面层向翼尖堆积使翼尖气流提前分离，这样飞机不会产生上仰而进入失速。在波音707飞机上安装的涡流发生器如图9-17所示。涡流发生器可使临界马赫数提高0.02～0.07。为了系统地了解涡流发生器的机理，波音公司曾对涡流发生器做过参数化的二维研究，对涡流发生器的尺寸、形状、位置、安装角和空间排列做过系统研究，试验雷诺数从$8×10^6$～$25×10^6$。研究表明（见图9-18）涡流发生器在很大的迎角范围（2°～8°）内使升力增加，原因就是推迟了激波-诱导附面层分离并使激波后移。图9-19总结了同向旋转的涡流发生器的效果，纵坐标表示附面层厚度和涡流发生器高度。涂黑点表示在所示的高度和弦向位置的涡流发生器在推迟激波-诱导附面层分离

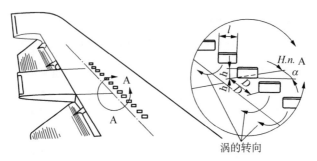

图 9-17 波音 707 机翼上涡流发生器的安装情况

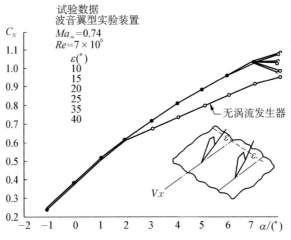

图 9-18 涡流发生器对升力的影响

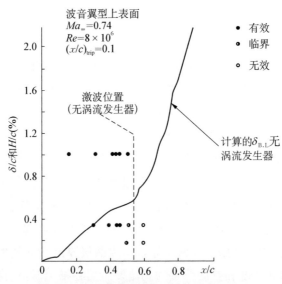

图 9-19 同向旋转涡流发生器试验结果

上是有效的。半涂黑的点则指出结果是临界的。由图可见,弦向位置安排得当,高度比附面层厚度小的涡流发生器也能起到很好的作用。

在波音 767 飞机的早期设计阶段,建立了更严格的大迎角稳定性要求,特别是建立了对初始抖振以上迎角的俯仰机动可接受的杆力对过载特性的新的准则要求。

波音公司仍希望这种新的准则要求可通过气动力方法来得到满足,最好的办法是设计涡流发生器。风洞试验证实,杆力特性超过了初始抖振要求,满足了新的波音设计准则,随着过载的增加,涡流发生器也提供增加抖振的敏感性,而对气动力的附加贡献是阻止驾驶员拉到失速状态。如图 9 - 20 所示,在每边机翼上只要安装 7 个相同方向的涡流发生器,其尺寸大小和相对位置在图中有说明。涡流发生器对重量和阻力的影响可以忽略不计。

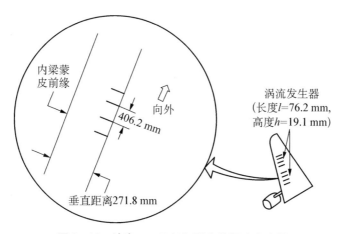

图 9 - 20　波音 767 飞机机翼上的涡流发生器

3) 短舱上安装涡流控制装置

在波音 737 - 300 飞机的短舱内侧的涡流控制装置(vor tex control device,VCD):

当由波音 737 - 200 飞机改成波音 737 - 300 飞机时,选用大直径的波音发动机 CFM 56 - 3C 做动力装置,在不增加起落架高度的情况下,使短舱与机翼之间形成近距耦合,这就使得在低速大迎角时,由于短舱与机翼前缘之间的气流相互干扰,使后缘襟翼上表面的气流发生分离[见图 7 - 186(a)],这就降低了失速迎角和提高了失速速度。

4) 涡流发生架

MD - 82 飞机的涡流发生架(vortilon)是涡流发生器挂架(vortex generator

pylon)的简称,它安装在左、右机翼内侧下表面的 35% 半翼展处靠机翼前缘部位,长 255 cm、高 21 cm、最大宽度 14 cm 的涡流发生架[见图 9-21(a)]。当飞机在正常起飞、爬升和巡航时,气流驻点位于涡流发生架前缘上方的机翼前缘下表面处,涡流发生架对气流流动影响不大。当迎角增大时,气流驻点移到涡流发生架与机翼交界处的后部,并且与机翼前缘气流相干扰而形成涡流,这股涡流流经机翼上表面补充翼面上的附面层能量而延迟气流分离,推迟机翼失速。另一方面涡流在流经机翼以后,以延伸到平尾附近形成一个上洗气流区,作用在平尾上产生一个低头力矩,进一步延缓了飞机的大迎角失速趋势[见图 9-21(b)]。

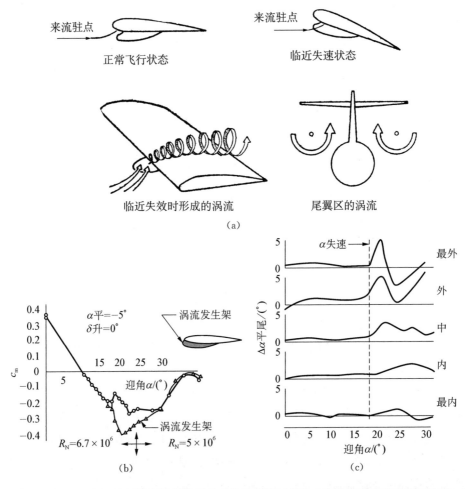

图 9-21 MD-82 飞机的涡流发生架的工作原理及对纵向力矩和平尾展向迎角的影响

(a) MD-82 飞机涡流发生架作用原理 (b) 涡流发生架对纵向力矩的影响 (c) 涡流发生架对平尾展向迎角的影响

风洞试验表明,涡流发生架在襟翼收上或较小偏度时十分有效,而当襟翼大偏度时涡流发生架效果不明显,只有与平尾翼展增加 20% 后一起使用,在襟翼偏 50° 时,飞机表现出良好的失速特性。

5) MD-82 飞机机头侧面导流片

与同类飞机相同,MD-82 飞机在大迎角侧滑时会在机身上产生分离涡流。随着机身长度的增加,涡流会流经垂尾的较高部位(见图 9-22)。风洞试验表明,当机身涡流以较低部位流经垂尾时,涡流对飞机产生增加航向稳定性的影响,而涡流以较高部位流经垂尾时,使航向稳定性减小。在前机身两侧的侧下方安装一对导流片,由这对导流片产生的涡流可以改变大迎角下机身的涡流形状而保证飞机具有合适的航向稳定性。

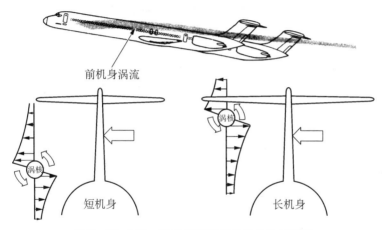

图 9-22　MD-82 飞机前机身导流片作用原理

6) 挂架襟翼

MD-90-30 飞机在 MD-82 飞机的基础上前机身加长 1.447 m,保留了 MD-82 飞机的机翼和平尾,加大了短舱和挂架尺寸,并保留了 MD-82 飞机的前机身两侧导流片和短舱外侧导流片,但仍不足以克服由于机身加长而带来的纵向不安定因素,尤其是大迎角俯仰力矩特性更显紧张。所以,在全新设计的 V-2500 发动机短舱挂架后缘安排了一块可向下偏转的"挂架襟翼"(见图 9-23)。

发动机尾吊布局的短舱挂架起到平尾作用,"挂架"襟翼扮演了"舵面"角色,它部分地起到了平尾和升降舵的作用。"T"尾飞机,大迎角时平尾处在机翼和短舱的尾流区里,使平尾效能下降,而"挂架襟翼"位置既低又处于重心之后较远,大迎角时不受机翼和短舱尾流区的影响,因此,"挂架襟翼"的下偏能改善后

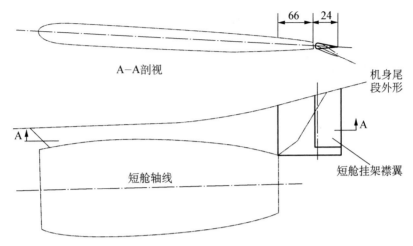

图 9‑23　发动机短舱挂架襟翼偏转示意图

重心时深失速改出能力,就使大迎角力矩特性得到显著改善。

从风洞试验结果(见图 9‑24)看出,"挂架襟翼"下偏 25°,由于力臂较大,可提供−0.15 左右的低头力矩。此力矩相当于小迎角时升降舵下偏 3.5°,并相当

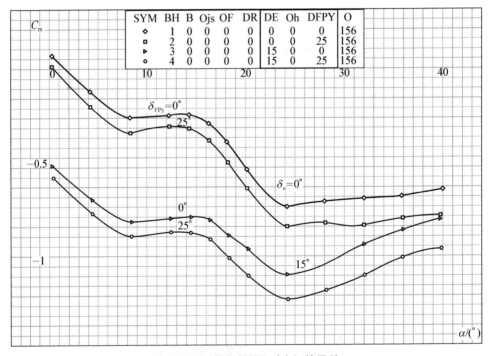

图 9‑24　"挂架襟翼"对力矩的贡献

于大迎角($\alpha > 40°$)升降舵下偏15°所产生的低头力矩。"挂架襟翼"在俯仰力矩上的这个特性,正好弥补了大迎角时升降舵效率的不足,从而改善了失速特性、深失速时纵向操纵特性。所以,MD-90-30飞机规定在"相当大"的迎角时,"挂架襟翼"随纵向操纵向下偏转,使MD-90-30飞机失速后纵向力矩特性仍与MD-82飞机的相同,确保了飞机的安全。

10 计算流体动力学、风洞试验与飞行试验的相关性

10.1 计算流体动力学的发展简史

计算流体动力学(computational fluid dynamic，CFD)是指利用计算机，采用数学方法求解流体运动方程的一门新学科，它是计算数学与流体动力学相结合的产物。计算流体动力学的发展依赖于计算机的发展，它反过来也促进计算机的发展。因此，只有在 20 世纪 60 年代，电子计算机发展后，计算流体动力学才开始发展起来。

20 世纪 70 年代后，CFD 开始迅猛发展，出现了无粘、跨声速非线性方程的计算机数值解，无论定常的松弛法或非定常的时间相依法取得定常解，都获得了成功。这样，促进了航空航天部门对 CFD 的广泛深入的研究和应用。

根据所解计算方程的复杂程度，CFD 的发展大致可分四个阶段：

① 无粘线化运动方程的求解，例如，用面元法；

② 无粘非线化运动方程的求解，例如，用有限差分法、有限元素法等；

③ 粘性流动的时均纳维尔—斯托克斯(N‐S)方程(雷诺方程)的求解，对于方程中的湍流应力项均采用半经验公式，然后用有限差分法求解；

④ 非定常 N‐S 方程的大涡模拟解法，它只对小于计算网格尺度的涡采用湍流模型，对于大尺寸涡则利用运动方程直接计算。

计算流体动力学的主要特征是它的实用性。正是它的实用性，赋予了它极强的生命力，因此，20 多年来得到了飞速的发展。

根据国外资料报告，采用 CFD 的效率可以列举一些实例来说明：

(1) 欧洲空客公司在设计 A310 飞机的三元机翼时第一次采用 CFD 技术，

主要依靠计算机程序设计机翼,取得了图 3－2 所示的结果,由该图的 A310 和 A300 机翼厚度展向分布和阻力发散边界的比较可以看到,相比 A300,A310 机翼的总体性能有了很大的改善。

(2) 在最近 20 年,空客公司发展了几种机翼自动优化迭代设计方法,比如 20 世纪 70 年代至 80 年代后期由 DERA(RAE)领导发展的多变量分析法。然而在最近 10 年中,在 Filton 英国空客所用的 KBE 软件收集了各种设计准则及普遍设计的分析方法,直接从优化相同形式的飞机总体构型开始,直到同类设计的部件细化。在 6 个月的时间里可以做出 70 多副详细的机翼设计,而在以前用同样时间只能做出 5 副或 6 副机翼。然而这仍然距离完全理解要求和只要按一下按钮就自动成形制造数据还差很远;

(3) 采用 CFD 技术解决了波音 737－300 飞机的机翼—挂架—短舱融合式布局(即紧凑式布局)达到干扰阻力小的目的。

(4) 波音 777 飞机是世界上第一个采用全数字化定义和无图纸数字化设计、制造和预装配生产的民用运输机。使零件返工率减少 93% 以上,装配返工率减少 50%～80%。

数字化设计和生产使波音 777 飞机从研发、设计、制造到试飞一次成功,从飞机立项到首架交付只花了 4 年半的时间,比波音 757/767 飞机的 9～10 年周期缩短一半,向用户交货期由 18 个月缩短到 12 个月,研发费用也减少了 50%。

图 10－1 表示了在波音 777 飞机设计中 CFD 起主要作用的部位,可见 CFD 对于高速巡航机翼外形设计、发动机短舱与机体的综合设计、座舱机头外形的设计、后体和翼-身组合体整流罩以及襟翼导轨整流罩的设计等。波音 777 飞机的高升力系统设计主要仍依靠风洞试验,CFD 虽可提供高升力系统概念的深入分析,但对其模拟尚存在不足,这主要表现在以下几方面:

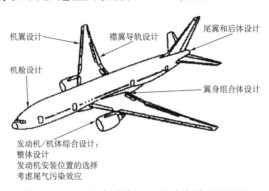

图 10－1　CFD 在波音 777 设计中的重要作用

a. 在低于失速迎角范围内的计算结果是完全可信的。

b. $C_{L_{max}}$ 的计算值与试验值仍有差异,图 10-2 所示为在重叠网格中求解 RANS 方程计算波音 777-200 飞机着陆构型的 C_L-α 值与风洞试验值的比较。计算值与风洞试验值的差异常与具体外形密切相关。

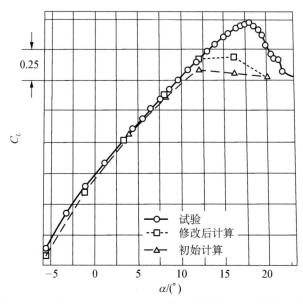

图 10-2　波音 777-200 外形的升力计算值与试验值的比较

(5) 图 10-3 和图 10-4 分别给出了当前最新的民用运输机波音 787 和 A380 设计中 CFD 起主要作用的部分。

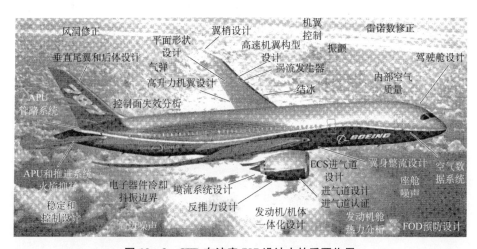

图 10-3　CFD 在波音 787 设计中的重要作用

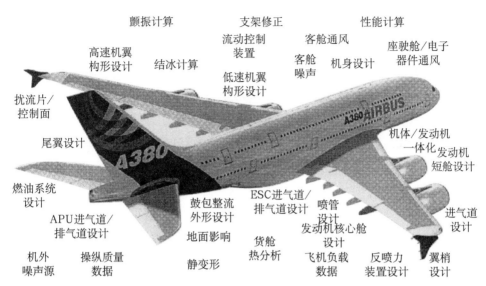

高速机翼构形设计　颤振计算　支架修正　流动控制装置　客舱通风　性能计算　座驶舱/电子器件通风　结冰计算　客舱噪声　机身设计　低速机翼构形设计　扰流片/控制面　尾翼设计　机体/发动机一体化　发动机短舱设计　燃油系统设计　鼓包整流外形设计　ESC进气道/排气道设计　喷管设计　进气道设计　APU进气道/排气道设计　地面影响　发动机核心舱设计　反喷力装置设计　翼梢设计　机外噪声源　操纵质量数据　静变形　货舱热分析　飞机负载数据

图 10‑4　CFD 在 A380 设计中的重要作用

波音 787 飞机成功的要素之一是波音公司减少了飞机全寿命周期成本。为实现这一目标,波音公司采用了由法国达索公司和 IBM 联合开发的产品寿命周期管理(PLM)软件,将总装时间从两周减少到三天。波音 777 飞机在设计中成功地应用了 CATIA 软件,从而取消了物理样机;而 PLM 软件除 CATIA 软件外还包括用于寿命周期、协同数据管理和数字化制造,不仅能研制出虚拟原型机,而且还能研制出一架虚拟展示机,让数字化设计、数字化模拟、数字化生产发生于任何物理零件制造之前。

此外,在波音 787 飞机的研制中波音公司进一步改进了与供应商合作的方式。据称,工程、生产和系统供应管理的 2/3 来自于波音以外的公司。

如此大而复杂的项目,从开始生产,到产品保障都应用数字化技术,代表了世界航空工业数字化技术的发展方向。

空客公司于 1998 年开始实施空客平行工程,成功地将欧洲 16 个国家的飞机研制公司通过信息系统有机地组织起来,在 A380 飞机的研制中应用了全机数字化设计制造管理技术,进行了跨国公司的实时协同。

可见 CFD 的作用比起在波音 777 飞机设计中又有新的提升,CFD 的使用使风洞试验模型数大幅度减少,这不仅大量节省了费用,更重要的是缩短了研制周期,面对剧烈竞争的民用运输机市场,这是至关重要的。

10.2　CFD 与风洞试验的相关性

直到 20 世纪 70 年代,在几十年的飞机设计工作中,风洞试验是主要的,有时是唯一获得气动数据的手段,计算只起很次要的作用。随着计算流体动力学的发展,CFD 方法在飞机气动设计中的应用范围日益扩大。20 世纪 80 年代初期,在飞机设计中已有 30%～50%的气动力数据由计算机模拟来提供,特别是在初步设计阶段,风洞试验仅作为校核手段。由于 CFD 的发展,试验和计算在设计工作中的相对位置正在不断改变,主要是由于设计者们意识到地面试验装置有很多根本性的限制,不能准确模拟飞行状态下的流动;随着时间的推移,这些限制没有多大解除。而 CFD 的重要工具——计算机就没有这些限制,并且计算机的能力确实越来越大。

对风洞的限制有模型尺寸、压强、速度、雷诺数、温度以及可模拟的大气类型等。洞壁和支架干扰限制了精确的模拟(特别在跨声速装置中)。另外,流动均匀性问题,一般将使得难以精确模拟附面层转捩现象。而计算机则没有这些限制;计算机的限制,如计算速度、内存等,则很快减小,并有望迅速地减小。科学发展到现在,精确支配流体运动(包括转捩、湍流等复杂现象)的方程已经知道,具有足够运算速度和存储量的计算机已经出现,可以利用这些方程数值求解许多气动力问题,达到所需要的精度。

在设计新的运输机时,虽然 CFD 工作已必不可少,但现在还不是流动模拟数据的主要提供者。这是由于多种多样的粘性现象影响着飞机设计,而目前还不能用非定常 N-S 方程精确模拟湍流流动。这些流动问题中,主要的有转捩预计,层流分离泡,激波/附面层干扰,湍流附面层在可变压强下的发展,再层流化,尾流与附面层干扰,等等。由于目前的方法对这些现象模拟的弱点,运输机设计者仍必须依赖大量的流动试验测量。特别是稳定性和操纵性,它们对小小的流动分离非常敏感。

应该说,CFD 在飞机设计中的作用和地位已经在很快提高。显然,在未来的飞机设计中,计算机将提供更大量的流动模拟数据,这是 CFD 对飞机设计过程的大冲击。

但是,CFD 和风洞试验的关系还应该是相辅相成的关系,只要在飞机设计中的作用都将有所改变。能预见到的改变有以下几方面:

(1) 利用 CFD 方法筛选出少量较好的几个设计方案,然后进行风洞试验,最后确定一个设计方案。

（2）基于 CFD 的各种计算程序有待于风洞和飞行试验的验证。

（3）新型号试飞中出现的问题，可以利用 CFD 方法进行诊断分析，找出修改方案，然后再通过风洞试验（或不通过风洞试验）和飞行试验，进行确认。还有 CFD 程序的可靠性验证需要由风洞试验来验证。

总之，只有充分利用和善于利用 CFD，紧密结合试验研究，才能又快、又省地设计出高性能的飞机。

10.2.1 飞机设计中的风洞试验和模型种类

本节所叙述的内容表明当时 CFD 技术还不发达，飞机设计的数据来源主要由风洞试验结果提供。

新设计的民用运输机风洞试验的典型大纲如下，左边是所用模型的种类，右边是试验内容。

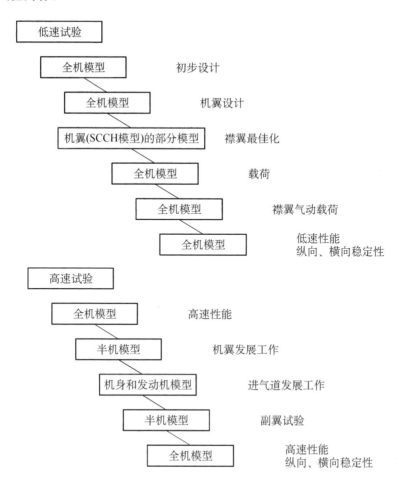

这是一个示意的大纲,只列了风洞试验的几个大的步骤,实际上在飞机设计过程中风洞试验内容要比上面列出的内容多得多,试验项目未列入的还有动导数试验与模型、抖振试验与模型、颤振试验与模型、铰链力矩试验与模型,等等。

国外对上述大纲做气动力试验时,一般需要在各种类型的风洞内做吹风试验。有的国家甚至拿模型到外国的风洞中去做吹风试验,对几十种、甚至上百种不同的方案进行几千到上万小时的吹风试验。风洞吹风的内容,大致如典型大纲所列,分为总体布局、机翼设计、操纵面设计、增升装置、气动载荷、低速和高速性能,纵向和横向稳定性等。试验时还有许多具体问题,如机翼安装角、整流罩形状等都需要吹试若干不同的方案,以得出最佳方案。

三种大型民用运输机的气动力试验情况如表 10 - 1 所示。

表 10 - 1   三种大型民用运输机的气动力试验

国别	飞机名称	巡航速度/(km/h)	起飞总重/t	风洞试验次数	所试模型数或方案数	所用风洞/个	附注
美国	洛克希德 L - 1011 民用运输机	945	185	10 000	＞93 个不同方案	7	用试验研究机飞行试验 250 h
美国	波音 727 民用运输机	975	76	4 500			
英国	VC - 10 民用运输机	914	141.5	4 740		19	

吹风试验的重点内容各占多少时间,随各种飞机具体问题而不同。

波音 727 民用运输机为了满足航程短、机身大而票价低的要求,在气动力试验上花了很大的工夫,单是机翼的增升装置,就用了两年时间才定下来。L - 1011 民用运输机的尾部发动机舱的气动力布局就用了 550 h 吹风。VC - 10 民用运输机的风洞吹风时间有相当一部分是专门为了测出气动力载荷。但是,这些大型民用运输机在气动力试验上所花时间也有其共同点,就是一般花在机翼气动力设计和发动机短舱布局上较多。

设计一架民用运输机之所以要在各种风洞中进行模型吹风,主要是要试出飞机在各种速度下的气动特性和气动载荷。有时为了做到数据准确,避免误差,如英国设计 VC - 10 的一个设计师说:"对于一些关键性的量值,例如侧滑所造成的尾翼滚转力矩,常常在几个风洞里做同样的吹风试验,以求尽量做到排除各个风洞不同的流场品质所导致的错误结论。"

在制成原型机首次试飞以后,气动试验研究工作虽然算是告一段落,但并不是完全结束。国外有的飞机制造公司的做法是在这之后,有选择地在飞机的一些部件上测量它在飞行中的真实气动载荷来验证设计时所估算的载荷。这些从飞行中实地测量到的数据而得到的结论,有时作为民用运输机发适航证以前最后确定气动载荷的基础,也作为设计下一个总体布局相似的新飞机气动载荷初步估算的借鉴。

10.2.2 L-1011 民用运输机的气动力试验概况

L-1011 民用运输机气动力试验使用 7 个风洞,共试了不同的 93 个方案(各个方案的不同细节试验未包括在内),共有:

机翼	45 个方案
增升装置	6 个方案
发动机短舱构型	25 个方案
前、后机身构型	11 个方案
水平尾翼构型	6 个方案

对机翼安装角、机翼-机身联结处的整流罩、起落架整流鼓包、发动机挂架形状、襟翼滑轨整流罩和发动机喷口也进行了详细的气动力风洞试验。

气动力发展工作的主要内容是为了得到良好的操纵性和具有高升力的机翼,对诸如机翼面积、平面形状(前缘和后缘的延伸)、后掠角、展弦比、厚度分布、扭转分布、梢根比和增升装置等相互矛盾的项目进行了广泛的分析、调整和风洞试验,以确定气动力效率和结构重量之间的最佳化。

计算性能和稳定性用的数据是由低速和高速风洞实验得出的。

在高速风洞试验过程中,除测量气动力外,还用各种方法来观察机翼上、机翼-机身之间整流罩上、起落架整流鼓包上和后机身的中间发动机进气口附近的流谱。

在风洞试验中,测定机翼的抖振边界是采用升力曲线和翼根力矩均方根值这两种方法来确定(见图 3-25 和图 3-26)。

大型民用运输机的发动机短舱和它在机翼上或机身上的安装位置、角度等对全机的升力、阻力有很大的影响,所以一个部件都与全机联合起来做试验研究。在 L-1011 民用运输机的短舱与机翼之间的相对位置如图 7-14 所示。

尾部上方装的中间发动机进气道的选择,在亚声速和超声速风洞中试验了四种方案,包括低平尾和 T 形尾翼,以及这台发动机在机身尾部末端收缩形状、阻力、稳定性和操纵效率等的影响(见图 10-5)。

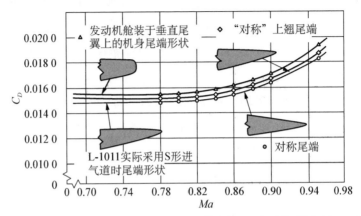

图10-5   不同尾端形状阻力的测试结果(纵坐标,阻力系数;横坐标,Ma 数)

10.2.3   波音727民用运输机的气动力试验概况

波音 727 是短程民用运输机。波音公司从 1956 年方案开始到 1963 年原型机试验,并在 1964 年投入航线运营,是一种设计比较成功的飞机。对它的要求是速度快、载客多,以保证经济性好;同时起落速度要小,以适应小机场短跑道的条件。其气动力风洞试验大部分用在总体布局、增升装置、尾翼和中间发动机的布局上。

波音 727 飞机的总体布局的周折变动多,其气动力风洞试验主要是解决发动机安装位置问题。波音公司最初打算采用四台发动机的波音 707 飞机的缩小型方案,但这样会降低经济性,以后研究过把两台发动机吊在机翼之前、吊在机翼后缘、装在机翼上面等方案,后来才发现尾部的双发布局好。又用相当长的时间研究在机身尾部装两台、三台和四台发动机的方案,经过广泛的风洞试验以及结合可以选用的发动机性能,决定采用在机身尾部装三台发动机的方案。

气动力风洞吹风试验共用 4 500 h,试验研究机飞行试验用了 250 h。

(1)为了满足起落速度小、地面滑跑距离短和较低的气象要求,对增升装置做了研究,不但使用了风洞,而且还使用了试验机和水盘(用仪器观察以薄层液体代替气体的超声速流)试验。研究了机翼前缘、后缘的附面层控制和前、后缘襟翼,这项研究化了两年时间才最后定下来。这是波音 727 飞机发展计划中最费时间和花钱最多的项目。

(2) 波音 727 飞机设计过程中总体布局改变的两个例子:

a. 当布局定下之后,发现它的失速特性不理想,研究了各种尾翼构型以求解决。这时,也进行了尾翼初步颤振试验,又进行了后机身结构变形计算,重新设计了这一段机身。

b. 起落架收放位置、方式及其结构的改变。

(3) 发动机短舱的气动力风洞试验

在波音 727 飞机的设计过程中,设计人员发现当时的发动机装在机身尾部的两种飞机在飞行中发生的问题,就用模型对波音 727 飞机进行风洞试验,检查机翼前、后缘襟翼各种收放状态,机翼失速时对发动机进气条件的影响和发动机短舱的许多位置,也检查了进气口边缘形状和进气口辅助整流物的影响。

表 10-2 为波音 727 飞机气动力风洞试验项目和时间。

表 10-2　波音 727 飞机气动力风洞试验项目和时间

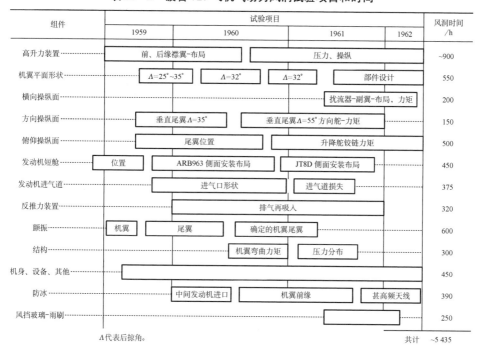

组件	试验项目				风洞时间/h
	1959	1960	1961	1962	
高升力装置	前、后缘襟翼-布局		压力、操纵		~900
机翼平面形状		$\Lambda=25°\sim35°$　$\Lambda=32°$　$\Lambda=32°$		部件设计	550
横向操纵面			扰流器-副翼-布局,力矩		200
方向操纵面		垂直尾翼 $\Lambda=35°$	垂直尾翼 $\Lambda=55°$方向舵-力矩		150
俯仰操纵面		尾翼位置	升降舵铰链力矩		500
发动机短舱	位置	ARB963 侧面安装布局	JT8D 侧面安装布局		450
发动机进气道		进气口形状	进气道损失		375
反推力装置		排气再吸入			320
颤振	机翼	尾翼	确定的机翼尾翼		600
结构		机翼弯曲力矩	压力分布		300
机身、设备、其他					450
防冰		中间发动机进口	机翼前缘	甚高频天线	390
风挡玻璃-雨刷					250

Λ代表后掠角。　　　　　　　　　　　　　　　　　　　　　共计　~5 435

10.2.4　VC-10 民用运输机的气动力试验概况

VC-10 民用运输机从 20 世纪 50 年代初期开始研制,1962 年首次飞行。

它的气动力试验用了英国各气动力中心的风洞,并且还到法国和美国的风洞中去做试验。具体内容和时间如表 10-3 所示。

表 10-3　VC-10 民用运输机风洞试验项目内容和时间

低速风洞	风洞工作时间/h							
	1957	1958	1959	1960	1961	1962	1963	1964
V. A. 4 ft(1.2 m)		28	29	31	21	10	17	
V. A. 8 ft(2.4 m)		45	41	44	27	21	9	4
V. A. 13 ft×9 ft(3.6 m×2.74 m)	180	78	158	19	59	253	338	114
N. P. L. 压缩空气风洞 ⎫ Napier Artington 风洞 ⎭		150	20	20				
South Marston 7 ft×5.5 ft(2.13 m× 1.61 m)风洞		75	120	184			3	17
布利斯托尔 12 ft×10 ft(3.65 m× 3.04 m)				80	24			
皇家航空研究院贝德福 13 ft×9 ft (3.96 m×2.74 m)				20				
皇家航空研究院法恩伯勒 11.5 ft× 8.5 ft(3.5 m×2.59 m)						55	20	
	180	376	378	398	131	342	401	118
高速风洞	1957	1958	1959	1960	1961	1962	1963	1964
V. A. 3 ft×2 ft(0.91 m×0.60 m)	194	265	303	275	205	217	269	106
A. R. A. 9 ft×8 ft(2.74 m×2.43 m)		44		68	38	60	99	18
皇家航空研究院贝德福 3 ft(0.91 m) ⎫ 罗耳斯·罗伊斯风洞 ⎬ N. P. L. 8 ft(2.43 m)SST ⎭		150				15		
N. P. L. 14 in×18 in(35.56 cm× 45.72 cm)				10				
皇家航空研究院贝德福 8 ft(2.43 m)					10	10		
法国 ONERA Modane 25 ft(7.62 m)					10			
英国电气公司 18 in(45.72 cm)						40		
皇家航空研究院 1.5 ft×2 ft(0.45 m ×0.61 m)						10		
	194	459	303	353	263	267	433	124

　　低速风洞共吹风 2 324 h,高速风洞共吹风 2 416 h,在 VC-10 飞机研制中,高、低速风洞试验时间共 4 740 h。

上述三种民用运输机的方案设计阶段风洞试验选型工作量相当大,原因是当时的 CFD 技术还不发达。直至今天,随着计算机的更新,CFD 计算技术也随之发展。今天,飞机设计方案首先用 CFD 方法初步计算很多方案,最后选出 2~3 个满足性能最好的方案制造模型进行风洞吹风试验。CFD 和风洞试验结合起来,这样既缩短设计周期又节约研制成本,把好方案搞出来,然后进行设计、制造、试飞取证,早日投入市场,参加激烈竞争。

10.3　风洞试验与飞行试验的相关性

10.3.1　机翼压力分布的差异

由于风洞试验的雷诺数比实际飞行时的雷诺数小得多,两者的边界层状态也不同。例如,模型上的边界层为湍流,而实际飞行中机翼上的附面层可能从前缘开始就为湍流。为了模拟实际飞行时机翼上的附面层状态,采用了边界层固定转捩的方法。

固定转捩主要是用粗糙带,粗糙带在模型上的位置是以其能模拟实际飞行时的主要流场状态为准。

在亚临界状态,由于不存在激波,C‐141 大型军用运输机的机翼 $0.389\dfrac{b}{2}$ 处的翼剖面的风洞与飞行雷诺数下的压力分布极为相似(见图 10‐6)。

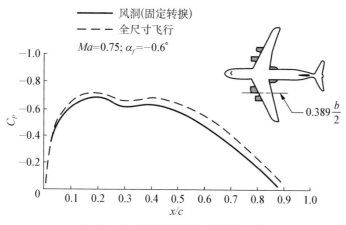

图 10‐6　亚临界状态时的压力分布

在超临界状态,机翼上的激波和边界层会相互干扰,使边界层分离,称为激波诱导分离。从而对翼型的压力产生明显的影响,此时,采用固定转捩方法,单纯使风洞和实际飞行中机翼上的湍流区长度相同是不行的。图 10-7 为 C-141 大型军用运输机的机翼在超临界状态下风洞模型采用前缘固定转捩所测得的压力分布与实际飞行中测得的压力分布的比较。显然,两者有明显的差别,也就是两者在机翼半翼展中部剖面($0.389\dfrac{b}{2}$ 处)上测得的弦向压力分布大不相同,特别是激波位置相差近 15% 弦长,这表明在超临界状态下应特别注意尺度效应。这是因为湍流边界层的厚度近似与雷诺数的 1/5 次方成反比,因为低雷诺数时的边界层厚度比高雷诺数时的要厚,因此,雷诺数低的风洞试验中存在着严重的激波与附面层的干扰现象,导致激波前移,引起激波后边界层严重分离,如图 10-8 所示。

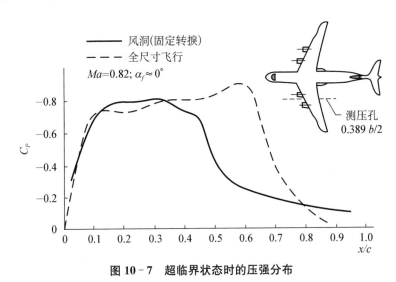

图 10-7　超临界状态时的压强分布

10.3.2　低速最大升力系数和高速阻力系数的雷诺数修正[6]

1) 低速最大升力系数的修正方法

因为低速研究的重点是起飞、着陆时的最大升力系数,而在雷诺数修正方法中升力修正主要是修正最大升力系数,即

$$C_{L_{maxF}} = C_{L_{maxM}} - \Delta C_{LT} + \Delta C_{L_{max}} (Re_F - Re_M)$$

式中:$C_{L_{maxF}}$ 为飞行状态的最大升力系数;$C_{L_{maxM}}$ 为模型风洞实验的最大升力系数;ΔC_{LT} 为飞机靠升降舵或全动平尾进行纵向力矩配平时的升力损失;$\Delta C_{L_{max}}(Re_F - Re_M)$ 为由于飞机飞行雷诺数与模型实验雷诺数不同而引入的 $C_{L_{max}}$ 的修正量。

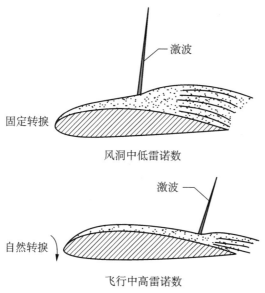

图 10 - 8　边界层对激波位置的影响

雷诺数的特征尺寸是机翼平均空气动力弦长。

当一架新飞机进行雷诺数修正估算时,$\Delta C_{L_{\max}}(Re_F - Re_M)$ 有时取自与它外形相同(似)的同类飞机值,曲线形状如图 10 - 9 所示。

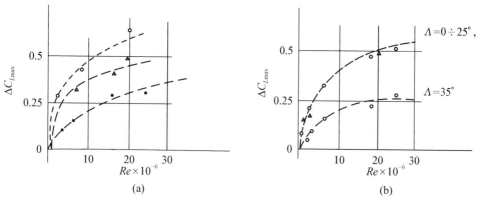

图 10 - 9　民用飞机雷诺数对最大升力系数增量影响曲线

(a) 起飞形态　(b) 着陆形态

实验条件(俄罗斯):

T - 106　$Ma = 0.15 \sim 0.4$　$Re = (1 \sim 4) \times 10^6$

T - 101　$Ma = 0.15$　$Re = (5 \sim 6) \times 10^6$

从图中可见：在低速 ($Ma = 0.15$) 时，雷诺数增加，最大升力系数明显地非线性增加。后掠角越小，这个增量越大，对平直机翼，增量 $\Delta C_{L_{max}} = 0.35 \sim 0.4$；对中等后掠角 ($\Lambda = 35°$)，$\Delta C_{L_{max}} = 0.15$。

从 ЦАГИ 大量变雷诺数试验结果发现：升力线在线性范围内，当 $Re \leqslant (5 \sim 6) \times 10^6$ 时，雷诺数对升力和俯仰力矩影响不大；在大迎角时，雷诺数增加能推迟气流分离，使临界迎角增加，一般情况下 $\Delta \alpha_{cr} = 2.5° \sim 3.5°$，它随机翼后掠角和展弦比改变而变化。

如果对已经进行过一些变雷诺数试验的飞机，修正值可取自该试验得出的 $\Delta C_{L_{max}} - Re$ 的延长线，如图 10 - 10 所示。升力线的雷诺数修正如图 10 - 11 所示。

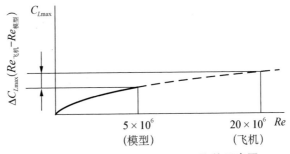

图 10 - 10　$\Delta C_{L_{max}} (Re_F - Re_M)$ **取值示意图**

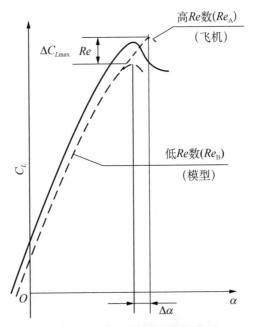

图 10 - 11　**升力线的雷诺数修正图**

ЦАГИ 升力修正方法与目前西方和我国使用方法最大的区别是先进行雷诺数修正,然后再进行配平修正(或者认为是雷诺数修正和配平修正同时进行);而西方和我国是先配平后做雷诺数修正。从原理上讲西方方法更合理更可信,但从实际使用方法来讲,在带动力试验、俯仰力矩曲线非线性严重时更方便。俯仰力矩非线性不严重时两者差别不大,但俯仰力矩非线性严重时两者是会有一些差别。

2)高速阻力系数修正公式

对于模型高速试验的阻力系数,使用下述关系式修正至飞行状态:

$$C_{DF} = C_{DM} - (C_{DM} - C_{DF})_{CAL} + \Delta C_{Dfj} - \Delta C_{DNL} + \Delta C_{DBAL}$$

式中:C_{DF} 为飞行状态的阻力系数;C_{DM} 为经过风洞实验数据处理的模型阻力系数;$(C_{DM} - C_{DF})_{CAL}$ 为计算对应风洞实验条件下的雷诺数、临界马赫数 Ma_{cr}、附面层转捩位置 $\bar{x}_T$ 所得到的模型阻力系数和计算对应飞行试验条件下的雷诺数、临界马赫数和附面层转捩位置所得到的飞机阻力系之间的差值;ΔC_{Dfj} 为模型未模拟的小附加物和飞行外表面工艺不平度所引起的附加阻力系数,ЦАГИ 取3%的零升阻力系数作为巡航形态此项附加阻力系数的经验数据;ΔC_{DNL} 为通气短舱内流的阻加阻力系数,可用测压耙测定短舱出口处的压力而求得,或取经验数据 $\Delta C_{DNL} = 0.0009$;ΔC_{DBAL} 为给定重心时的配平阻力系数。

3)高速阻力系数计算方法

由高速阻力系数修正公式可知,为了得到雷诺数和附面层状态的修正量,需要进行风洞试验条件和飞行试验条件下的阻力系数计算,ЦАГИ 依据大量的模型风洞试验和飞机的飞行试验结果,得到了飞机部件阻力系数的解析关系式,使用这些关系式制订了阻力系数的计算方法,该法适用于具有较大展弦比 $\lambda = 6 \sim 10$ 和中等后掠角 $\Lambda = 25° \sim 35°$ 的高亚声飞机,升力系数不超过 0.6。详细计算方法可见参考文献[6]。

10.4 CFD、风洞试验与飞行试验相关性的例子

10.4.1 A310 大型民用运输机机翼的风洞试验

主要用来解决机翼与其他部件之间的干扰影响,如图 10-12 所示。

10.4.2 风洞试验中的意外案例

当波音 707 大型民用运输机改装 CFM56-2 的大直径发动机时,在飞行试

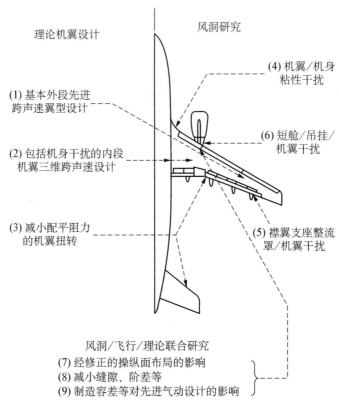

理论机翼设计

风洞研究

(4) 机翼/机身
粘性干扰

(1) 基本外段先进
跨声速翼型设计

(6) 短舱/吊挂/
机翼干扰

(2) 包括机身干扰的内段
机翼三维跨声速设计

(3) 减小配平阻力
的机翼扭转

(5) 襟翼支座整流
罩/机翼干扰

风洞/飞行/理论联合研究
(7) 经修正的操纵面布局的影响
(8) 减小缝隙、阶差等
(9) 制造容差等对先进气动设计的影响

图 10‑12　A310 大型民用运输机的高速机翼设计诸因素

验中发现最大升力意外地损失了 10%，也就是进场着陆速度增加 7 kn，这个现象在事先的风洞试验中并未暴露出来。以后做了流谱观察，发现由于飞行试验和风洞试验雷诺数的不同，最大升力受不同机理的限制。在风洞试验中最大升力受外侧机翼的限制，而在飞行试验中受机翼内侧的附面层和短舱涡的相互作用的限制，这只使问题得到解释，却没有解决。后来用计算机设计一个临时的、非标准的前缘装置，使在风洞试验雷诺数下产生实际飞行雷诺数下内侧前缘分离特性，这很容易做到。然后把这个装置装在风洞模型上，再做风洞试验，达到了与飞行试验一致的结果。

11 民用运输机的性能与使用特性分析

民用运输机的设计主要是围绕着实现其性能与使用特性要求而展开的。因此,性能与使用特性要求与目标的制订以及随后的设计,对一架民用运输机,尤其是运输类飞机的成败是至关重要的。它既要体现市场和用户的要求,又要考虑到飞机制造商的能力与水平,而且还受制于政府规章(如适航、噪声、排污、运营等)的约束。这些性能与使用特性要求可能是相互矛盾、相互抵触的,设计师们必须进行周密细致的协调与折中。

11.1 商载

民用运输机是一种快捷、安全的运输工具,其有效商载(乘客和他们的行李、货物和邮件)的多少基本上决定了飞机的大小。提高飞机的重量效率,即单位空机重量、商载-航程(商载×航程/使用空机重量)是飞机设计师追求的主要目标之一。对民用运输机来讲,以旅客满座时的重量为设计商载。每位旅客连行李以 91 kg(200 lb)计,现在根据用户要求,也有以 100 kg(220 lb)计。因此,民用运输机的重量效率就可以用单位空机重量的客座数-设计航程(客座数×设计航程/单位空机重量)来表示。

按全旅行级客舱布置满客航程每座每海里使用空机重量衡量重量效率,如图11-1 所示。该图反映了几架 100 座级到 150 座级飞机的重量效率。

由于民用运输机客舱有多种布置形式,如有混合级、旅行级以及高密度级布置等,它们对应的商载也不同,设计师可根据竞争需要选定一种商载为设计商载。

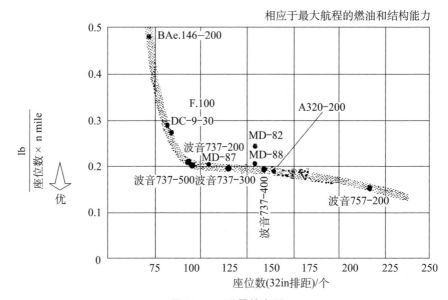

图 11-1　重量效率图

运输类飞机还有一种最大商载状态,是飞机强度设计的依据。最大商载可以是最大容积商载、结构限制商载或受容许的地板载荷限制商载,取其小者。

对民用运输机来说,商载的大小基于飞机客座数的多少。决定飞机的客座数取决于市场要求,预计的市场占有份额,制造商本身的能力、政府的支持以及其他各种因素。

11.2　航程

民用运输机的设计航程是指在设计商载(满座旅客加行李)重量下所对应的航程,设计航程的长度应根据用户要求,目标航线以及城市对的距离,甚至由竞争目标决定。

商载-航程图表征了飞机的商载-航程能力,空客公司的 A300B 飞机的商载-航程图如图 11-2 所示。

设计航程是飞机优化设计依据之一,其优化目标是使航程参数 $Ma\dfrac{L}{D}$ 最大。它涉及巡航速度、高度、飞机外形等的最佳组合。从而影响发动机的尺寸、油耗、飞机的翼载、升阻比等的选择。表 11-1 是几种飞机设计航程的比较。

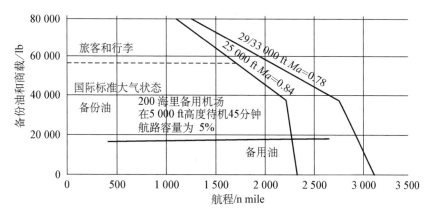

图 11‑2 空客公司的 A300B 的商载‑航程图

表 11‑1 几种民用运输机的设计航程比较

机型	波音 737‑300	波音 737‑500	MD‑82	A320	MD‑90‑30
发动机	CFM56‑3C	CFM56‑3C1	JT8D‑217A	CFM56‑5A	V2500
客座数	128	108	147	152	158
设计航程/km	3 328	3 072	3 889	5 463	4 402

11.3 巡航速度

巡航速度有高速巡航速度和远程巡航速度之分，它是飞机技术性能的主要指标之一。高速巡航速度飞行在接近最大高度。

（1）高速巡航速度接近最大设计巡航速度。它是飞机平飞时的最大速度，它受发动机推力/功率限制，也受结构强度的限制。它必须足够大，以允许有经济的爬升巡航性能；但又必须足够小，以避免为满足突风载荷而引起过大的结构重量代价，而且直到这个速度不会出现与压缩性有关的抖振或不希望的飞行品质。波音 737‑300/400/500 的设计巡航速度为 340KCAS 或 $Ma = 0.82$，波音 757‑200 为 350KCAS 或 $Ma = 0.86$。

（2）远程巡航速度应根据每千克燃油所飞的里程最多来确定。在方案设计中可认为发动机与飞机性能匹配良好。在工作点附近油耗变化平缓，直接根据高速极曲线得到航程参数 $Ma(L/D)_{max}$ 与 Ma 的关系，取 $Ma/Ma(L/D)_{max} = 0.99$ 相对应的速度较高的那边的马赫数来确定（见图 11‑3）。

远程巡航速度对高亚声速运输机一般马赫数为 0.70～0.80，例如波音 737‑

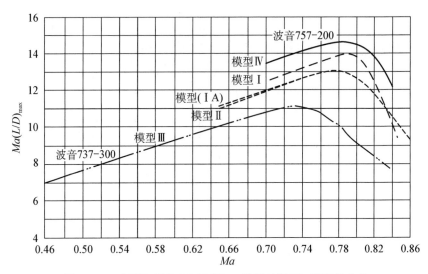

图 11 - 3 典型飞机的 $Ma(L/D)_{max}$ 随马赫数 Ma 的变化曲线

300/400/500 为 0.745,MD - 80/90 为 0.76～0.78,A319 和 A320 为 0.78,波音 757 - 200 为 0.80。飞机以远程巡航速度飞行时,航程参数 MaL/D 接近其最大值。

（3）机翼展弦比、平面形状以及机翼翼型的相对厚度对巡航速度影响最大,要求的速度越高,机翼翼型的相对厚度就越小,机翼后掠角也越大,其代价是引起结构重量的增大,机翼设计的难度就增加。近代超临界机翼的出现和应用,为增大机翼相对厚度,减轻机翼结构重量开辟了一条有效的途径。

巡航速度的大小直接影响飞机的航程轮挡时间。

11.4 巡航高度

11.4.1 初始巡航高度

初始巡航高度是指飞机以最大起飞重量起飞后立即进行爬升其所能达到的且具备规定的机动能力的最高巡航高度,此种高度能力是飞机按规定飞行剖面飞行及进行飞行管理（包括航迹管理）所必需的,同时,对空中交通繁忙或周围有高山的飞机场表征了一种生存能力。双发中短程飞机的初始巡航高度一般在10 000 m 以上,例如波音 737 - 300 为 10 195 m,波音 737 - 500 为 10 440 m,A319 为 11 156 m。

影响飞机初始巡航高度能力的除飞机的升阻特性外,主要还取决于飞机的推重比以及发动机的高空特性。推力随高度衰减快的发动机(如涵道比高的发动机),初始巡航高度能力相对差些。

11.4.2 一发停车的巡航高度

一台发动机停车后,飞机所能达到的且具有规定的机动能力的高度,这也是民用运输机的一种生存能力。对于航路有高山峻岭的航线尤其重要,不少双发喷气飞机所以不能飞西部拉萨航线,就是受到此种能力的限制。这种高度能力取决于飞机当时当地的剩余推重比和飞机的升阻特性。双发中短程喷气运输机的单发巡航高度至少应在 4 000 m 以上。表 11 - 2 列举了几种飞机的一发停车巡航高度。

表 11 - 2　几种民用运输机的一发停车巡航高度

机型	波音 737 - 300	波音 737 - 500	波音 757 - 200	MD - 87	MD - 95
发动机	CFM56 - 3C	CFM56 - 31C	PW2037	JT80 - 219	JT80 - 216
起始巡航高度 ISA+10℃	10 195	10 404	11 674(ISA)	9 723	11 186
单发停车巡航高度 ISA+10℃	5 425	5 608	5 974	5 776	5 913

除精心设计飞机的升阻特性外,选择高空性能好的发动机是提高单发巡航高度能力的关键。

11.5　起飞场长

起飞场长是民用运输机飞行性能的一个重要指标,它涉及飞机的机场适应性和航线适应性要求,为扩大机场和航线的利用覆盖率,缩短起飞场长是飞机设计追求的目标之一。对于中短程飞机来讲,在最大起飞重量下海平面的起飞场长对 150 座级的飞机一般在 2 300 m 左右,100 座级飞机在 2 000 m 左右。例如波音 737 - 300 为 2 286 m,波音 737 - 500 为 2 033 m,A319 为 1 950 m。对于高温高原机场,由于起飞场长可能会限制飞机的使用,我国不少机场会有此要求。缩短起飞场长的有效途径有如下几方面:

(1) 增加飞机的推重比。推重比增加受发动机重量、价格和油耗等限制。

(2) 提高增升装置的效率。而增升装置的效率受气动力和结构等因素的影响。

(3) 降低翼载。用增加机翼面积来减小翼载则要引起一系列问题。

11.6 进场速度

进场速度 V_{APP} 是指飞机着陆进场下滑至 15 m(50 ft)高度时的瞬时速度。以最大着陆重量进场对应的速度为最大进场速度。进场速度小,表征飞机的低速特性好,对着陆的刹车系统、反推力装置等设计要求就低。为安全起飞,进场速度也不可太小,低于 $1.3V_s$。双发中短程客机的最大进场速度一般在 130 kn 左右,表 11 - 3 列出了几种飞机的最大进场速度(V_{APP})。

表 11 - 3 几种双发中短程飞机的最大进场速度

机型	波音 737 - 300	波音 737 - 400	波音 737 - 500	波音 757 - 200	MD - 82	MD - 90 - 30	A319
最大着陆重量/lb	114 000	121 000	110 000	198 000	130 000	142 000	134 500
V_{APP}/kn	135	137	128	132	124	135	132

降低进场速度的办法是降低飞机翼载,提高着陆形态的升力系数。要使着陆形态的最大升力系数增大,增升装置的设计就特别重要。要使最大升力系数达到 3.0 以上,增升装置的设计就十分复杂,而且难度相当大。

11.7 抗侧风能力

抗侧风是飞机生存能力之一,尤其我国是多风国家、地形复杂,加上台风、热带风暴经常肆虐,要保证飞机航线全年的正常运营,抗侧风设计是必需的。合格审定要求是必须具备至少抗直至 25 kn 的 90°侧风分量的能力,在这样的侧风分量中要能安全起降和侧滑。在设计时,结合我国具体使用条件,应以抗 30 kn(约15 m/s)的 90°侧风分量为目标考虑。

要提高飞机的抗侧风能力,必须精心设计飞机的航向静稳定性、方向舵效率以及方向舵的液压助力效能。

11.8 座公里油耗

座公里油耗是飞机设计的综合性指标之一,它既反映发动机特性,又体现了飞机的气动力设计水平和重量效率,它又是用户关心的与同类飞机竞争的项目之一。顾名思义,座公里油耗就是把一名旅客运送一公里旅程所要消耗的燃油量,用"g"计。尽可能降低油耗是设计师追求的目标之一。

1）航段每座油耗

在给定航段上，平均每座所消耗的燃油：

$$航段每座油耗 = \frac{航段轮挡油耗}{满客座数}$$

除非另有说明，航段每座油耗均指混合级每座油耗。一般用"kg"表示。

2）航段座公里油耗

$$航段座公里油耗 = \frac{航段每座油耗}{航段距离(km)}$$

除非另有说明，航段座公里油耗均指混合级座公里油耗，一般用"g"表示。表 11-4 给出了几种民用运输机的 500 n mile 航段的座公里油耗。

表 11-4 几种民用运输机的 500 n mile 航段的座公里油耗

机型	波音 737 - 300	波音 737 - 400	波音 737 - 500	波音 737 - 600	MD - 82	MD - 90 - 30	MD - 95
发动机	CFM56 - 3C	CFM56 - 3C1	CFM56 - 3C1	CFM56 - 3XS1	JT80 - 217A	V2500	JT8D - 216
客座数	128	146	108	108	147	158	105
座公里油耗/g	27.33	25.37	30.96	29.34	27.63	21.8	29.19

可以得到规律性的几点：

（1）航段越长，同一架飞机的座公里油耗就越低。如一架飞机航段为 1 000 km 的座公里油耗为 25 g，航段为 1 500 km 的座公里油耗为 23 g，航段为 2 000 km 的座公里油耗为 19 g。

（2）同一架飞机客座数布置越密，座公里油耗越低。

因此，作为竞争分析，应当采用 500 n mile 或 1 000 km 的常用航段，且具有相同舒适度的客舱布置客座数，例如 810 mm(32 in)排距的客舱布置的客座数。

（3）吨公里油耗。在给定航段上，平均每吨商载运送每公里距离所消耗的燃油量。

$$航段吨公里油耗 = \frac{航段轮挡油耗}{满客商载/t}$$

当为全货机时，满客商载用装货量代之。

11.9 飞机轮挡时间、轮挡速度与轮挡用油

1）飞机轮挡时间

飞机轮挡时间是指每次飞行从飞机在停机坪上移去挡块开始，从滑出、起飞、巡航、下滑至着陆、滑入停机坪插上挡块的整个时间间隔。例如，波音 757 - 200 飞机的轮挡时间在 2 483 n mile 航段上为 5.881 h。表 11 - 5 给出了波音 737 - 300/400/500 与 MD - 90 - 30 飞机的 1 000 km 航段的轮挡时间。

表 11 - 5　波音 737 - 300/400/500 与 MD - 90 - 30 飞机的 1 000 km 航段的轮挡时间

机型	波音 737 - 300	波音 737 - 400	波音 737 - 500	MD - 90 - 30
总油量/kg	6 417	6 759	6 169	6 990
轮挡燃油/kg	3 417	3 607	3 278	3 725
备用油/kg	3 063	3 215	2 955	3 317
轮挡时间/h	1.70	1.70	1.70	1.67

2）轮挡速度

轮挡速度是指每次按单位轮挡时间计算的速度，计算公式为

$$V_b = \frac{L_b}{T_b}$$

式中：V_b 为飞机轮挡速度；L_b 为航段距离；T_b 为轮挡时间。

3）轮挡用油

飞机在轮挡时间所消耗掉的燃油，称为在该航段内的轮挡燃油。轮挡燃油包括滑出暖机、起飞滑跑、爬升、巡航、下滑、着陆滑跑到安全停止所消耗的全部燃油。但不包括滑进用油（此种用油从备份油中扣除）。

12 飞机的噪声与降噪措施

12.1 概述

随着航空运输业的日益发展壮大,城市郊区的国际机场上飞机起降频率十分高,有的机场甚至不到一分钟就有一架飞机起降,这对机场周围的居民造成的噪声污染就特别严重。另外,市郊的军用机场上的军用飞机频繁低空飞过居民区,发出的噪声特别大,更是扰民。所以为了保护机场周围的环境,把降低航空噪声作为飞机设计中的一项非常重要的工作。20世纪90年代以来,提出了"绿色"航空的概念。所谓"绿色"航空,是指在飞机整个运行寿命周期内对生态环境与人类的健康和安全都产生最小影响的航空技术,其中最主要的是设计先进的航空发动机使其降低噪声与降低排污水平。

高速大型飞机噪声的影响为如下几方面:

(1) 对机场附近居民的严重骚扰。

(2) 影响飞机乘员和旅客的舒适性,主要是飞机外部噪声通过舱壁结构传入机舱内部,高声强(≥140 dB)区域内的结构需进行试验验证。

(3) 辅助动力装置与环境控制系统的噪声对登机旅客和维护人员的影响。

(4) 影响机载设备,高声强(≥125 dB)区域内的机载设备需进行耐声功能的试验验证。

降噪效果如何,是衡量现代大型客机先进性的重要指标。环保部门对今后的空中交通和飞机设计的要求日益提高,降噪技术已是今后大型民机研究和设计的关键问题之一。

现在把设计"绿色"飞机提到议事日程上来了,例如A380飞机,它的噪声等级仅为波音747-400飞机的一半。这不仅得益于其高效的设计和新一代发动机的采用,也源于欧洲空客公司降低其产品对环境影响的承诺。A380 客机是当今最省油的民航飞机,平均计算每一位乘客每 100 km 将会消耗 3 L 的油,就算是现今最普通的家庭轿车,同样的路程却需要 8 L 的油。降低噪声,降低碳排放,并严格满足 ISO 14001 的环境管理标准。所以人们称 A380 飞机为更环保的绿色巨人(Greener)。

近十年来,航空市场竞争剧烈,飞机的安全性、经济性、环保性和舒适性这四个方面体现出大型客机的发展趋势,是衡量大型客机研制成功与否的准则。

图 12-1 给出 20 世纪 50 年代中期到 90 年代中后期投入运营的大、中型运输机的噪声控制水平概况,总的来说飞机的噪声是逐年降低的。

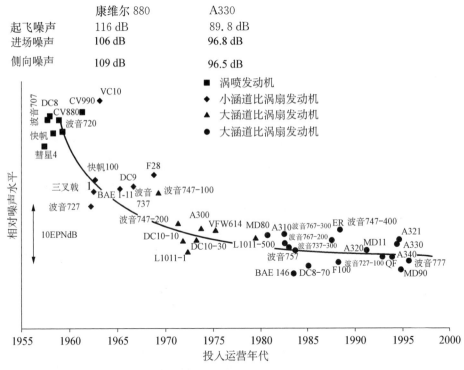

图 12-1　大、中型运输机和客机噪声控制水平随年代进展

(以单发力 4 500 kgf 为比较基准)

从 20 世纪 60 年代到 90 年代的 30 年间,由于发动机设计和制造技术的进步,航空噪声减小近 20 dB。图 12-2 示出从康维尔 880 飞机到 A330 飞机的噪声降低接近这个量级。

涡轮喷气发动机与低涵道比涡扇发动机主要的噪声来源是高速喷流与周围

减少
20 dB

* CV880到A330噪声大幅减少

图 12 - 2　A330 飞机噪声降低 20 dB

的空气相互作用产生的。噪声水平的逐年降低主要归功于高涵道比发动机的大部分推力是由大尺寸的风扇产生的。

　　涡轮喷气与涡轮风扇的主要区别在于增加的二级涡轮增压段(低压)和安装在压气机前部的风扇。增加的涡轮增压段是通过另一个转轴与风扇相连,风扇对推力的作用主要表现在两个方面:一是风扇提高了进入压气机的空气流量;二是风扇还起到螺旋桨的作用,对飞机产生拉力。

　　风扇吸入外部空气,其中一部分空气进入发动机的核心机,其余部分空气通过核心机外侧流到尾部。风扇被短舱罩住,当空气进入进气道时,速度降低,与直接暴露于自由流中的螺旋桨相比,这个减速会减小激波,改善效率,可以使飞行速度提高到马赫数为0.9。更高的风扇转速,再加上风扇自身的效率,意味着与涡轮喷气发动机相比,可以有更多的气流通过发动机,进而以低的油耗产生更大的推力。

图12-3为飞机噪声水平变化的时间历程。

国际民航组织(ICAO)民航环境保护委员会历年来经常讨论飞机噪声适航标准及适用时间表(见图12-4)。

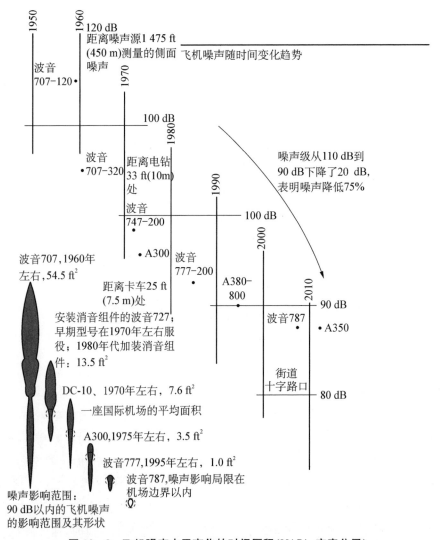

图12-3 飞机噪声水平变化的时间历程(NASA,空客公司)

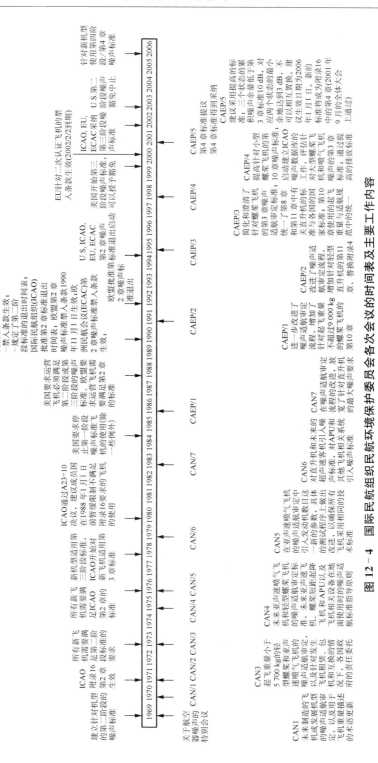

图 12 - 4 国际民航组织民航环境保护委员会各次会议的时间表及主要工作内容

12.2　航空噪声的危害及立法控制

12.2.1　航空噪声的危害

主要表现为如下几方面：

（1）使机场及周围近场地区的居民，长期处于超过允许限度的噪声影响下，听力受到损害，情绪烦躁，长期休息不好，工作效率降低，甚至引发多种疾病。

在航空发动机试验区和大型风洞附近地区的居民，若噪声控制不力，则受高声级噪声危害的影响更为严重。

（2）飞机舱内环境的优劣，直接影响到乘坐舒适性。噪声会增加旅客的疲劳，降低乘务员的工作效率，直接影响航空公司的信誉和经济效益。

（3）飞机结构长期处于声疲劳状态。在飞机飞行过程中，高声级的近场噪声将引起飞机结构的声疲劳乃至损坏，影响机上电气设备的工作，使飞机的可靠性和安全性受到威胁。

航空噪声的危害程度主要取决于噪声强度和频谱（包括强离散频率的分量）及作用时间长短等因素。

12.2.2　航空噪声的立法控制

许多国家的政府根据对环境的要求，制定了航空噪声的适航规章和噪声控制标准，并对航空噪声进行严格的管理和监督。促使航空器设计、生产、使用等部门为降低噪声共同协调工作。

国际民航组织（ICAO）和国际标准化组织（ISO）早就制定了有关航空噪声控制标准，督促实施并严格监督管理。目前，国际民航组织对环保非常重视，正在制定越来越严格的飞机污染物排放和噪声标准。为了减少排放污染物，必须对发动机控制和发动机燃烧室进行更好的设计。

大型民机主要噪声源还是来自动力系统，包括发动机部件和喷流产生的噪声。非动力噪声在特定的飞行阶段也是影响不小的，如大型飞机起落阶段的起落架收放，襟、副翼和阻力板的打开，以及气流干扰等产生的噪声。

12.3　噪声源特性

由高速流动的气流及处于高速气流中的物体的绕流和相对运动所产生的噪声主要来自下列几方面：

1）发动机噪声源

图12-5示出翼吊和尾吊发动机的尾喷流的噪声区。

图 12-6 示出涡轮风扇发动机的噪声源。

从图中看出，发动机噪声主要由风扇进气噪声、风扇排气噪声和喷流噪声等几部分组成。还有反推力装置噪声。

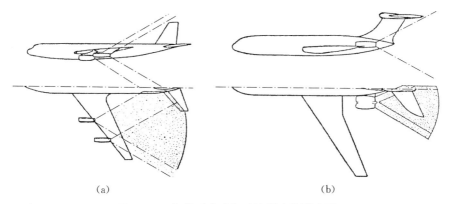

(a)　　　　　　　　　　　　　　　(b)

图 12-5　机体受发动机喷流噪声锥影响区

（a）翼吊发动尾喷流噪声区　（b）尾吊发动机尾喷流噪声区

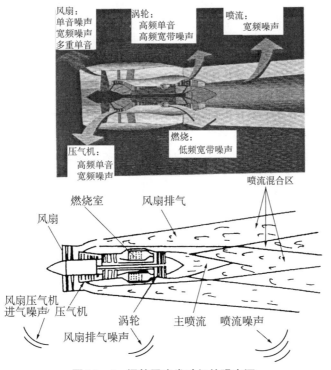

图 12-6　涡轮风扇发动机的噪声源

（1）发动机风扇噪声。

当大气湍流或不均匀轴向气流进入发动机风扇叶片时，不均匀气流引起叶片上产生不稳定载荷。前面的风扇叶片尾迹撞击下游风扇组件产生的非定常压力脉动，它是主要的风扇噪声源。

（2）发动机喷流噪声。

发动机喷流噪声包括：①发动机喷流与大气气流的相互作用而产生喷流噪声，它占飞机起降时喷流噪声的主要部分；②来源于发动机产生喷流的部件，属于低频噪声，多半发生在低喷流速度（小于 300 m/s）时，如燃烧的非定常压力、燃烧室气流与涡轮相互作用产生的低速和温度脉动、涡流排气支柱与下游湍流作用产生的噪声、喷嘴唇口振动产生的噪声等。

（3）涡轮噪声。

主要是涡轮叶片高频振动噪声以及与涡轮相关的脉动压力。

2）飞机机体噪声

飞机机体噪声主要来自起落架打开、起落架舱门和盖板和绕流，襟翼、副翼和阻力板打开的绕流，机翼与机身的尾流与发动机短舱、机身的相互干扰，机翼湍流尾迹与机翼表面的相互作用，大气湍流与飞机的相互作用等。

当飞机高速飞行时，空气气流围绕飞机各部件的流动而产生附面层，速度越高使附面层发生转捩并产生气流分离越严重，产生的噪声级也越高，不亚于飞机巡航飞行时发动机产生的噪声级。

（1）机翼表面和尾翼表面：机翼和尾翼后缘的湍流附面层的对流在机翼和尾翼表面产生宽频带噪声，正常飞行状态时机体噪声主要是机翼产生的宽频噪声。

（2）起落架：起落架噪声的频谱是由宽频随机噪声与一些较为明显的单音噪声源组成，起落架噪声的产生过程主要与气流绕过钝物体后形成的尾流脉动有关。

（3）襟翼：襟翼上的升力扰动产生襟翼后缘的噪声，噪声大小随襟翼翼展的加长而增加。襟翼侧缘噪声的频谱是一个宽频噪声谱。襟翼内侧缘噪声谱和外侧缘噪声谱有明显的差异。

3）系统管道噪声

飞机上装有空调、氧气、液压、燃油等系统，其介质在管路中流动时均会产生噪声，因此，应对其流速进行限制。

4）系统设备噪声

飞机上装有的设备，除发动机外，辅助动力装置、发电机、无线电通信设备、液压泵、散热器、涡轮冷却器等各种繁多的设备,它们在工作过程中也会产生噪声。安装在舱内的设备,其产生的噪声有限制性要求,一般要求这类噪声源应比座舱噪声设计目标低 10 dBA。

5) 排气噪声

对座舱来讲,排气噪声分两种:一种是空调系统管路向座舱的排气,包括个别通风喷嘴的排气噪声与调节空气进气口的排气噪声。另一种是座舱向外的排气,排气噪声主要为高频噪声。

由发动机噪声、飞机机体空气动力学噪声和有关系统噪声组合而成的巡航噪声是飞机舱内声学设计和结构部件声疲劳分析的依据。

6) 大型航空试验设施的噪声

主要噪声来源有风洞、发动机试车台、发动机噪声测试装置等。这些试验设施产生的噪声除对工作环境和周围地区有严重影响外,还直接影响试验数据的精度和试验结果的正确性。

12.4 舱内噪声论述

12.4.1 舱内噪声要求

舱内噪声系指客舱、驾驶舱和服务舱等处的噪声,它直接影响机组人员的工作效率和乘客的舒适性。因此必须努力采取各种隔音、吸音和消音措施,降低舱内噪声级,为机组和乘员提供良好的环境。

根据目前的统计数据,对大、中型客机的舱内噪声级标准一般应为 80~90 dB,语言干扰级为 55~60 dB。

图 12-7 为目前世界上运营的中远程飞机舱内噪声级实际范围图。

研制大型客机过程中,在保证安全性的前提下,还要强调经济性、舒适性(含舱内噪声)和环保性(含适航噪声)。

由于民用运输机舱内噪声直接影响座舱的乘坐舒适性,舱内高噪声会使旅客的疲劳感增加,分散并降低机组人员的注意力和工作效率,因此,舱内声学设计和噪声控制是民用运输机研制过程中的重要部分。在保证大型客机的性能和安全性的同时,要研究降噪技术,降低舱内噪声,为机组人员和旅客提供一个舒适的舱内环境。

要控制舱内噪声,必须了解舱内噪声的来源和传播途径并进行深入细致的分析,为降噪提出合理有效的方法。

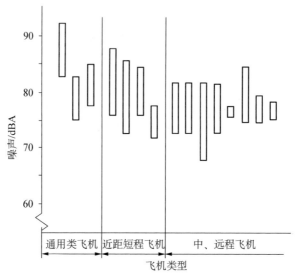

图 12 - 7 各类旅客机舱内噪声级实际范围

12.4.2 舱内噪声来源

飞机舱内噪声包括驾驶舱、空勤舱、乘客舱、设备舱和货舱内的噪声。影响民用客机舱内噪声源如下。

1) 外部噪声源

（1）飞机在飞行状态下，气流流过机体表面产生的附面层脉动噪声；

（2）发动机向前传播和向后传播的噪声；

（3）发动机振动引起的振动辐射噪声。

外部噪声源如图 12 - 8 所示。

图 12 - 8 外部噪声源

2）内部噪声源

（1）环境控制系统和辅助动力装置产生的噪声，其中包括通风管道噪声、客舱出风孔气流噪声等；

（2）液压系统产生的噪声，主要是指舱内各种液压设备工作时产生的噪声；

（3）电子设备噪声，是指各种电子设备工作时由于散热风扇等产生的噪声。

内部噪声源如图 12‐9 所示。

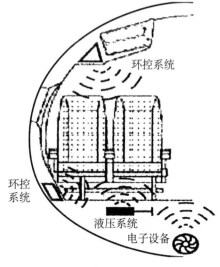

图 12‐9　内部噪声源

12.4.3　舱内噪声传播途径

舱内噪声来源有两种传播途径：空气声传播和结构声传播。

空气声传播是声源直接激发空气，声波首先借助空气介质传播，然后透过舱壁进入舱内。

结构声传播是声源直接激发壁板振动，这种振动以弹性波的形式在壁板结构中传播，同时由壁板结构向舱内辐射声能。

空气声和结构声在传播过程中相互之间存在一定的关系，结构振动与声辐射之间存在着复杂的内在规律。

空气声传播和结构声传播路径如图 12‐10 所示。

图 12‐10　空气声传播和结构声传播路径

通过对经飞机壁板进入舱内的空气声与结构声传播路径、传播特性分析，可以识别从不同传递路径来的声能对总噪声的贡献，以确定舱内噪声来源是以空气声传播为主还是以结构声辐射为主，帮助我们确定采用什么手段来降低舱内噪声。

12.5　航空噪声的评价与民用飞机噪声的适航性要求

采用国际民航组织所建议的评价机场噪声的重要评价量。具体标准采用美国联邦联空局(FAA)的联邦航空条例 FAR-36 部噪声标准——航空器型号和适航合格审定。图 12-11 概括了 FAR-36 部中列出的联邦航空局噪声合格审定标准。对起飞状态在离起飞滑跑起始点 3.5 n mile，对着陆状态在离跑道入口 1 n.m，两处规定了最大的飞过噪声水平。对边线噪声也做了限制，它是在沿跑道一侧与跑道平行的线上测量。图中将噪声限制与某些现有飞机型号的数据相比较。

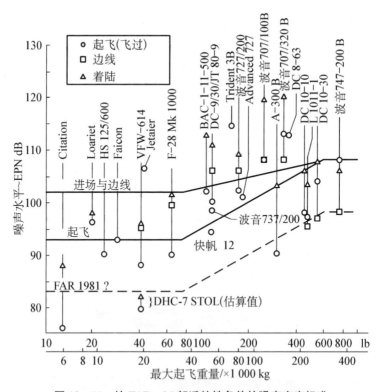

图 12-11　按 FAR-36 部适航性条件的噪声审定标准

1) 大型运输机噪声适航性要求

大型运输机是指以涡轮喷气和涡轮风扇发动机为动力的大、中型飞机,这是国内外航线上目前正在运营的大部分飞机。

对这类飞机适航性噪声的评价量是有效感觉噪声级 EPN dB。

噪声适航要求的这类飞机的噪声测量点有特定的定义和规定(见图 12 - 12)。

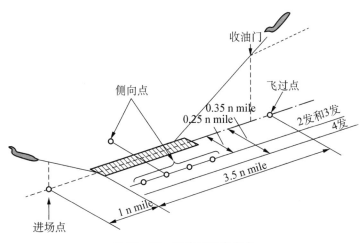

图 12 - 12　噪声测量参考点

(1) 起飞噪声测量点:位于跑道中心线的延长线上,距离飞机的起飞滑跑点 3.5 n mile(≈6.5 km)处。

(2) 边线噪声测量点:位于平行于跑道中心线任一侧的平行线上。对于双发动机和 3 台发动机飞机,边线距跑道中心线为 0.25 n mile(≈450 m),对于 4 台发动机飞机,边线距跑道中心线为 0.35 n mile(≈650 m)。

(3) 进场噪声测量点:位于跑道中心线的反向延长线上,距跑道入口处 1 n mile(≈2 000 m)处。

2) 大型运输机的噪声级限制值

(1) 第三阶段的飞机噪声级,即 1977 年 10 月 6 日及以后申请型号合格证的民用飞机,它的噪声限度如表 12 - 1 所示。

介于表 12 - 1 各重量之间的最大允许噪声(噪声限度)可以按下列公式计算。

起飞状态:

2 台发动机　　$N_T = 101 + (4/\lg 2)\lg(W/385\ 000)$

3 台发动机　　$N_T = 104 + (4/\lg 2)\lg(W/385\ 000)$

表 12 - 1　第三阶段飞机的噪声限度

最大起飞重量	边线噪声级	起飞噪声级 EPN/dB			进场噪声级
W/kg	EPN/dB	2 台发动机	3 台发动机	4 台发动机	EPN/dB
400 000 或更重	103				
385 000 或更重		101	104	106	
280 000 或更重					
48 125 或更轻		89			105
35 000 或更轻	94				
28 615 或更轻			89		
20 234 或更轻				89	98

4 台发动机　　　$N_T = 106 + (4/\lg 2)\lg(W/385\,000)$

进场状态　　　　$N_A = 105 + (7/\lg 8)\lg(W/385\,000)$

边线状态　　　　$N_S = 103 + [3/\lg(400/35)][\lg(W/400\,000)]$

式中：W 为飞机最大允许的起飞重量/kg；N_T 为飞机最大的起飞噪声限度 EPN/dB；N_A 为飞机最大的进场噪声限度 EPN/dB；N_S 为飞机最大的边线噪声限度 EPN/dB。

（2）在 1977 年 10 月 6 日前申请型号合格证的大型运输机的噪声限度如表 12 - 2 所示。

表 12 - 2　1977 年 10 月 6 日前申请型号合格证的大型运输机的噪声限度

飞机最大起飞重量	最大允许的噪声级 EPN/dB		
W/kg	边线测量点	起飞测量点	进场测量点
272 000 或更重	108	108	108
34 000 或更轻	102	93	102

介于表 12 - 2 中重量 34 000 kg 和 272 000 kg 之间的飞机噪声限度为

$$N_T = 108 + (5/\lg 5)\lg(W/272\,000)$$

$$N_A = 108 + (2/\lg 2)\lg(W/272\,000)$$

$$N_3 = 108 + (2/\lg 2)\lg(W/272\,000)$$

（3）典型民用飞机适航性噪声级

图 12 - 13 是按照适航规章 FAR - 36 部第三阶段飞机噪声限度级与若干飞机的比较情况，从图中看如一些 20 世纪 70 年代初投入航线使用的三叉戟、波音

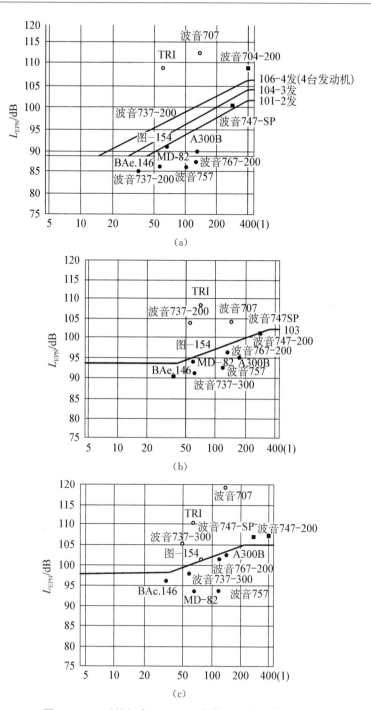

图 12-13 适航规章 FAR-36 部第三阶段噪声限度级

（a）飞机起飞噪声限度级 （b）飞机边线噪声限度级 （c）飞机进场噪声限度级

707、波音 737-200 等机种已不符合噪声适航规章 FAR-36 部第三阶段噪声限度级要求,目前已很少使用。

3) 机场停机坪噪声要求

在停机坪噪声测量区域中的任何测量点处的噪声级最高不得超过 85 dBA,波音 757 飞机停机坪噪声限度是 85 dBA。在设计飞机时也应规定各自机型的停机坪噪声的控制目标。

停机坪噪声区域如图 12-14 所示的长方形之内,即从飞机的中心线垂直投影线为对称线,左右各 20 m,并离机头、机尾各 20 m 所组成的长方形。噪声测量点布置在长方形的周边上及飞机地勤人员的工作地点,如飞机加油口、货舱门、客舱门和维修口盖处。

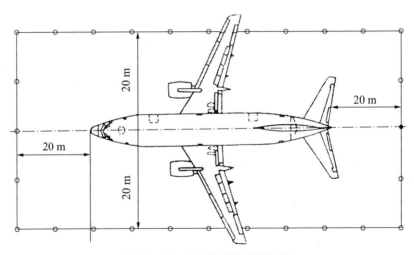

图 12-14　停机坪噪声测量区域

12.6　航空噪声引起的结构声疲劳

1) 声疲劳现象

在飞机飞行中,飞机上的一些部件,如进气道、尾喷管、尾翼、襟翼等活动面,始终处于高噪声和振动的恶劣环境中,因而产生结构声疲劳现象:蒙皮和梁框会出现裂纹,严重时会产生连接件断裂;进气道等铆钉松动,易被气流吸入打伤发动机;油箱焊缝脱焊或焊缝渗漏、电缆磨损;声敏感较强的电子电气仪表灵敏度降低等,甚至失效。声疲劳现象发展结果,已有严重的损机伤人事故的教训。

2）声疲劳设计要求

在飞机设计中，飞机强度规范或适航规章，均规定在设计中应当防止有害的共振或出现结构声疲劳的破坏，不允许出现灾难性破坏。

12.7　飞机和发动机的噪声控制

对于 2020 年投入市场的机型，相比 2000 年的设计水平，CO_2 排放须降低 50%，NO_x 排放须降低 80%，同时飞机噪声等级须降低 50%；对于 2050 年投放市场的机型，发动机 CO_2 排放须降低 65%，NO_x 排放须降低 90%，同时，飞机噪声等级降低 65%。为了使发动机和飞机达到一体化设计，不论是飞机制造商还是发动机制造商都要做共同努力，使民用航空造福人类。自 2006 年 1 月 1 日起，国际民航组织采取了更为严格的第四阶段噪声标准，即比第三阶段标准再降低 10 dB。图 12 - 15 所示为配装商用飞机的大涵道比涡扇发动机的噪声降低趋势。

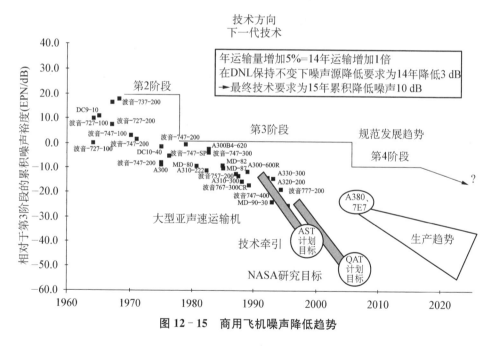

图 12 - 15　商用飞机噪声降低趋势

世界航空发动机专家提出了"绿色"发动机概念，主要指设计与制造具有更先进的降低噪声与降低排放技术的航空发动机。降噪的技术途径，一是发动机本身的改进设计与制造技术的改进，二是针对噪声源采取减振、降噪措施。

降低飞机噪声的主要途径如下。

1) 控制发动机噪声

图 12 - 16 所示为减少涡轮风扇发动机噪声的实际措施:增加风扇叶片的宽度和调整风扇出口导流片的安装角。

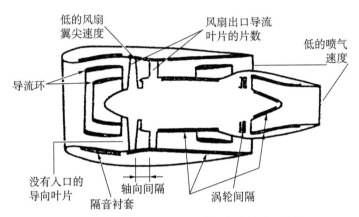

图 12 - 16　减少涡轮风扇发动机噪声的实际措施

（1）发动机其他部件的降噪设计。

目前其他部件降噪技术主要有采用风扇/核心机混合器(如波瓣式混合器)，用于起飞和着陆状态的外部气流混合器/引射器，可变面积风扇喷管(VAFN)（见图 12 - 17），改进短舱和喷口的几何外形设计，改进短舱安装技术，采用小突片喷管，使流场结构便于在喷气剪切层混合，从而降低低频噪声等。此外，降低涡轮机械噪声和喷管吸振，也是重要的降噪措施。

图 12 - 17　安装在 PW4098 发动机上的斜嵌进气口

（2）降噪控制技术。

降低噪声控制方法有被动控制和主动控制：

被动控制，如结构修改和吸声处理（吸声衬垫减振）。

主动控制，如消除外部和内部的声学耦合；智能噪声控制，利用压电陶瓷元件和/或声学传感器作为结构振动激励系统，在噪声源处降低噪声。

（3）舱内隔声技术。

减小舱外噪声对舱内的传播，可采用隔声层结构设计，如采用超细玻璃棉毡等。噪声在进入机舱前被削弱优于在后期传播路径上处理，它可产生全局降噪效果，导致更低的噪声传向机舱。

此外，应减小机舱内部的噪声和振动。

（4）降低废气排放。

降低大型飞机废气对环境的污染已是世界共同关注的环保问题，为此在这里与降噪技术一起提到，这主要在于改进发动机燃烧系统设计。2000 年，欧盟发起了高效环保航空发动机计划。目标是 5 年内使二氧化碳排放减少 $12\% \sim 20\%$、氮氧化物排放减少 $60\% \sim 80\%$、发动机成本降低 30%、可靠性提高 60%。

2）降低喷流速度，减少喷流噪声

采用排气喷流混合器和喷管消音器，把短舱中外涵道、中长涵道的动力装置改为全外涵动力装置。

3）设计高涵道比发动机降低噪声

相比低涵道比发动机，设计高涵道比发动机也可帮助减少噪声。可通过噪声抑制装置使其达到环保要求，也可使用波浪形的喷管、肺叶管喷管或者多喷管设计，可以使两者迅速混合来消除噪声，特别是烦人的低频噪声。

（1）斜嵌进气口。

斜嵌进气口呈非对称形状，下部比上部向前凸出，可以将噪声向上辐射，进而降低进气口噪声。图 12 - 17 表明，斜嵌进气口大大降低了进口辐射源风扇噪声。

（2）对转风扇技术。

未来的飞机发动机将采用 2 级对转风扇叶片（见图 12 - 18）。这项技术使风扇长度大大缩短，叶尖速度降低，可降低噪声 15 dB。

（3）掠形转子叶片和倾斜出口导向叶片。

掠形转子叶片和弯掠静子叶片（见图 12 - 19）可以控制风扇和压气机的流量以使噪声最小。可使风扇的噪声降低 3 EPN（有效感觉噪声）dB 以上。

图 12 - 18　斯奈克玛公司的对转风扇

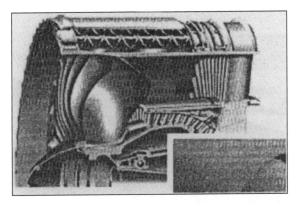

图 12 - 19　惠普发动机弯掠宽弦风扇叶片的降噪设计

（4）尾流管理。

风扇转子叶片尾流与风扇出口导向叶片的相互作用是涡扇发动机重要的噪声源。风扇转子叶片后缘气流吹除可以降低转子尾流的强度，通过气流均匀地冲击下游出口导向叶片，使出口导向叶片上的非定常负荷水平降低，从而降低转子-定子相互影响引起的单音噪声。

NASA Glenn 研究中心的航空声学推进实验室在超大涵道比发动机风洞环境中，使用 1 个 4 in 直径的空心叶片低速风扇对风扇转子叶片后缘吹除概念进行了试验，如图 12 - 20 所示。该转子叶片的设计思想是，叶片蒙皮为复合材料，叶片内有折流板，后缘带有窄缝，空气喷入风扇的空心轴，通过延伸到后缘的径向通道流出叶片，高达 2% 的风扇总流量可以从窄缝流出与尾流混合，试验的早期结果表明，在高于基本的叶片通过效率的谐波下单音噪声降低了 6 dB，宽频噪声降低了 1.5 dB。

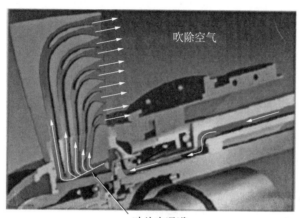

图 12‑20 转子叶片后缘吹除

在 NASA 的资助下，麻省理工学院设计了一个用于研究气流流动和噪声控制的风扇。该风扇采用空心叶片，气流沿内流道流向后缘缝，再从后缘缝流出进入风扇尾流。试验对喷射比和分布的几种组合，在风扇下游的几个轴向位置进行了测量，结果表明，采用尾流管理可以降低尾流谐波幅度，进而显著降低噪声。

（5）"软"导向叶片。

NASA 研究了一种"软"风扇出口导向叶片。该叶片内部包括多个空腔，形成了调谐的亥姆霍兹共振器，通过减弱导向叶片表面的压力脉动来降低由转子叶片‑导向叶片相互干扰产生的噪声，如图 12‑21 所示。低速风扇试验表明，在宽广的频率范围内，"软"导向叶片使噪声降低了 1.5 dB。

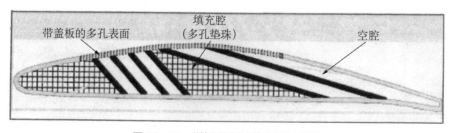

图 12‑21 "软"导向叶片剖面示意图

（6）风扇外涵排气流偏转器。

风扇外涵排气流偏转器用于消除发动机的湍流混合噪声。其原理是通过降低湍流涡流的对流马赫数，减少噪声向下游和侧面的辐射。在风扇外涵道出口安装固定的或可调的导向叶片，改变外涵道排气流的方向，使其相对核心流偏转几度。内、外涵排气流的方向偏差引起高速核心流下面产生一个低速次核心流，降低了核心流的对流马赫数。叶片的变量包括叶片数、叶片攻角、轴向位置等，外涵道的形状也是变量。试验结果显示风扇排气流偏转可使下游噪声降低5 dB以上。

（7）锯齿形喷管（结合可变面积外涵道喷管）。

锯齿形喷管不仅具有非常好的降低噪声功能，而且对发动机的性能和重量只有极小的影响，被认为是当今降低噪声技术在大、中涵道比涡扇发动机上成功应用的代表（如波音787飞机的发动机就采用锯齿形喷管）。

NASA对锯齿形喷管进行的研究表明，在推力损失最小的情况下其能够使尾喷流噪声降低2 dB。GE公司在CF6-80C2和CF34-8C5全尺寸发动机上对锯齿形喷管进行的验证试验表明，喷流噪声降低了3.5 dB，性能只略微降低。GE公司和斯奈克玛公司在CFM56发动机上对其的研究表明，锯齿形喷管使喷气噪声降低了2.5 dB。波音公司和罗-罗公司的静音技术验证机研究项目中，在遄达800发动机上验证了锯齿形喷管（见图12-22）使喷气噪声降低了4 dB。

图12-22　锯齿形喷管（结合可变面积外涵道喷管）

（8）强制排气混合器。

开发强制排气混合器以加强发动机核心高温气流与风扇外涵冷气流实现有

效掺混,可降低喷气流速度,从而抑制喷气流噪声。

(9) 噪声主动控制。

噪声主动控制技术是一种噪声抑制技术。利用智能的小型制动系统,实现了主动控制技术(见图 12 - 23),对风扇试验件进行的一系列试验表明了其降低噪声的能力。

图 12 - 23　带主动噪声控制设备的风扇试验台

1—风扇机匣;2—制动器;3—传感器

斯奈克玛公司研究了一种新颖的噪声主动控制方法,它通过消除风扇叶片的频率来降低风扇噪声。这种主动控制系统安装在静子叶片以及静止叶片间的机匣上,而不是将制动器安放在发动机进气道上。在常规发动机风扇试验件上对这种技术的可行性进行的验证结果表明,在低频率下,总单音噪声降低了 10 dB。

(10) 声衬技术。

在发动机流道内壁安装声衬,利用亥姆霍兹共振器原理可降低发动机的内部噪声。声衬技术在国外多数大、中涵道比的涡扇发动机上均有应用,其中,RB211 发动机在进气道、风扇通道以及内外涵喷管的壁面上,都安装有 22 m^2 的声衬,使外传噪声降低了约 10 dB。

转子上方衬垫方案是在风扇转子上方直接安放声学处理装置,使噪声在管道内噪声源头辐射或散射之前就得到抑制,从而降低转子噪声。低速试验表明,在整个频率范围内,转子上方衬垫方案使噪声降低了 3~4 dB。

发动机短舱内壁通常覆盖 2～3 片吸声衬垫。这些吸声衬垫的结合处也会产生散射噪声。空客公司开发了一种"无接缝进气道衬垫"创新技术用一整片管状的吸声衬垫覆盖发动机内壁，从而大大降低了发动机的噪声级。

图 12-24 所示为发动机短舱内的隔音垫或进气道和排气道中的消音环（导流板）的使用，可减小进排气噪声 5～10 EPN dB。

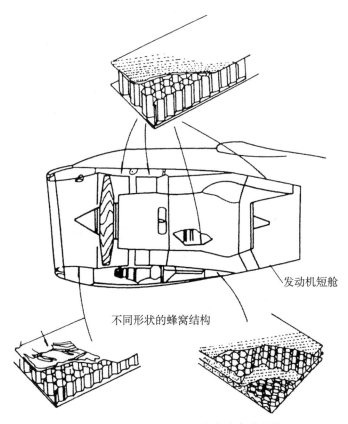

发动机短舱

不同形状的蜂窝结构

图 12-24　发动机短舱结构中的声学衬垫

4）美国航空界的降噪声措施

美国航空界在过去 20 年里，在发动机降噪方面，用低噪声发动机替代高噪声发动机，使某些机型的边线噪声级从有效感觉噪声级 110 dB 降低到 90 dB。例如用涡扇发动机替代涡轮发动机，使飞机噪声降低较多。表 12-3 示出了波音 737-200 型飞机装 JT8D-17 低涵道比发动机、波音 737-300 型飞机装高涵道比涡扇发动机 CFM56-3 的噪声级比较。

表 12 - 3　波音 737 - 200 与波音 737 - 300 飞机噪声级比较

机型	所装的发动机	飞机噪声级 L_{EPN}/dB		
		起飞	边线	进场
波音 737 - 200	JT8D - 17	95	102	103
波音 737 - 300	CFM56 - 3B	85	92	100

图 12 - 25 为波音 737 - 300 与波音 737 - 200 两种机型在起飞、进场时对机场噪声影响的区域,图中示出了以国际标准 75 dBA 做比较噪声影响区域,白色区域为波音 737 - 300 型飞机高于 75 dBA 的噪声影响区域,约有 16 km^2,灰色区域为波音 737 - 200 型飞机高于 75 dBA 的噪声影响区域,约有 57 km^2。

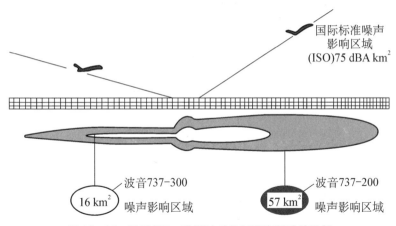

图 12 - 25　飞机起飞、进场时对机场噪声影响的比较

5) 重视飞机设计中的气动布局对噪声的影响以降低噪声

进一步改进飞机与发动机匹配的操作程序,特别是飞机起飞和进场状态下的发动机操作程序的优化,必须与飞机结合在一起。图 12 - 26 表示不同重量、不同的发动机推力状态、不同的襟翼状态下,飞机有效感觉噪声级的变化。图中的第三阶段界限即该种飞机按适航规章第三阶段的飞机噪声限度。

另外,在飞机气动布局中尾吊发动机的噪声要比翼吊发动机短舱的噪声小,如波音 727 飞机的噪声比波音 737 飞机的噪声小(见图 12 - 27)。

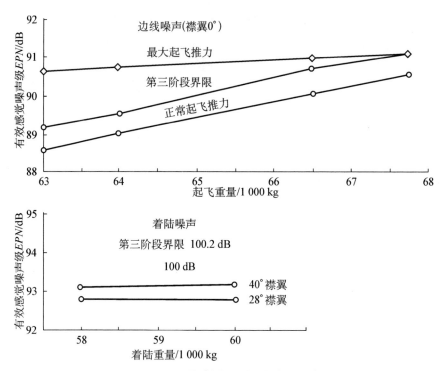

图 12‐26 不同重量、推力和襟翼状态对噪声的影响

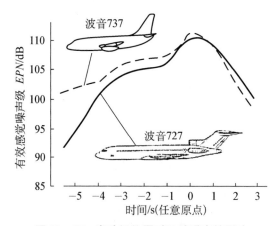

图 12‐27 发动机位置对飞越噪声的影响

6) 设计"静音"飞机

能否研制出这样一种客机,使得地面上的人几乎听不到现有飞机所产生的令人烦恼的噪声呢?

据报道,英美联合研究小组认为,未来的客机不仅可以节省燃料,而且几乎没有噪声。这种"静音"飞机的概念设计方案如图 12-28 所示。

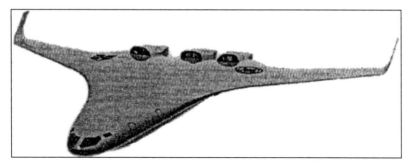

图 12-28　美英两国专家设计的一种"静音"飞机模型

该机采用翼-身融合的飞翼布局,这种布局的飞机气动力效率高、升阻比大,而载荷分布相对均匀,不像常规布局的飞机那样,载荷都集中在机身中部。风洞试验表明,这种翼-身融合体设计的飞翼,不仅减少了空气动力阻力,而且能够消除机翼的抖颤,并降低气动力噪声。研究表明,这种飞翼布局的飞机其升阻比比常规飞机高 20%以上,最大升阻比可达 28,巡航升阻比约为 24。由于飞翼布局的飞机有很高的巡航效率,因此作为民用运输机有很好的使用经济性,与同座级常规布局飞机相比其几何尺寸小、部件可综合利用的效率高,使得其使用空机重量、最大起飞重量均明显低于常规布局飞机。飞机起飞总重减少 19%,油耗减少 20%,直接使用成本可降低 15%~20%。这种飞翼布局的飞机其燃油效率较常规飞机高 20%以上,使有害气体排放量可降低 15%以上,对保护环境非常有利。

该机的 3 台发动机不是按照常规的方式吊挂在机翼下方,而是安装在机翼后上方为预置式对称结构。其优点是可从机翼上方直接吸入高速气流,减少能量损耗,有助于节省能源,并提高发动机效率。由于机翼的遮挡作用,使得发动机的噪声向前方、向下方的传播明显减弱,不会像常规翼吊布局客机那样发动机噪声被机翼反射到地面,危害机外空间环境。飞翼布局还使客舱内更安静,机场附近的地面人员所感觉到的航空噪声很小。该机安装的涡扇发动机单台推力比传统发动机大 2 倍,因此能够使飞机以较低速度起飞,从而降低飞机的起飞噪声。

这种飞机的降噪措施之一是机翼后缘无襟翼,从而清除了飞机起降时一个主要部件的噪声源。

这种飞机将安装一个可以调节的发动机尾喷管，以便允许飞机在起飞和降落时减小喷气，并允许飞机以更高的速度高效率地巡航飞行。这种飞机的燃油效率为每加仑燃油可支持飞机搭载 124 名乘客飞行 1 英里，优于波音 787 飞机的燃油效率，后者是每加仑燃油支持搭载 100 名乘客飞行 1 英里。

大型客机"静音"技术计划始于 10 年前由美国 NASA 领导的"静音技术验证"计划，就是要尽可能多地降低新一代民用飞机的噪声水平。具体要实现的目标是以 1997 年的飞机噪声水平为基础，在未来 10 年内，将可感觉到的飞机噪声降低 50%，在未来 25 年中降低 75%。应该说，第一阶段降噪计划已部分在波音 787 飞机上得到实现。

7）机场噪声的控制

机场建设中如何考虑降噪措施？

在新建、改建或扩建民用机场时，必须考虑航空噪声对机场及其周围地区的影响程度，合理规划机场及其周围的土地利用，尽量减少航空噪声的污染。

在有条件的每个国家的沿海城市，为了避免航空噪声对周围居民的影响，空港选址可以引入新的理念，建海边机场就是新的理念之一。像浦东国际机场是上海的门户，它的选址体现了前瞻性，浦东国际机场建造在长江入海口的东海边，因为远离市区，机场周围居民很少，飞机起降时引起的噪声影响不必担心，而上海虹桥国际机场紧靠市区，噪声对居民的影响较大，发出的噪声震耳欲聋，令人难受，飞机起飞频率越高就越严重。所以噪声、大气污染的最小化，是建造环保型机场的最大优势。

我们的环保部门已做出决定：对新建机场，在申报机场建设项目时，必须对机场周围地区做出噪声预估和环境影响的评价；必须对原有机场做出噪声暴露图，以便在对机场周围土地资源的利用中做出相应对策。

图 12-29 为苏联五种等级机场与居民建筑区的限制图。

8）民用飞机采用连续下降技术来减小噪声

为了改善民用飞机燃油的经济性和环保性，目前国外正在研究连续下降进场着陆方法。该方法可以改善飞机在进场着陆过程中的噪声污染，尽量减小对机场周边的噪声污染面积，减少污染物的排放。

图 12-30 是连续下降着陆与常规阶梯着陆的对比示意图。由于减小了平飞段，使得飞机在机场附近居民区上空飞行时减小了噪声的影响。

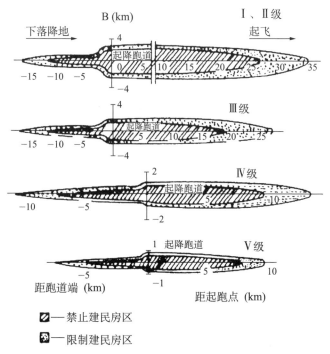

图 12‑29 不同级别机场周围典型的居民建筑限制区的范围

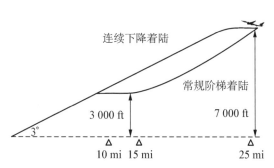

图 12‑30 连续下降着陆与常规阶梯着陆的对比

13 运输机的安全性与适航审定和设计准则

13.1 民用运输机的安全性

减少事故的发生,确保飞行安全是航空运输业的最大目的。根据国际民航组织(ICAO)的规定:"在飞机受到损坏时,飞机在飞行中出现人员受重伤或死亡的情况,飞机去向不明的情况",这就是事故。

随着航空运输事业的发展,相应的航空安全体系也以更快的速度发展和完善,从而使民用运输机的事故率不断下降,民用航空运输的安全性不断提高。据美国联邦航空局(FAA)报道,美国航空公司的飞行小时,已从1982年的647万增至1993年的1 190万,几乎翻了一番;其航空死亡率事故已降至每10万飞行小时0.193起。从1950年至1999年,我国航空运输飞行安全水平不断提高,事故率总体呈下降趋势。2006年至2010年,航空运输重大事故率比1990年至1999年下降80%,使我国民用运输飞机重大事故率降到目前世界航空发达国家的同等水平。特别令人鼓舞的是,2002年至2004年,我国民航行业全行业运输安全飞行30个月,928天,516万小时,创造了中国民航史上运输安全飞行最高的纪录。

安全性是飞机最基本的属性,由于民用运输机事关人民群众的生命和财产的安全,因此,民用飞机的安全性贯穿于飞机的设计、制造、试验、交付和运营全过程中,要保证飞机的安全性,其必须满足适航标准。适航标准从本质上来讲就是保证飞机的安全性,它是根据公众利益的最低安全要求制定的民用航空技术要求和各种规定。适航标准的制定是以民用航空的实践,特别是以空难事故的检查结果为背景,其规定的符合性方法是实践检验的结果。

适航管理是世界各国民航当局对航空器的设计、生产、使用和维护等都制定了适航标准,规定或审定发证及实施检查、监督等工作的统称,其目的最终是为公众和社会提供安全、舒适的航空运输工具。

随着航空科学的进步和航空安全意识的深化,人们对适航性的认识不断提高。为保证民用航空安全,维护公众利益,促进民用航空发展,我国于1987年由国务院发布了《中华人民共和国民用航空器管理条例》,严格按此条例对民用飞机的设计、生产、使用和维修,实施以确保飞行安全为目的的技术鉴定、审定、检查、批准和监督的工作统称适航管理。

适航管理分初始适航管理和持续适航管理两个阶段,初始适航管理是在飞机交付使用之前,依据CCAR-2部(民用航空产品和零部件合格审定规定)和其相应程序,对民用飞机设计、制造的适航审定、批准和监督,保证飞机的设计特性、使用性能以及制造质量和安全状态;持续适航管理是在民用飞机投入运营后,依据各种维修规则和标准,使其适航性得以保持和改进。持续适航与初始适航是紧密相关的。

适航管理是从最低安全要求做起,不断地向最高安全等级迈进,是对民用航空器的设计、生产、使用和维修,直到退役,即从初始适航性到持续适航性全过程实施以确保飞行安全为目标的技术鉴定和检查;是以审定和颁发各种适航证件的方式实施质量监督和管理。

飞机要进入市场运营,需要取得适航批准。从飞机开始设计要经历三步。首先,设计研制的飞机要取得型号合格证(TC)。这张通行证的作用在于对飞机是否满足适航标准进行认可。其次是飞机的投入生产要获得生产许可证(PC)。这张通行证的作用在于要求有一个符合要求的质量保证体系,使得飞机的生产制造能够按照批准的工程设计资料持续稳定地生产出安全可用的飞机。最后是每架飞机都要取得单机适航证(AC)。其作用在于确认每架飞机都是按照批准的设计和批准的质量体系制造的。

为了使生产的飞机能进入国际市场运营,还必须得到国外的适航当局批准,例如获得美国联邦航空局(FAA)颁发的型号合格证。

适航标准是国家法规性的特殊标准,是从最低安全要求出发,对航空器、发动机等提出具体的设计要求。它来自于长期的飞行实践,吸取了历次飞行事故的教训,经过必要的验证,并公开征求公众的意见后,不断修正而成。

目前,各国适航标准中,影响最大的有美国的FAR,英国的BCAR,欧洲联合航空局的JAR(现改为CS)。我国适航标准CCAR是在参考美国标准FAR

的基础上,并结合我国实际情况制定的。目前,我国有涉及航空器的技术标准(CCAR - 23/- 25 等)、维修许可证审定(CCAR - 145)、维修人员合格审定(CCAR - 65)、民用航空器驾驶员等级(CCAR - 61)等。

13.2　适航审定与适航条例

要使飞机具有适航性,就要使得飞机具有安全飞行品质,飞机的设计要求应能保证飞机的飞行安全,这样的设计要求除了市场需求、商业价值外,更重要的是基于适航标准,中国民用航空规章第 25 部(简称 CCAR - 25 部),就是保证飞机安全的适航要求,适航要求涉及飞机设计各个专业、各个领域。

使飞机具有“适航性”,需要适航审定部门、飞机设计和制造单位的共同努力和协同工作。适航审定部门在国内通常指中国民用航空局及各地管理局的适航审定部门以及授权机构等。他们代表政府,代表公众对飞机的设计、制造和交付等进行适航管理。适航审定部门制定和颁布了一系列的适航规章和规范性文件。适航规章具有法律效力。

适航审定是民航的组织机构按适航标准(规定)和适航管理程序对民用航空器进行审查、鉴定、确认,监督、检查是否符合要求,以维护公众利益,保证航空安全。新型号研制时,民航在受理申请后组建该型号合格审定委员会和审查组,以条款为准则,以数据为依据,一切按程序办事,负责从头至尾的管理审查。确认合格后,办理办证手续,完成适航审定。

适航审定描述的是使适航当局确信某一新型号达到了可接受的安全标准,该型号必须符合最低要求。也就是说,制定适航规章并将其逐渐完善,为的是确保某一新型号达到和保持一定的安全水平。

2008 年夏季,为在西方世界营运谋求通过适航审定的任何最大起飞重量 $MTOW$ > 12 500 lb(5 700 kg)的民用运输机,都必须符合美国联邦航空条例 FAR(Federal Aviation Regulations)25 第 25 - 120 号修正案和欧盟大型飞机合格审定规范 CS(Certification Specification)25 第 2 修正案,其前身为 JAR(Joint Aviation Requirements)25。JAR - 25 是基本全盘照搬 FAR - 25,但 CS - 25 有相当部分条款的规定较之对应的 FAR - 25 的条款更为明确,要求更高,同时 CS - 25还把 FAR - 25 认为不一定要执行的某些咨询要求上升到条款规定。

适航规章与飞机及其系统的发展齐头并进演变至今。例如,第二次世界大战结束不久,民用运输机开始采用喷气发动机,这就意味着必须编制新的适航规章。为了保持一定的安全水平乃至有所提高,适航规章不断修订和调整。飞机采用新型系统有时造成可靠性水平暂时停滞不前甚至下降。通常这种情况很快得到改进。图 13-1 以燃气涡轮发动机空中停车率为例,解释了这样的发展过程。采用高涵道比涡扇发动机一开始空中停车率曾有所增加,但第二代发动机的可靠性得到了显著提高。

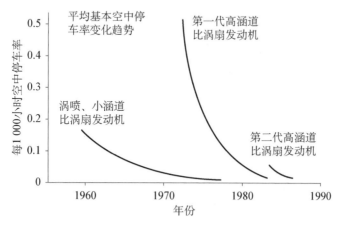

图 13-1　民用航空燃气涡轮发动机发展趋势

FAR25 部是一套内容广泛的法规,对大型运输机的空气动力设计最重要的部分如下。

B 分部——飞行

C 分部——结构

D 分部——设计与结构

F 分部——设备

B 分部——飞行包含以下各节

总则,含下列各款:

FAR25.21　证明符合性的若干规定

FAR25.23　载重分布限制

FAR25.25　重量限制

FAR25.27　重心限制

FAR25.29　空重和相应的重心

FAR25.31　可卸配重

FAR25.33　螺旋桨转速和桨距限制

性能,含下列各款:

FAR25.101　总则

FAR25.103　失速速度

FAR25.105　起飞

FAR25.107　起飞速度

FAR25.109　加速-停止距离

FAR25.111　起飞航迹

FAR25.113　起飞距离和起飞滑跑距离

FAR25.115　起飞飞行航迹

FAR25.117　爬升：总则

FAR25.119　着陆爬升：全发工作

FAR25.121　爬升：单发停车

FAR25.123　航路飞行航迹

FAR25.125　着陆

操纵性和机动性,含下列各款：

FAR25.143　总则

FAR25.145　纵向操纵

FAR25.147　航向和横向操纵

FAR25.149　最小操纵速度

配平,含下列各款：

FAR25.161　配平

稳定性,含下列各款：

FAR25.171　总则

FAR25.173　纵向静稳定性

FAR25.175　纵向静稳定性的演示

FAR25.177　航向和横向静稳定性

FAR25.181　动稳定性

失速,含下列各款：

FAR25.201　失速演示

FAR25.203　失速特性

FAR25.207　失速警告

地面操纵特性,含下列各款：

FAR25.231　纵向稳定性和操纵性

FAR25.233　航向稳定性和操纵性

FAR25.235　滑行条件

FAR25.237　风速

其他飞行要求,含下列各款:

FAR25.251　振动和抖振

FAR25.253　高速特性

FAR25.255　失配平特性

C分部——结构包括下列各节。

总则,含下列各款:

FAR25.301　载荷

FAR25.303　安全系数

FAR25.305　强度和变形

FAR25.307　结构符合性的证明

飞行载荷,含下列各款:

FAR25.321　总则

飞行机动和突风情况,含下列各款:

FAR25.331　对称机动情况

FAR25.333　飞行机动包线

FAR25.335　设计空速

FAR25.337　限制机动载荷系数

FAR25.341　突风和湍流载荷

FAR25.343　设计燃油和滑油载重

FAR25.345　增升装置

FAR25.349　滚转情况

FAR25.351　偏航机动情况

等等。

专用条件

对任何新的型号合格证申请,适航当局如果认为其某些设计特性不在现有适航规章覆盖范围内,有权制定对该特定设计的新设计要求或适航符合性验证要求,称为专用条件。针对空客公司的 A320 飞机的电传操纵系统的专用条件就是一个实例(见参考文献[12])。

13.3 军用运输机的适航性发展

13.3.1 国外军用飞机适航性现状

美国军机适航性初期,除战术性能要求由军方原来程序控制外,在专管全国民用航空的管理机构 FAA 内设置一个 MCO(军机审定办公室),按管理民用航空器的法规对民转军的飞机进行审定。21 世纪初,美国空军设置了专门的管理机构负责军机适航管理,制定了"美国空军飞机适航性审定"(AFPO 62 - 6),明确美国空军是适航性审定责任的主体,成立了负责领导和管理飞机的适航审查工作的各级机构:适航性审查准则控制委员会机构、航空系统中心和飞机适航审定员等。2002 年 10 月,颁发军用飞机适航性审查准则 MIL - HDBK - 516 作为飞机研制时确定审定基础的基础性文件,适用于所有的有人驾驶和无人驾驶、固定翼和旋翼航空器系统的适航性判定。到 2005 年 9 月颁布了 B 版。MIL - HDBK - 516B 作为军机适航性顶层技术标准具有以下几个特点:以军机作为最终对象,适航性准则要求涵盖发动机、机载成品和材料等所有与飞行安全相关的飞机组成部分,且包含技术状态控制和制造符合性检查等实现军机适航性的研制过程管理要求;提供一套军机型号研制必须满足的、完整的适航性审查准则(类似适航性检查清单,每条准则源于参考的民机适航性规章、军用标准和协会标准等),每条适航性审查准则需要依据相关参考标准转化为适航性设计和验证要求(确定定量的适航性要求)在型号研制中贯彻和验证;MIL - HDBK - 516B 及其引用标准只是用于制定和细化军机适航性要求,适航性设计与验证工作还需要选用大量的行业协会标准和企业标准作为依据。2008 年 2 月 23 日美国空军 B - 2A 隐身轰炸机坠毁事故再一次引起人们对军机适航性的关注和重视,至今美国已将民机研制成功的一套适航管理理念和方法引入到军用飞机研制中,不仅适用于军用运输机,也适用于其他机种;不仅建立了适航标准,也建立了适航管理体系。

英国国防部 2003 年 7 月颁布了 JSP 553"Military Airworthiness Regulations",规则明确了军用航空器适航性管理组织体系、职责、程序及相关要求;2007 年 1 月颁布的规范 STANOO - 970"Design and Airworthiness Requirements"中规定了各类军用航空器设计与适航性要求的内容。

加拿大国防部和澳大利亚空军等也建立了军用航空器适航性管理组织体系和技术体系,颁布了有关规范和手册,明确了军用航空器适航性管理职责、程序以及相关要求、规定了各类军用航空器设计与适航性要求的内容。

欧洲新研制的军用运输机（如 A400M）经过适航性审定，这种飞机不但具有更强的战斗力，而且战时可为军用，和平时期可转为民用，军、民转化比较方便。

13.3.2　我国军用飞机研制管理

以前，我国军用飞机研制过程通常是军方提出要求，经可行性论证选定研制单位，由设计部门整合研制、制造部门生产原型机，试飞部门验证试飞，航定委负责组织审查，提出审查报告，最后办理设计定型。转入批量生产前，与设计定型一样，由航定委负责组织审查，办理生产定型手续。完成定型，飞机就可以交付使用。代表军方利益和立场的军代表在飞机定型过程中，是对研制飞机进行审查的主力，军代表参加研制军用飞机的全过程。

军用飞机既要求有完成任务的战斗性，又要求有时间上的紧迫性。因此，着重考核飞机的作战性能和战斗能力，以战术技术指标和研制总要求为主要审查标准，以军工产品定型程序和要求为审定管理程序，以国家鉴定的验证试飞为主要鉴定方式。无论是设计定型，还是生产定型，军方突出重点，抓住关键点的审定，如将新研制飞机的验证试飞作为鉴定飞机性能和考核研制质量的最主要手段，军方委托给有鉴定能力的试飞单位进行验证试飞，承认其试飞结果，成功验证试飞结束，就意味着设计定型即将成功。

今后，应加强对以美国的 MIL－HDBK－516B 为核心的国内军机适航性技术研究和型号应用力度，反复实践初步形成我国的《军机适航性审定准则》。

在我国开展军机适航性工作中，需要制订一些军机适航性工作管理文件，规范军机适航性工作过程。随着军机型号适航性工作的逐步成熟，可以将型号适航性管理文件提升为管理文件体系，包括顶层适航性管理要求、适航性工作程序文件以及适航性工作文件编写要求等。

目前，我国的军机适航性工作主要以 MIL－HDBK－516B 为基础，在技术、进度、费用等因素约束下完全满足每条适航性审定准则存在一定的困难。因此，有必要借鉴美国的做法，在严格开展型号适航性验证工作的基础上，对于不能满足的适航性审定准则条款开展系统安全性风险评估，按照 GJB 900A 中的原则和方法对残余安全风险进行管理。

依据 MIL－HDBK－516B 制定《型号适航性规范》是确定适航性技术输入的重要工作，可以参考 MIL－HDBK－516B 中的 220 余项引用标准进行。但是在编制完成《型号适航性规范》之后的型号研制贯彻和执行的过程中，还需要研制单位参考和引用大量国内外其他标准来开展适航性工作和验证工作。

我国军机适航性工作必须基于现有军机体系,明确适航性对技术状态管理和制造符合性检查的要求,依托原有工作团队,加强结果评估的方式来开展适航性过程管理工作。

13.3.3　军用飞机研制管理与民用飞机适航管理的比较

军机研制管理与民机适航管理虽然是两个独立并行的管理体系,两者有其不同的管理目标,不同的管理性质,不同的管理特点,在具体管理方法、程序和要求上有所差异,但在大的研制步骤上基本一致,都需制定最基本的审查依据——"装备研制总要求"或"型号合格审定基础"都有试飞验证、设计批准、生产批准和使用监督的过程,军方和民航局都委派有"军代表"或"适航审定代表"监督研制、制造过程等。

无论军用飞机还是民用飞机,最终都是为了投入使用,均有国家级的管理机构用国家规定的法规进行组织审查、鉴定和确认,前者取名为定型,法规简明,后者称之为取证,法规详细;无论是军用飞机还是民用飞机,都要经过设计、生产、试验和试飞后方能进入使用,前者是通过军代表为主要形式的审查,操作简易,后者通过民航组建的审查组进行适航审定,手续严密。

适航理念与军机研制质量管理理念同出一辙,均强调过程监控,但军机研制质量管理是阶段评审管理模式,主要是关键点控制,对研制全过程的审查远不如民机适航审定深入,适航理念强调的是全节点、全寿命监控,从设计、制造、使用及维护环节实行全过程监控与管理,不仅要审定最终产品,更要依次审定研制过程中的各个环节,一旦发现问题,马上纠偏,并具有可追溯性,以确保航空器的完整性和安全性。适航管理要求更高、规定更细和控制更严,管理深入有效,方法配套成熟,程序要求更严更细更全面具体,具有很强的可操作性,适航性要求必须表明其符合性,是系统的保证。

从总体看,军用飞机定型和民用飞机取证都是为了使产品能很好地投入使用,都要经历设计、生产、试验和试飞的主线,合格的产品才能放行。它们的本质和主线是一致的,两者存在有机结合和互补互促的可能性空间,同时也说明世界上一些有强大实力的飞机公司具有双料本领——既能研制军用飞机又能研制民用飞机。

13.3.4　军用运输机适航性原则与思路

民机适航性理念和管理经验引入军用运输机是为达到安全性的要求。军用运输机适航性必将使军用运输机的研制质量和管理水平达到一个更高的等级。

1) 军用运输机要符合适航性的必要性

(1) 提高军用运输机的安全性。

国外军用运输机的安全性随着大量借鉴民机适航理念在逐年提高,通过军用运输机研制贯彻适用的适航标准,对其适航性进行有效的控制和管理,军用运输机的性能设计要求与适航性要求的有机融合使在设计的源头保证飞机的安全性,保证飞机在预期军事用途和使用条件下的安全运行能力,不但在使用上得到实惠,而且对军用运输机的发展极为有利,有利于和平时期军用武器少而精的原则,有利于"军转民"的过渡。

(2) 提高军用运输机的研制质量、提高军用运输机的质量保证体系。

一个成功的新型号,从本质和长远来看,突出反映在产品的研制质量上,唯有高质量的产品,才能赢得信誉;唯有高安全性的机种,才有发展的潜力。通过军用运输机的适航实施,变分段管理为全过程监控,变阶段评审为全寿命周期适航审定,保证质量符合性,减少偏离,改进完善现有的军用运输机的质量保证体系,提升军用运输机质量管理体系的有效性,以促进军用运输机研制质量的提高。

(3) 促进我国军用运输机研制与国际标准接轨。

美国从 20 世纪 90 年代开始研究军用运输机的适航问题,2002 年颁布"军机适航审定准则",其目的就是不断提高军机的安全性。欧洲研制的军用运输机 A400M 的一个卖点就是在满足性能指标的同时也达到了民用飞机的高安全水平。借鉴 C-17、A400M 等国外军用运输机的经验,通过军用运输机适航性的开展,推动我国军用运输机研制逐步与国际标准接轨,培养、造就一支既懂技术又懂适航的军用运输机研制队伍,满足未来军用装备对飞机适航安全性的迫切需求。

2) 军用运输机适航性原则和思路

开展军用运输机适航性工作,是一次大胆尝试和重大实践,是一项挑战性工作。同时,军用运输机适航工作的开展必然对现有的军机管理模式带来冲击和适应性调整,也会对现有的军机研制技术水平提出挑战,因此要充分认识和高度重视转型阶段的长期性和艰巨性。

(1) 我国军用运输机适航性原则。

a. 有利于提高军用运输机的研制质量。军用运输机的适航性工作要立足于现有军机研制管理模式及国内航空工业现状,将军机研制与适航理念有机地融合,在研制单位现有技术水平现状下,不脱离现有军机研制管理模式,不照搬国外军机适航模式,充分利用、整合现有的资源,建立适合我国军机研制的适航标准、程序及审定体系,将适航技术和管理经验运用到型号研制中,提高军机研制质量和飞行安全水平。

b. 技术上可达到,进度上可接受。适航要求依托航空工业的技术现状,适航标准是在兼顾技术上的可达性和经济上的可接受性后制定的,并随着飞机性能与设计技术的不断提高而提高。其中军机研制所有系统及设备均由国内研制,在确定适用的适航标准时,要立足于我国军机研制水平(尤其是机载设备研制水平),根据型号特点进行必要的"剪裁",以得到一套适用、完整、必要的适航性准则,在技术上达到合理可行,研制进度影响上可接受。

c. 全部适航性设计。按照确定的军用运输机适航性审定基础,各专业需全面开展适航符合性设计工作,将适用的适航标准贯彻到设计的各个环节,在源头保证飞机设计的完整性和安全性。

d. 先适航技术标准,后适航技术管理。首先,考虑到军用运输机与民用飞机的使用环境、使用限制不同,其适用的适航标准必须有所不同,军用运输机的适航标准的确定和落实,需综合考虑它的安全要求、研制特点、国内航空工业技术现状及研制进度。其次,基于现有军机研制管理模式及管理程序框架下,编制军用运输机研制的顶层安全设计要求和军方适航审定准则;编制军用运输机适航审定管理程序、试验验证、适航性管理及适航联络等方面的管理程序,指导军用运输机适航工作的顺利开展。

(2) 我国军用运输机适航性思路。

军用运输机适航性审定责任主体是军方,适航性的设计与验证是主研制方及各参研单位;军用运输机的适航管理,在仍沿用军机的研制程序(立项论证→方案→工程研制→设计定型→生产定型)的同时,强调全过程、全寿命的安全控制与管理。军用飞机适航性关键是要有合适的适航标准和管理程序,思路如下:

a. 先学习消化(学习民用运输机的适航理念和经验、学习民用运输机的适航技术标准和管理文件、学习美国军用飞机适航性审定准则等),再编制(适航技术标准、保证手册、审定管理程序等)。作为军用运输机,既要满足军机的性能要求,同时又要满足运输类飞机的最低安全要求,审定的基础性文件的编制建议结合型号研制总要求进行选择,以现有的国家军用标准规范为主体,针对性地引入适航标准条款和行业协会标准的技术内容,采用"A+B"形式,A 为满足军事用途(如空投空降等)的军用安全标准(用于保证军事任务的安全性),B 为适用于运输机的 CCAR‑25 条款和行业协会标准(用于保证技术平台的适航性)。

b. 确定适航性审定基础、建立设计保证系统。一个高效的设计保证系统是提高飞机研制质量的保证,对军用运输机的适航工作要大力推进设计保证体系的建立,通过设计保证系统的有效运转,控制和监督研究过程中的所有适航活动,确保产品的设计质量,同时编制设计保证手册(涉及组织机构、职责、资源、程序、符合性检查表等)作为研制方适航工作的顶层文件,明确组织机构、责任、资源配置和工作程序,控制和监督从设计开始,经过分析和试验阶段、符合性验证阶段,一直到最后提交设计符合性报告而获得设计批准的整个过程。

c. 建立一个能覆盖所有参研单位的军用运输机的适航工作与审定系统、高效的军用运输机适航审定机构,以落实适航性控制与管理要求;构建军用运输机适航技术体系,建立参研单位与军方适航审定方的协调与交流机制,以利于各项工作全面展开。

d. 开展关键性技术(如复杂系统的安全性评估、机载设备的认证、先进航空材料的应用、管理水平等)的研究。

e. 开发军用运输机适航信息管理系统,进行全系统、全专业的适航培训。

13.4　设计准则

之所以需要适航审定,是为了保证新型号达到可接受的安全水平,适航审定不是用来发送大型运输机的经济性或使用能力。与此相反,设计准则是新型号对其严格遵守就能达到满意的设计效果的指导原则。因此,设计准则既涵盖了适航规章没有述及的设计方面的问题,又给满意的特性下了定义,而不像适航规章那样只规定了最低可接受的特性。设计准则是设计目标,不一定完全达到。

从以上描述显见如下两点:

(1) 设计准则纳入相关适航规章的要求。

(2) 设计准则纳入该设计机构,不必与其他设计者共享原先的经验。

多年来,适航规章不断扩充和改进。结果是飞机的最低可接受特性和满意的特性之间的差距一直在缩小。

飞机工业界审慎地跟踪着这一进程。适航规章涉及的范围日益扩大,使得在各种各样的设计要求之间寻求面向市场有诱人之处的折中方案,任务越来越苛刻。另外也不应该将适航规章单独作为设计准则。

适航规章和设计准则与本身含有空气动力设计要求的性能指标不应混为一谈。从性能指标出发,计及适航规章的要求,导得 $C_{L_{\max}}$、L/D、抖振边界等参数的设计值。不过与其认为适航规章是商业意义上最优设计的促进因素,倒不如说它更是一种约束。

制订性能指标完全是设计师/制造商的职责。

旨在保证安全性的适航规章与对飞机飞行品质的要求可以互相联系在一起。例如,"满意的"飞行品质特性和良好的稳定性减轻了驾驶员的疲劳,使其有可能分配精力于实际驾驶飞机、执行其他驾驶舱内任务并对飞机外部情况保持关注,这就增强了飞行的安全性。

14 大型运输机的改进改型

14.1 民用运输机的改进改型

民用飞机的改型设计是针对一种已有的基本型飞机做局部性更改,以实现某种特定的性能或使用要求。

适航规章对改型飞机的规定:

如果飞机属于大改,即对飞机的总体、气动、重量、平衡、结构、强度、可靠性、使用特性和噪声特性等的飞机适航性影响大的改进。在民用飞机适航性问题上,通常需与适航当局或与其代表商定。

对改型的飞机,可以有两种方式获得适航认可:

(1) 通过更改原"型号合格证"及数据库;

(2) 通过颁发"型号合格证""及补充型号合格证数据库"。

对飞机的设计、构型、动力或重量的更改过大,适航当局认为有必要对该型号的适航性进行全面的审查时,则需重新申请型号合格证,按新型号处理。

改型设计的内容:

(1) 飞机用途的扩展。

如客机改为货机、改为加油机、改为预警机和改为载机等。

(2) 飞机性能的改进。

更换推力更大的发动机,或改用耗油量更小的发动机,以提高性能、改善经济性等。

如波音 737 - 200 飞机改为波音 737 - 300 时,要更换大推力的发动机,使飞机性能大有提高,但新发动机的直径也加大了,为了使波音 737 - 200 的起落架高度保持不变,只能压缩新发动机的进气道,使其唇口离地高度与波音 737 -

200 的相同,结果使进气口外形变成"窝头型"。还有 A320 - 211、212、214、231、232、233 都是更换不同的发动机。

(3) 型号的系列发展。

每一种新的干线飞机型号的取证并进入市场,既标志着该型号开发研制期的终结,同时又揭示了针对市场需求以改进改型为特点的发展期,用系列化的型号来覆盖更大的市场要求。干线飞机发展史表明,凡销售量大的都是改进改型最多的机种,如波音 737 - 100~波音 737 - 900,有 9 种改型。

14.1.1　客机改成货机

空客公司的 A300 - 600 民航机改成 A300 - 608 超级运输机(见图 14 - 1),其目的是把空客公司的各成员国生产的飞机部件如英国生产的机翼、德国生产的机身中段等都要用这种超级运输机运到法国图鲁兹去总装,研制这种超级运

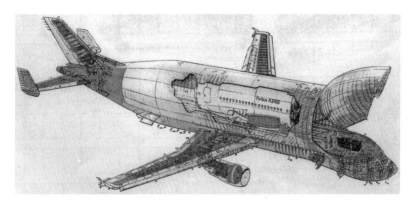

图 14 - 1(a)　A300 - 608 超级运输机把 A340 飞机的机身中段运往法国图鲁兹
　　　　　　进行总装

图 14 - 1(b)　A300 - 608 超级运输机准备装运第一架 A340 - 600 机翼

输机同样适用于我国的民用飞机的生产情况,因为我国成都、西安、南昌和沈阳生产的飞机大部件运往上海总装。

由于 A300‐608 超级运输机的机身比 A300‐600 的机身既高又大,使方向安定性减小,所以在水平尾翼的两端各加了一块端板,以增加该机的方向安定性。

14.1.2　民用飞机改成空中加油机

1) 任务与功能

空中加油机的任务是专门为军用飞机进行空中加油,以增加航程和留空时间,它是进行作战支援的特种飞机。

空中加油技术在现代战争中得到广泛应用,已成为军用飞机完成战斗或运输任务的重要手段。并已列为各国军用飞机的常规功能。如美国军用规范规定:"所有新机都应具有空中加油能力,或者具有供空中加油使用的空间结构措施。"

空中加油的主要作用在于:

(1) 从飞机设计的角度看,空中加油是在飞机最大起飞重量受限制的条件下,在其有效装载范围内,实现载油量和载弹/载货之间的调节,用减少载油量来增加载弹量/载货量;而减少的载油量在飞行途中由空中加油机进行补充。可见,空中加油已成为设计师解决飞机结构重量与飞行性能要求矛盾的重要措施。

(2) 从改进战斗机或军用运输机的性能来看,空中加油可以延长其留空时间,增加飞机航程和作战半径,实践表明,军用飞机经过一次空中加油,航程可增加 30%,经过二次空中加油,航程可增加 70%。

在现代战争中,预警机、巡逻机等特种飞机由于机载设备多,其留空值勤时间受到了影响。为了保持空中巡逻和警戒,出动的飞机架次就很多,如果能够进行空中加油,少量的飞机就可以完成任务。例如,美国空军的 E‐3 预警机、RC‐135 侦察机经过一次空中加油后,可增加留空活动时间 2～4 h。

(3) 从空中加油机在战争中的作用看,空中加油可以减少作战飞机对机场,特别是前线机场的依赖。在执行空袭任务时,无须事先在前线机场集中,可以从后方机场起飞,经过长途奔袭,增加了空袭的突然性。同时,由于可进行空中加油,实施攻击的飞机也可以携带更多的攻击武器,加大攻击力度。

2) 技术特点

(1) 组成。

空中加油机的功能和任务表明,空中加油机实际上是运输油料并在空中进行加油的运输机。因此,目前使用的空中加油机,除美国的 KC - 135 是专门设计的以外,其余都是以运输机或轰炸机作为基本飞机改装而成。例如,KC - 10A 是美国麦道公司用 DC - 10 - 30F 民用运输机改装的。

空中加油机由两部分组成:

一是空中加油机的燃油系统。除了运输机原有的燃油系统外,改装为加油机时,必须增加辅助油箱,它一般布置在机身地板下,靠近重心附近。

二是空中加油设备,目前有两种通用的加油装置:

① 硬管式加油系统,又称伸缩套管式加油系统。主要用于对战略轰炸机和运输机进行空中加油。伸缩套管包括伸缩主管和套管,配置在加油机尾部下方,在专门的加油操作舱内。配备 1～2 名空中加油操作员;受油机的座舱前部/后部的机身上方配有受油滑槽和加油口。伸缩套管上安装有升降舵和方向舵以及提升索,依靠加油操作员在操作舱中目视操作。当需要加油的飞机抵近加油机时,加油导管操作员可将导管头插入飞机的受油管进行加油。

② 软管式加油系统,又称插头-锥套式加油系统。与硬管式相比,结构简单,自成体系,便于拆卸,得到了更广泛的应用。

(2) 使用环境。

实际使用的加油-受油任务区,可能就在空战区或其附近,为了安全,应尽量隐蔽地实施加油作业,这就可能要在恶劣的环境条件下实施加油。

为保证在恶劣条件下安全、顺利地加油,主要的应对措施有如下几种:

① 加油机和受油机都配备全球定位系统;

② 飞机上安装飘移小的惯性导航系统;

③ 采用密码数据链的雷达系统,前提是应在空中预警或地方控制系统的覆盖范围内。

3) 使用特点

专用加油机,为需要空中加油的军用飞机进行加油。

空中加油过程包括会合、对接、加油和解散四个程序。空中加油会合空域,要求天气少云,能见度大于 10 km;由于加油时飞机需要保持平衡,要求加油作业区不能有明显的垂直气流。

应用广泛的软管式加油系统的输油软管一般长 16～30 m,外端有输油锥管和伞状锥管,内有加油接头。受油机机头或翼上安装一个固定或可收放式的受油管。实施加油时,加油机上的人员打开输油管卷盘装置,伸出锥套,锥套受气流作用后展开,将输油管拖出,由加油机拖着,飘浮在空中,随加油机向前运动。

受油机从加油机后下方接近加油机,并缓慢增速,使受油管插头对准加油管伞状锥套,受油机增速将受油管插入锥套,并顶开输油管末端的单向阀,加油机的燃油开始输油。

在加油过程中,加油机重量不断减轻,受油机重量不断增加并处在加油机的尾流场之中,为了保持加油状态,加油机和受油机驾驶员都必须不断操纵飞机保持姿态。

美国的 DC-10 和波音 767 民用飞机分别改成空中加油机 KC-10A 和 KC-767。

KC-10A 空中加油机(见图 14-2)的最大起飞重量为 267 620 kg,最大载重航程为 6 110 km,机舱中所载的 53 000kg 燃油和主燃油系统中的 108 000 kg 燃油是相通的。最大燃油为 161 000 kg,至 1979 年底共有 20 架订货,美国空军对 KC-10 的总需量为 60 架以上。

图 14-2　KC-10A 空中加油机正在给 C-17 军用运输机加油

KC-767 空中加油机均以波音 767-200ER 为平台(见图 14-3),总载油量为 114 168 L,其中机翼中的 90 774 L 为波音 767-200ER 客机的标准载油量,另外还在客舱地板下方加装了总容量为 23 394 L 的燃油。在距基地 926 km (500 n mile)处执行空中加油任务时,可为受油机提供 70 000 kg 燃油。后机身下面安装有伸缩套管(硬管),每侧机翼下还有一个软管-锥套式加油吊舱。伸缩套管的最大输油率达 3 407 L/min(900 gal/min),每个加油吊舱的最大输油率为 1 514 L/min(400 gal/min)。也可在机身中心线安装软管-锥套加油系统(取消伸缩套管),最大输油率为 3 271 L/min(600 gal/min)。

图 14 - 3　KC - 767 空中加油机正准备给 F - 15 战斗机加油

　　KC - 767 加油机的一个重要特点是采用了先进的加油作业操作技术。该机在驾驶舱后部安装有遥控空中加油操作员 II 工作站,在电视摄像机和头盔显示器及视频处理技术的帮助下,空中加油操作员可对加油作业进行控制。伸缩套管采用电传操纵控制,翼下吊舱中的软管-锥套采用液压驱动。

14.1.3　民用飞机改成预警机

　　E - 3 是根据美国空军"空中警戒和控制系统"计划研制的全天候远程空中预警机。有下视能力,能在各种地形上空监视有人和无人驾驶飞行器。

　　E - 3 空中预警机是从波音 707 - 320B 型民航机为基础,更换发动机,加装旋转天线罩与电子设备而成(见图 14 - 4)。主要改变包括加强了部分机身结构,增大了电源系统功率,集成了任务系统,在机身背部布置了带有支撑结构的

图 14 - 4　E - 3 预警机

蘑菇形预警雷达旋转天线罩,其直径为 30 ft(9.14 m),厚度为 6 ft(1.83 m),总重约 5 352 kg,由 2 个支架支撑在距离机身 11 ft(3.35 m)处。有前后两个透波罩,均由玻璃纤维增强树脂材料制成。在机身上布置较多的天线,同时取消了原客机段两侧的大多数舷窗等。

机械电子设备以有下视能力的脉冲多普勒雷达为核心,通过机载计算机的控制把机载各电子设备分系统结合为一整体。该系统目标处理容量大,抗干扰能力强,能有效地与友军进行通信联系。

当 E-3 在 9 000 m 的高度上值勤巡航时,能以不同雷达工作方式有效探测半径 370 km 范围的高空与低空空中目标、水上目标,并能通过舰船和车辆上的获取己方陆、海军的展开情况,向空中指挥员显示完整的陆、海、空军态势,以便实施指挥己方的空中力量完成截击、格斗、对地/对海支援、遮断、空运、空中加油、空中救援等各种空中作战任务。

E-3 预警机于 1977 年 3 月第一架交付使用。

目前,波音公司正在对美国和北约的 E-3 预警机进行升级。开发现代驾驶舱和航空电子设备,升级后的驾驶舱主要包括 5 个主要显示设备,为正、副驾驶员提供飞机发动机、导航和雷达数据,机组人员的数量从 4 人减到了 3 人。罗克韦尔公司将提供包括显示系统、大气数据和飞行管理计算机在内的飞行管理系统。安装工作按计划从 2013 年第三季度开始,最先改进北约的空中预警机。2014 年开始改进美国的平台,所有工作在 2015 年底前完成。

波音公司的 E-767 预警机(见图 14-5)是美国 E-3 的出口型,这两种飞机的天线罩大小和厚度完全一样。

图 14-5　E-767 预警机

14.1.4　波音747飞机改成"奋进"号航天飞机的载机

由于波音747飞机背负"奋进"号航天飞机(见图14-6),除了要加强机身上部的结构外,还给载机带来方向不安定性,所以在平尾两端各加了一块端板,目的是为了克服方向不安定性。

图14-6　波音747飞机为"奋进"号航天飞机的载机(在飞行中)

14.2　军用运输机的改进改型

1) 军用运输机改成空中加油机

大型军用运输机是部队快速反应、远程机动的关键空中运输和空投、空降装备,是抢险救灾和人道救援的重要运输手段,也是发展特种飞机——预警机、电子战飞机、加油机等的理想平台,在现代国防和经济建设中具有重要作用。

图14-7为伊尔-76军用运输机改为空中加油机伊尔-78M。

图14-7　伊尔-78M正在给苏-27战斗机进行加油

2）军用运输机改成预警机

图 14-8 为军用运输机伊尔-76 改为预警机伊尔-76SK 预警机。

图 14-8 伊尔-76 军用运输机改为伊尔-76SK 预警机的模型

3）军用运输机改成航天飞机的载机

超大型军用运输机安-225 改成背负航天飞机"暴风雪"号的载机，如图 14-9 所示。

图 14-9 背负"暴风雪"号航天飞机的安-225 六发涡扇战略运输机

15 几种典型的大型运输机介绍

15.1 波音 777 民用运输机

15.1.1 概述

波音 777 是美国波音公司研制的远程双发涡扇宽体客机,应该说是目前在航线上使用的非常先进的民用飞机,它可实现环球飞行。

波音 777 - 200 是其基本型,1990 年宣布项目上马,1995 年 4 月获得 FAA 型号合格证并在当年 5 月交付使用,其三面图如图 15 - 1 所示。在设计过程中,该机是世界上第一架采用 100%数字化设计和虚拟装配的客机。在计算机上进行数字化预装配、设计更改,使返工率减少 90%以上,装配问题减少 50%～60%,开发费用和时间均降低 50%。

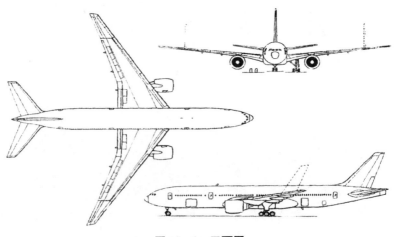

图 15 - 1 三面图

该机最大起飞重量为 229 520 kg。双通道客舱布局,两级客舱布局载客 375~400 人,三级客舱布局载客 305~328 人,全经济舱布局载客 418~440 人。该机还发展了三种型别。

1996 年 6 月宣布研制波音 777 - 300 飞机,它是波音 777 - 200 的发展型。前者机身较后者长 10.13 m(机翼前加长 5.33 m,机翼后加长 4.80 m),从而增加了载客量,最大起飞重量达到 298 370 kg,与波音 747 飞机相比,波音 777 - 300 装同样数量的旅客,只要 2/3 的燃油成本,减少 40% 的维护费用。该机于 1998 年 5 月获得 FAA 型号合格证,于同月交付使用。该机还发展了四种型别。

1) 设计特点

机翼　采用超临界翼型,具有低阻和高速巡航能力,悬臂式下单翼,1/4 弦线后掠角 31.30°,无翼梢小翼。波音 777 飞机的机翼前缘区上表面采用其他飞机上并不多见的涡流发生器,以提高机翼的失速特性。每边机翼的外侧有 6.4 m 可向上垂直折叠,以降低对机库门的宽度要求。

有液压作动的电传操纵,方向舵有配平调整片,每侧机翼前缘有 6 段缝翼,中翼段有后缘单缝襟翼,内翼段为后缘双缝襟翼,内外襟翼之间有襟副翼。单缝襟翼前有 5 块扰流板,双缝襟翼前有两块扰流板。机翼后缘外侧为副翼。

动力装置　波音 777 - 300 飞机采用 2 台普惠公司 PW4090,单台推力 401 kN,或用 PW4098,单台推力 436 kN;也可选用 2 台罗-罗公司遄达 884,单台推力 372 kN,遄达 492,单台推力 410 kN;波音 777 - 300ER 采用 2 台通用电气公司的 GE - 90 - 115RI,单台推力 512 kN。

技术数据(波音 777 - 300 飞机)

外部尺寸

翼展(300 ER)	64.80 m
展弦比	8.7
机长(300, 300 ER)	73.86 m
机身长度(300)	73.08 m
机身最大直径	6.20 m
机高(300)	18.49 m
(300 ER)	18.57 m
平尾翼展	21.52 m
主轮距	10.97 m
前后轮距	31.22 m

客舱门(4 扇/5 扇,每侧)

高×宽   1.88 m×1.07 m

前货舱门(右):高×宽   1.70 m×2.69 m

后货门(右):高×宽   1.70 m×1.78 m

散货舱门(右):高×宽   0.91 m×1.14 m

内部尺寸

客舱

长度(300)   59.21 m

最大高度×最大宽度   2.39 m×2.87 m

地板下货舱总容积(300)   213.8 m^3

面积

机翼(短翼展)   427.8 m^2

副翼   7.11 m^2

后缘襟翼   67.13 m^2

缝翼   36.84 m^2

内侧扰流板   8.67 m^2

外侧扰流板   14.34 m^2

襟副翼   6.69 m^2

水平安定面   101.26 m^2

垂直安定面   53.23 m^2

升降舵(含调整片)   25.48 m^2

方向舵(含调整片)   18.16 m^2

重量和载荷

[标准起飞重量:波音 777 - 300,368 人(30/84/254);波音 777 - 300ER,370 人(12/42/316)]

使用空重   波音 777 - 300   158 030 kg

     波音 777 - 300ER   167 830 kg

最大燃油重量   波音 777 - 300   135 845 kg

     波音 777 - 300ER   145 540 kg

最大起飞重量   波音 777 - 300   263 080 kg

     波音 777 - 300ER   345 050 kg

最大着陆重量   波音 777 - 300   237 680 kg

	波音 777 - 300ER	251 290 kg
最大无油重量	波音 777 - 300	335 636 kg
	波音 700 - 300ER	237 680 kg
最大翼载	波音 777 - 300	614.9 kg/m²
最大功率载荷	波音 777 - 300	328 kg/kN
	波音 777 - 300ER	337 kg/kN

性能

巡航马赫数		*Ma*0.84
进近速度	波音 777 - 300	276 km/h
	波音 777 - 300ER	278 km/h
初始巡航高度(国际标准大气,10℃)		
	波音 777 - 300	10 975 m
	波音 777 - 300ER	9 845 m
起飞场长(30℃)	波音 777 - 300	2 759 m
	波音 777 - 300ER	3 200 m
着陆场长	波音 777 - 300	1 844 m
设计航程	波音 777 - 300	7 185 km
	波音 777 - 300ER	11 556 km

图 15 - 2 为波音 777 - 300 飞机的结构和总体布置。

1	玻璃纤维雷达罩	14	空速管和迎角传感器
2	气象雷达扫探天线	15	前轮液压操纵作动筒
3	ILS 下滑道天线	16	向前收起的 2 个前轮
4	前承压框	17	前盥洗室
5	方向舵脚蹬	18	前客舱门
6	全屏蔽仪表板	19	地板下电气和航电设备舱
7	风挡雨刷	20	登机门廊
8	电加温风挡玻璃	21	储藏室
9	头顶系统开关板	22	前厨房
10	2 个观察员座椅	23	右服务/应急出口舱门
11	2 人驾驶舱	24	客舱隔板
12	机组人员衣柜/行李箱	25	头等舱(30 座)
13	前起落架轮舱	26	客舱窗玻璃板

BOEING 777-300

图 15 - 2　波音 777 - 300 飞机的结构和总体布置

27　机身框架和长桁结构	59　克鲁格襟翼
28　释压出流活门	60　反推力装置叶栅
29　地板下前货舱	61　右发动机短舱
30　LD3 行李集装箱	62　短舱挂架
31　向外开的货舱门	63　机翼油箱无油隔舱
32　客舱舱壁装饰板	64　机翼长桁
33　ATC 天线	65　蒙皮壁板
34　前客舱调节空气分配管	66　燃油通气管
35　中客舱隔框	67　通气防波油箱
36　防撞信标(红色)	68　前缘缝翼传动轴和齿轮箱
37　VHF 天线	69　安装在滑轮上的缝翼导轨
38　中央厨房	70　6 段外侧前缘缝翼
39　侧壁盥洗室	71　右航行(绿色)和频闪(白色)灯
40　前客舱门/应急出口	
41　机翼/短舱检查灯	72　后航行灯(白色)
42　空调立管	73　右副翼
43　经济舱(84 座)	74　副翼复式液压作动筒
44　前机身加长框	75　应急放油装置
45　客舱舱壁隔音层	76　右外侧扰流板
46　纤维复合材料地板梁	77　襟翼铰接操纵连杆
47　调节空气分配管	78　外侧单缝襟翼
48　机翼前梁	79　11 号(和左 4 号)扰流板限制行程
49　机翼中央段传载结构	
50　中央段整体燃油箱	80　内侧下垂副翼(襟副翼)
51　中客舱入口/应急出口	81　襟翼传动扭力轴
52　机加地板梁	82　螺旋千斤顶右角齿轮箱
53　中机身框架和长桁结构	83　内侧襟翼铰接操纵连杆
54　1 号卫星通信高增益天线	84　内侧扰流板
55　右机翼整体燃油箱	85　内侧双缝襟翼段
56　短舱吊挂后安装支柱	86　ADP 天线
57　安装在吊挂上的燃油箱	87　机翼后梁
58　前缘缝翼内侧段	88　受压地板

148 经济舱中客舱舱门/应急出口

149 复合材料翼根后缘整流罩

150 液压系统空气驱动辅助泵

151 左内侧双缝襟翼

152 内侧扰流板

153 襟翼内侧导轨

154 钛合金主起落架支承梁

155 预先关闭的主轮舱门

156 主起落架支柱枢轴架

157 扰流板液压作动筒

158 左襟副翼

159 CFRP 襟翼结构

160 左外侧扰流板

161 机翼铰接整流罩

162 外侧单缝襟翼

163 左应急放油装置

164 CFRP 副翼结构

165 左外侧副翼

166 静电放电刷

167 后部航行灯(白色)

168 翼尖整流罩

169 左侧频闪灯(白色)

170 左侧航行灯(红色)

171 左侧前缘缝翼段

172 前缘缝翼肋结构

173 机翼壁板检修口

174 机翼下蒙皮/长桁壁板

175 双梁机翼抗扭翼匣结构

176 机翼翼肋

177 左机翼整体燃油箱

178 前缘缝翼导轨安装肋

179 压力加油/放油接头

180 缝翼除冰空气导管

181 6 轮小车式主起落架

182 后部一对可操纵机轮

183 主起落架支柱

184 液压收放作动筒

185 侧撑杆

186 机身腹部空调组件

187 发动机引气导管

188 着陆和跑道滑出口标志灯

189 复合材料机翼前缘根部整流罩

190 空调系统热交换器进气道

191 前缘缝翼驱动马达

192 前缘缝翼内段

193 短舱吊挂连接接头

194 左短舱挂架

195 短舱导流片

196 CFRP 发动机整流罩

197 进气道前缘引气除冰

198 RR TRENT 涡扇发动机

199 辅助设备齿轮箱

200 风扇外壳

201 FADEC 控制系统

202 发动机前安装架

203 发动机引气预冷器

204 推力支柱

205 发动机涡轮部分

206 发动机后安装架

207 核心发动机排气喷管

208 风扇空气排气管

209 反推力装置叶栅和折流门

210	滑油冷却器		助设备齿轮箱和滑油箱
211	铰接-侧整流罩板	214	GE90-100B 替换发动机
212	PW4090 替换发动机	215	发动机安装座和推力支柱
213	安装在核心发动机上的辅		

15.1.2 波音 777 飞机增升装置的空气动力设计

1) 波音 777 飞机在设计增升装置时所考虑的影响因素

要考虑客户的要求、设计准则和工艺性。在增升装置的空气动力设计中要得到结构和系统工程师的密切配合,才能完成增升装置的详细设计,方可得到最佳方案。

增升装置设计要达到目标设计参数要求,如 $C_{L_{max}}$ 和 L/D。

失速特性也是增升装置设计中必须考虑的一个问题。

在增升装置设计中把计算流体动力学(CFD)与风洞试验相结合,在飞行雷诺数下通过试飞验证,达到最终满意的增升装置设计构形。

波音 777 飞机的增升装置设计过程如图 15-3 所示。

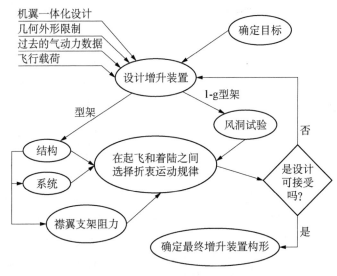

图 15-3 增升装置设计过程

2) 波音 777 飞机的增升装置设计

(1) 前缘增升装置设计。

a. 前缘缝翼。具有内侧和外侧缝翼、发动机挂架处的克鲁格襟翼和发动机短舱上的涡流控制装置。其平面布局如图 15-4 所示。

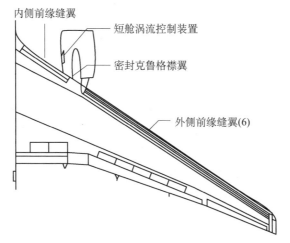

图 15 - 4　波音 777 飞机的前缘增升装置

　　前缘增升装置的剖面形状如图 15 - 5 所示。包括克鲁格襟翼、可变弯度克鲁格襟翼(VCK)和前缘缝翼。

克鲁格襟翼　　　　　可变弯度克鲁格襟翼　　　　　3位前缘缝翼

图 15 - 5　前缘增升装置形式剖面图

　　内侧机翼前缘增升装的权衡研究如图 15 - 6 所示。在该图上，3 位前缘缝翼和 2 位克鲁格襟翼做了比较，对着陆来说，为了减小着陆进场速度，$C_{L_{\max}}$ 是一个重要参数。特别是相对双发动机飞机，阻力是特别重要的，优化前缘增升装置将提供小的起飞阻力（具有 $C_{L_{\max}}$ 足够大的情况下）以满足进场速度目标。对于波音 777 飞机来说，内侧机翼选择前缘缝翼。

　　对于发动机外侧的机翼前缘已做

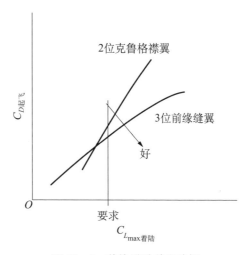

图 15 - 6　前缘增升装置选择

了权衡研究,早期机翼前缘有小的半径,这有助于安装可变弯度克鲁格襟翼,当机翼前缘半径增大时,它变成一个更好的可选方案。前缘增升装置的设计也可导致巡航机翼有小的改变。

前缘缝翼有 3 个位置,以优化起飞、巡航和着陆(见图 15-7)。

对于起飞状态,缝翼密封于机翼前缘。当与有缝的前缘缝翼相比较(见图 15-8),这种状态阻力最小。在这里,高雷诺数风洞试验数据表明,对于这种构形来说,缝翼都会使阻力增加。同时也能看出,很小的缝隙并有渗出气流,实际减小了最大升力能力,并低于密封襟翼。对于起飞缝翼,构形高度和偏度是变化的,为了满足优化位置,要在阻力、最大升力系数和失速特性之间权衡。

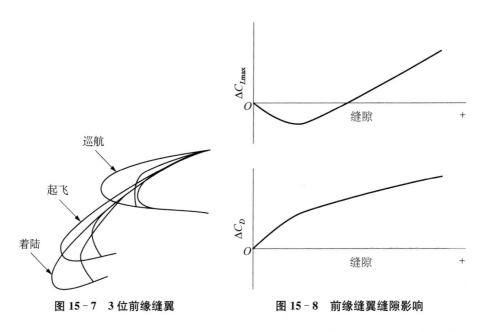

图 15-7　3 位前缘缝翼　　　　　图 15-8　前缘缝翼缝隙影响

在波音 777 飞机上,保证了起飞构形的失速特性,建立具有缝翼为密封位置安装了自动缝隙装置以改善失速特性。在这个正常使用速度时,当迎角接近失速时,这个自动系动引导缝翼展开到着陆(有缝隙)位置。这增加了失速余量,而没有导致阻力代价(见图 15-9)。

b. 密封克鲁格襟翼。因为发动机与机翼为近距耦合(见图 15-8),所以内侧前缘缝翼与发动机挂架是不密封的,使前缘缝翼在挂架处是不连续的,有一缝槽,这会影响最大升力,也会影响阻力(见图 15-10)。

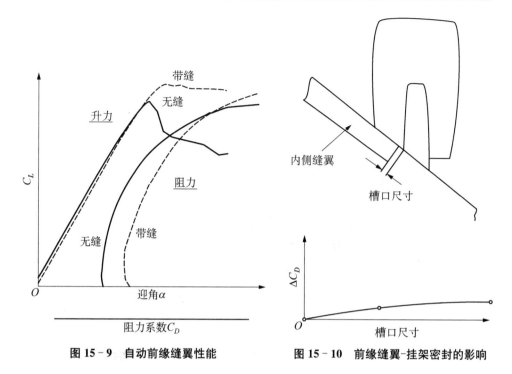

图 15 - 9 自动前缘缝翼性能

图 15 - 10 前缘缝翼-挂架密封的影响

由于挂架/短舱与前缘缝翼之间的几何关系非常复杂,使得气流流动也很复杂。为了解决复杂的气流情况,在挂架处的机翼前缘装有密封的克鲁格襟翼(见图 15 - 11)。

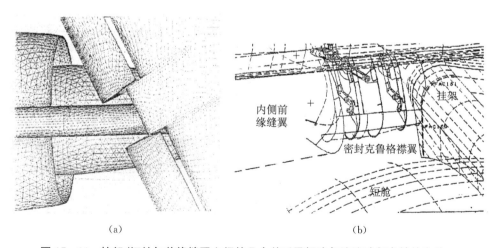

(a)　　　　　　　　　　　　　(b)

图 15 - 11 挂架/短舱与前缘缝翼之间的几个关系及解决气流流动复杂性的方法

(a) 挂架/短舱与前缘缝翼之间的几何关系　(b) 密封克鲁格襟翼安装

另外在发动机短舱表面内侧安装涡流控制装置(见图 15 - 12),这个装置产生绕过机翼上表面的强涡流后以减小对 $C_{L_{max}}$ 干扰影响(见图 15 - 13)。

图 15 - 12　短舱上涡流控制装置

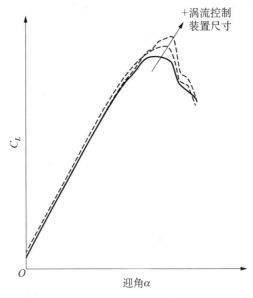

图 15 - 13　短舱上涡流控制装置及其影响

(2) 后缘增升装置设计。

波音 777 飞机的后缘增升装置是由内侧双缝襟翼、襟副翼、外侧单缝襟翼和下垂外侧副翼组成,其平面布局如图 15 - 14 所示。

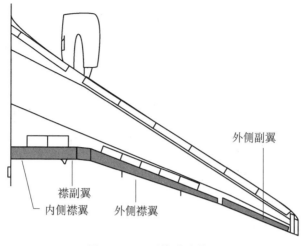

图 15 - 14　后缘增升装置

正如前缘缝翼那样,后缘襟翼设计也强烈受到着陆要求的影响,不仅最大升力必须足够大,以达到希望的进场速度。而且在这种速度时的飞机姿态要考虑两个方面:飞机太高姿态可能会引起后机身触地,太低姿态就意味着前起落架先触地。

后缘襟翼的位置如图 15 - 15 所示。该图可优化扰流板的位置。

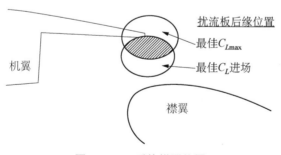

图 15 - 15　后缘襟翼位置

评价襟翼的一个主要方面是地面效应,因为地面反射平面能够影响升力分布和推力效应。这些都会影响后缘襟翼的选择。

波音 777 飞机的后缘襟翼锁定有三种起飞偏度和两种着陆偏度。对于给定的机场-重量组合,这就提供使用者为达到最佳性能或减小进场速度,实现短的场长要求,但是会付出较高的阻力代价。这可能限制发动机停车爬升性能和允许的最大重量。

a. 内侧襟翼：

波音 777 飞机的后缘最后构形为内侧双缝襟翼，为飞机在着陆进场时提供要求的升力。内侧机翼额外升力对俯仰力矩影响不大，如果升力附加在外侧机翼，就会影响俯仰力矩特性。因为升力接近空气动力中心。

b. 外侧襟翼：

外侧机翼后缘为简单的单缝襟翼，在着陆时外侧单缝襟翼锁定在最大偏度（+37°），并且在风洞试验中襟翼上表面出现了气流分离，但是襟翼偏角继续增大，这种气流分离不会对升力产生大的影响。

在设计发展中，方向相同的涡流发生器（VGS）布置在襟翼前缘上表面（见图 15-16）。这类似于波音 767-300ER 外侧襟翼上的情况。涡流发生器使飞机在着陆进场速度时增加升力，因为气流分离减小了（见图 15-17 和图 15-18）。

图 15-16　外侧襟翼涡流发生器

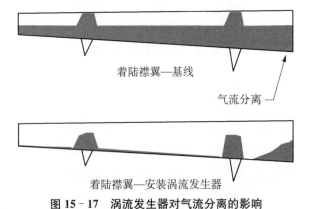

图 15-17　涡流发生器对气流分离的影响

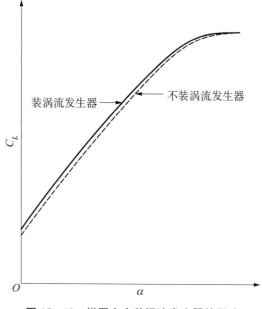

图 15‑18 襟翼上安装涡流发生器的影响

由于大迎角时机翼尾迹叠加在襟翼的吸力峰上,使 VGS 的升力好处减小。对称安装的涡流发生器的效率与平行安装的基本相同。在最后的构形中没有采用VGS。因为 VGS 产生的升力引起进场姿态较低,即在大速度后重心着陆。

c. 襟副翼:

襟副翼作为内侧双缝襟的单缝剖面,类似于在波音 757 飞机上安装的襟副翼。这是为了防止与发动机喷流的干扰,它提供了一个推力门。当它作为高速副翼时,就起操纵面作用,它的铰链线位于机翼下表面。当其偏转时有富勒运动并带有缝隙(见图 15‑19)。折流门铰链在机翼下表面是一个较小的偏转器。它的作用是当襟副翼向上或向下偏转时提供一个较好的几何缝隙。

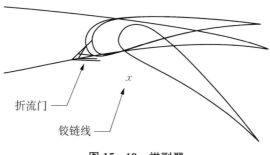

图 15‑19 襟副翼

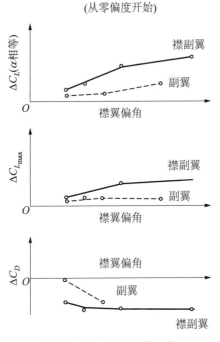

(从零偏度开始)

图 15 - 20　襟副翼的影响

采用襟副翼的主要目的是既可用于高速横滚操纵,又可在低速时使用。另外,襟副翼的下垂与向下偏转的襟翼相匹配。它是带缝的,比起简单的铰链副翼来,襟副翼可产生更大的升力。当填满升力凹坑,使展向升力分布更有效,这种结果可改善升力和阻力(见图 15 - 20)。

不希望完全填满发动机后的升力,发动机喷流带走的气流能够影响围绕着襟翼的流场,即使没有直接冲击。特别是对于近距耦合的发动机,如果在设计时没有采取补偿就会引起大的问题。为了研究喷流对波音 777 飞机的影响,在几个风洞中做了试验(见图 15 - 21)。襟翼与喷流的相互作用是很复杂的,其中一部分阻力是喷流对升力、俯仰力矩和下洗影响的结果。

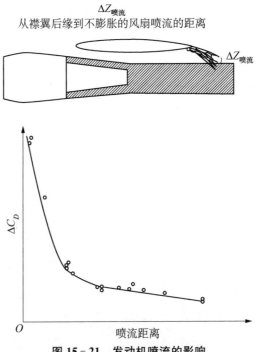

$\Delta Z_{喷流}$
从襟翼后缘到不膨胀的风扇喷流的距离

图 15 - 21　发动机喷流的影响

d. 外侧副翼：

外侧副翼只能用于低速增升，另外，它的作用主要用于低速横向操纵。外侧副翼可提供升力并减小起飞时襟翼引起的诱导阻力（见图 15-22）。

3）增升装置的试飞结果

波音 777 飞机在 1994 年 6 月 12 日首飞，装有普惠 PW4084 发动机。早期的飞行试验计划对增升装置做了一些改变。

（1）在着陆构形中，内侧缝翼减小做了新的位置试验。做这一些改变是为了提高失速时的抖振水平，为的是识别失速和发送过失速特性。但对 $C_{L_{max}}$ 的影响是不大的。

（2）外侧副翼下垂到过失速迎角以改善横滚操纵效率。

（3）在着陆襟翼状态，减小襟副翼和副翼的下垂，以减小由于气流分离引起可观的抖振并改变着陆进场姿态以及改善横滚操纵

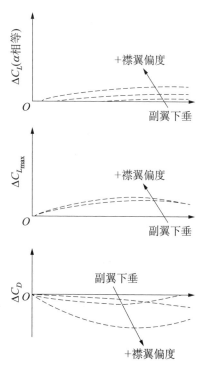

图 15-22　副翼下垂的影响

效率。在最大起飞襟翼状态襟副翼的偏度减小以改进阻力。

获得相当好的飞行试验数据并验证了所有的空气动力性能。增升装置设计最终完成并满足所有的客户要求。事实上大多数空气动力参数都超过了名义的飞行试验前的预估值。

图 15-23 表明，失速速度的飞行试验值与飞行试验前的预估值一致。而表征襟翼收上时不十分满足期望值，而所有襟翼放下时失速速度比标定的要好。

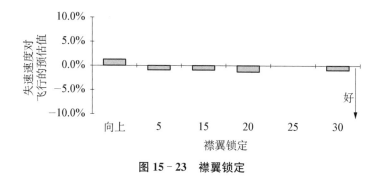

图 15-23　襟翼锁定

图 15 - 24 表示从飞行试验中得到的升阻比并与试飞前预估的值做了比较，两者之间的误差仅在 2% 以内。

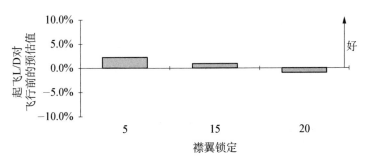

图 15 - 24 阻力的飞行试验结果

在固定迎角下的升力提供了有些意想不到的结果（见图 15 - 25）。这可能是由于飞行时对后部弯曲剖面更有利于雷诺数效应的缘故。机翼提供的升力比预估的要大。当襟翼偏转飞行试验值与飞行前预估的值相比升力改善较少。

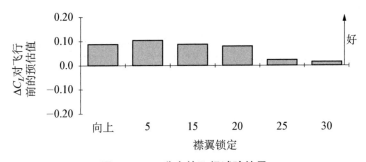

图 15 - 25 升力的飞行试验结果

根据图上的曲线，着陆进场速度比预估的值近似要低 1 kn。同样，在标定的总重范围内，起飞参数也是很好的或者是比较好的（见图 15 - 26）。

15.1.3 波音 777 飞机的发动机与机体的一体化空气动力设计

1）与以前飞机的比较

波音 777 飞机所采用的发动机要比波音 767 飞机的大，如图 15 - 27 所示。

两种飞机明显的设计差别如下：

（1）排气系统的设计特点有很大的不同，波音 777 飞机的排气系统采用 15°圆锥体，是从波音 747/RB - 211 - 524、波音 707/CFM - 56 和波音 737/CFM - 56 等飞机中学来的，并结合采用 CFD 计算技术经验证分析得到的，再结合机翼

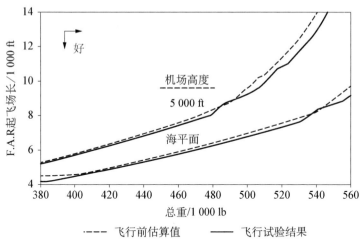

图 15 - 26   起飞性能的飞行试验结果

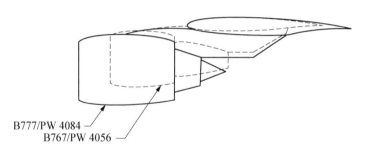

图 15 - 27   波音 777 飞机与波音 767 飞机的短舱安装比较

设计提供良好的翼下气流流动特性,关键是低阻力的短舱安装特性。

(2) 波音 777 飞机的 PW 4084 发动机的安装采用近距耦合(从机翼到风扇),而机翼与发动机的相对位置类似于波音 767 飞机的 PW 4056 发动机的安装。

(3) 波音 777 飞机的发动机排气锥的热气屏蔽相比波音 767 飞机的做了延伸,以避免喷出的热气膨胀到机翼上,同时对复合材料的挂架整流罩做了相应延伸。

(4) 波音 767 飞机采用非对称的弯曲的短舱挂架(顺着流线),这可降低干扰阻力,而波音 777 飞机的短舱挂架是对称的,原因是波音 777 飞机早期的研制和试验表明机翼-挂架-短舱之间没有产生大的干扰阻力(短舱离机翼的距离比波音 767 飞机的要远些),如要做成弯曲挂架会增加制造成本。

图 15 - 28 示出波音 777 飞机可选择的三种发动机的安装比较，对于这三种发动机采用了相似的设计特点，发动机位置选择要达到尽可能多的挂架和整流罩通用结构以降低制造成本。三种发动机采用近 15°圆锥风扇外罩加喷管。

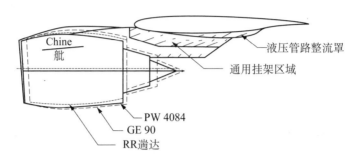

图 15 - 28　PW 4084/GE 90/遄达 800 发动机安装的比较

三种发动机设计的明显差别如下：

（1）GE 90 和 RR 遄达 800 两种发动机有风扇情况下，前发动机挂架要求外挂架有整流罩，而 PW 4084 圆锥前安装短的整流罩。

（2）RR 遄达 800 有安装附加风扇的情况（这要求风扇罩颊板突出），而 PW 4084 和 GE 90 有要求附加安装圆锥。

（3）PW 4084 和 GE 90 短舱进气道有 4°下垂，使巡航时进气道与机翼上洗成一直线，而 RR 遄达 800 推荐为 6°下垂比较好，因为附加安装了风扇。

（4）GE 90 发动机尺寸大（涵道比为 9）导致短舱的浸润面积大。

（5）在巡航时 GE 90 使用低的喷口落压比（喷流速度），由于它有较高涵道比，比起 PW 4084 和 RR 遄达 800 来，一般具有低的喷气阻力。

（6）三种发动机短舱的内侧脊线设计得可改善低速性能。

几种飞机/发动机组合的历史性边界示于图 15 - 29。在空气动力方面，历史已表明发动机向前位置一般具有最小的安装阻力，常规的机翼/短舱安装边界是近距耦合构型。在这个基础上，波音 777 飞机的发动机短舱位置选择不是高度的近距耦合，但是类似于波音 767 和波音 757 飞机的短舱位置。

2）空气动力和非空气动力设计构型

动力装置安装设计在空气动力和非空气动力方面包括许多因素。

空气动力方面因素包括（见图 15 - 30）如下几方面：

（1）在巡航状态和发动机停车状态，短舱的总形状和方位影响短舱和机翼形状、激波诱导阻力。

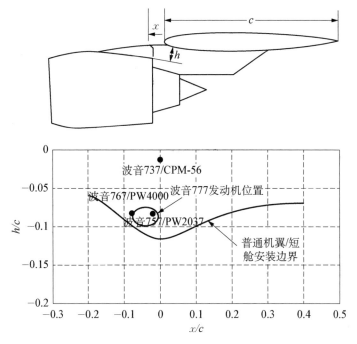

图 15-29 短舱/机翼安装位置

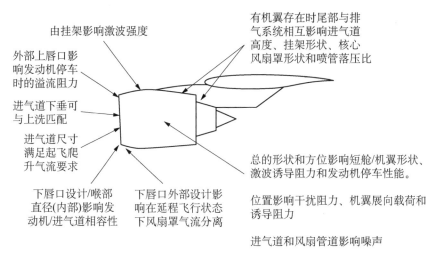

图 15-30 影响短舱安装设计的因素

（2）短舱的前/后、上/下和展向位置会影响干扰阻力、机翼展向载荷和诱导阻力。当发动机停车时，展向载荷也影响垂直尾翼尺寸。

（3）在巡航状态，进气道外形必须提供最小阻力，而发动机停车时，要求消除自由流分离和最小溢流阻力。

（4）在所有使用状态像起飞和爬升（高流量、大迎角），进气道内形设计为发动机提供最小畸变气流，而在巡航状态要达到进气道气流最大恢复。

（5）发动机安装和机翼附加整流，所有观点是挂架外形要干净，短舱与机翼的不利流动干扰要最小。

（6）排气系统和喷流对翼吊发动机短舱的安装阻力有强烈影响，保证成功仔细设计短舱部件，并要权衡处理排气系统推力单位燃油消耗率与安装阻力之间的关系。

非空气动力因素是指在发展期间考虑的一些非空气动力因素（见图 15‑31～图 15‑37）包括如下几方面：

（1）为了满足飞机在起飞、爬升、巡航和发动机停车状态的推力要求就要确定发动机的尺寸和涵道比。发动机的尺寸、位置和方向强烈地影响着波音 777 飞机的整个设计。

（2）飞机在地面滑跑和侧滑时与地面的小间隙、安装阻力和机库门的相容性（见图 15‑31）影响着发动机所采用的最大尺寸。

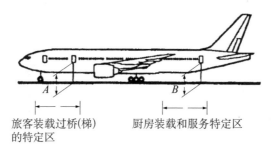

图 15‑31　旅客/装载门槛高度考虑

A—从地面水平线到主舱旅客装载门高度；B—从地面水平线至厨房门高度

（3）为允许飞机在不正常状态如严重的横向风着陆或瘪胎，要求飞机有足够的滚转间隙（见图 15‑32）。

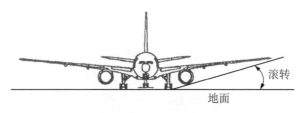

图 15‑32　滚转间隙

(4) 选择发动机的展向位置要使旅客的离机滑板、装卸货物的货桥避开发动机进气道吸入气流的危险区所提出的间隙要求(见图 15‐33)。

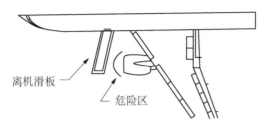

图 15‐33 离机滑板、装卸货物的货桥和进气道危险区考虑

(5) 在前起落架折断事故中(见图 15‐34)对临界发动机与地面之间的间隙临界值应有足够的数值,对现代运输机来说前起落架折断是极端罕见的。

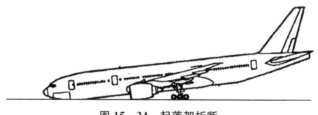

图 15‐34 起落架折断

(6) 在涡轮盘烧坏区的事故中,为避免危险状态,验证涡轮盘烧坏并提供机翼无油隔舱(见图 15‐35)。在这个区域飞机操纵系统的临界位置也要避免。由于涡轮盘烧坏产生的极高能量要遮蔽涡轮是不实际的。

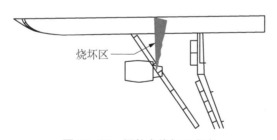

图 15‐35 涡轮盘烧坏区考虑

(7) 发动机展向位置安装在 22°锥的外侧(见图 15‐36)以防止发动机吸入前起落架或主起落架溅出的水雾(基于稳定的数据),这可保证在起飞和着陆期

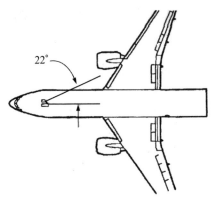

图 15 - 36　前起落架溅出的水雾区间隙

间发动机的稳定工作。

（8）飞机要采用大推力的发动机会受到制造能力的限制并影响到飞机的重量。在最初的研究中，首要的限制是尺寸，因为发动机要安装在翼下（受离地要求的限制）。

（9）在满足颤振设计要求的前提下来选择短舱的最佳空气动力位置，特别是前、后位置。机翼重量代价和挂架应力要满足估算的颤振要求存在一定的困难。直到完成跨声速颤振试验后，才有可能允许减小机翼的颤振重量。

（10）机体和发动机是对飞机总噪声贡献的主要部件，它取决于所检验的飞行状态。在起飞状态下，发动机的噪声很大，而在低功率和襟翼大偏度的进场着陆时机体噪声是很大的。关键的是在安装发动机和襟翼设计时要考虑噪声影响，通常利用动力模型试验来处理由于喷流/襟翼干扰引起的噪声。

为了降低发动机噪声，在进气道内侧、风扇喷口和核心排气圆锥采用消音材料（见图 15 - 37）。一些要求规定，进气道长度和风扇喷管延伸会超出最小空气动力阻力的最佳值。由于消音材料表面粗糙度和吸漏问题使发动机效率受到损失。

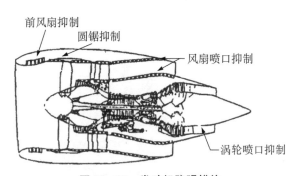

图 15 - 37　发动机降噪措施

为了减小噪声，在近代全长管道混合流排气系统已在几种民航飞机上得到应用。为了减少喷流速度和与之有关的噪声，利用风扇和喷流出口前的核心流预混合的概念。由混合热效率的增益（发动机推力燃油消耗率）也是能够实现的,但一般来说由于高的短舱安装阻力和重量会抵消所得到的好处。为了降低噪声水平,早期对波音 777 飞机和 RR 发动机研究包括长管道混合流短舱,为安装阻力所付出的代价,要低于为降低噪声所付出的代价。

对于波音 777 飞机的设计,消音处理要求增加进气道和风扇管道长度,对于 PW 和 RR 发动机设计超过了要求最小巡航阻力和进气道恢复,而高涵道比的 GE 发动机设计稍短的管道,这样做减小了喷流速度和噪声特性。

3) 确定推力/阻力的区域

按照推力/阻力所采用的记录系统以保证所有的力在推进、空气动力和发动机公司之间进行计算。为了避免重复记录所有的力并从模拟试验直到全尺寸发动机和飞行试验保持相容性。在波音 777 飞机设计中采用的系统(见图 15-38)是由传统的方法组成的,风扇喷流边界内部记录为推力。而这边界外记录为阻力。

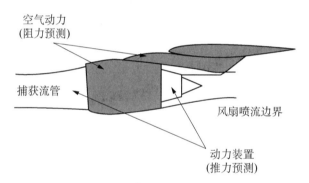

图 15-38　推力/阻力确定区域

这个系统简化了发动机校准程序(因为推力是在静态状态下确定的),应该指出,由于机翼和外流的影响,排气系统的力是变化的,排气流的合力定义为阻力,仅仅计及了外流的典型影响。在风扇和核心气流中,推力定义是变化的。由于受到外流和机翼诱导的影响,流动是受抑制的。

校正飞行模拟室设备有两种:一种是如图 15-39 所示出的用于小模型试验(FSC),另一种是又新又大的试验台,用于发展允许校准波音 777 飞机的大短舱,如图 15-40 所示。两种设备在验证方法上的主要区别是:FSC 提供减小排气压力,而高压试车台提高进气道内气流的压力,排出的气流压力达到外界大气压,这两种设备的差别在于雷诺数不同,然而,为保证结果的一致性,要进行校正模拟短舱处理综合试验。

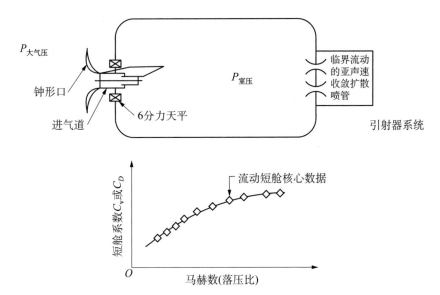

图 15‑39　飞行模拟实验室(FSC)短舱校正设备

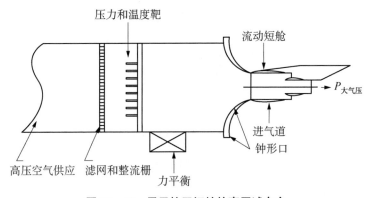

图 15‑40　用于校正短舱的高压试车台

4) 波音 777 飞机的短舱及其安装的空气动力设计和验证

(1) 单独短舱设计原理。

进气道和风扇罩的空气动力设计包括对起飞、巡航、下降和单发停车状态应满足临界之间的折中。相比三发动机和四发动机飞机,双发动机飞机更强调起飞状态的单发停车要求。另外,提供航线灵活飞行的现代双发民用运输机如延程双发运输机,在巡航时附加发动机停车设计要求。对于不同的进气道外露的流动速度和迎角状态,图 15‑41 示出了在这些状态满足设计要求达到成功设计

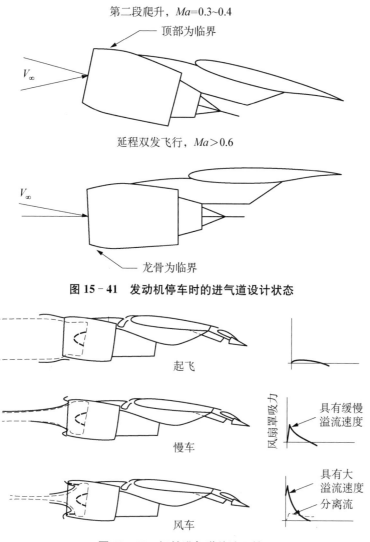

图 15‑41 发动机停车时的进气道设计状态

图 15‑42 短舱进气道外流环境

并保持良好的巡航性能。

短舱外部流动环境宽广的变化取决于发动机的气流、速度和迎角,如图 15‑42 所示。在正常起飞功率状态,进气道捕获流管是大的,而驻点是接近唇口,在风扇罩上产生低的外部速度。当功率减小时,气流驻点移到唇口内侧,为围绕着唇口加速,要求无捕获流动。在发动机停车状态,进气道内气流速度是低的,在外唇口引起高的速度和梯度,如果梯度是足够陡的话,就会产生流动分离,外部阻力就迅速增加。

对于波音 777 飞机,在起飞和延程双发飞行状态,短舱设计成严格满足发动机停车状态的临界情况。在第二阶段爬升状态,对于最小燃油消耗要求,采用临界情况是为了发动机停车的最小溢流阻力以提供在起飞、爬升和延程双发飞行状态的最大性能并且提供可接受的发动机停车高度能力。

另外,在飞机正常使用飞行包线内,允许无外流分离时,这可能在飞机其他部件上出现过早抖振。

(2) 单独短舱设计——采用 CFD 技术。

计算流体动力学(CFD)程序广泛用于发展波音 777 飞机在巡航和发动机停车状态的单独短舱设计。欧拉程序主要用于单独风扇罩设计,因为该程序可提供外形和波阻评估,它已表明计算值与试验结果具有较好的一致性。波音公司研制的 TRANAIR 面元法已用于研究三元挂架/风扇罩干扰、挂架前缘弯曲和风扇罩修型。

例如,图 15 - 43 表明气流驻点附近的挂架和风扇罩干扰,气流在挂架处加速。早期挂架修型使气流达到超声速。通过研究流谱发展来改善设计,使挂架

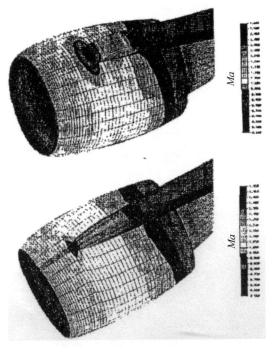

图 15 - 43   利用 CFD 设计进气道

滞止区减小,并且超声速流动区最小。

这些 CFD 程序提供有用信息,而阻力预测稍微受到限制。要求提供在巡航状态有关围绕短舱及其附近表面上的流动。在发动机停车状态基于和前面试验结果的比较,预测外流特性和气流分离稍差些。依靠反设计程序也是无效的,这样的依靠取决于设计师的能力评价外形修型要求以达到希望的压力分布。

于是,为了验证和提供定量阻力信息,要求评估飞机的性能必须进行风洞试验。

(3) 单独短舱设计验证——巡航。

在波音公司的跨声速风洞中对 PW、GE 和 RR 的单独短舱进行了调整风洞试验,试验马赫数超过 0.83。对各种设计要满足巡航要求的无激波或阻力增长。采用的试验装置如图 15-44 所示,做了有、无安装短舱和挂架的试验以评估单独短舱/挂架阻力。

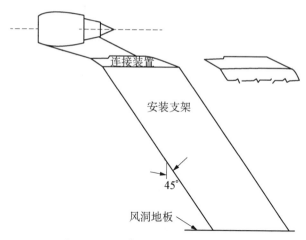

图 15-44　高速单独短舱试验装置

试验结果如图 15-45 所示,直到超过飞机的巡航 Ma 数,没有发生大的阻力增长。

(4) 单独短舱设计验证——发动机停车。

a. 第二段爬升:为了验证进气道/风扇罩设计要求满足在正常飞行包线内无外流分离时第二段爬升设计准则,在高雷诺数下进行风洞试验,因为流动分离对边界层特性影响很大。在康纳尔航空实验室采用 0.12 比例的单独短舱模型做的试验如图 15-46 所示。

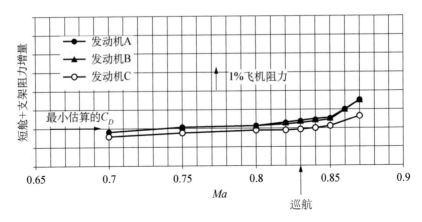

图 15‑45 单独短舱的阻力比较(巡航)

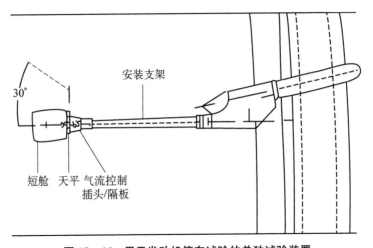

图 15‑46 用于发动机停车试验的单独试验装置

对于三种发动机短舱设计(PW、GE 和 RR),气流、Ma 数、迎角和雷诺数是变化的,典型结果示于图 15‑47。

b. 延程双发飞行:在延程双发飞行期间,发动机停车状态进气道经受了高马赫数和小迎角。对于波音 777 飞机,一般来说,在这些条件下,进气道处于负迎角状态。

在康纳尔航空实验室试验得到的风扇罩表面压力数据是用来显示出气流分离的(其中唇口速度消失),如图 15‑48 所示。试验结果表明,在延程双发飞行状态,大约 17% 全尺寸模型,由于在康纳尔航空实验室的高马赫数和雷诺数是受限制的。

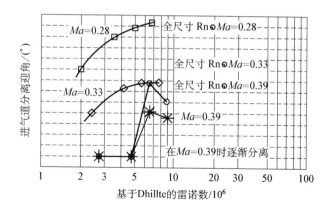

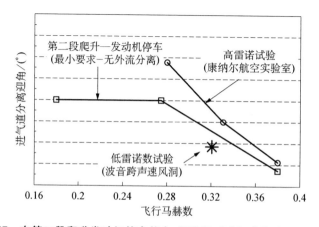

图 15－47　在第二段爬升发动机停车状态，雷诺数对进气道外流分离迎角的影响

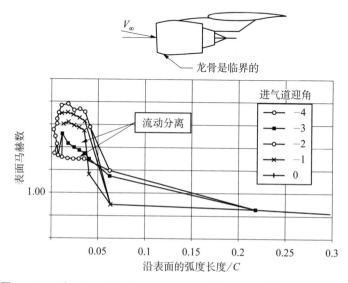

图 15－48　在延程双发飞行发动机停车状态进气道外部龙骨唇口压力

当襟翼收上和放下时,在短舱安装试验中发动机停车亦得到了溢流阻力,为了评价在整个 C_L 和 Ma 数范围内试飞前发动机停车性能特性,而且发动机的停车性能是主要的,与以前的飞机相比较,相比历史的设计结果是有利的,如图15-49所示。

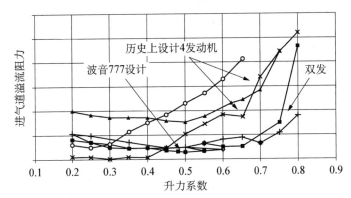

图 15 - 49 发动机停车溢流阻力,$Ma = 0.3$

(5) 短舱安装设计原理。

对于波音777飞机的短舱和安装所用的总设计特点示于图 15 - 50,并且是基于以往的飞机提供的成功经验再利用计算流体动力学方法和风洞试验做了广泛发展。

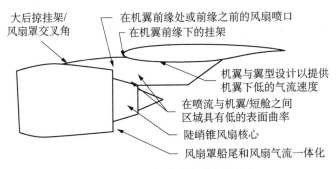

图 15 - 50 空气动力安装设计特点

设计特点概括如下:

a. 在短舱位置的研究和机翼发展中,利用试验和合适的 CFD 技术可对设计提供指导。当有短舱存在时,利用 CFD 程序设计真实机翼无效时,通过观察短舱安装的影响,不利的短舱/机翼/机身引起的气流分离最小,按照机翼上、下表面的压力分布做出修型,并且仔细选择短舱向前、垂直和展向位置。当风扇喷口位于机翼前缘之前时可得到最小干扰阻力。

b. 机翼与翼型设计成提供一个低速下表面压力分布(无短舱),这允许短舱早期一体化。当与喷流15°锥的排气系统组合时,机翼下表面固有的流场结果提供下表面吹气阻力。

c. 前风扇整流罩船尾设计成避免喷流产生不利干扰,达到最小流动叠加、羽毛形状和诱导效应。

d. 挂架侧面平坦的外形结合排气系统和机翼之间的临界区域以避免不必要的气流加速度。

e. 薄的挂架前缘/风扇罩采用小坡度相交角以避免驻点区、旋涡形成、早期的风扇罩激波形成并导致阻力代价。

f. 挂架前缘与机翼交点位于驻点后,以避免机翼上表面的挂架修型会付出阻力代价(见图7-20)。

g. 短舱迎角选择基于大量因素(见图15-51)。得到低阻力的关键因素是避免短舱上的升力并采用排气系统和机翼设计提供初始流动特性来提供最佳迎

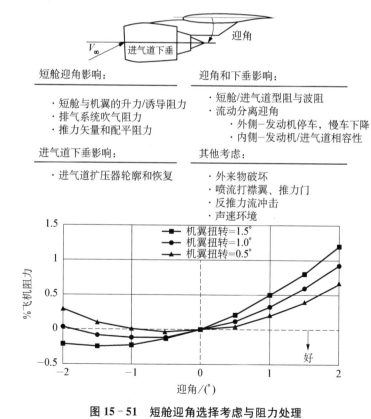

图15-51 短舱迎角选择考虑与阻力处理

角。型阻、诱阻、配平、吹气和推力矢量阻力的贡献总和对最终迎角选择提供指导。负迎角要避免,使喷流打襟翼的可能性减到最小。利用试验做最终选择。

h. 利用 TRANAIR 面元法技术选择短舱内倾以顺着机翼气流。

(6) 利用 CFD 技术研究短舱安装。

在发展有效短舱安装方面计算流体动力学起着重要作用,当没有经费和时间做风洞试验特别是动力短舱试验时,用 CFD 技术可以探索不同的概念。现代 CFD 技术的缺点是计算阻力难以达到足够精度,这本质上是由飞机程序设计决定的。

一些较新的纳维尔-斯托克斯和多段程序有短舱存在时就能用于机翼设计,并表示对进一步改善排气系统模拟是很有希望的。可惜这些程序在波音 777 飞机的发展过程中效果不明显,更可靠的是用时间滞后的风洞试验进行研究。

TRANAIR 面元法广泛用于指导波音 777 飞机的短舱安装研究,并评估对机翼上表面/下表面以及排气喷流/机翼流动干扰,短舱安装效应如图 15 - 52 所示。

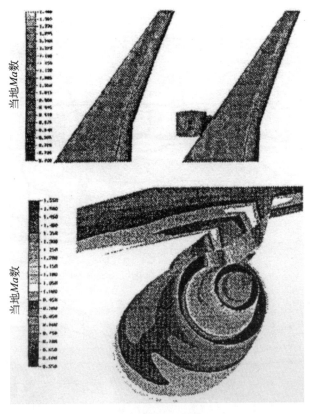

图 15 - 52 利用 TRANAIR 面元法对短舱/排气系统/机翼干扰评估和设计

利用 TRANAIR 面元法与通气短舱和动力短舱的风洞试验组合以建立把短舱和排气系统干扰阻力与重量、颤振和结构放在一起考虑。

(7) 短舱安装试验和阻力叠加技术。

为了最终验证构型,对模型构型的详细次序做了试验,在全尺寸阻力叠加时要保证计入短舱安装阻力的所有贡献,保证考虑记录推力/阻力所采用的流程。因为现有的模型试验方法不能同时考虑整个流场(进气和排气)。对全部阻力增长所要求的模型系列如图 15-53 所示。尽管有时采用的动力短舱更接近于同时模拟进气道和排气流动(见图 15-54),采用它们通常是限于这种情况,进气道流动与机翼/排气流动耦合或者是模拟反推力流动。

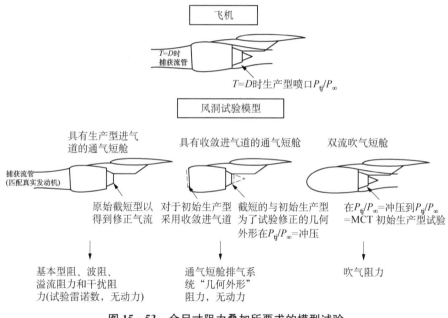

图 15-53　全尺寸阻力叠加所要求的模型试验

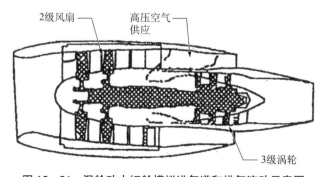

图 15-54　涡轮动力短舱模拟进气道和排气流动示意图

对于波音 777 飞机,无动力通气短舱是用来建立具有进气道流场适合模拟原始安装性能。因为这种模型是无动力的,通过切掉初始风扇来增加喷口面积而得到通过进气道的合适流量。

(8) 短舱安装设计验证。

对于带动力和不带动力的 PW、GE 和 RR 短舱进行了风洞试验,以建立全尺寸安装性能并改变设计满足巡航要求。对于三种发动机修正到全尺寸的结果如图 15-55 所示,该图表明直到超过飞机的巡航 Ma 数(0.83)具有相同的阻力等级并且阻力随 Ma 数有很小的变化。在较高 Ma 数时阻力下降很多并反映出比在设计升力系数和在较高 Ma 数时短舱对机翼极曲线的有利影响。

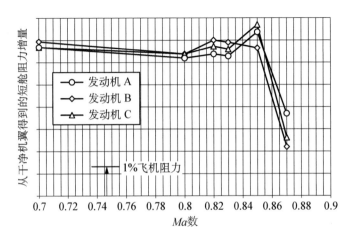

图 15-55　风洞试验修正到全尺寸安装阻力的比较

无动力短舱的阻力差别主要是由于型面阻力(浸润面积)的差别;除了吹气阻力以外,其他差别是小的。通过检查喷流如何影响外部流动,对于三种发动机吹气阻力方面的差别是最容易理解的,如图 15-56 所示。

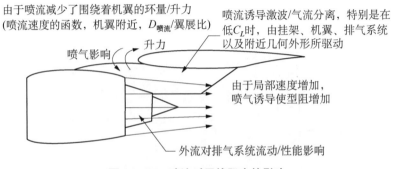

图 15-56　喷流对干扰阻力的影响

当只有升力诱导损失时,达到了最小吹气阻力,如图 15 - 57 所示。通过分析测量升力损失 ΔC_L,并转换到当量的诱导阻力(正如下式所表示的),阻力损失的影响可从激波或分离流中分出来:

$$\Delta C_{D_i} = 2C_L(\Delta C_L)/\pi \cdot AR \cdot e$$

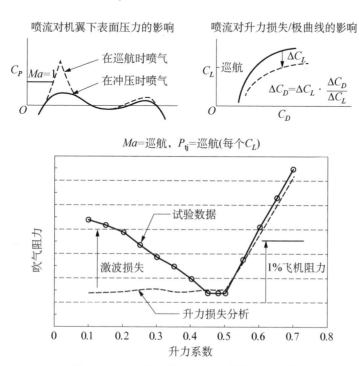

$$Ma=巡航,\ P_{tj}=巡航(每个 C_L)$$

图 15 - 57　吹气阻力为升力和激波诱导损失

在图 15 - 57 中,当 C_L 高于巡航值时,升力损失一般来说是主要的,这里的阻力极曲线是不好的,而喷流速度是较高的(因为水平飞行需用的推力较高)。在低的 C_L 时,机翼下表面激波发展,特别是安装大动力装置时,利用极曲线形状和前面的方程,由于升力损失能够产生吹气阻力,并与喷流/自由流速之比有关,如图 15 - 58 所示。

通过与过去设计所达到的曲线形排气系统相比,波音 777 飞机的圆锥形排气系统的吹气阻力,这些重要的影响是很可观的,如图 15 - 59 所示。对于曲线形排气系统,在巡航和低的 C_L 时,高阻力是由无法控制的排气流变成喷气与机翼流场的耦合,由高 Ma 数和当地激波形成所产生的。激波强度的数量级是与翼下速度峰值有关的,如图 15 - 60 所示。

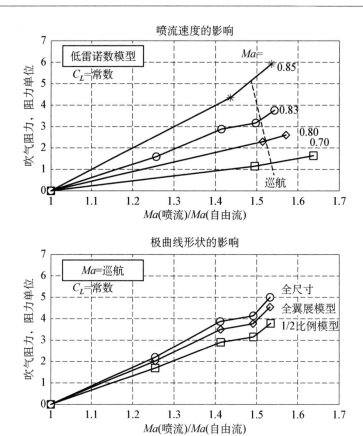

图 15‑58 喷流速度与机翼极曲线形状由于升力损失对吹气阻力的影响

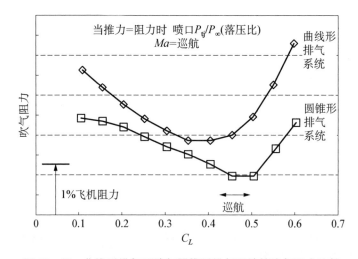

图 15‑59 曲线形排气系统与圆锥形排气系统的吹气阻力比较

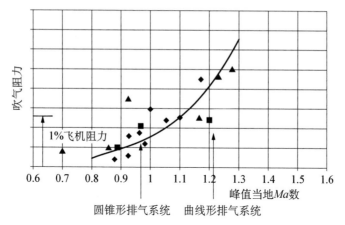

图 15-60　峰值当地马赫数与吹气阻力的关系

15.2　C-17战略战术重型军用运输机

15.2.1　概述

1980 年 10 月,美国空军正式提出研制新型战略战术军用运输机 C-X 的招标文件,其要求是:在大载重情况下具有洲际飞行能力;要像 C-5A 大型军用运输机那样能够装运的货物和装备该机必须全部都能装载;能在前线 900 m 未铺筑的简易机场上起降;具有优良的"自装卸能力"、维护简单、可靠性极高、运输成本低并具有很好的防护能力和抗战场损失能力,为加大航程该机必须能够空中加油。

经过波音公司、麦道公司(1997 年并入波音公司)和洛克希德·马丁公司参加竞标,1981 年 8 月 21 日,美国空军宣布选定麦道公司为研制 C-X 军用运输机的主承包商。后来该机取名为 C-17 军用运输机。第一架原型机于 1990 年完成装配,1991 年 9 月 15 日首飞,1992 年开始交付美国空军使用。

图 15-61 为 C-17 的三面图。

1) 设计特点

C-17 是具有短距起落性能的远程军用运输机。它有许多新的设计特点:利用发动机排气的外吹气式襟翼,可增加起飞着陆时的升力;综合利用 C-5A 飞机的载重能力和 C-130 飞机的短距起落能力;采用翼梢小翼,可减小诱导阻力、增加升力;主起落架采用多机轮以使飞机能在未铺筑的跑道上起落;动力装置采用高涵道比发动机,可提高燃油效率。C-17 的结构有 69.3% 是铝合金,

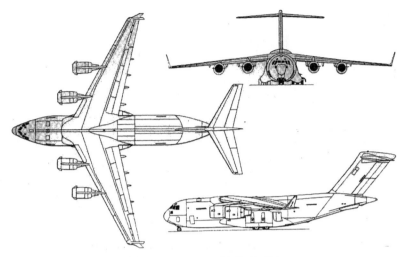

图 15 - 61 C - 17 飞机三面图

12.3％是钢合金,10.3％是钛合金,8.1％是复合材料。具有很好的对驾驶员和
所运送士兵的防护能力及抗战场损伤能力。余度设计技术将战斗损伤机体结构
对飞行影响减低到最小限度。重要的外场可更换件全部可以在使用中更换,全
部外场可更换件在进行更换时不需要移动和拆卸飞机上任何设备。

机翼 悬臂式上单翼,超临界翼型,1/4 弦线后掠角 25°,翼梢小翼高
2.90 m,全翼展前缘缝翼,外吹式固定双缝后缘襟翼用钛合金制成。翼梢小翼、
副翼、方向舵、升降舵、垂尾、平尾、发动机短舱、起落架舱盖以及反推力装置均用
复合材料制成。

机身 机身为普通半硬壳式结构,机身尾部向上翘起,尾舱门放下后可作为
装货平台。

尾翼 悬臂式"T"形尾翼,全部翼面均后掠。垂直安定面与机身连接处向
前伸有小背鳍。嵌入式方向舵分为上、下 2 段,升降舵分为 2 段。

起落架 液压可收放前三点式,在紧急情况下可靠自重自由放下。前起落
架为双轮,主起落架为 6 轮。前起落架向前收入机身,主起落架旋转 90°向里收
入机身两侧整流罩内。主轮胎规格 $50 \times 21-20$,胎压 9.52×10^5 Pa;前轮规格
$40 \times 15.5-16$,胎压 10.69×10^5 Pa。可在铺筑与未铺的跑道上使用。碳刹车。

动力装置 翼下吊挂 4 台普-惠公司的 F117 - PW - 100 涡扇发动机,单台
推力 181.0 kN。每台发动机的导流式反推力装置可在地面和空中使用。有空
中受油装置。2 个外翼油箱,各载 21 210 L 燃油;2 个内翼油箱,各载 30 056 L

燃油。

座舱　驾驶舱内有正、副驾驶员和 2 名观察员座椅,在主舱前端设有装货长工作台。机组人员通过前机身左侧靠下的向下打开的登机梯舱门进入驾驶舱。驾驶舱后面有机组人员休息舱。主货舱可装运陆军战斗车辆:5 t 载重货车可 2 辆并列,吉普车可 3 辆并列,或装运 3 架 AH - 64A 攻击直升机。各种被空运的车辆可通过机尾装卸门直接开入舱内。机尾装卸门向下打开即可用作装卸平台。用于运送官兵,沿机舱中心线和机舱两壁可装折叠式座椅 102 个。用于医疗后勤送伤病员时,可载 48 个担架的伤员。空运货物时可容纳 9～18 个 463 L 货盘。空投能力包括空投 27 215～49 895 kg 货物,或空降 102 名伞兵。C - 17 将是唯一能装载并空投美陆军新式超大型步兵战车的飞机,也可与其他车辆混合装载 M1 主战坦克。装货系统包括导轨、滚珠、滚棒系统,这些导轨、滚珠、滚棒系统可根据需要快速改变布局。机舱尾部货舱地板上有货物系留环,每个系留环可承受 11 340 kg 拉力。机尾装货平台可承重 18 150 kg。机身尾部两侧各有一跳伞舱门。尾部机身顶上和机翼前的机身顶上分别有 2 个水上降落应急出口。

系统　联信公司的计算机控制的综合环境控制系统和座舱压力控制系统。4 余度飞行控制系统,4 套独立的液压系统,压力为 $276×10^5$ Pa。独立的供油系统、电气系统。联信公司的 GTCP331 - 250G 辅助动力装置,为环控系统、发动机起动以及飞机在地面时的电气设备提供电源。机上装有惰性气体发生系统,以防爆炸。装有灭火系统、烟雾探测系统。所有的装、卸货工作以及改变舱内布局工作都可由 1 名装卸长完成。

机载设备　通用电气公司的数字式电传操纵系统。霍尼韦尔公司的复式大气数据计算机以及先进数字式电子系统和 4 个彩色多功能显示器。2 台通用电气公司的全飞行范围平视显示器。发动机以及飞行操纵数据可由多功能显示器显示。导航通信可全频率调谐。任务和通信显示器具有频率和频道预先存储能力,既可人工操纵又可使用预先编好程序的磁带来改变正在进行的飞行计划而不干扰导航系统。利顿公司的告警系统的主告警器可自动提供主系统的监控,并可在显示屏上显示可见监控信号,还可在机内通话系统中发出声响或语音信号。休斯电子公司的航空电子设备,包括任务计算机和电子操纵系统、汉密尔顿标准公司的飞机和发动机数据管理系统计算机、霍尼韦尔公司的自动测试设备和辅助系统数据采集和控制系统、特列丰尼克公司的无线电管理系统。

图 15 - 62 为 C - 17 军用运输机的结构和总体布置。

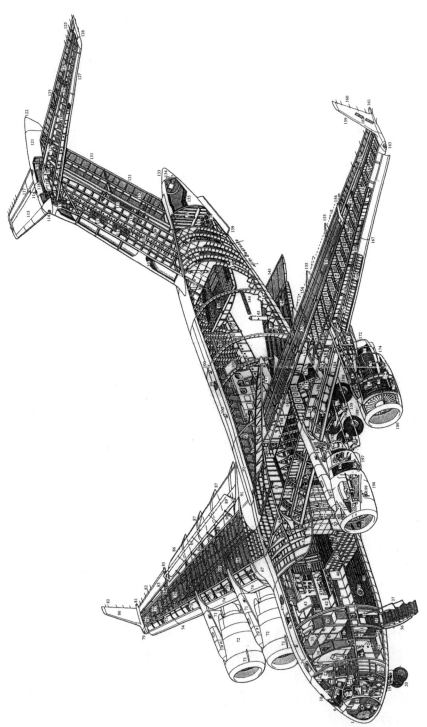

图 15 - 62　C - 17 军用运输机的结构和总体布置

1	向上铰接雷达天线罩	33	可卸的伞兵盥洗间
2	雷达扫探天线	34	登机门
3	天线	35	安全通道
4	下滑道天线	36	主登机门和登机梯
5	前承压框	37	折叠扶手
6	风挡玻璃和雨刷	38	主货舱装载地板
7	仪表板	39	客舱舷窗
8	双座驾驶舱平视显示器	40	中央过道背靠背伞兵座椅
9	舱顶系统开关控制板	41	电发光的带状照明
10	驾驶员眼位风挡	42	折叠式侧壁伞兵座椅
11	2 人驾驶舱	43	辅助动力装置(APU)
12	驾驶员座椅	44	客舱壁设备、贮藏室、货物系绳等
13	数字电传操纵系统		
14	方向舵脚蹬	45	前客舱应急离机口
15	下视舷窗	46	驾驶舱应急离机口
16	右侧氧气贮气瓶贮存间	47	ADF 环形天线
17	前轮收放连杆	48	头顶空气导管
18	前起落架舱	49	侧壁空气分配道管
19	液压操纵千斤顶	50	杂物撑杆贮藏室
20	向前收放的前起落架	51	中机身隔框和长桁结构
21	前起舱门检查口盖	52	翼根整流罩隔框
22	下层电子设备舱	53	地板梁结构
23	地下电话插座	54	清洗地板下油箱的情性气体瓶
24	迎角传感器		
25	到上层舱的扶梯	55	调节空气排气管道
26	空速管	56	463 L 货盘
27	观察员座椅	57	连接机加主框的翼梁
28	驾驶员出入门	58	通向空调部件的发动机引气导管
29	空中加油插座		
30	航电设备架	59	左内侧前缘缝翼段
31	机组人员休息床位	60	液压系统油箱(左和右)
32	折叠椅	61	前缘缝翼导轨

62 机翼前缘

63 连接主肋的机翼壁板

64 机加框/肋连接接头

65 中段翼肋结构

66 中央翼中线壁板连线

67 翼根整流罩

68 右机翼整体油箱

69 机翼油箱维护盖板

70 发动机灭火瓶

71 短舱挂架

72 右发动机短舱

73 短舱导流片

74 右 4 段前缘缝翼

75 前缘缝翼双套液压作动筒

76 燃油系统管道

77 燃油输送油箱

78 机翼翼尖通气油箱

79 右航行灯

80 翼梢小翼

81 频闪灯

82 静电放电刷

83 右副翼

84 双套液压作动筒

85 应急放油

86 右 2 段后缘双缝襟翼

87 襟翼铰链整流罩

88 襟翼液压作动筒

89 左扰流板

90 扰流板液压作动筒

91 翼根后缘填角

92 上部机身走道

93 客舱壁隔音板

94 后缘肋/隔框机加连接接头

95 右跳伞门

96 强制开伞拉绳连接接头

97 客舱减压阀

98 客舱灯

99 ADF 环形天线

100 通信天线

101 后客舱应急离机口

102 后机身隔框和长桁结构

103 货舱开口侧面抗扭盒构件

104 货舱门

105 货舱门液压作动筒

106 垂尾梁固定连接件

107 垂尾前缘

108 垂尾内部检查梯子

109 多梁和肋的垂尾结构

110 方向舵双套液压作动筒

111 带状灯光

112 VOR 着陆航向信标嵌装式天线

113 水平安定面配平螺旋千斤顶

114 加油泛光灯

115 右水平安定面

116 防撞灯

117 右侧 2 段升降舵

118 维修检查口

119 水平安定面密封板

120 升降舵机械传动机构

121 水平安定面整流罩

122 尾部航行灯

123 左侧 2 段升降舵

124 升降舵结构

125 静电放电刷

126 升降舵突角补偿

127 前缘

128 水平安定面肋结构

129 双套升降舵液压作动筒

130 水平安定面枢轴架

131 双套2段双作用方向舵

132 方向舵结构

133 后机身雷达罩

134 天线

135 尾锥

136 后承压框

137 货舱门铰链接头

138 减压阀

139 后机身导流片

140 倾斜的垂尾梁固定的隔框

141 带状灯光

142 左抗扭盒结构

143 货桥后段

144 货桥门

145 货桥门液压作动筒

146 固定钢索卷盘

147 后缘填角

148 后梁

149 液压油箱

150 左跳伞门

151 折叠式防爆罩

152 机身腹部襟翼铰链接头

153 左机翼扰流板

154 左机翼2段双缝襟翼

155 襟翼铰链整流罩

156 应急放油

157 副翼液压作动筒

158 左副翼

159 左翼梢小翼

160 静电放电刷

161 频闪灯

162 带状灯光

163 左航行灯

164 机翼翼肋结构

165 机翼下表面蒙皮/长桁壁板

166 左机翼整体油箱

167 外侧前缘缝翼段

168 缝翼肋结构

169 缝翼导轨

170 套筒式除冰空气导管

171 双头螺栓挂架

172 核心发动机排出热喷流

173 核心发动机反推力装置

174 风扇排出冷喷流

175 风扇空气反推力装置叶栅

176 F117 - PW - 100 涡轮风扇

发动机

177 全权数字发动机控制系统

178 风扇机盒

179 发动机附件设备齿轮箱

180 进气道唇口热空气除冰

181 风扇涡轮盘

182 发动机引气总管

183 挂架接头螺栓连接头

184 缝翼除冰空气导管

185 压力加油和放油口位置

186 发动机引气导管

187 灭火瓶

188	三轮小车式主起落架	196	反推力装置整流罩作动筒
189	主轮舱门	197	机身突出部整流罩
190	旋转轴梁	198	铰链式短舱维护盖板
191	减震器支杆	199	应急冲压空气涡轮的位置
192	内轮前罩盖	200	空气组件
193	主轮支柱枢轴架	201	主热交换器
194	起落架安装机加主框架	202	热交换器空气进气口
195	内侧发动机反推力装置叶栅	203	着陆灯

2) 技术数据

外形尺寸

机长	53.04 m
机身直径	6.85 m
机高	16.79 m
翼展(不含翼梢小翼)	50.29 m
翼展(含翼梢小翼)	51.76 m
机翼展弦比	7.2
机翼面积	353.03 m^2
主轮距	10.27 m
前后轮距	20.05 m

内部尺寸

货舱

长度(包含 6.05 m 长的机尾装卸跳板)	26.82 m
最大宽度	5.49 m
最大高度	4.50 m
容积	592 m^3

重量及载荷

使用空重	126 100 kg
典型载重	
执行战区后勤支援任务	54 421 kg
执行重型后勤支援任务	68 039 kg
最大载重	76 655 kg
最大起飞重量(各型)	265 350 kg

最大翼载   751.6 kg/m³

性能

（除非特别指明,以下数据是基于 C-17）

正常巡航速度（高度 8 535 m）	$Ma0.77$
低空巡航速度	648 km/h
空投速度	
低空	213～463 km/h
高空（7 620 m）	241～463 km/h
进场速度（最大载重）	213 km/h
实用升限	13 715 m
起飞场长（最大起飞重量）	2 360 m
着陆场长（载重 72 575 kg,使用反推力装置）	915 m
活动半径（载重 56 245 kg,起飞场长 2 012 m,着陆场长 915 m,过载系数 2.25g;零载重,起飞场长 671 m,着陆场长 701 m,过载系数 3g;空中不加油）	3 519 m
活动半径（载重 36 786 kg,起飞场长 975 m,着陆场长 823 m,载重相近,起飞场长 853 m,着陆场长 792 m,过载系数都是 3g;无空中加油）	925 km
航程（无空中加油）	7 630 km
航程（载重 72 575 kg,起飞场长 2 286 m,着陆场长 915 m,过载系数 2.25g）	4 630 km
航程（载重 68 039 kg,起飞场长 2 320 m,着陆场长 885 m,过载系数 2.25g）	5 185 km
航程（载重 54 421 kg,起飞场长 1 830 m,着陆场长 853 m,过载系数 2.5g）	5 278 km
自转场航程（零载重,起飞场长 1 128 m,着陆场长 701 m,过载系数 2.5g）	8 704 km
无空中加油转场航程	9 432 km

15.2.2　YC-15 原型机短距起落性能的技术基础分析

本节研究的内容是为了实现 C-17 军用运输机在前线 900 m 未铺筑的简易

跑道上起降,该机是如何实现的?

此处先论述 20 世纪 70 年代中期美国空军要求研制 C‐130 军用运输机的后继机,即要求研制先进中程短距起落军用运输机,当时麦道公司研制了 YC‐15 原型机。后来麦道公司在研制 C‐17 军用运输机时沿用了 YC‐15 飞机的短距起落技术基础(见图 15‐63)。

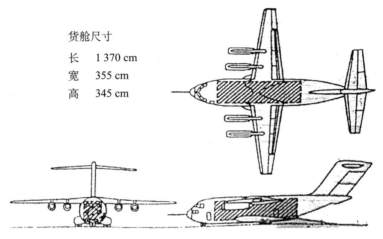

货舱尺寸

长　　1 370 cm

宽　　355 cm

高　　345 cm

图 15‐63　　YC‐15 飞机三面图

为了实现 C‐17 飞机的短距起落性能,就必须采用动力增升。麦道公司研制的 YC‐15 原型机利用发动机喷流对机翼后缘襟翼进行外吹气(externally blown flaps,EBF)(见图 15‐64)。

下面详细介绍 YC‐15 原型机短距起落性能的技术基础,重点放在短距起落操纵方式中的那些为提供良好性能和飞行品质所必需的技术环节。设计原型机的目的是为验证外吹气襟翼的动力增升飞机的短距起落飞行品质以及军事战术运输任务的一些设计特点。如果要提供良好的操纵特性、较轻的驾驶员工作负担和较好的低速飞行特性,就要重视对构型发展的考虑。对这种飞机的可接受性来说,强调短距起落性能可能与最大有效载重一样重要。

1) 概述

发展先进中程短距起落运输机的原型机计划的主要目标是要验证大到足以能容纳基本军事装备的喷气式飞机进出有限空域和未经铺筑的小型机场的短距起落能力。研究原型机的进一步目的是为了确定合适的飞机设计规范和短距起落的实际操作程序,以及用与短距起落机场性能有关的代价来获得视界。而最终目的是为战术空军部队的现代化提供低成本的可选型号。

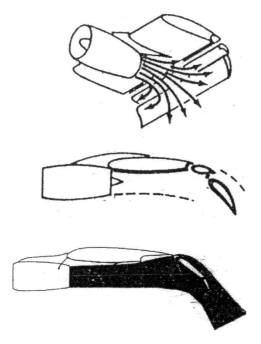

图 15‑64　YC‑15 飞机的动力增升装置（外吹气襟翼）

　　对各个关键目标的审查可清楚显示出主要技术问题(见表 15‑1)。在全面复审这些技术问题时,原型机发展、试验、计划及可得到的潜在好处的重要性立刻展现在眼前。

表 15‑1　先进中程短距起落运输机的原型机的主要技术问题

计划目标	技术问题
短跑道机场	低速时的高升力
前线使用	良好的低速操纵品质
大货舱容积	高速时的阻力
好的生存率	
低成本	设计的简单性

　　在战术军事环境中,对短距机场操纵的要求,应对目前使用的任何运输机的升力能力都做重大改进。这种升力能力的改进必须要完成,但不能使发动机的尺寸增加和机翼面积达到破坏飞机结构效率、牺牲巡航速度或使飞机的成本增加到过高的程度。

前线的战术使用包括生存和完成任务的能力都可能得到大大改进，这是根据当时情况而使用低速、高速、大坡度爬升、盘旋下降和机动等达到的。为了获得这些飞行特性，不仅必须产生高的升力，而且操纵品质必须是这样的，即驾驶员只要集中注意手边的情况，而不用注意飞机的特性。也就是飞机具有良好的操纵特性，较轻的驾驶员工作负担和较好的低速飞行特性。

可以运送基本武器、车辆和设备的一种大型货舱有利于整个战术工作。但随着重量和惯量的增加，产生与稳定性有关的反应度的良好操纵品质就更困难了。而且通过宽大货舱斜板装卸货物的需要可能会使巡航速度受到损害。

2）达到设计指标的基本方法

麦道公司的设计原理就是要提供一种具有保守而简单的机体设计，对构型考虑了全部作战的可接受性，这种设计适合于作战和恶劣环境下使用，选择了4台发动机外吹气襟翼。

目的是由具有一般能力的驾驶员驾驶飞机进入各种恶劣短跑道机场，这就要注意低速操纵品质和驾驶员的工作负担，要求飞机在没有自动增稳装置的情况下具有可接受的短距起落的基本特性。有自动增稳装置时飞机的特性更加优良突出。要求驾驶员能见度良好，又附以平视显示。因为在完成空投任务和紧急着陆阶段（包括大坡度盘旋和倾斜进场）时，特别强调能见度。在松软的简易机场上出现可接受的跑道面破坏的情况下，使用高漂浮、长冲程、高下沉率的起落架到多次通过的要求。反推力设计的目的是为了提供使速度降到零的减速度，同时废气又不会再被吸入发动机。

YC-15飞机设计的构形必须一方面满足严格的性能指标，另一方面也要满足生产型飞机的成本指标，要用现代气动力技术来达到性能指标，在不影响性能情况下的简单性是基本结构和系统设计的准则。

3）原型机构形描述

YC-15飞机在气动布局上采用外吹气襟翼的动力增升装置，其基本构型是从一项深入细致的发展项目中得到的。这项发展计划包括带动力的测力风洞试验，固定和活动底座的模拟器操纵，高升力分析研究和"按成本设计"的最优化计划。

应用到先进中程短距起落军用运输机的这些努力已得到目前这种原型机构型。选择4台发动机，以利用其军用型所具有的特性，即可进入各种窄空域和未经铺筑的简易机场，1台发动机停车条件下具有良好的低速操纵和部署能力以及固有的总任务的可靠性（包括完成洲际部署任务）。

作战起飞总重的范围是从设计的短距起落情况下的 63 500 kg 到完成一般部署任务的约 86 000 kg。较低的地板和较短的起落架提供了以卡车车板高度直接把货物装进货舱的条件,并能容易地从装货斜板装进车辆和重型火力设备。上单翼设计保证了最大可用货舱容积。后货舱门无论在地面或在空中都能操作。机身两侧有伞兵跳伞舱门。选择了长冲程小车式起落架,这样,在以每秒达 5.5 m 的高下沉率着陆时,根据加州机场承受条例(CBR)第 6 条规定,可满足至少通过 200 次的漂浮要求。

机翼是一种简单的直后梁低危险率的结构。副翼和扰流板用于横向操纵,扰流板也可作为直接升力控制、减速和着陆时当阻力板用。发动机后面配置了专门研制的尽量向外延伸的 2 段后缘襟翼,作为外吹气襟翼方案的一部分,由于采用了全翼展的前缘襟翼,部分地提高失速迎角和最大升力系数。

在低速大迎角飞行过程中,"T"尾配置把水平安定面放到有利的流场中。为了获得可靠性和简单性,选择了可调水平安定面。平尾尺寸由俯仰加速度、着陆构型时有关要求以及巡航过程中的纵向稳定性来决定。一副强有力的开缝升降舵和反向操纵的前缘襟翼提供纵向操纵能力。垂直尾翼是等弦结构,上面装有 2 段双铰链方向舵。垂尾的尺寸和方向舵的效率是由适应短距起落飞行时的大侧风和平衡单发停车时产生的不对称力矩需要来决定的(见图 15 - 65)。

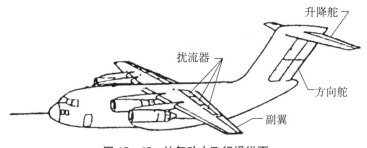

图 15 - 65　纯气动力飞行操纵面

带有襟翼偏转的机翼下表面的附面层流动如图 15 - 66 所示,该图油流谱是用线族观察到的,碰撞气流扩展到大部分襟翼翼面上。在发动机后面看到机翼局部升力分布的不同峰值(见图 15 - 67),这些峰值是由于碰撞气流引起的襟翼下表面局部静压增加和通过襟翼缝隙的加速气流增加了襟翼上表面的吸力而使升力增加所致。

图 15 - 68 示出了 YC - 15 飞机上的外吹气襟翼后缘的喷气动量的测量结果。在襟翼最大偏度 60°的情况下,2 台发动机的排气按照它们到达襟翼后缘的

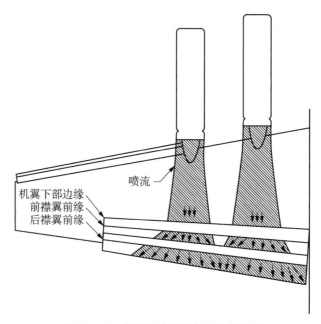

图 15‑66　襟翼下表面的气流流量扩散

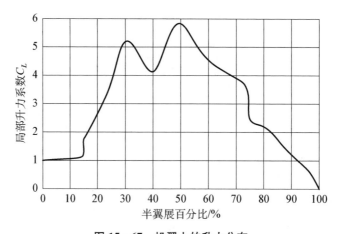

图 15‑67　机翼上的升力分布

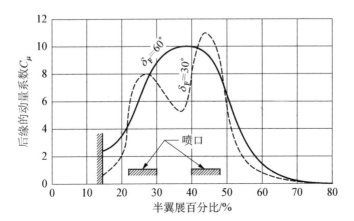

图 15 - 68　在襟翼后缘的动量分布

时间完全接合,而且动量扩展在整个襟翼翼展上。

图 15 - 69 为不同推力系数下升力系数与迎角的关系曲线。着陆时选择的襟翼偏角使进场速度达到 85 kn,下滑角为 6.6°并用 65% 的最大推力,考虑到发动机推力的损失,进场推力限制为 65%,是为复飞提供余量。在这种进场速度下采用低功率的下滑角直至可达到 10°。

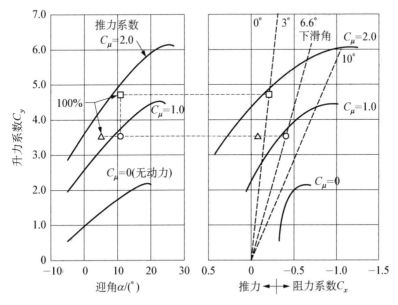

图 15 - 69　着陆状态的升力和阻力

4）动力增升装置

YC‑15 飞机的外吹气襟翼(EBF)是高升力机械襟翼技术的推广,这种襟翼是利用发动机喷气流来产生需要的升力(见图 15‑70)。该构型不需要内部管道和辅助的推力反向装置。双缝襟翼偏转到发动机的喷流中,引起喷流向侧向流开,然后下折,根据气流的附壁效应,就有相当薄的一层喷气流留在襟翼后缘,这层喷气流的角度大致与襟翼的偏度相同。该喷气流的作用非常像沿弦向打开的襟翼,并引起机翼环量的显著增加,同时喷气偏转的反作用力产生发动机推力的升力分量。

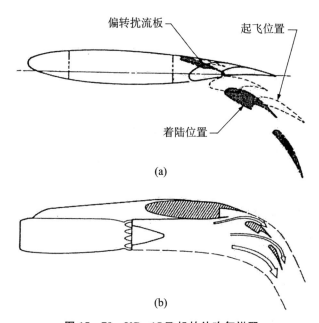

(a)

(b)

图 15‑70　YC‑15 飞机的外吹气襟翼

(a) YC‑15 飞机的双缝襟翼　(b) 发动机-机翼-双缝襟翼组合体

发动机喷气口的纵向位置稍稍位于机翼前缘的前面,这可减小巡航时短舱与机翼的干扰阻力,并在短距起落状态时短舱对增升装置的干扰影响减到最小。在不允许喷流打到机翼使蒙皮温度升高的情况下,发动机的垂直位置要尽可能地高(即向机翼下表面靠近)。

图 15‑71 示出在着陆进场状态下动力增升装置产生的总升力。在机身大约为水平姿态、功率调整到能保持下降率为 244～350 m/min 情况下,总升力约为无外吹气襟翼产生的升力系数的 2 倍。

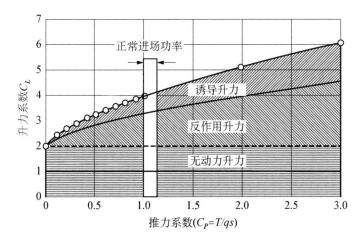

图15‑71　进场时的动力增升数值

升力系数的成倍提高允许使用较低的进场速度和陡的下滑航线,着陆时使用适当的升阻比和水平的飞机姿态。达到的接地精度比没有动力增力的飞机用拉平达到的接地精度要高。

在起飞构型时用同样的方法来增加升力,这样使起飞距离与着陆距离的大小基本相同。

5) 操纵品质

短距起落飞行中良好的操纵品质和较轻的驾驶员工作负担取决于飞机设计中固有的基本稳定性和操纵性。YC‑15飞机具有的气动力操纵系统和适宜的自动增稳装置作为飞机构型的整体组成部分。

表15‑2列出气动力操纵面提供的短距起落气动操纵力,提供气动力的操纵面有普通升降舵、2段双铰链方向舵、副翼和3块扰流板。

表15‑2　短距起落时气动力的操纵量值

项目	量值	项目	量值
俯仰加速度/(rad/s)	>0.4	垂直加速度/(rad/s)	±0.15
滚转加速度/(rad/s)	>0.5	侧滑角/(°)	>20
偏航加速度/(rad/s)	0.15		

采用的操纵面在设计上是普通的,并能在各种情况下组成一定的构型,以允许在操纵面有机械故障或作战损伤或整个增稳系统故障情况下,仍能保持适当的操纵力和飞行品质,以完成军事短距起落任务,包括通过遇到发动机故障或损

伤的情况。适当的稳定放大逻辑装置有简化了的破损-安全电子设备。这个设备的 4 项基本功能如表 15-3 所示。

表 15-3　增稳系统的功能

● 纵向姿态和速度稳定	● 荷兰滚阻尼
● 倾斜姿态	● 转弯协调

纵向的操纵感觉随速度和操纵面位置的变化而变化,以在低速情况下提供低操纵力,在中立位置附近提供良好的反应,而且从一种飞行状态到另一种飞行状态及在各种装载分布情况下杆力变化最小。横向和方向操纵系统中用简单的杆力弹簧提供合理的操纵力和操纵协调。

在飞机的姿态不做重大改变的情况下获得垂直加速度的能力对提高进场航路的精确度是很重要的。普通飞机通过迎角的少量改变来达到这个目的,但由于短距起落飞机在极低的速度下飞行时对应的动压低,故它一般是处于动力曲线的末端,且升力线坡度低,俯仰反应迟钝。

YC-15 飞机在着陆进场过程中,升力是变化的,用通过改变扰流板的偏度但不改变飞机的姿态来获得准确的下滑航路控制,直接升力控制提供的准确进场航路控制是相当灵敏的,而且在接地前遇到消极的地面效应时,准确的下滑航路控制特别重要。

以极低速度飞行的飞机在进场时对倾侧角反应灵敏是它的特性,这是因为相对低的倾侧角会引起高的转弯速度。倾侧姿态稳定产生与一般无动力增升飞机相匹敌的特性。在此过程中提供了好的转弯配合,飞机的一般反应特性,包括荷兰滚,都被提高到进场时驾驶员工作负担最小的水平。

6) 翼型设计

YC-15 飞机采用了现代巡航翼型,这种翼型的特点是弦向加载,这就把激波阻力的增加推迟到更高的 Ma 数,这在常规加载翼型上是不可能的。图 15-72 是 YC-15 飞机的现代翼型的可压缩性阻力系数与具有典型升力系数的一般翼型的阻力系数的比较。先进翼型的阻力发散 Ma 数大约比一般翼型要高 0.05。

现代翼型的几何特性和气动特性使起飞和高速时发动机的尺寸和循环十分匹配,可使机翼后掠角减小,并使重量减轻,简化了结构,增加了内部燃油容量,减小了随着燃油的消耗造成重心的变化。

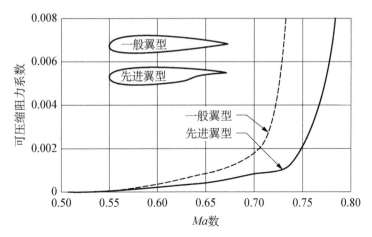

图 15‑72　先进的巡航翼型与一般翼型的阻力系数比较

7) 动力增升技术的效果

上面讨论的短距起落的效果可以通过把 YC‑15 飞机的和目前军用运输机的高度/失速速度之比进行比较的方法简单地表示出来(见图 15‑73)。

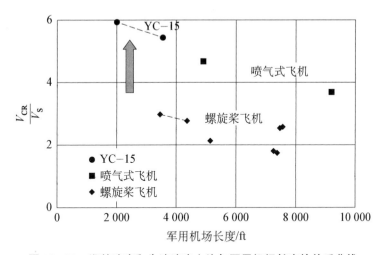

图 15‑73　巡航速度和失速速度之比与军用机场长度的关系曲线

根据机场高度,划出军用机起飞和着陆距离的适当限定,具有动力增升的 YC‑15 飞机的速度比约达到 6,而涡轮螺旋桨飞机的速度比约为 3,喷气飞机的速度比约为 4.5。结果使战术使用机场的长度减少到 457～914 m,同时仍保持完成部署任务需要的高亚声速飞行。

用运输效率表示的工作能力是衡量运输效率的尺度。图 15-74 示出与目前军用运输机比起来 YC-15 飞机达到了给定的运输率水平,同时它能从 457 m 长的短机场上起落。

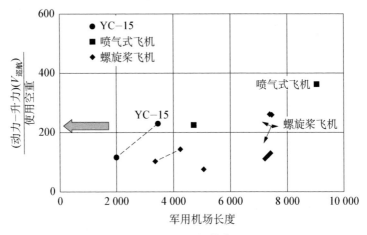

图 15-74 运输率

认识到 YC-15 飞机在不牺牲货运能力和运输率的同时,它的几何尺寸大到可容纳大型军用车辆和设备,并具有在软机场使用的起落架,采用一般结实的结构,可在短而未经铺筑的简易机场起落或在有限空域内飞行,这是一项技术上的成就。现代中程短距起落运输机的原型机的计划为探讨和进一步发展并改进这种新技术、确定执行军事任务的动力增升飞机的使用成本效率提供了机会。

15.2.3 C-17 重型军用运输机实现短距起落性能的途径

1) C-17 飞机设计特点的再描述

C-17 飞机是当今世界上设计比较成功的一种战略战术军用运输机,在其研制过程中采用了许多成熟的先进技术,如采用机翼下表面外吹气襟翼的动力增升技术使该机能在 900 m 长的未经铺筑的简易机场的跑道上着陆。C-17 飞机既具有像 C-5A 战略军用运输机那样的装载能力和巡航速度,又具有像 C-130 战术军用运输机那样的短距起落性能。

C-17 军用运输机的气动布局特点:悬臂式上单翼;"T"形尾翼;翼吊 4 台涡扇发动机;前三点起落架;机身后部有大开口的后舱门。机长为 53.04 m,机高16.79 m,机翼翼展 50.29 m。C-17 飞机的三面图如图 10-1 所示。

　　C-17飞机的设计基本要求是能够运送大型和重型战斗装备,这有助于确定机身的尺寸大小,起飞重量和跑道的机动性要求有助于确定翼展尺寸,最终,飞机也要考虑满载情况下的航程要求。C-17军用运输机的最大起飞重量为263 t,最大有效载重为78 t。飞机必须能从7 600 ft长的跑道上起飞,飞行2 400 n mile,然后着陆在3 000 ft的短跑道上。在空中加油情况下,C-17军用运输机的航程为5 000 n mile。高空巡航马赫数达到0.77。

　　2) C-17飞机的动力增升装置

　　C-17飞机的增升装置(见图15-75)借鉴原型机YC-15的机翼下表面外吹气襟翼的技术实现短距起落。从图15-75中看出,机翼前、后缘增升装置是在不考虑动力增升条件下设计的,C-17飞机采用的后缘增升装置是双缝襟翼(见图15-76)。其设计特点是子翼与主襟翼固连,这是麦道公司在DC-9、MD-82等飞机上采用的高效率的机械式增升装置。在起飞时,后缘襟翼一般为单缝(子翼与主襟翼之间的缝),即半开状态,以减小阻力,增大升阻比,提高起飞时的爬升率。着陆时为双缝(增加了扰流板与子翼之间形成的缝隙),如图15-77所示。这时襟翼偏度最大,达到最大升力系数。还有襟翼偏1/4角度(在空投需要时使用)。麦道公司对C-17飞机的后缘双缝襟翼采用绕固定轴旋转的支撑形式,固定子翼的双缝襟翼,液压作动筒驱动襟翼绕固定轴运动的形式操作简单、构件少、重量轻、可靠性高。

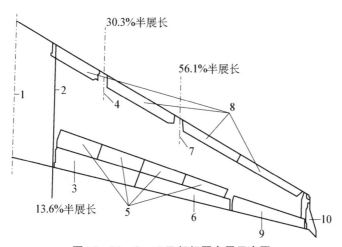

图15-75　C-17飞机机翼布局示意图

1—对称面;2—机身最大宽度线;3—内侧襟翼;4—内侧发动机位置;
5—扰流板;6—外侧襟翼;7—外侧发动机位置;8—前缘缝翼;9—襟副翼;
10—翼梢小翼

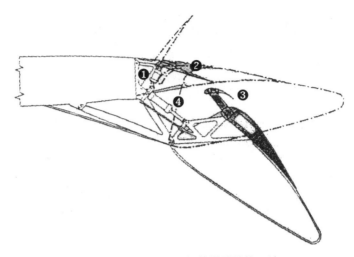

图 15‑76　C‑17 飞机的襟翼结构系统

1—扰流板作动筒;2—扰流板;3—双缝襟翼的固定子翼;4—襟翼作动筒

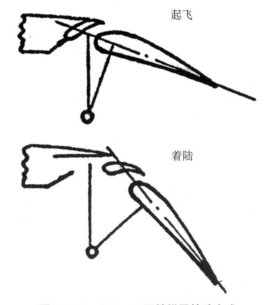

起飞

着陆

图 15‑77　MD‑82 双缝襟翼转动方式

常规飞机的襟翼下偏时必须避开发动机的喷流,因为喷流打襟翼将引起结构振动,使结构产生振动疲劳。另外,襟翼为铝合金部件,处在喷流高温下是不利的。而 C‑17 飞机采用动力增升实现短距离起落。

动力增升的增升原理为:C‑17 飞机的动力增升装置沿用原型机 YC‑15

飞机已验证过的技术，即机翼下表面外吹气动力增升装置，发动机喷流直接吹向后缘襟翼（见图 7 - 48），襟翼偏转使发动机喷流向下偏转，这使襟翼下表面气流局部静压增加，产生一个直接的升力分量；还有与常规机械式增升装置一样，利用襟翼的缝道来加速襟翼上表面的气流流动，由于发动机喷流的影响，使襟翼周围气流的动能增高，增加了襟翼上表面的吸力，使升力增加。这样由反作用力和诱导升力所组成的动力增升装置将比常规机械式增升装置达到高得多的升力系数（见图 15 - 71）。

C - 17 飞机的动力增升装置达到的最大升力系数为 5.6，接近机械式增升装置所能达到的最大升力系数的 2 倍。襟翼缝道数对动力增升量级的影响如图 15 - 78 所示。因为不论是单缝富勒襟翼、双缝襟翼还是 3 缝襟翼，其最大升力系数都在 3.0 左右。至于各种飞机的襟翼为什么采用不同的缝隙都与起飞爬升和着陆时所要求的气动力特性有关。

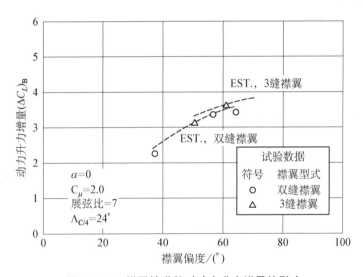

图 15 - 78　襟翼缝道数对动力升力增量的影响

3）翼吊短舱的安装研究

发动机、机翼和襟翼之间的相对位置对机翼下表面外吹气襟翼的增升效果至关重要。

20 世纪 70 年代，美国空军的短距起落运输机对短舱相对机翼下表面的位置做了专门研究，研究的位置有基本位置、向后位置、向上位置和分散开位置（见图 15 - 79）。发动机喷管分别上偏和下偏 15°，研究结果显示：短舱上移靠近机翼是有利的,发动机分散开影响不明显,发动机后移对增大升力不利。在研的所有短舱喷口偏转对动力升力增量都很明显,发动机喷口上偏能有效提高动力升力增量 ΔC_L(见图 15 - 80)。

  与一般运输机相比,C - 17 飞机的发动机位置就显得特别靠前,在下沉量方面更靠近机翼(见图 15 - 81)。

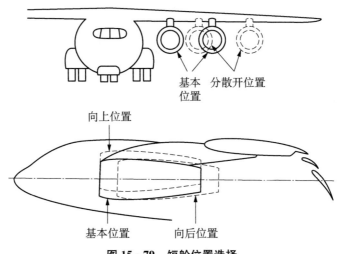

图 15 - 79 短舱位置选择

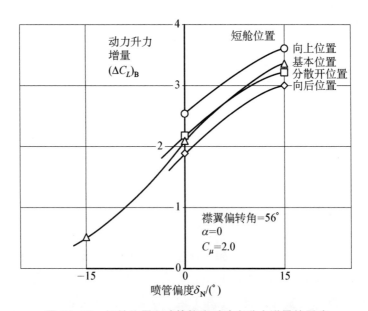

图 15 - 80 短舱位置和喷管偏度对动力升力增量的影响

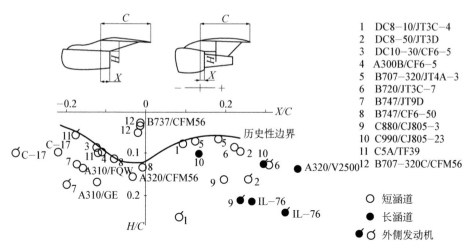

1	DC8-10/JT3C-4
2	DC8-50/JT3D
3	DC10-30/CF6-5
4	A300B/CF6-5
5	B707-320/JT4A-3
6	B720/JT3C-7
7	B747/JT9D
8	B747/CF6-50
9	C880/CJ805-3
10	C990/CJ805-23
11	C5A/TF39
12	B707-320C/CFM56

图 15-81 C-17 发动机位置与其他飞机对比

喷流中心线与后缘襟翼最下端之间的距离对动力增升的影响可用喷流边界与后缘襟翼下端所表示的冲击比 Z/R 对动力增升的升力增量 ΔC_L 的关系曲线来表示(见图 15-82 和图 15-83)。从图看出,动力增升的升力增量是冲击比 Z/R 的函数,Z 值越大,效果越好。

由于 C-17 飞机采用机翼下表面外吹气襟翼使动力增升效果大大提高,在 900 m 的前线简易机场起落时,地面滑跑距离只有 600 m 左右(美国规定起落时地面滑跑距离小于 610 m 的飞机为短距起落飞机)。但是,由于热喷流为高温,襟翼用铝合金材料制造,使 C-17 飞机不能在全状态飞行,后来襟翼材料改用钛合金,使该机可在全状态飞行。

4) 襟翼作动系统的整流罩形状分析

为了减小襟翼滑轨整流罩所引起的阻力,希望整流罩做得尽量小些,可减小其摩擦阻力。如 A300B 飞机的襟翼偏转时,襟翼滑轨整流罩虽然展开时非常大,但在巡航时其阻力大约是 $\Delta C_D = 0.0007$,等于面积相同的平板浸湿表面阻力。

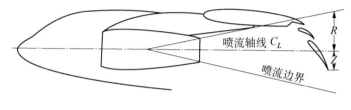

冲击比 Z/R

图 15-82 冲击比定义

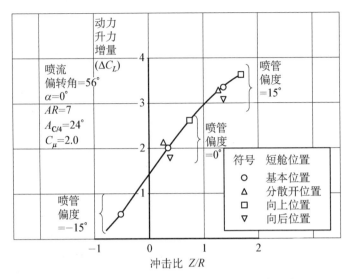

图 15‑83　由动力引起的冲击比对升力的影响

　　但是,采用下表面外吹气襟翼的 C‑17 飞机在进场动力增升工作时,喷流在襟翼下表面会有展向流动,这会降低增升和推进效率。因此,必须采用有效措施来控制喷流在襟翼下表面的展向流动。C‑17 飞机的襟翼作动系统整流罩设计得比较大,并且分布在发动机轴线两侧,如图 15‑84 所示。

图 15‑84　C‑17 飞机的襟翼作动系统整流罩

　　而原准机 YC‑15 飞机的襟翼作动系统整流罩也采用相似设计。虽然采用下表面外吹气的襟翼要比常规襟翼承受大得多的外载荷,这可能导致其支承、驱动系统体积较大,但这样的设计有一个优点就是能有效控制喷流在襟翼下表面的展向流动,达到进一步提高增升和推进效率的目的。

5）C-17飞机在短舱两侧安装涡流控制装置的作用

在低速大迎角飞行时，在短舱位置附近的机翼上表面会发生气流分离，后来在每个短舱两侧安装涡流控制装置（见图15-85）。每个短舱上的2个涡流控制装置在低速大迎角时产生一对强涡，打在机翼上表面，给机翼后部上表面的分离气流增加能量，延迟机翼上表面的气流分离，推迟机翼失速，并改善大迎角时机翼前缘与短舱之间的流场，使后缘襟翼上表面的气流分离减弱。C-17军用运输机在每个短舱两

图15-85　C-17军用运输机短舱两侧
的涡流控制装置

侧安装涡流控制装置后，使该机的最大升力系数提高约6％，但阻力没有增加。

15.3　A400M战术军用运输机

该机取代日益老化的C-160军用运输机。2003年开始由空客军用飞机公司负责设计制造，装4台目前世界上功率最大的TP400-D6螺旋桨发动机（见图15-86），并在研制过程中广泛采用新技术。2013年第一架A400M交付法国空军。

图15-86　西欧研制的A400M战术运输机

15.3.1　A400M 是欧洲通用型运输机

A400M 军用运输机与其竞争机型相比怎么样？它比 C－130 运输机大,接近洛克希德公司设计的 C－141(1963 年首飞)军用运输机。A400M 军用运输机不仅在飞行途中可以进行空中加油,而且还可以根据用户需求改装为空中加油机使用。A400M 军用运输机已成为安东诺夫 An－70 军用运输机强有力的竞争对手。A400M 军用运输机被设计成为能够替换日益老化的 C－130 运输机、C－160 军用运输机,能满足德国、比利时、西班牙、法国、卢森堡、英国与土耳其通用需求的一款机型。图 15－87 为几种军用运输机货舱横截面比较示意图。

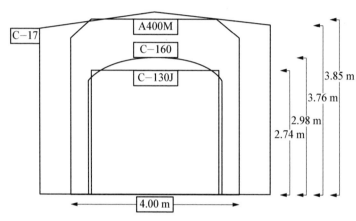

图 15－87　几种军用运输机货舱横截面比较

1) 设计特点

A400M 采用上单翼、T 形尾翼布局,货舱地板面积和横截面积比 C－130、C－160 大很多(见图 15－87)。该机将具有多样化的装载能力,可运载 116 名全副武装的士兵或空降兵,或 66 副担架加 25 名医护人员,或 6 辆路虎汽车加拖车,或 1 套"爱国者"地空导弹系统等。

机翼　悬臂式上单翼。下反 4°,1/4 弦线后掠角为 15°,尖削比 0.345,平均气动弦长 5.67 m。采用超临界翼型,机翼后缘有襟翼和副翼,每侧机翼的襟翼前面有 5 块扰流板。双梁结构,前、后梁分别位于 15% 弦长和 62.5% 弦长处。蒙皮、桁条和操纵面广泛采用复合材料,后梁也由复合材料制成。翼肋、固定的前缘和发动机短舱挂架由金属制成。

机身　机身采用由两段不同弧线结合而成的非圆形横截面,上部弧线按空客标准宽体客机的机身直径做出弧线,下部弧线则要宽出许多,以使机身的底部基本上是平的,并增大货舱地板宽度和货舱高度。主承力结构(如翼身连接处)主要使用铝合金和钛合金,次承力结构(如起落架舱门和各种整流罩)主要使用玻璃纤维复合材料或碳纤维复合材料。

尾翼 悬臂式 T 形尾翼。平尾 1/4 弦线后掠角为 32.5°,垂尾等弦长。前后缘均后掠。平尾安装角可调。平尾通过铝合金接头与垂尾顶部连接,翼面主要结构为 2 个复合材料翼盒,升降舵主要由复合材料制成。垂尾为双梁结构(最初设计为三梁,后更改),带有单块式方向舵,均主要由复合材料制成,但方向舵有铝制的铰接助条。垂尾前缘混合使用了金属和复合材料,可移除。

起落架 液压收放的前三点起落架,共有 14 个机轮。应急时利用重力放下。前起落架为双轮,每侧主起落架有三个独立的支柱,每个支柱上装有 2 个机轮及轮胎组件,并带有缓冲器。前起落架向前收起,主起落架向后收入机身两侧的起落架舱中。主轮轮胎规格 43×15.5−17,胎压 8.83×10⁵ Pa。前轮轮胎规格 37×14.0−14,胎压 7.86×10⁵ Pa。主轮带有多盘刹车装置。前轮可操纵转向。在装卸大型货物时,可通过控制主起落架的液压支柱使机身倾斜以便装卸货物,同时能保持机体稳定。起落架较宽的主轮距及低压轮胎均有利于飞机直接在战区松软、粗糙的跑道上起降。

动力装置 翼下吊挂 4 台 TP400 − D6 涡轮螺旋桨发动机由欧洲螺旋桨国际公司提供,单台最大功率为 9 698 kW(13 000 shp*),但起飞功率限制在 8 206 kW(11 000 shp)。该发动机以"阵风"战斗机的 M88 涡扇发动机的核心机为基础,采用三转子结构,增加了一个中压压气机,通过偏置的减速器来驱动 FH386 全可逆桨距 8 叶复合材料螺旋桨。

驾驶舱与货舱 双人制驾驶舱。舱内配备正、副驾驶员的座椅,座椅旁有侧操纵杆和彩色大屏幕显示器。货舱很宽敞,能够根据货物、车辆和部队的运输或空投情况来灵活配置,同时还考虑到航空医疗救护的用途。采用英国超级电子公司的移频式吸振器系统(TVAS),在全机各处共布置有 200 个主动移频式吸振器,以降低由螺旋桨转动引起的振动和噪声。

飞控 飞控功能集成在飞行管理计算机中,将具有地形回避能力。由三轴电传操纵系统控制全部的操纵面。电传操纵系统由空客客机的同类系统发展而来,采用侧杆操纵器。扰流板可用于横滚操纵和用作减速板及减升板。平尾安装角调整由螺旋千斤顶驱动。每侧升降舵和副翼均由 1 个由液压回路驱动的液

---

* shp,轴马力,功率非法定单位。1 shp=735 W。

压作动器和 1 个由电回路驱动的电动静液作动器。方向舵采用 2 个电动静液备份作动器,每个都由 1 个液压回路和 1 个电回路驱动。扰流板采用液压驱动。

机电 由飞机综合监控与诊断系统(AIMDS)集中监控。2 套工作压力为 20.7 MPa(3 000 lbf/in^2)的液压系统,每套系统有流量为 140 L/min 的发动机驱动的泵和 40 L/min 的交流电动泵。电力由 4 台变频发电机提供,单台功率为 75 kVA。辅助动力装置与 A320 客机所用的相同,可在飞行中起动,置于机翼后部整流罩中,功率 90 kVA,可带动 1 台三相发电机提供额外的电力。通过 3 个 300 A 的电池充电整流器提供直流电。增压系统和空调系统均采用引气工作,可在 11 278 m(37 000 ft)高度将机舱气压维持在海拔 2 438 m(8 000 ft)水平。机翼前缘和发动机进气口均有防冰装置。

航电 有 2 台飞行管理计算机和 2 台军用任务管理计算机。可选装 Link 16 数据链的多功能信息分发系统(MIDS)终端。罗克韦尔•柯林斯公司的高频/甚高频/超高频保密通信系统,带有选择呼叫功能,还可选择国际海事卫星通信系统。声频管理系统、无线机内通话系统、乘客广播系统和应急定位发射机。具有湍流和风切变指示功能的气象/导航雷达,也可用具有地形测绘工作方式的军用雷达替换。模块化的防御辅助子系统(DASS),可选设备包括中央计算机、雷达告警接收机、主/被动导弹告警系统、激光告警接收机、箔条/曳光弹投放装置、定向红外对抗系统(DIRCM)和拖曳式雷达诱饵。敌我识别装置。带有嵌入式大气数据系统的 3 套惯性平台。伏尔、导航测距器、塔康、多模式接收机(仪表着陆系统/微波着陆系统/卫星定位系统)、军用全球定位系统、2 套无线电高度表、空管应塔机、增强型近地告警系统和空中交通警戒与防撞系统。夜视镜兼容的驾驶舱中有 2 台数字宽视角平视显示器(可显示增强视景图像)、8 台相同的 6in×8in 全彩色下视显示器(HDD)、2 个键盘和 2 个光标控制装置(CCD)。有飞行数据记录器和驾驶舱话音记录器。

作业设备 一体化的自动装卸系统,包括 253 个可收放系留环和 1 个可翻转的滚棒系统。利用这些系统,1 名装载控制员就可以装卸所有的货盘和集装箱。可选择在机身后部安装一台吊车,装卸满载的军用集装箱。履带式和轮式战车也可以通过滚棒系统装载。

2) 技术数据

外形尺寸

机长	45.10 m
机高	14.70 m

翼展	42.36 m
翼根弦长	7.36 m
翼尖弦长	2.54 m
机翼展弦比	8.1
机翼面积	221.50 m²
副翼面积(每个)	3.94 m²
襟翼面积(每侧机翼)	20.24 m²
扰流板面积(每侧机翼)	6.90 m²
水平安定面面积	46.43 m²
升降舵总面积	11.49 m²
垂直安定面面积	67.00 m²
主轮距	6.22 m
前后轮距	13.60 m
螺旋桨直径	5.34 m
货舱门长度	7.76 m
机组人员舱门	
宽×高	0.79 m×1.46 m
应急出口	
宽×高	0.76 m×1.22 m
伞兵舱门	
宽×高	0.90 m×2.10 m

内部尺寸

货舱长度(不含货桥)	17.71 m
货桥长度	5.40 m
货舱内地板宽度	4.00 m
货舱内高度(翼盒前部分)	3.85 m
货舱内高度(翼盒后部分)	4.00 m
货舱容积(不含货桥)	274 m³
货舱容积(含货桥)	356 m³

重量及载荷

(A：后勤任务,过载 2.25；B：战术任务,过载 2.5)

使用空重	76 500 kg

最大有效载重

A   37 000 kg

B   30 000 kg

最大零油重量

A   113 500 kg

B   106 500 kg

最大内部燃油   50 500 kg

最大起飞重量

A   136 500 kg

B   127 500 kg

最大着陆重量

A   120 000 kg

B   113 000 kg

性能数据

最大飞行速度 Ma 0.72

正常巡航速度 Ma 0.68

空投速度   232~370 km/h

实用升限   11 278 m(37 000 ft)

普通行动   12 192 m(40 000 ft)

特殊行动

最大爬率(海平面)   20.3 m/s

滑跑距离(战术任务,重量 120 000 kg,海平面,国
   际标准大气+15℃)

起飞滑跑距离   914 m

着陆滑跑距离   822 m

航程(后勤任务,过载 2.25,远程巡航速度,国际标
   准大气,无风,5%的航线余油+在 457 m/1 500 ft
   高度待机 30 min 所需油量)

最大有效载重时   3 297 km(1 780 n mile)

有效载重 30 000 kg 时   4 445 km(2 400 n mile)

有效载重 20 000 kg 时   6 389 km(3 450 n mile)

转场   8 797 km(4 750 n mile)

15.3.2 A400M 军用运输机的发动机是目前功率最大的发动机

空客军用飞机公司出于性能和燃料经济性的考虑,选择了 TP400 - D6 发动机作为 A400M 军用运输机的动力装置,该发动机是功率为 11 000 马力的三轴涡轮螺旋桨发动机,是由欧洲国际涡轮螺旋桨发动机公司的 4 个合作伙伴在吸收其他民用和军用发动机成熟技术的基础上而研发的发动机。欧洲国际涡轮螺旋桨发动机公司的 4 个合作伙伴包括西班牙的 ITP 公司、德国的 MTU 航空发动机公司、英国的罗尔斯-罗伊斯(Rolls-Royce)公司和法国的斯奈克玛(Snecma)公司。

TP400 - D6 发动机是目前功率最大的涡轮螺旋桨发动机,其可以在低空、高空、低速、高速飞行时使用,采用了综合模块化设计。这种发动机的创新之处在于采用了三轴式设计(即设置有高、中、低二级压气机),增加了一个中压压气机,比候选的 M318 发动机方案有更高的燃油效率和可靠性。TP400 - D6 发动机采用双通道数字式全权发动机控制系统(FADEC),可满足飞机速度要求,而重量却减轻 15%,燃油也可节省 20%。在使用方面,涡轮螺旋桨发动机所具有的换向能力可确保 A400M 在全部载荷情况下能使飞机沿 2% 的斜坡后退。TP400 - D6 发动机采用的 Ratier-FigeacFH386 螺旋桨叶片由碳纤维复合材料制成,直径 5.33 m,最大转速 824 r/min,翼尖速度 290 m/s(Ma0.68)。其表面覆盖着聚氨酯敷层,用以保护叶片不受腐蚀,在螺旋桨叶片的前缘装有电除冰装置,而在螺旋桨叶片的外段还覆盖着镍保护层,同样可起到防腐蚀的作用。螺旋桨的控制系统并入发动机的双通道数字式全权发动机控制系统,这样可以大大减轻驾驶员的工作负担。FADEC 可以制动调节叶片桨叶角,使螺旋桨的转动效率达到最佳,该控制系统还能自动检测发动机的故障。

A400M 军用运输机安装有 4 台 TP400 - D6 发动机,使该机可以在 11 300 m 高空飞行,持续巡航速度为 Ma0.68~0.72,可以在湍流上空飞行(这更有利于伞兵的空降安全),可以在民用领空飞行,可以更迅速地到达作战区域。TP400 - D6 发动机驱动的是直径为 5 m 的 8 叶螺旋桨,是目前世界上最大的一种螺旋桨,螺旋桨的安装位置确保了 4 个发动机运转时飞机的对称性,其方法如下:为在发动机短舱之间形成下洗流,相邻的螺旋桨反向旋转,从后方朝前看,左边外侧螺旋桨(1 号)和右边内侧螺旋桨(3 号)顺时针旋转,而左边内侧螺旋桨(2 号)和右边外侧螺旋桨(4 号)逆时针旋转,这种设计可形成更对称的流场,降低机翼载荷和减轻结构重量,使机翼升力分布改善了至少 4%,还可降低货舱噪声和提供单发停车的操纵性。TP400 - D6 涡轮螺旋桨发动机的安装情况如图 15 - 88 所示。

图 15 - 88　A400M 军用运输机的 TP400 - D6 发动机

15.3.3　A - 400M 的增升装置空气动力设计

由于作战任务的多样性,军用运输机与民用运输机的布局有很大的不同。在优化军用运输机总体布局时,必须综合考虑气动性能、重量、操纵特性,综合后勤保障和成本等各个方面。

1) 机翼布局对气动设计的挑战

A400M 的机翼布局同空客公司的民用客机区别很大。与民用飞机相比,A400M 的机翼后掠角较小,机翼平面形状为梯形平直翼;A400M 取消了机翼前缘增升装置,后缘襟翼的气动性能更好,扰流板的面积更大;由于 A400M 的涡桨发动机直接安装在机翼上,与传统的短舱/挂架式安装的涡扇发动机相比,螺旋桨滑流对机翼的干扰效应有很大的不同,需做专门考虑;另外,还要考虑机翼与机身的相对位置、襟翼作动系统的整流设计、机翼和起落架舱之间可能存在的干扰等因素。

2) 增升装置的设计要求

通常,起飞时的爬升性能(以升阻比衡量)和着陆时的进场速度(以最大升力衡量)是起落性能的重要决定因素。但是,由于 A400M 要执行伞兵空投和货物空投等特殊任务,要求其增升装置能够保证飞机在一定的重量和速度下,结合不同的飞机俯仰姿态完成重力空投、牵引空投和伞兵空投(见图 15 - 89)。

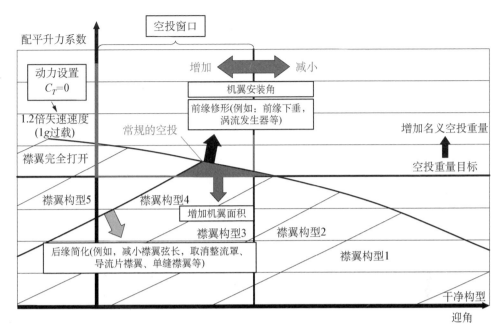

图 15‑89　A400M 的空投图解——增升装置设计目标

与干净构型的巡航机翼相比,高升力机翼的空气动力设计需要更多地考虑多种因素的影响。除了需要将增升装置同干净机翼综合设计,还需要设计能够打开襟翼的作动系统,此外,使增升装置简单、轻便、易于制造也十分重要。

空客公司的大部分民用飞机采用的增升装置是前缘缝翼和后缘单缝襟翼(采用滑轨装置驱动)的组合。由于 A400M 的巡航马赫数较小,所以机翼的后掠角比空客民用飞机的小,这有利于提高基本翼的升力性能,增大螺旋桨滑流对机翼升力的有利影响。考虑到客户要求系统应具有较低的复杂性。空客公司决定取消前缘增升装置,仅保留后缘增升装置。

(1) 机翼前缘与发动机短舱的安装关系。

由于取消了前缘增升装置,需要更加细致地综合设计 A400M 的机翼前缘外形,要做到在达到最佳高升力性能的同时不损失机翼的巡航性能。与仅按巡航飞行设计的传统机翼前缘相比,最终的前缘形状采用更加明显的"下垂"设计,从外形上看前缘剖面形状较厚,驻点线比较靠下。

这种设计方法特别适用于机翼前缘受发动机短舱扰动影响,流动可能会过早分离的区域。同时,对短舱形状进行了优化,限制交界处对气流流动产生的不利影响。但是,发动机安装在前缘区域就制约了空气动力设计的自由度。

图 15 - 90 给出了采用前缘下垂设计的数值模拟结果,它可以减轻由短舱和机翼前缘交界处卷起的涡流强度。

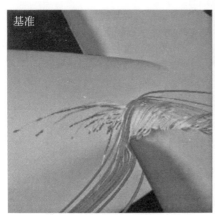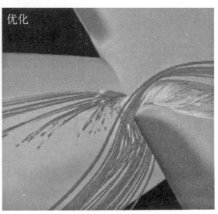

图 15 - 90 采用三维 RANS 方法计算的机翼前缘和短舱交界处的流动

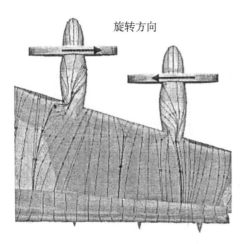

图 15 - 91 螺旋桨滑流对机翼压力分布和流线的影响

（2）螺旋桨滑流对高升力性能的影响。

当 A400M 的发动机处于大推力状态时,螺旋桨滑流对机翼升力特性的影响最大,此时由滑流影响带来的升力增量甚至同后缘襟翼完全打开时产生的升力增量相当。但是,螺旋桨滑流对机翼的上洗流、下洗流的作用也会使机翼产生一定的气流分离区。图 15 - 91 给出了在发动机中等推力情况下螺旋桨滑流对机翼的压力分布和流线的影响。从图中可以看出,上行桨叶后的滑流（内侧发动机靠内侧和外侧发动机靠外侧）使得机翼前缘的吸力有所增加。

起初,空客公司想采用诸如 C - 130 等普通螺旋桨飞机的桨叶旋转方式,使 A400M 的发动机的所有桨叶向同一方向旋转（这种布置在减少飞机零部件数量、降低成本和简化后勤保障等方面更有优势）。但是,在设计验证和计算之后发现,同一旋转方向构型可能对飞机的使用范围有所影响。因此,空客军机公司最终决定使用对称旋转构型(每侧的一对发动机之间桨叶下行),这种构型后来被证明是巡航性能、高升力性能以及驾驶舱低噪声特性保持平衡的最佳方案。

(3) 后缘增升装置的定义与优化。

由于取消了前缘增升装置,A400M对后缘增升装置的设计提出了很高的要求。设计师认为,如果A400M采用空客民用飞机标准的后缘襟翼解决方案——单缝后缘襟翼,它不能提供太大的升力增量,就满足不了要求。因此,类似于A321的双缝襟翼(DSF)被选为第一个基本解决方案。这个基本方案的襟翼弦长占机翼弦长的30%,升力增量足够,但是对整个飞机设计会有很大的负面影响。因为高的升力增量并不一定能提高空投性能,因为这有可能导致超过"空投窗口"对应的迎角范围。

另一方面,基本DSF方案会对系统的复杂性、尾翼尺寸和结构重量产生不利影响。因此,设计师需要寻找一个更佳的后缘襟翼解决方案,能在各种性能之间达到平衡,并且满足所有的设计要求和最小重量目标。

设计师最终提出了固定导流片的后缘襟翼方案(见图15-92)。固定导流片襟翼本质上也是一个双缝襟翼,不同的是,位于主襟翼前的较小的导流片固定安装在主襟翼上。这种类型的襟翼曾应用在DC-9、MD-82和DC-10等飞机上。这种增升装置取消了导流片和主襟翼之间的运动机构,但是导流片在巡航状态可以随主襟翼完全收回主襟翼的襟翼舱内。这种增升装置的下垂式铰链虽然远没有达到最佳空气动力性能,但它以一个简单的单铰链取代了复杂的襟翼滑轨系统,因此,在简化系统复杂性和减轻飞机的结构重量方面具有很大优势。

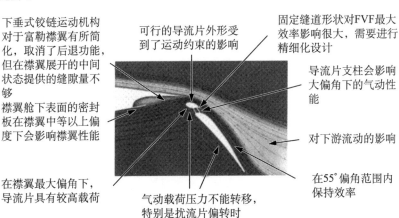

图15-92　下垂铰链式固定导流片襟翼气动设计挑战

　　通常,采用圆弧轨迹展开襟翼只能对一种增升构型(如着陆时的襟翼全打开构型或空投构型)的缝隙参数——缝隙量和重叠量进行优化。优化的结果界定了铰链线的位置和襟翼展开过程的中间位置。但是,这些中间位置的缝隙参数并非最优,中间过程中主翼和导流片之间的缝翼出口没有起到气流引射的作用,导致导流片上出现气流分离,从而降低升力并引起振动。因此,对于圆弧轨迹展开的襟翼,需要谨慎,合理地选择设计点,使襟翼在所有偏转角度内都能高效发挥增升作用,保证可接受的气流流动品质。

　　由于导流片和主襟翼之间相对固定,导流片必须在需要的时候能够完全收回主翼的襟翼舱内。这需要下表面的密封板(通常是活动的)覆盖导流片,限制导流片前缘的空隙。另外,导流片上表面的外形也受襟翼展开轨迹和扰流板下表面的限制。利用扰流板的下垂功能也可以覆盖上表面的空隙。

　　然而,设计师通过对 A400M 精细化的空气动力设计,取消了下表面活动的密封板和带下垂功能的上表面扰流板,进一步降低了后缘襟翼的复杂性。最终,设计师在针对襟翼弦长、襟翼整流罩以及导流片与主襟翼之间的缝隙进行了多轮优化设计后,最终确定了后缘增升装置的构型。

　　3) 采用先进 CFD 设计,风洞试验方法验证

　　经典的喷气式运输机在进行风洞试验时,通常可以采用带短舱的通气模型,而不需考虑发动机带动力和排气。

　　但是,A400M 由于采用了翼吊涡桨发动机,发动机强大的滑流效应对机翼的气流流动会产生很大的影响。因此,在进行 A400M 的风洞试验时,大部分的试验都要考虑动力效应。在 A400M 研制过程中使用了空气和液压驱动的发动机模拟器。空气涡轮动力模拟器(TPS)的高升力构型的半模金属模型分别在德国不莱梅低速风洞和法国航空航天研究院(ONERA)F1 风洞中进行了低雷诺数和高雷诺数试验。

　　为了进行全面的设计验证和数据计算,需要进行全模试验。图 15 - 93 示出了 A400M 全模构型在 DNW - LLF 风洞进行的试验,试验过程模拟了 4 个发动机全开的高功率状态。

　　在 A400M 的增升装置设计过程中,先进的 CFD 方法(包括二维、三维 RANS,使用 DLR 的 TAU 程序,混合网格)首先贯穿整个设计过程,使快速的优化成为可能,同时也达到了在进行最终的风洞试验前,可以先期进行深入的空气动力优化的目的,该优化经历了二维/准三维 CFD 截面形状优化设计、全三维验证计算等过程。

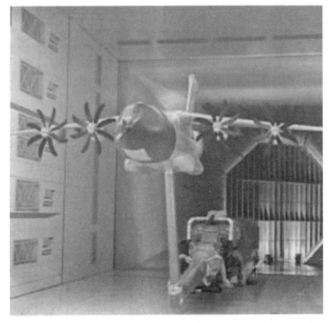

图 15‐93　在 DNW‐LLF 风洞中进行 A400M 带动力全模试验

　　在预测螺旋桨滑流对全机的影响,以及增升装置后的下洗流场对开启的机身侧跳伞舱门和后舱门的影响时,设计师采用了全三维 CFD 方法(见图 15‐94)。

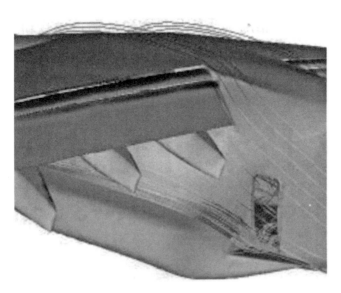

图 15‐94　用 CFD 方法计算增升构型的下洗流对开启的后侧舱门和后大舱门的影响

4) 结论

A400M 特殊的任务要求给增升装置的设计提出了极大的挑战。设计师在 2 年的时间里,采用 CFD 方法与风洞试验验证相结合的设计手段进行了大量的计算、优化工作,最终成功研制了综合性能比较满意的下垂铰链式固定导流片增升装置。

A400M 的增升装置设计过程曾基于二维和三维 RANS 方程的 CFD 方法作为主要的计算和优化工具,并结合空客公司先进的空气涡轮动力模拟试验进行设计验证,一方面大大提高了设计效率,另一方面也满足了精细化设计的要求,是大型运输机增升装置设计方法的一次创新尝试。

15.3.4 A400M 军用运输机是用户服务技术飞跃的标志

A400M 军用运输机是空客军用飞机公司制造新技术的结晶,是一款双重性、多用途飞机,更适合于军事作战新需求。由于采用了先进的设计新技术,因此使其可以飞得更高、更快、更远,且拥有更杰出的机动性,其还可以低速飞行,可以在短距、未铺筑道面的及不规则的跑道上起飞和降落,可以运载轻型装甲车辆及大型在役装备。例如,A400M 军用运输机可以运载 25 t(此重量与移动式吊车重量相当,移动式吊车是严重自然灾害所需的必不可少的救援设备)的货物,在小于 1 000 m 的未铺筑道面的跑道上起飞和降落。可以空投 16 t 的单个载荷或者重量为 25 t 的多个载荷,可以更迅速地运输物资直达所需地点。

A400M 军用运输机在各个方面都采用了先进的技术,包括将民用技术应用到军机中,尤其是飞机驾驶人机界面功能的详细设计,造就了 A400M 军用运输机的双重性。A400M 军用运输机采用了先进的结构设计及较高比重的复合材料来制造,因此大幅度降低了飞机的重量,其结构使用复合材料的比例高于任何一款客机或者军用飞机,其结构的 30% 都采用了复合材料。其机翼主梁开创了使用复合材料制造的先例,几乎整个后机身,包括水平和垂直安定面、操纵面、后货舱门、螺旋桨叶片都是由复合材料制成,其翼面壁板是有史以来制造的最大的翼面壁板,长 19 m。先进复合材料的广泛应用减轻了 A400M 军用运输机的结构重量,增大了 A400M 军用运输机的航程及有效载重性能。A400M 军用运输机的设计综合了最新的空气动力学技术,使其可以更轻松、更有效地飞行。A400M 军用运输机是世界上具有"备份控制"模式的少数几款飞机之一,因此当其电气系统全部发生故障时仍然可以飞行。

得益于空客公司大型民用客机设计经验上多年来的深厚积淀,A400M 的驾驶舱和航电系统大量引用了空客 A 系列客机的先进技术和"人性化"设计概念。特别值得一提的是,为避免驾驶员观察仪表板视界受到影响,A400M 并没有采用过去大型运输机通常采用的驾驶盘,而是引用已在 A320 和 A340 系列民用客机上的"侧杆式"驾驶杆设计。这样的设计可以彻底腾出驾驶员座位与仪表板之间的空间,做到真正的无遮挡。目前,只有 A400M 这一种大型军用运输机采用了"侧杆式"驾驶杆。

15.3.5 A400M 军用运输机优良的空投、空降性能

1) 装备空投

为了完成后勤支援功能,A400M 军用运输机拥有 356 m^3 的货舱空间,且机身直径与民用 A330 飞机的机身直径相同,货舱剖面约为 4 m×4 m,其货舱可以容纳大型军事装备,例如步战车、强击直升机或大型民用设施(如自然灾害或人道主义救援使用的救生船、挖掘机或起重机等必要设施)。A400M 军用运输机可以运载 30 t 的货物到达 4 500 km(2 450 n mile)或 20 t 货物到达 6 400 km(3 450 n mile)远的地方,还可以进行 54 名士兵、搜索与营救小组、医疗设施、工程车等的混合运载。

2) 士兵空降

A400M 军用运输机最多可以运载 116 名全副武装的伞兵或士兵(成 4 纵列面对面就座),其高速飞行特性使其可以迅速地将伞兵空降到作战区域,缩短了伞兵空降后的散布距离,更有利于空降伞兵的重新聚集。

A400M 军用运输机具有独特的快速空投方式,其低速(110 n mile 或 200 km/h)飞行特性使货物空投时更容易出舱。A400M 军用运输机独特的空气动力特性,使两名伞兵从货舱门或两侧的货舱门同时空降成为可能,避免了空降伞兵在飞机后方的相互碰撞,并且这一特性使伞兵空降时间减少了 50%,并缩短了第一名空降伞兵与最后一名空降伞兵之间的散布距离。当两名伞兵同时从两侧的货舱侧门空降时,伞兵可以使用机侧突出部或整流罩(位于起落架附近)形成的台阶进行空降前的自定位。为了减弱飞机后方的湍流,A400M 军用运输机采取了整流罩延长的设计方法,以便于空降时伞兵之间的相互远离。A400M 军用运输机的高空(正常巡航高度为 11 300 m,即 37 000 ft)飞行特性使 A400M 军用运输机可以在最高 12 200 m(40 000 ft)的高空执行空降任务,A400M 军用运输机的士兵空降如图 15-95 所示。

3) 超低空牵引空投

A400M 军用运输机可以完成三个单独载荷(总重 19 t)的超低空(最高 5 m)

图 15‑95　A400M 军用运输机的士兵空降

牵引空投。连接到自动载荷释放系统的计算空投点系统为机组人员提供信息，使机组人员可以很好地操纵货物的牵引空投，并且该系统被综合至前视屏幕（平视显示器）中，用于货物空投顺序的监测。

15.3.6　A400M 军用运输机的飞行试验

1）民用鉴定

2009 年 12 月 11 日，第一架 A400M 军用运输机在位于西班牙塞维利亚的空客军用飞机公司的试验中心进行了首飞，两年后，第五架试验机于 2011 年 11 月进行其处女飞行。第一架 A400M 军用运输机作为 A400M 军用运输机成批生产的标准机型。由于 A400M 军用运输机要取得民用和军用航空管理部门的两项认证，因此，该机型需要 1 850 h 的测试飞行以获得欧洲航空安全局的型号认证，而另外 2 520 h 将用于获得军用飞机认证和资格证书。为确保 2012 年年底首架飞机交付，A400M 军用运输机在世界各地按计划进行为期 3 年长达 3 700 h的试验飞行。自 2009 年以来，编号为 MSN 1～4 的 4 架 A400M 试验机，在 50 多个飞行架次中已飞行了 1 650 飞行小时，将近 1 000 个起飞和降落。试验当中，有些试验项目特别引人注目，例如极冷气候试验。为了进一步了解飞机的飞行性能，在飞机模拟结霜试验后，A400M 军用运输机飞往瑞典北部的基律纳，在那里进行寒冷天气条件下飞机工作状态（飞机在零下 38°保持 24 h 以上）的测试。所有驾驶此运输机的驾驶员都一致称赞该飞机的优良性能，称赞该飞机优良的灵活性与稳定性。A400M 军用运输机于 2011 年底前从欧洲航空安全局获得民用型认证。

2）军用鉴定

近期，A400M 军用运输机仍然是进行民用认证，为军用认证奠定基础。目前 A400M 军用运输机已经完成了不同构型的许多试验，包括飞机结构附加试验，用于验证货舱门或起落架附近的气流特性。并且还于 2011 年 4 月完成了以下试验：两架 A400M 军用运输机编队飞行，一架 A400M 军用运输机在飞行途中进行了空中加油（通过英国皇家空军维克 VC10 空中加油机）试验；未铺设跑道简易机场上的着陆试验；夜间飞行（夜视镜、军用雷达、视景增强系统）试验；刹车与最小起飞速度试验；大量的降落伞空投货物试验。2010 年 11 月，法国与英国工作组在 A400M 军用运输机（从跳伞舱门与货桥）上进行了空投试验（该试验在货台低空空投试验后进行），用以研究气流特性，在阿富汗战场上出现的该运输机空投性能已成为当今运输机的重要性能。从 2013 年开始，进行炎热天气条件下飞机运行状况的测试，以达到 2013 年军用标准初期作战能力的要求。

3）驾驶员的评价

每个驾驶员接到驾驶 A400M 军用运输机的命令时，脸上都带着笑容，空客公司的首席试飞员说道："A400M 军用运输机的飞行品质良好，在试验初期就可以达到飞机的极限速度，这一点是非同寻常的，但我们并不惊讶，其优良的电传飞行操纵系统使飞机非常灵敏及易于操纵。"

至今，已经有 55 名驾驶员驾驶过 A400M 军用运输机。除 12 名空客公司试飞员外，第一位空军的试验机驾驶员驾驶了 A400M 军用运输机。英国与法国于 2013 年 3 月与 4 月在法国的图卢兹接收该飞机，德国与土耳其的驾驶员也驾驶了 A400M 军用运输机。为了获得民用认证，欧洲航空安全局的驾驶员驾驶该飞机，以使在 2014 年底前获得民用型认证，在没有空客公司驾驶员参加的情况下，A400M 军用运输机已经进行了 40 个飞行架次的验证。

15.3.7　前途光明的 A400M 军用运输机销售市场

向非常遥远的战场提供援助，尤其是冲突区域之外的军队提供急人道主义援助的需求增加了军用运输机的需求量。过去 10 年中，全世界有 20 亿以上的人员受到了天灾的影响（海啸、地震等），平均每年造成 60 000 人死亡，人道主义援助响应必须非常迅速，而且在过去的 10 年中，维和任务显著递增，部署在亚洲与非洲的 4/5 的工作人员都参加了这些任务。例如 2009 年 9 个国际组织共执行了 54 次任务，共有 220 000 人参加，联合国与北大西洋公约组织工作人员分

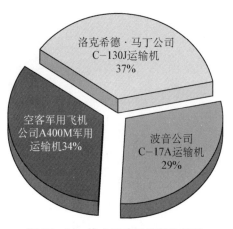

图 15 - 96　战术运输机的销售份额

别占总人数的 48％和 44％。

尽管 A400M 军用运输机还没有服役,但其销售额已占当今世界战术运输机销售份额的 1/3(见图 15 - 96),目前已有 8 个国家订购了该机型 192 架订单。尽管目前战术运输机的市场由美国 C - 130 运输机支配,但全世界各国的空军正在逐步了解 A400M 军用运输机的性能。更有趣的是,A400M 军用运输机已经搅动了美国武装力量的利益,在以后的 30 年里,全世界各国还将需要购买至少 800 架的大型军用运输机。而现今正在服役的大型军用运输机共有 2 500 架,全世界大型军用运输机的机组寿命平均在 25 岁以上。

参 考 文 献

［1］ Egbert Torenbeek，Synthesic of Subsonic Airplane Design［M］. Delta University Press，
1982.

［2］ 方宝瑞."飞机气动布局设计"［M］.北京：航空工业出版社，1997.

［3］ Stinton D. The Design of the Aeroplane. Granada. 1983.

［4］ Raymer D P. Aircraft Design：A Conceptual Approach. American Institute of Aeronautics
and Astronautics，Inc. 1989.

［5］ 高杰.偏航阻尼器对飞机飞行品质的改善［J］.飞行力学.1983.2.

［6］ 凌茂芙."他山之石"——中俄、中乌民机气动技术合作研究［M］.北京：航空工业出版
社，1996.

［7］ 何植岱,高浩.高等飞行动力学［M］.西安：西北工业大学出版社，1990.

［8］ 沈克扬.超临界机翼气动设计概念［J］.民用飞机设计与研究 1988(4).

［9］ 顾诵芬.运输类飞机空气动力设计［M］.上海：上海交通大学出版社.2010.12.

［10］ 戴思宗.高亚声速运输机气动设计概念［J］.飞机工程 2008(2).

［11］ 朱自强等著.现代飞机的空气动力设计［M］.北京：国防工业出版社.2011.10.

［12］ 飞机设计手册总编委会.飞机设计手册：第五册.民用飞机总体设计［M］.北京：航空工
业出版社，2005.

［13］ W. F. Hilton. Use of Negative Camber in the Transonic Speed Range. The Aerodynamics
Division N. P. L. R & M No. 2460，8th March 1947.

［14］ 李为吉.飞机总体设计［M］.西安：西北工业大学出版社，2005 年 1 月

［15］ 江永泉.飞机翼梢小翼设计［M］.北京：航空工业出版社.2009.9.

［16］ W. B. Gillette and T. C. Montemayor. Boeing 737 - 300. Aerodynamics Features.
Boeing Airliner，January-March 1984.

［17］ C. R. Taylor，etc. Super VC - 10 Cruise Drag-a Wind Tunnel Investigation part Ⅰ
Experimental Techniques. ARC CP 1125，1969.

[18] 航空航天工业部第六四〇研究所编. MD‒82 飞机设计分析[M]. 北京：航空工业出版社. 1990.

[19] D. M. Ryle. High Reynolds Number Subsonic Aerodynamics，AGARD‒LS‒37. 1970.

[20] 飞机手册总编委会. 飞机设计手册：第六册. 气动设计[M]. 北京：航空工业出版社，2005.

[21] 江永泉. 民用飞机机翼气动力设计[J]. 民用飞机设计与研究 1994(4).

[22] 江永泉. 民用飞机翼吊短舱的空气动力设计考虑[J]. 民用飞机设计与研究. 1992(2).

[23] B. Etkin：Dynamics of Flight-Stability and Control，1982.

[24] R. J. Margason and J. E. Lamar：Vortex-Lattice Fortran Progran for Estimating Subsonic Aerodynamic Characteristics of Complex Planforms. NASA TN D‒6142 1971.

[25] 计秀敏. 空中客车小肋薄膜减阻飞行试验[J]. 国际航空 1992.9.

[26] R. F. Van den Dam：SAMID, An Interactive System for the Analysis and Constrained Minimization of Induced Drag of Aircraft Configurations. AIAA‒83‒0095，1983.

[27] C. M. ЕГЕР：Проектирование пассажирских реактивных самолетов. Москва. 1964г.

[28] Шейнин В. М. Козеловкий В. И.：Проблемы проктирования пассажирских самолетов 1972.

[29] Г. С. Бюродинамика и Динамика полета магистралвных самолетов. 1995г.

[30] Т. И. Лигум：Аэродинамика и динамика полета тубореактивных самолетов. 1967г.

[31] R. F. Back，etc.：The A320 Wing Designing for Commercial Success. Aerospace，January 1986.

[32] D. Treadgold and K. H. Wilson：Some Aerodymamic Interference Effects that Influence the Transonic performance of Combat Aircraft，AGARD CP‒285 Subsonic/Transonic Configuration Aerodynamics，1980.

[33] J. A. Jupp：Interference Aspects of the A310 High Speed Wing Configuration，AGARD CP‒285，Subsonic/Transonic Configuration Aerodynamics，1980.

[34] A. B. Haines：Aerodynamic Interference — A General Overview，AGARD R‒712，Special Course on Subsonic/Transonic Aerodynamic Interference，1983.

[35] N. Voogt and J. T. Kolk：Design Study for the Inner Wing of a Transonic Wing Body Combination of Aspect Ratio 8，AGARD CP‒285，Subsonic/transonic Configuration Aerodymics，1980.

[36] D. E. Stein：Case History — Use of Vortex Generators in Aircraft Design，Airliner/Oct‒Dec，1985.

[37] A. L. Nage：Aerodynamic Research Applications at Boeing ICAS‒82‒5.7.2，1982.

［38］ 江永泉.几种涡流发生器在波音飞机设计中的应用[J].民用飞机设计与研究 1992(2).

［39］ 凌茂芙等.民用飞机失速和深失速特性研究文集[M].北京：航空工业出版社,1993.9.

［40］ B. Haftmann，F. J. Debbeler，H. Gielen：Take-off Drag Prediction for the Airbus A300－600 and the A310 Compared with Flight Test Results. Icas－86－1. 10. 1, 1986.

［41］ H. R. Wedderbocd：The High Lift Development of the A320 Aircraft，ICAS－86－2. 3. 2, 1986.

［42］ L. H. Ohman，D. Brown：The NAE High Revnolds Number $15''\times60''$ Two-Dimensional Test Facility：Description，Operating Experiences and Some Representatives Results. AIAA. Paper 71－293.

［43］ A. Flaig，R. Hilbig. High-Lift Design for Large Civil Aircraft，AGARD CP－515 1991.

［44］ Peter K. C. Rudolph HiGH Lift Systems on Commercial Subsonic Airliners. NASA CR 4746.

［45］ 黄建国.后掠襟翼运动型式的选择及其分析[J].民用飞机设计与研究 2009.3.

［46］ 江永泉.适航性条例对民用飞机增升装置设计的要求[J],民用飞机设计与研究 1999 (3).

［47］ 任继业等.三元襟翼气动力计算方法[J].民用飞机设计与研究 1986(2).

［48］ W. H. Wentz；H. C. Seetharam. Development of a Fowler Flap System for a High Performance General Aviation Airfoil. NASA CR 2443 Dec 1974.

［49］ W. Lynn，A. Harry. Use of two-Dimensional Data in Estimating Load in a 45° Sweptback Wing with Slats and Partial Span Flaps. NACA TN 3040.

［50］ J. A. Jupp. Wing for the A310. Tech Air，May 1981.

［51］ AerodynamicDesign Philosophy of the Boeing 737. Journal Aircraft，Vol. 3，No. 6 1966.

［52］ R. L. Bengelink. The Integration of CFD and Experiment：an Industry Viewpoint. AIAA paper 88－2043. 1988.

［53］ J. T. Kutner and S. P. Piszkin. Reduction of Drag Rise on the Convair 990 Airplane. Journal Aircraft 1964,1(1).

［54］ W. P. Henderson and J. C. Patterson. Propulsion Installation Characteristics for Turbofan Transports AIAA 83－0087 1983.

［55］ W. M. Magruder. Development of Requirement. Configuration and Design for the Lockheed 1011 Jet Transport. SAE Paper No. 680688.

［56］ D. Küchemann and J. Weber. Aerodynamics of Propulsion. New York 1953.

［57］ E. Greef，etc. Integration of Bypass Ration Engine on Modern Transonic Wing for Regional Aircraft. Aeronautical Journal，January 1993.

［58］ 赵国强,机翼—吊挂—短舱融合设计—CFD方法在波音公司气动/推进一体化中的应

用简介[J],民用飞机设计与研究 1988(2).

[59] 姜正行等. 飞机内流空气动力学[M]. 北京:航空工业出版社. 1989.

[60] 沈克扬. 涡扇发动机短舱的气动设计方法[J]. 民用飞机设计与研究. 1992. 4.

[61] A. B. Haines. Recent Research into Some Aerodynamic Design Problems of Subsonic Transport Aircraft. ICAS Paper No. 68‐10,September 1968.

[62] J. H. Argyris. The Impact of the Digital Computer on Engineering Sciences Part Ⅰ. The Aeronautical Journal of the Royal Aeronautical Society,Jonuary 1970.

[63] A. W. Chen and E. N. Tinoco. PAN AIR Applications to Aero-Propulsion Integration. Journal Aircraft March 1984.

[64] R. S. Shevell and R. D. Schaufele. Aerodynamic Design Features of the DC‐9. AIAA paper NO. 65‐738.

[65] 钟树荣. 翼下发动机吊舱设计问题[J]. 国外航空技术飞机类 23(总 118 号),1978.

[66] 王维翰. 功效显著的民用飞机附加气动力设计[J]. 国际航空 1988. 9.

[67] 戴思宗. 高涵道比发动机短舱在运输机上的布局设计[J]. 飞机工程 11995(2).

[68] 沈克扬. 风洞试验中的动力模拟问题[J]. 民用飞机设计与研究. 1992(1).

[69] 凌茂芙. 民用飞机带动力模拟器(TPS)风洞试验技术研究[J],民用飞机设计与研究,1997(4).

[70] R. Decher and D. C. Tegeler. High Accurancy Force Accounting Procedures for Turbopowered Simulator Testing AIAA Paper 75‐1324 1975.

[71] W. Burgsmuller and J. Szodruch. Benefits and Costs of Powered Engine Simulation at Low Speeds. AIAA Paper 85‐0381,1985.

[72] 美国联邦航空条例 FAR‐36 部,第三阶段的飞机噪声级[S]. 1976.

[73] G. Doornbos and W. B. Wolf. The Engine/Airframe Interference Drag at Cruise Conditions,Propulsion Simulation. NLR TR 82012U 1982.

[74] 李云军. 民用运输机的平尾初步设计[J],民用飞机设计与研究,1986(1).

[75] 王建培. 亚音速民机平尾初步设计[J]. 飞行力学 1991(3).

[76] 李云军. 纵向操纵系统诸因素对纵向杆力特性的影响[J]. 民用飞机设计与研究 1993(3).

[77] 李云军. 民用飞机方案设计中操纵性稳定性和飞行品质设计分析[J],民用飞机设计与研究,1995(1).

[78] 张洪. 高杰. 亚音速民用飞机垂直尾翼设计[J]. 民用飞机设计与研究. 1988(2).

[79] 美国联邦航空条例 FAR‐25 部[S]. 1965.

[80] 英国民航飞机适航性要求. BCAR,D 篇[S]. 1970.

[81] 欧洲联合适航性标准 JAR‐25 部(CS‐25 部)[S]. 1974(2011).

[82] 苏联民用飞机适航性标准:НЛГС‐2[S]. 1974、НЛГС‐3[S]. 1984.

［83］独联体各国统一适航性条例：AΠ - 25［S］. 1990.

［84］Staff of Boeing Commercial Airplane Company. Selected Advanced Aerodynamics and Active Controls Technology Concepts Development on a Derivative Boeing - 747 Aircraft. NASA CR 3164，1980.

［85］M. N. Leland. Fundamentals of Aircraft Design. University of Dayton，ohio USA，1975.

［86］视存清译. 现代飞机设计中的飞行力学原理［M］，飞行力学杂志，1985.

［87］李云军. 主动控制技术在民用飞机上的应用［J］，民用飞机设计与研究，1986(2).

［88］李振水. 中型客机阵风载荷减缓系统的工程设计［J］，飞机工程 1997(4).

［89］A. L. Nagel. Aerodynamic Research Applications at Boeing. ICAS - 82 - 5. 7. 2，1982.

［90］凌茂芙. 从飞机失速事故谈民用飞机的安全问题［J］. 民用飞机设计与研究，1987(4).

［91］凌茂芙. 波音公司大迎角研究的工程方法［J］，国际航空 1987(4).

［92］施永毅. 民用飞机的失速预防和失速、深失速特性的改善［J］. 民用飞机设计与研究，1999(2).

［93］D. L. Loving. Wind Tunnel-Flight Correlation of Shock-Induced Separated Flow. NASA TN D - 3580，September 1966.

［94］夏玉顺等合编. 风洞特种实验［M］. 航空专业教材编审组出版 1982. 12.

［95］唐长江. 大型运输机空气动力学——伊尔 - 76 型飞机［M］北京：航空工业出版社，2011 年.

［96］Paterson J H. Aerodynamic Design Features of the C - 5A. Aircraft Engineering June 1968.

［97］Margden J. The C - 17 is a smart Flying Truck Designed with on Astonishing performance Range. Flight International 1992.

［98］孙荣科等译. 干线飞机空气动力学和飞行力学［M］. 北京：航空工业出版社，1996.

［99］施永毅. 民用飞机的失速预防和失速深失速特性的改善［J］. 民用飞机设计与研究，1999(2).

［100］胡本豪. 对美国《MIL - F - 878C》大型运输机横一航向飞行品质要求的一些看法［J］. 国际航空，1985.

［101］MablI RA. Carlson J W. and sickeler R O. Results of Handling Qualities Research for the C - 5A. AIAA 65 - 0740. 1965.

［102］军用规范. 有人驾驶飞机的飞行品质［MIL - F - 8785］［S］1959、［MIL - F - 8785B］［S］1969、［MIL - F - 8785C］［S］1980. 飞行力学编辑部出版.

［103］六三〇所等单位译. 英国空军和海军飞机设计要求. AP970 三机部 628 所出版，1976. 12.

［104］苏联：飞机设计的一般技术要求. 中国人民解放军海军航空兵司令部翻译出版，1962.10.

［105］军用规范：有人驾驶飞机的飞行品质（MIL‐F‐8785C）的背景资料和使用指南。飞行力学杂志社 1985.1.

［106］GJB 2874‐97 电传操纵系统飞行的飞行品质 1997.12.

［107］江永泉. 舰载机设计特点与技术性能分析［M］. 北京：航空工业出版社 2013.11.

［108］Dennis L. Berry. The Boeing 777 Engine/Aircraft Integration Aerodynamic Design Process ICAS‐94‐6.4.4.

［109］Nield B N. An Overview of the Boeing 777 High Lift Design. Aeronautical Journal, November 1995.

［110］王军峰等. 浅谈军用运输机适航性［J］. 民用飞机设计与研究 2013 年增刊第 2 期.

［111］王春生. 美国空军军机适航性发展［J］. 国际航空 2013.8.

［112］Iloputaife OI. Design of Deep Stall Pretection for the C‐17A. AIAA 96‐3784 1996.

［113］王元军等 A400M 的增升装置设计［J］. 国际航空. 2013.11.

［114］严雅琳. 民用飞机电传飞控系统浅析［J］. 民用飞机设计与研究，2010. No.2

索　引